东北黑土区侵蚀沟发育特征及治理模式研究

王岩松　姜艳艳　范昊明　主编

中国农业科学技术出版社

图书在版编目（CIP）数据

东北黑土区侵蚀沟发育特征及治理模式研究 / 王岩松，姜艳艳，范昊明主编. --北京：中国农业科学技术出版社，2021.7

ISBN 978-7-5116-5235-5

Ⅰ. ①东… Ⅱ. ①王… ②姜… ③范… Ⅲ. ①黑土—土壤侵蚀—研究—东北地区 Ⅳ. ①S157

中国版本图书馆 CIP 数据核字（2021）第 050025 号

责任编辑 崔改泵 姚 欢
责任校对 李向荣
责任印制 姜义伟 王思文

出 版 者 中国农业科学技术出版社
北京市中关村南大街12号 邮编：100081
电 话 （010）82109194（编辑室）（010）82109702（发行部）
（010）82109709（读者服务部）
传 真 （010）82106650
网 址 http: // www.castp.cn
经 销 者 各地新华书店
印 刷 者 北京建宏印刷有限公司
开 本 185 mm × 260 mm 1/16
印 张 17.75
字 数 432千字
版 次 2021年7月第1版 2021年7月第1次印刷
定 价 150.00元

《东北黑土区侵蚀沟发育特征及治理模式研究》

编委会

主　编：王岩松　姜艳艳　范昊明

副主编：张兴义　王玉玺　赵松源

编　者：钟云飞　王迪晨　房　含　顾广贺

蒋小娟　樊向国　黄　萌　郭芯宇

赵星莹　宋　爽

前　言

东北黑土区是我国主要的粮食生产基地，黑土性状好、肥力高、有机质含量丰富，自古以来就有“谷物仓库”之称。近几十年来不合理的开发利用导致黑土区水土流失严重，土地生产力下降，加剧了黑土区生态环境恶化。特别是侵蚀沟的发展不断切割农田、吞噬耕地，很多地区普遍存在成土母质裸露于地表现象。独特的自然环境与人类活动使黑土区成为我国土壤侵蚀潜在危险性最大的地区之一。据第一次全国水利普查侵蚀沟专项调查结果显示，东北黑土区共有侵蚀沟295 663条。降雨、地形地貌、植被、土壤和人类活动等共同驱动着侵蚀沟的发育。在东北黑土区，夏季降雨冲刷和春季解冻期融雪与冻融循环交替等自然条件下侵蚀沟有其独特的发育规律。目前，黑土区愈演愈烈的侵蚀沟遍布各地，已对区域工农业生产带来巨大影响。

本书首先以第一次全国水利普查东北黑土区侵蚀沟普查工作为基础，分析研究侵蚀沟在不同区域的分布特征。研究发现，由于人为活动、自然因素的不同，黑土区不同区域侵蚀沟分布特征差异较大。黑土区沟壑密度已达到0.21km/km^2，大兴安岭东坡丘陵沟壑区、呼伦贝尔高平原区沟壑密度分别高达0.56km/km^2、0.36km/km^2。黑土区88.67%的侵蚀沟处于发展状态，且64.57%的发展沟长度在100 ~ 500m，发展沟进一步发展的潜在危险性巨大。在此基础上，对影响侵蚀沟发育的地形与植被因素进行重点研究尤为必要。对侵蚀沟与地形条件相关性分析发现，侵蚀沟密集度、密度、切割土地比例总体趋势均随坡度的上升先增大后减小。侵蚀沟密集度均在5°坡度达到最大值，不同水土保持分区侵蚀沟密集度均在北坡最大，并且侵蚀沟密度与切割土地比例最大值所在坡向一致，不同坡度侵蚀沟长度与面积相关性较高。对沟内“坡向—主要植物物种—植被覆盖度”和“坡度—植被覆盖度”的关系研究发现，侵蚀沟内地形条件与植被生长之间关系密切，沟内阴、阳两侧沟坡植被覆盖度差异较大，不同坡度下植被覆盖度及阈值也不尽相同。60°是东北黑土区侵蚀沟内适宜植被生长的沟坡坡度阈值，60° ~ 75°偶有植被生长。通过典型流域不同季节多年连续侵蚀沟监测发现，侵蚀沟融雪期发育以沟头前进为主，各流域侵蚀沟发育具有地域分异性和年际差异性。侵蚀沟长度发育和面积发育显著相关，长度发育和体积发育相关性不明显。虽然融雪期积雪融化产流过程相对降雨产流过程缓慢，沟头前进速度却仍然较快，但融雪径流产生的能量在沟道内部消耗较多，导致冻融作用产生的侵蚀物质主要堆积在沟内，大部分没有输出转移到沟外，故融雪期侵蚀沟面积、体积发育较小。而在降雨期径流汇集较快、绝大部分侵蚀物被转移输出沟道，故侵蚀沟面积、体积变化较大。黑土区不同季节侵蚀沟发育均较为强烈，尤其是冻融期侵蚀沟的发育应引起足够重视。对黑土区侵蚀沟发育潜在危险性分析发现，沟蚀发育以水力侵蚀为主，东北漫川漫岗区、长白山完达山山地丘陵区沟蚀潜在危险性最大，是今后治理的重点。沟蚀潜力指标和现状指标对比发现，在大多数情况下沟壑化潜力指标要远大于现状指标，存在足够的沟蚀发展空间，沟蚀潜在危险性极大。根据各区侵蚀沟的发展现状、土地利用情况等，选取具有代表性的侵蚀沟（包括天然形成的侵蚀沟和治理后的侵蚀沟）逐年精确监测侵蚀沟发生、发展、治理效果，分析总结监测数据成果，在此基础上，结合大量现场调查提出了秸秆填埋侵蚀沟复垦、防护翼墙镶嵌式石笼谷坊、植桩生态护坡、漫川漫岗黑土区侵蚀沟生态修复模式、大小兴安岭前台地农林交错区侵蚀沟生态修复模式等多种侵蚀沟治理模式，并结合东北黑土区侵蚀沟治理专项工程，选择了典型区域进行试验、推广与集成示范，试验结果表明，水土保持植物措施和工程措施能够发挥其蓄水保土作用，抑制侵蚀沟的发展，但是由于受地形因素影响，在降水量较大，沟道周围耕地植被覆盖度较低的情况下，会汇集大量径流，致使沟道发育比较活跃，故在沟蚀治理方面实施水土保持措施同时应兼顾地形因子，使其保水保土效果更佳。

本书的研究内容是在国家重点研发计划“东北黑土区侵蚀沟生态修复关键技术研发与集成示范”（2017YFC0504200）、国家自然科学基金“东北低山丘陵区融雪侵蚀机理与过程研究”课题（41371272）、全国水土流失动态监测与公告项目（松辽流域部分）、辽宁省土壤侵蚀普查技术支撑与服务项目的资助下完成的，在此对各科研项目、松辽流域水土保持各级机构给予的配合与支持表示感谢！

在本书的编写过程中，虽数易其稿，但由于编者水平有限，书中难免有不妥之处，敬请读者批评指正。

编　者

2020年10月

目　录

1 引 言

1.1 研究意义

东北黑土区是我国主要的粮食生产基地，广泛分布在我国松辽流域，黑土性状好、肥力高、有机质含量丰富，自古以来就有“谷物仓库”之称。近几十年来不合理的开发利用导致黑土区水土流失严重，土地生产力下降，加剧了黑土区生态环境恶化。特别是侵蚀沟的发展不断切割农田、吞噬耕地，很多地区普遍存在成土母质裸露于地表的现象。独特的自然环境与人类活动使黑土区成为我国土壤侵蚀潜在危险性最大的地区之一。在侵蚀沟发育过程中，其体积、长度和宽度等随时间的变化在一定程度上反映了该地区的土壤侵蚀状况。据第一次全国水利普查侵蚀沟专项调查结果显示，东北黑土区发育有100～5 000m的侵蚀沟29万余条。降雨、地形地貌、植被、人类活动和土壤等共同驱动着侵蚀沟的发育。在东北黑土区，夏季降雨冲刷和春季解冻期融雪与冻融循环交替等自然条件下侵蚀沟有其独特的发育规律。侵蚀沟在水力和冻融等作用下愈演愈烈，造成土地切割破坏、土地生产力降低，并不断加剧恶化生态环境，严重制约了区域社会经济的持续健康发展，对我国的粮食生产安全构成了严重威胁，侵蚀沟发育带来的生态环境破坏以及对人们生产生活的危害是不容忽视的。目前，黑土区愈演愈烈的侵蚀沟遍布各地，已引起社会各界的广泛关注。

对黑土区侵蚀沟分布特点及发育规律的掌握将对区域侵蚀治理及相关政策等的制定至关重要。本书首先以第一次全国水利普查东北黑土区侵蚀沟普查工作为基础，对东北黑土区及部分典型区域侵蚀沟分布特征进行研究，分析侵蚀沟分布规律。在此基础上，对影响侵蚀沟发育的地形与植被因素进行重点研究。通过解译高精度遥感影像获取侵蚀沟形态参数，将侵蚀沟数据与DEM结合，获取大范围侵蚀沟随地形的分布特征。应用GPS、无人机等技术对典型侵蚀沟进行不同季节连续跟踪监测，掌握黑土区侵蚀沟在不同季节的发育特点，以及侵蚀沟内植被与侵蚀沟发育之间的相互关系。通过对黑土区不同时间和空间尺度侵蚀沟的一系列观测研究，以期进一步揭示其发育规律，对区域侵蚀沟发育潜在危险性进行预测评价。同时，针对黑土区侵蚀沟发育特征，结合相关部门多年治理经验总结提出东北黑土区侵蚀沟治理的主要模式。

1.2 国内外研究进展

1.2.1 侵蚀沟监测技术研究

科学技术的进步为侵蚀沟研究提供了重要手段。随着技术手段的日益完善，对侵蚀沟各项发育指标的研究越发精确，监测手段由最初的测钎、皮尺逐渐发展为现在的GPS、三维扫描、遥感技术等。国外对侵蚀沟研究起步较早，我国对侵蚀沟研究起源于黄土高原，黑土区侵蚀沟研究起步相对滞后。

我国沟蚀监测最早是在黄土高原以野外调查形式开展的，主要的监测方法有插钎法、填土法、测尺法、地形测针板法等，这些方法尽管在数据采集和分析处理方面易于掌握，但受人为因素影响较大，分析结果往往与实际有较大的偏差，而且测量过程对侵蚀沟的形态造成破坏，随着科技的发展，以GPS和三维扫描仪为代表的新一代监测工具被用于侵蚀沟监测。胡刚等利用差分GPS对东北漫岗黑土区切沟发育速率进行了研究，张娇等（2011）利用三维扫描仪对侵蚀沟发育过程进行了研究。随着遥感及GIS技术的日渐成熟，为大空间尺度侵蚀沟研究提供了可能，有学者利用此项技术开展侵蚀沟发育及分布特征规律研究，Vrieling（2007）使用多光谱QuickBird影像和实地调查数据验证了ASTER影像提取切沟的可行性，Martinez-Casasnovas（2003）利用GIS技术研究西班牙东北部侵蚀沟溯源侵蚀速率及其引发的侵蚀量，闫业超（2005）基于遥感和GIS技术提取黑龙江克拜地区侵蚀沟密度，分析其动态变化及高程、坡度分异特征。现将对侵蚀沟进行监测的传统方法和现代监测方法总结如下。

（1）侵蚀沟传统监测方法。填土法主要应用于小范围坡面土壤侵蚀量的精确测量。基本原理：将与待测坡面完全相同的土壤按照其容重回填至侵蚀沟中，将回填土的总质量减去含水质量进而获取沟蚀量。相关学者对该方法进行了改进，以其他材料代替土壤进行回填，获取侵蚀沟体积后根据容重计算侵蚀量（Dong et al.，2015）。虽然填土法具有精确度较高的优点（郑粉莉，1989），但改进后的填土法仍需制备回填材料，测定土壤容重及含水率，难以满足大范围野外观测需要（郑粉莉等，2016）。

体积测量法为野外和室内坡面土壤侵蚀实验应用比较多的一种方法，其操作方法是使用测尺对切沟长、宽、深进行测量，然后计算其体积，乘以土壤容重获取侵蚀量的一种方法（Rejman and Brodowski，2005），该方法操作简单，原理易于掌握，但是由于测量人员个体读数差异较大，同时切沟断面复杂，导致其测量精度不高，同时当切沟尺寸较大时，该方法适用性较差。

地形测针法主要通过地形上导轨的平移定位，使测针精确定位到地形表面任意一点，然后通过观察地形高低起伏变化，获取地面粗糙度和切沟形态（徐飞龙等，2011），通过两次降雨前后地形变化获取坡面沟蚀发育过程的方法，该方法需要进行大量数据采集，对小范围切沟发育观测较好，大范围较耗时耗力，只能作为补充手段使用。

（2）侵蚀沟的现代监测方法与技术。随着科技的发展，侵蚀沟监测手段从最初的测钎、皮尺发展到如今的GPS测量、摄影测量、三维扫描、无人机遥测等技术。高精度GPS（RTK）为实时处理两个测量站载波相位观测量的差分方法，将基准站采集的载波相位发给用户接收机，进行求差解算坐标。高精度GPS精度高、作业速度快，在沟蚀研究中有较多的应用。学者们通过GPS获取侵蚀沟位置和形态信息（Wu and Cheng，2005），帮助学者获取沟头溯源、沟壁扩张、沟底下切的精确数据，以及结合周围环境确定土壤对侵蚀问题的总体贡献（Kayode-ojo et al.，2016）。

差分GPS（RTK）是通过基站和流动站之间的信号传输，实现地面高程信息测量，通过不同时相高程生成DEM对比获取观测时段内沟头溯源侵蚀、沟壁扩张和沟底下切动态变化，估算侵蚀量的一种方法。Wu（2005）等利用差分GPS对黄土高原桥沟流域切沟观测发现，其发育速率为0.16～2.02m/a。该方法测量精度达到厘米级别，具有速度快、精度高、不受恶劣天气影响的特点（胡刚等，2007），其在小范围切沟观测时效果较好，但大范围比较费时费力。

摄影测量是利用光学摄影机获取相片，并对其进行处理以获取被摄物体的形状、大小、位置、特性及其相互关系。主要用于测制各种比例尺的地形图，建立地形数据库，为各种地理信息系统、土地信息系统以及各种工程提供空间基础数据。在沟蚀相关研究中，监测人员通过对比侵蚀发生前后的DEM数据，提取坡度、坡向、地表切割土地比例，估算监测对象的土壤侵蚀量和沉积量。近年来，国内外学者利用该技术研究沟蚀并取得了一定进展（Wells et al.，2013；李浩，2016；覃超等，2018）。

三维激光扫描技术通过激光测距原理确定目标空间位置（Milan et al.，2007），具有快速、不接触、实时动态和高精度等特点（James et al.，2007；郑粉莉等，2016），在侵蚀沟发展、坡面侵蚀、沉积等研究方面帮助科研人员获得了丰富的结果（Evans et al.，2010；丁琳，2017；吴立新等，2017；杜超等，2018）。遥感和航拍技术虽然已在侵蚀沟研究中使用多年，但是由于分辨率的限制，在面对植被覆盖率高以及复杂地貌时效果较差（James et al.，2006）。

无人机遥测技术（UAV）是一种通过架设在无人机上的数码相机对地面快速连续拍摄高分辨率照片，并在专业处理软件（如Photo Modeler、Photo Scan、Pixel Grid等）中提取、解译多幅照片的重叠部分，最终获取点云数据，建立DEM观测侵蚀的方法（胡文生等，2008；刘青和范建容，2012）。Martinez-casasnovas运用航片法对西班牙切沟解译发现，其切沟发育速率为0.2m/a，Ionita（2006）运用同样手段对罗马尼亚切沟观测发现其发育速率为12.5m/a。与传统技术相比，该方法具有观测范围广、拍照速度快的优势，但在复杂地形操作时，由于无人机在飞行过程中较难根据地形实时调整飞行高度和角度，在地形复杂区域容易形成测量盲区造成数据缺失，影响测量精度，故此方法需要结合其他地面摄影测量手段进行补测。

1.2.2 侵蚀沟分布特征研究

侵蚀沟分布主要指区域侵蚀沟因自然环境与人为因素所具有的独特的分布特征，探究侵蚀沟分布特征对侵蚀沟防治工作具有实践性意义。

国内外学者对侵蚀沟分布的研究屡见不鲜。Kukal和Bhatt（2014）分析印度瓦里克地区侵蚀沟分布状况，认为该区侵蚀沟主要分布在南、西南地区，侵蚀沟密度介于3.5～80km/km^2，侵蚀沟分布呈南北分异的特点。Dabney等（2014）认为侵蚀沟发生发展过程中，有超过一半的沉积物沉积在河道中，侵蚀沟发展过程挟沙作用危害自然环境，侵蚀沟分布扩张。Valentin等（2005）认为沟蚀的发生不仅受地表水影响，同时受地下水影响，二者均对侵蚀沟的分布有所影响。Sidorchuk（1999）认为侵蚀沟主要分布在岩性及水文因素较敏感的地区，地表土壤作用影响侵蚀沟分布。Martinez-Casasnovas（2003）认为综合地表水流、水流运动趋势以及沟壑的深化程度，可以确定侵蚀沟的分布。Shibru Daba等（2003）认为沟谷动力学、沟壑敏感地区的预测与侵蚀沟的分布息息相关。Ryan等（2010）分析了圣克鲁斯岛侵蚀沟分布后认为在严重退化的分水岭区，侵蚀沟的分布严重影响着土壤的损失。Li等（2003）以Cs-137和Pb-210/Cs-137为指标对水库集水区的侵蚀沟分布进行了定量分析，确定了植被盖度抑制沟蚀发育的有效性。王岩松等（2013）分析黑龙江、吉林、辽宁、内蒙古自治区（简称内蒙古）四省区侵蚀沟省级分布特征，认为这四省份按侵蚀沟数量排序为黑龙江＞内蒙古＞吉林＞辽宁，按侵蚀沟长度排序为内蒙古＞黑龙江＞辽宁＞吉林。许晓鸿等（2017）分析吉林省侵蚀沟分布特征，认为吉林省侵蚀沟分布有由西向东和由北向南增加的趋势。樊华等（2015）认为沟壑侵蚀主要发生在每年的5—8月，同样此阶段也是每年的丰水期。白建宏（2017）根据侵蚀沟分布情况，制定了东北黑土区9个水土保持三级区的综合防治策略。芦贵君等（2017）分析吉林省侵蚀沟分布状况认为研究区侵蚀沟以发展型中小型沟为主。以上分析大多研究区域较大，时间周期较短，没有长时间序列的对比分析，且缺少数据支持，因此本研究针对辽宁省时间空间不同层次对侵蚀沟分布进行了细致分析。

1.2.3 侵蚀沟发育特征研究

作为土壤侵蚀一种重要表现形式，沟道侵蚀造成水土资源大量流失，危害严重，其在发育中受到气候、土壤、地形等因素的影响，是一个复杂、多变的过程，不同发育阶段、不同区域内侵蚀沟发育会表现一定的差异性，差异性主要体现在侵蚀沟发育形态、速率等方面。国内外学者也针对沟道侵蚀发育特征展开了较多的研究。Poesen（2003）通过对全球不同地区的沟蚀产沙量进行总结得出侵蚀沟的产沙量可占流域总产沙量的10%～94%。唐克丽等（1998）认为以切沟为主的侵蚀沟侵蚀下来的泥沙可占流域产沙总量的一半以上，其不仅危害“本地”生态环境，而且危及“异地”生态安全，引起湖泊、水库、河道淤积。由此可见，沟道侵蚀危害严重是造成流域内产沙的主要原因。侵蚀沟发育受到多种因素的影响，不同区域内影响侵蚀沟发育的主导因素具有一定的差异性。Kakembo等（2009）在南非的Cape省对于沟蚀与坡度等地形因子极端值和土地利用变化的关系进行了研究，对存在较高出现侵蚀沟风险的地区和已经出现侵蚀沟的地区使用径流强度指数进行了对比，提出了关于土地利用和地形因子导致沟蚀的概念性模型。Collison等（1996）认为张力裂缝是促使沟头发生溯源侵蚀的主要因子，运用模型证明当张力裂缝出现时仅需要很小的径流就可产生很大的静水压力，进而导致沟头的破坏。人为活动对侵蚀沟发育会产生一定影响。Nyssen（2002）研究发现道路会降低侵蚀沟发育的临界条件，道路的存在会汇集坡面漫流产生径流，改变流域的形状大小，将径流从一个流域输送到其他流域。侵蚀沟发育速率、方式是其发育特征的重要表现，一些学者通过遥感技术或实地测量的方式进行研究。Vandekerckhove等（2009）利用遥感影像结合地面测量研究了西班牙南部Guadalentin和Guadix研究区的12条侵蚀沟的溯源侵蚀速率。车小力（2010）研究发现，地形和人为因素造成董志塬沟头溯源侵蚀具有典型的区域差异性，近50年沟头溯源侵蚀平均速率可达0.319m/a。余叔同等（2010）研究发现，黄土丘陵区坡沟系统不同部位的侵蚀沟在不同降雨时间的发育速度不同，在降雨最初的50min，侵蚀沟发育以溯源侵蚀为主，当沟蚀长度已趋于稳定时，沟蚀发育主要以沟壁崩塌和沟底下切侵蚀为主。

东北黑土区土壤肥沃，但抗蚀性普遍较低，冬季寒冷、夏季降雨集中，春冬季冻融频繁，独特的自然环境及人为活动特点造成侵蚀沟发育广泛，由于水力侵蚀、冻融、融雪侵蚀综合作用也造成黑土区内侵蚀沟发育具有自身特点，一些学者对黑土区侵蚀沟发育展开研究。在沟蚀诸多影响因素中，坡度、坡长、土地利用等因素对侵蚀沟的形成和发展起决定作用，但从更大的宏观尺度来看，地貌的自然发育规律不可忽视，在土地利用方式和人类干扰程度差别不大的情况下，由于局部侵蚀基准面的不同、河流溯源侵蚀能力的差异所带来的“分水岭迁移”现象有可能成为侵蚀沟空间分异的关键因素（闫业超，2007）。孟令钦等（2009）研究指出，东北黑土区侵蚀沟主要分布在坡耕地上，坡度在3°以上的坡耕地实行垄作和单一的等高耕作，会产生渠系效应，渠系效应加上东北的特殊气候、地形和土壤因素，是加速东北黑土区侵蚀切沟发育的重要原因之一。李飞等（2012）研究发现，吉林省九台市侵蚀沟裂度随坡度增加先增大后减小，坡度在5°以上时，侵蚀沟的发育受到坡长、汇水面积、土地利用方式等因素综合作用的影响，坡度已不是侵蚀沟发育的主要因素。唐莉等（2012）研究发现，最先进行水平改垄的坡耕地，侵蚀切沟发育速度最快。降水与垄沟径流深的数学关系式为$H=\sqrt{6h}$（式中：H为垄沟内径流深，cm；h为降水产生径流深，cm），即使很小的降水量也易在垄沟里产生较深的径流，当出现可以产生超渗产流的暴雨时，无垄或顺坡垄坡耕地中的径流可以排出田外，而水平垄能够产生类似渠道的汇流作用，加剧侵蚀沟发育。李天奇等（2010）研究发现，黑土区侵蚀沟存在两种发展模式，一种形成浅而宽的侵蚀沟，另一种形成深而窄的侵蚀沟，静态要素作为土壤侵蚀过程的“内因”对土壤侵蚀的过程具有决定性的作用。张永光等（2007）认为地形是控制侵蚀沟发生及发展的关键因素，通过对东北漫岗黑土区两个小流域的地形因子和浅沟侵蚀进行相关分析，发现浅沟长度、侵蚀体积与坡面长度呈显著相关，与汇水面积也有较好的相关。范昊明等（2005）研究发现，降水以暴雨形式居多，黑土母质透水性差，耕作历史较久造成东北漫川漫岗区侵蚀沟在流域中游堆积台地（如克山、拜泉、依安）发育强烈。Tang等（2013）对东北黑土区冲沟侵蚀发育特征进行深入分析，认为沟填土加剧侵蚀沟发育。Deng等（2015）基于东北黑土区层面认为农田防护林能有效防止沟蚀发育。Samani等（2010）通过分析伊朗部分侵蚀沟沟头前进特征发现径流与降雨对沟蚀发育具有较大影响。Fan等（2008）认为金沙江河谷盆地地质、气候、土地利用的变化及社会经济条件均对研究区沟蚀发育产生影响。Kakembo等（2009）通过对比径流强度指数对南非沟蚀进行深入研究，最终确立了关于地形和土地利用导致沟蚀的理论模型。Vandekerckhove等（2003）基于40年尺度对西班牙侵蚀沟溯源侵蚀速率进行计算，由侵蚀沟差异性得出沟道和张性裂缝对溯源侵蚀具有间断性的特点。Bouchnak等（2009）通过测量突尼斯沟蚀中坡积物体积建立了沟头切割长度与坡积物体积的公式，发现陡坡年侵蚀量大于缓坡。以上研究表明，坡度是影响黑土区侵蚀沟发育的重要因素，黑土区坡耕地面积较大是造成侵蚀沟发育剧烈的主要原因。

1.2.4 地形对侵蚀沟的影响

地形因素主要指流域汇水面积、坡度与坡长。汇水面积的大小往往标志着沟谷中来水量的多少，是沟谷发育的首要前提，而径流冲刷力决定沟壑侵蚀的强弱。径流冲刷力的大小主要取决于径流流速与径流量，两者均受坡度与坡长的影响。秦伟等（2010）认为在黄土丘陵沟壑区，影响坡面侵蚀沟数量的主要地形因素有坡度、坡向、坡长。沈海鸥等（2015）在黄土坡面通过模拟降雨试验发现坡面侵蚀速率和细沟侵蚀速率随坡度的增加呈幂函数增加。张会茹等（2011）研究发现红壤坡面坡度对侵蚀产沙量的影响存在临界坡度——20°，但对临界坡度的研究未有一致定论，其与土壤质地、降雨强度、植被覆盖等有关。李君兰等（2011）通过室内模拟降雨试验发现以单宽产流速率为表征指标，降雨强度和坡长坡度交互效应促进产流，而单一坡度阻碍产流。朱云云等（2016）以黄土高原不同坡向上的自然草地群落为研究对象，发现较阳坡和半阳坡，阴坡半阴坡植物对资源利用率较高，种间竞争小、性状丰富度高，从而土壤侵蚀量相对较小。

在东北典型黑土区不同海拔、坡度、坡向导致侵蚀沟发育有较大差异（王文娟等，2012），东北黑土区通肯河东西坡度差异致使侵蚀沟密度存在较大不同（闫业超等，2006）。宁静等（2016）基于GIS和RS技术以黑龙江省宾县两乡镇为研究区发现，“小坡长”+“坡度”或“大坡长”+“小坡度”、“小坡长”+“大坡度”或“大坡长”+“大坡度”分别为横垄耕作、斜垄耕作最优选择。张永光等（2007）认为坡面长度、汇水面积越大，浅沟侵蚀越剧烈；沟长、侵蚀沟体积与流域坡度呈反比，主要因为坡度大的坡面坡长较短。葛翠萍等（2008）以东北黑土区典型坡耕地——海伦市光荣小流域为研究区，研究坡耕地地形因子对土壤水分和容重的影响，研究发现坡度、高程对两者影响显著，坡向影响则不显著。李浩等（2012）发现坡度是影响典型黑土区村级尺度侵蚀沟演变的主要原因。李飞等（2012）发现东北黑土区南部侵蚀沟裂度随坡度升高先增大后减小，阳坡高于阴坡，迎风坡高于背风坡。

1.2.5 植被对侵蚀沟的影响

植被覆盖作为地面的保护者，主要影响雨滴的击溅作用。枯枝落叶层消减了雨滴降落时的冲击力；植被冠幅减小雨滴侵蚀，阻止降雨直接撞击土壤。Zhou（2006）等研究发现土壤侵蚀与植被覆盖呈线性关系，同时植被覆盖受人类活动影响较大。Zhang和Shao（2003）研究发现高植被覆盖可以有效减少水土流失和氮素损失。李斌和张金屯（2010）基于ARCGIS技术分析不同植被盖度对土壤侵蚀的影响，研究发现随植被盖度增加水蚀所占比例减小，二者关系显著。谢庭生和罗蕾（2005）通过对比有无植物篱处理的径流、泥沙量，发现植物篱处理后土壤孔隙增加，土壤入渗速率高于无植物篱处理区域，土壤侵蚀速率较小。

通过前人对侵蚀沟影响因子的研究可以看出，植被因素对侵蚀沟的发育具有极其重要的影响。通常茂密的植被可以通过拦截降雨和阻止土壤板结来降低径流侵蚀力（Schlesinger et al.，1990；Böhm and Gerold，1995；Molina et al.，2007；Podwojewski et al.，2008）。植被恢复受当地特殊土壤侵蚀环境的影响与制约，关于植被与土壤侵蚀间的关系主要集中在调节与控制过程机理等方面的研究（陈浩和蔡强国，2006；魏翔和李占斌，2006；许炯心，2006）。范昊明等（2007）提出侵蚀沟的发展模式和外形除了与地形、生态环境有关外，在侵蚀沟的分类上，植被的各项指标也有极高的参考价值。王兆印等（2005）基于植被控制下的土壤侵蚀，建立植被侵蚀模型，通过植被—侵蚀图，可以定量地描述特定地区的植被—侵蚀状态。提出在不同的气候、地形和土壤条件下，造林和侵蚀控制措施的有效性会有所不同。孙根行等（2009）对青海省乐都县峰堆乡小流域进行年侵蚀模数与植被覆盖度、坡度、*K*值之间的多元回归分析来确定相对贡献率，随着盖度增加侵蚀沟年侵蚀模数明显降低，沟蚀量对植被覆盖度的敏感度有随盖度升高而降低的趋势。周萍等（2009）对黄土丘陵区大范家沟和拐沟阴阳坡面植被的研究，发现不同坡位植被覆盖度、多样性存在着显著的差异，提出掌握草本群落自身喜阴阳特性、生境特征、植被组成，从而充分认识植被演替条件和演替规律，对指导植被和生态系统恢复与重建具有重要意义。Grellier等（2012）对南非KwaZulu-Natal省半湿润草原2001—2009年侵蚀沟进行研究，发现侵蚀沟发展与合欢树冠面积呈正相关，可能与树木增加了地下径流或者树木生长在高地下水位处有关，从而对侵蚀沟的发展起到一定的促进作用。王广海等（2014）以冀北山地典型的华北落叶松人工林为研究对象，对林下侵蚀沟内物种多样性进行研究，结果表明，侵蚀沟内平均物种丰富度约为13.03，低于沟外，物种组成主要为耐干旱瘠薄物种，无明显优势种，对比侵蚀沟两侧坡面多样性可知，半阴坡耐阴喜湿植被重要值较高，丰富度和多样性均高于半阳坡，而均匀度指数无明显差异。赵方莹等（2016）对比灵山亚高山草甸区自然坡面和侵蚀沟道上的植被群落差异，确定早熟禾与苔草优势物种，为侵蚀沟内植被恢复措施提供理论依据和技术支撑。

沟道侵蚀对于耕地的侵蚀已经严重影响农作物的生长及产量。张少良等（2010）通过田间定位试验，改变耕作方式和种植大豆来分析植被恢复措施的自我恢复能力，得出自然植被恢复措施能够有效地抑制土壤侵蚀和地表径流的发生，为植被生长提供更多的有效水分。侵蚀沟的发展不但会造成耕地的损失，而且其侵蚀产生的泥沙还会造成水库积沙量增加，同时引发的地下水位下降会减少植被生长以及饮用水源（Kirkby et al.，2009）。Liu等（2013）以浅沟和典型沟为两个研究对象，探讨沟壑侵蚀和后期沟壑填充对土壤的深度和大豆产量的影响，结果表明沟壑侵蚀导致研究区内土壤深度变薄，大豆产量下降。可见分析侵蚀沟发育的影响因素对开展水土流失治理工作极为重要。

我国各地区都尝试着开展各类水土保持措施来对当地土壤侵蚀进行治理，水土保持措施对抑制土壤侵蚀做出巨大贡献。早在20世纪便有研究表明，人工建造植被具有良好的减流减沙作用，但营林应提高质量，使植被覆盖度超过60%，以增强地面对降水的吸收，减少产沙量（石生新和蒋定生，1994）。现有的水土保持措施分为生物措施、工程措施和耕作措施三大类，其中生物措施重点指出植被覆盖的作用，反映的是乔灌草以及农作物等对土壤侵蚀的影响。王晓南等（2008）分析植被地上部分与地下部分对于防治土壤流失的作用，并从3种外营力侵蚀类型上介绍植物措施的现状。邹厚远和焦菊英（2009）根据黄土丘陵区植被演替阶段和生长型，提出在天然草本植被恢复的基础上进行人工造林的相关建议。白建宏（2017）对东北黑土区水土保持三级区的侵蚀沟提出分别采用栽植人工植被、沟底修筑土柳谷坊、沟坡及沟底植树种草等植物措施对不同三级区侵蚀沟发育进行防治策略。

近年来国内外关于不同植被盖度阈值对沟蚀的影响测定上有很大进展（Ward et al.，2001；Vandekerckhove et al.，2003；Chaplot et al.，2005；Muñoz-robles et al.，2010）。植被覆盖度的减少导致沟蚀增加，在撒哈拉沙漠以南的非洲得到了足够的例证（Boardman et al.，2003；Frankl et al.，2011）。董治宝等（1996）以植被模型和典型砂土为试验材料，研究出相同的植被盖度下，植被分布均匀的地方对抗风蚀能力更好，随着植被覆盖度的减少，侵蚀程度逐渐增加。根据风蚀强度的影响，将植被覆盖率分为3类：60%的植被覆盖度下略有侵蚀；20%～60%植被覆盖度下是中度侵蚀；20%植被覆盖度下是严重侵蚀。闫业超等（2007）通过侵蚀沟在遥感影像上的特征，根据10%和30%的植被覆盖度阈值将黑土区的侵蚀沟分为活跃性、半活跃性和稳定性3种类型。

综上所述，国内外对于监测植被生长期侵蚀沟发育特征的研究较少；对植被影响土壤侵蚀方面大都集中在其与降雨侵蚀、产流产沙之间的关系研究，且多为受控实验，对于野外侵蚀沟内自然植被物种组成、生态多样性研究较少。以往对于侵蚀沟发育阶段的判定主要通过沟的长度、面积及年侵蚀量等参数，而侵蚀沟发育的判别标准还应考虑沟内地形条件与植被生长状况间存在的关系，国内外也正缺乏此类研究。遥感影像虽然已经在对侵蚀沟内植被覆盖度的研究中使用多年，但由于遥感影像是在高空拍摄下获得的影像，分辨率有限，正射投影照片大多呈现出的是沟底与较缓沟坡上的植被覆盖度，不能获取到沟内微地形植被的状况，特别是对侵蚀沟发育最为严重且植被稀少的陡坡坡面上体现出的时效性较差（James et al.，2007）。因此在植被生长期前后对侵蚀沟进行实地测量，并采用样方和低空无人机航拍相结合的方式来探究沟内的植被生长特征等信息。

1.2.6 不同季节侵蚀沟发育研究

东北黑土区侵蚀沟发育具有季节性特征。侵蚀沟发育主要集中在夏季的降雨期和春、冬季的降雪融雪期。融雪期侵蚀沟发育是融雪径流冲刷和冻融作用影响的结果。Rekolainen等（1989）研究发现，春季融雪径流占全年径流量的绝大部分，是侵蚀物质运移的主要动力来源。范昊明等（2011）对春季解冻期白浆土融雪侵蚀室内模拟发现，融雪径流量是影响侵蚀量的首要因素。融雪径流产生及产流多寡受集水区积雪累积、分布，融雪量、融雪速率影响，一般表现为积雪量越大，融雪速度越快，产流越多，侵蚀量越大。积雪量多寡又受到风、土地利用、地形、植被等因素影响，融雪速率受季节变化、地形、坡度、坡向、植被类型等影响（范昊明等，2013）。焦剑等（2009）研究发现，黑土区融雪期输沙模数占全年输沙模数的5.8%～27.7%，受地貌影响十分显著，与集水区面积呈幂函数递减关系。史彦江等（2009）展开径流小区试验，探究春季融雪侵蚀特征，结果发现，8°融雪速率始终较3°和5°大，其产流和产沙量也均最大。周宏飞等（2009）研究发现，融雪期裸露地产流速率＞草地＞林地，植被因子是影响草地产流速率的主要因素。

Sharratt等（1997）研究发现地球上大约50%的地区在遭受冻融作用。Ollesch等（2010）认为造成融雪期土壤侵蚀速率等于甚至大于降雨期的主要原因是冻融作用导致冻土层出现，形成不透水层，限制径流入渗，进而增大土壤侵蚀量。研究表明，冻融作用可使土壤侵蚀量增加24%～90%（王玉玺等，2002）。Nagasawa等（1993）研究发现，冻融作用导致地面凹陷，土壤可蚀性增加，冻结区域融雪径流比率远高于未冻结区域，如若有大降雨发生，冻结土壤解冻后流失量也远大于未冻结土壤。Sui和Koehler（2001）研究发现积雪和土壤冻融具有空间分异性，在此情况下如果有降雨，将会造成大规模土壤流失。

黑土区四季温差大，冻融作用明显，侵蚀沟的出现使土地由单冷锋冻融转为双冷锋，冻融作用增强（胡刚等，2007）。切沟一般分布在沟缘线附近坡度较为陡峻的地带，在冻融反复交替下，沟岸土壤容易变得松动，导致重力发生侵蚀。切沟发展除了沟岸扩张还有沟头前进、沟底下切两种形式，其中沟头前进为其发展主要形式之一（景可等，1997），冻融作用容易导致沟岸和沟头出现裂缝，进一步促进切沟发育。冻融作用可致使黑土区沟壑扩张10～20cm（刘绪军，1999）。景国臣将沟壑冻融侵蚀划分为沟岸冻裂、沟岸融滑、沟壁融塌、沟坡融泻4种形式，其指出冻融作用导致克拜黑土区耕地中沟壑每年扩张50～100cm。Hu等（2007）利用差分GPS对黑龙江鹤山农场中5条具有代表性的切沟观测发现其平均的线性沟头侵蚀速率为6.2m/a，溯源侵蚀速率为729.1m^3/a，相比第一观测时期，在第二和第三观测时期冻融侵蚀作用和融雪侵蚀占有很大比重，春天降雨时侵蚀会得到加强。Wu等（2005）利用差分GPS对黄土高原桥沟流域切沟观测发现，其发育速率为0.16～2.02m/a。由此可知，黑土区融雪期切沟沟头前进速率远大于黄土高原全年沟头发育速率，其融雪期侵蚀规律研究，应该引起重视。方广玲等（2007）对辽宁省进行了研究，分析了环境要素对沟蚀的影响，得出结论：降雨是辽宁省侵蚀沟发生、发展的主要源动力之一，当其他条件趋于一致，降雨强度与土壤侵蚀量成正比。焦剑等（2009）研究发现东北地区融雪侵蚀严重，必须计算降雨侵蚀力才可对土壤侵蚀预报模型进行评估。李君兰等（2011）通过室内模拟降雨试验发现降雨强度对产流、含沙量增长起促进作用。王添等（2016）通过室内模拟降雨试验发现次降雨产流量与地表粗糙度呈二次回归关系，次降雨产沙量与粗糙度呈线性关系，而地表粗糙度抑制侵蚀沟发育。

1.2.7 侵蚀沟治理模式研究

沟道是流域水土流失的汇集地，对沟道进行有效的治理、开发与利用，具有巨大的社会、经济、生态效益。国内学者经过多年的沟壑治理实践，总结出了适合不同地区的侵蚀沟固沟模式——坝系固沟模式、小型水保工程固沟模式、生物固沟模式、工程—生物固沟等模式。张胜利等（1995）根据渭北高原沟壑区水土流失综合治理工程体系配置的特点，结合农业灌溉要求，将沟道水土保持工程和水利工程中的小型水库有机结合起来，运用系统工程优化理论的方法，建立了该地区小流域沟道工程体系配置的优化数学模型公式；毕华兴等（2010）针对黄土高塬沟壑区特殊的自然地理条件、水土流失特征以及人口数量、粮食需求以及经济发展的多种目标以及新时期人地和谐发展的要求，提出了黄土高塬沟壑区水土流失综合治理范式的思路与方略；冀长甫、李志华（1997）针对沟道治理开发利用，对山丘区沟道进行了开发利用试验研究，通过5年的治理开发，新治理沟道面积为13 727hm^2，获得经济效益4 647.38万元，该项研究为同类型地区沟道开发利用提供了治理模式；高鹏等（2000）以延安市燕儿沟为例，在沟道中兴建截潜流工程，引水上山，发展坡地果园和保护地蔬菜微灌，高效利用有限水资源灌溉部分经济作物对发展生态高效农业具有特别重要的意义；时丕生等（2005）认为在小流域沟道中，从上游到下游，从支毛沟到干沟，根据沟道水文与地形条件，科学地布置谷坊、淤地坝、小水库、治沟骨干工程，形成完整的体系，能充分合理地利用水资源与泥沙资源，对解决水资源短缺问题和控制水土流失、改善生态环境有不可替代的作用。赵辉等（2006）通过样方地调查的方法调查流域内植物种类、植被覆盖度、土壤厚度等，采用现场测量的方法测量沟道长度、沟谷比降、平均沟坡坡度、谷坊规格、淤积长度、淤积宽度等因子，研究发现在湖南衡阳紫色页岩裸露地区沟道内修建谷坊，同时在谷坊淤积土上栽种芦竹等水土保持先锋植物，沟道内水土流失得到有效控制，改善了立地条件，为恢复紫色岩裸露地区生态环境迈出了重要一步；吴世新等（2009）介绍了山阳县自然条件及水土流失与治理现状，总结出山区沟道治理思路与模式，只有对山区河道的洪水特性、洪灾类型、灾害成因、保护对象的重要性等进行具体分析，制定出基本完整、切合实际的治理方案，并密切结合水利水保工程措施与非工程措施、土地利用与防洪规划、城乡建设与河道整治、治山治水与生态环境建设等，进行全面统筹、科学合理地规划，才能达到治理沟道、防治水土流失、改善生态环境、促进城镇乡村建设的目的；史静涛（2010）以陕西省略阳县为例，探索出适合小流域沟道治理的生物砂堤沟道治理技术，介绍了实施生物砂堤技术的方法、步骤及其技术要点，根据水土流失规律，指出了生物砂堤在水土流失防治体系中的作用，通过与浆砌河堤在工程量及投劳耗费方面的比较，得出生物砂堤具有节约成本的优势，值得在小流域综合治理中应用推广；张继红等（2010）通过彰武县柳河流域的沟道经过10年治理，有效地控制了水土流失的实例，阐述了沙化漫岗区沟道治理措施与治理模式，为同类流域侵蚀沟治理提供借鉴；柳礼香等（2012）研究了陕南秦巴山区以小流域为单元进行的水土流失综合治理，“治山保川”相结合，开展了大规模的沟道治理，当地人民群众根据不同地貌、沟道类型和侵蚀特点，在中高山区、中低山区、丘陵河谷区和山间盆地分别采取封山治沟、沟道整治和沟坡兼治模式治理沟道，取得了显著成效，值得类似地区借鉴；吴海生、隋媛媛等（2013）通过研究东北黑土区沟道侵蚀类型、侵蚀现状与发展趋势，分析了侵蚀沟道发育机理，评述了目前主要研究方法及防治技术，提出了东北黑土区沟道侵蚀未来有待加强的研究领域及方向，为继续深入开展东北黑土区沟道侵蚀防治与研究工作提供依据和参考。国外对于侵蚀沟的研究主要集中在侵蚀沟的发育过程和机理，对侵蚀沟治理研究相对较少。

以上调查与研究通过对不同类型地区沟道侵蚀现状进行分析和实验，提出了针对不同类型地区的沟道侵蚀和沟道开发利用的治理优化模式，这些研究较全面地总结出了水土保持工作中沟道治理的应对方法与措施，为将来更好更全面地规划、开发、利用沟道治理打下坚实的理论基础，为水土保持工程的顺利开展提供了理论依据（袁静等，2014）。根据东北黑土区侵蚀沟的分布特征、发育规律以及各地区的地域差异，选择不同地区提出了侵蚀沟的治理方式，以期为东北黑土区侵蚀沟道的治理提供治理措施和理论指导。

2　东北黑土区侵蚀沟发育环境

2.1　东北黑土区概况

黑土地是大自然给予人类得天独厚的宝藏，是一种性状好、肥力高、非常适合植物生长的土壤。黑土区主要指黑土、黑钙土、暗棕壤、草甸土、棕壤、棕色针叶林土等几种土壤所覆盖的区域。目前地球上共分布着三大块宝贵的黑土区：第一块在欧洲，主要分布在东欧的乌克兰大平原，面积为190万km^2；第二块在北美洲，主要分布在美国的密西西比河流域，面积为120万km^2；第三块在亚洲，主要分布在我国东北地区的松辽流域，称为东北黑土区，面积为103万km^2。由于黑土有机质含量丰富，土地生产力高，因此，这三大黑土区都是主要的粮食生产基地。我国的东北黑土区是我国重要的商品粮基地之一，号称“北大仓”。

东北黑土区集中连片，北起大小兴安岭，南至辽宁省盘锦市，西到内蒙古自治区东部的大兴安岭山地边缘，东达乌苏里江和图们江，行政区包括黑龙江省、吉林省和辽宁省、内蒙古自治区的部分地区。总面积103万km^2，其中，黑龙江省45.25万km^2，吉林省18.70万km^2，辽宁省12.29万km^2，内蒙古自治区26.76万km^2。

2.1.1　自然概况

（1）水系。东北黑土区山峦起伏，地域广袤，受气候和地形的影响，河流密布，湖泊众多。主要河流有松花江、辽河及黑龙江、图们江、鸭绿江等国际界河以及部分独流入海河流。松花江流域总面积55.68万km^2，流经内蒙古、黑龙江、吉林三省区。松花江上游分两支，一支是发源于长白山主峰天池的第二松花江；另一支是发源于大兴安岭的嫩江，两支在三岔河汇合后称松花江。嫩江河长1 370km，第二松花江长958km，松花江干流长939km。松花江干流的主要支流有拉林河、蚂蚁河、牡丹江、呼兰河等；嫩江的主要支流有甘河、讷谟尔河、诺敏河、雅鲁河、绰尔河、乌裕尔河、洮尔河、霍林河等；第二松花江的主要支流有辉发河、饮马河等。

辽河发源于河北省七老图山，流经河北、内蒙古、吉林和辽宁四省区，全长1 345km，流域面积21.56万km^2。主要支流有西拉木伦河、乌力吉木伦河、教来河、新开河、老哈河、东辽河、清河、柳河、浑河、太子河和绕阳河等。其中，西拉木伦河、乌力吉木伦河、老哈河和教来河等不在黑土区内。

（2）地貌。东北黑土区基本地貌特征为西、北、东三面环山，依次为辽西山地、大兴安岭、小兴安岭、张广才岭和长白山系，中南部形成宽阔的松辽平原。地貌类型有漫川漫岗区、低山丘陵区、中低山区、平原区。东北黑土区的地形地貌在很大程度上直接影响土壤类型的演变和土壤侵蚀的强度，但土壤侵蚀反过来也在重新塑造着黑土区的地形地貌。黑土区各水土保持规划二级分区地形地貌差异较大，总体地貌分布特征：东、北、西三面为低山、中山所包围，中部为广阔的平原。

黑土区东部的长白山完达山山地丘陵区、北部的大小兴安岭山地区、西部的大兴安岭东坡丘陵沟壑区为低山丘陵地貌，地形复杂，地势起伏较大，降雨易形成强径流侵蚀土壤。中部的东北漫川漫岗区为平原地貌，这些平原实际上并非平地，多为波状起伏的漫岗，坡度多在1°～3°，大坡度在3°～6°，漫川漫岗区地形复杂，起伏较大，坡长多为500～1 000m，汇水面积较大，面蚀严重，遇到大雨或暴雨时，易发生沟蚀。西部的呼伦贝尔高平原区为缓坡丘陵地貌，山坡平缓、土丘较多、地势起伏，降雨易形成径流。纵观黑土区，地貌主要以低山、缓坡丘陵及漫川漫岗为主，地形复杂、地势起伏，汇水面积较大，此地形地貌易形成径流，诱发沟蚀。

（3）气候与水文。东北黑土区地处温带、寒温带大陆季风气候区，冬季严寒而漫长，夏季炎热短暂，年内温差变化较大。多年平均气温由南向北递减。7月气温最高，南北差别不大，一般只在20～23℃。多年平均降水量为300～950mm，时空分布不均匀，东部山区平均为700～950mm，最大达1 000mm以上。三江平原500～600mm，大兴安岭以西地区和辽河平原西部仅为300～400mm。降水多集中在7—8月，占全年降水的50%以上，6—9月的降水占全年的70%以上，且多以暴雨形式出现。降水的年际变化很大，最大与最小的降水之比有时达3倍以上，且有连续数年多雨与少雨的交替现象。全年日照时数南北差别不大，但东西有差异，东北一般为110～150d，南部为150～180d。大于100℃的积温北部为2 400～3 000℃，南部为2 800～3 000℃。平均风速在平原地区和呼伦贝尔草原地区较大，一般为3～5m/s。年内最大风速多出现在3—5月，最大风速可达到20～25m/s，最大瞬时风速可达40m/s以上。降雨是诱发沟蚀的直接原因；冻融作用可改变土壤结构，降低土壤抗蚀性，影响侵蚀沟发育。黑土区夏季降雨集中、春冬季冻融频繁的气候特点为侵蚀沟发育提供了条件。地理位置、地域环境的不同造成各分区气候具有一定差异：黑土区西侧的呼伦贝尔高平原区气候干燥、降雨较少，风力较强；北部的大小兴安岭山地区冬季寒冷，春冬季冻融持续时间长；南部辽宁环渤海山地丘陵区降雨量大且多暴雨。黑土区总体气候特征明显，局部区域降雨较少、风力较强。区域气候在一定程度上决定土壤侵蚀方式，降雨较多的辽宁环渤海山地丘陵区水蚀严重，风力较强的呼伦贝尔高平原区为风水两相侵蚀交错区。区域气候的差异直接影响植被类型及长势，降雨量充足的大小兴安岭山地区、辽宁环渤海山地丘陵区植被以乔、灌木为主，长势良好，林冠层截留及根系固土、保土效果显著，而降雨较少的呼伦贝尔高平原区植被以草本、灌木为主，固土保水效果与乔、灌木有较大差别，属于生态环境脆弱区，植被一旦被破坏，降雨直接作用于土壤，易诱发沟蚀。

（4）土壤。东北黑土区广泛分布的地带性土壤有寒温带的棕色针叶林土、山地苔原土、暗灰色森林土；温带的暗棕壤、黑土和黑钙土；暖温带的棕色森林土和褐土。此外，还有一些白浆土、草甸土和沼泽土等。东北黑土区侵蚀沟发育广泛与土壤性质关系密切。呼伦贝尔高平原区土壤类型较复杂，以黑土、暗棕壤、黑钙土和草甸土为主，土层较薄，一般在10～50cm，表土层一旦遭到破坏，沉积沙层就会裸露，造成土地沙化。由于多年耕作等人为活动的影响，东北漫川漫岗区土壤多由黑土变为黑黄土、黄黑土，土壤团粒结构差、质地疏松。长白山完达山山地丘陵区以白浆土为主，土层较薄，质地黏重。大兴安岭东坡丘陵沟壑区以草甸土、暗棕壤为主，土层较薄。辽宁环渤海山地丘陵区以暗棕壤、草甸土、褐土为主，土层深厚，肥力较高。大小兴安岭山地区以黑土、草甸土为主。各分区土壤理化性质差别不大，但由于自然条件及人为活动方式的不同，各区土层厚度具有一定差别。综合来看，黑土区土壤抗蚀性较弱，为侵蚀沟的发生与发展提供了条件。

（5）植被。东北黑土区林业资源丰富，从地带性及分区来看，可分为呼伦贝尔高原大针茅草原区、大兴安岭落叶松林区、东部山地红松阔叶混交林区和辽宁丘陵山地油松—柞树林区。主要树种有红松、油松、落叶松、樟子松、鱼鳞云杉、红皮云杉、臭松、枫、桦、杨、柳、椴树、黄菠萝、胡桃楸、蒙古栎等。东北黑土区森林植被覆盖度普遍较高，大小兴安岭、长白山一带林地面积约占全国林地总面积的33%。大小兴安岭山地区是东北地区重要的水源涵养和生态屏障区，植被资源丰富。大面积的森林能调节降水和地表径流，通过乔、灌木的林冠截留，改变降水形式，削弱降雨强度；枯枝落叶层能吸收林地降水，以较大的地表粗糙度削弱地表径流；乔、灌木群体浓密的地上部分和强大的根系可固土、保土、防冲，减免侵蚀沟的发生。长白山完达山山地丘陵区总体植被覆盖度较高，但局部区域植被遭到一定程度的破坏。辽宁环渤海山地丘陵区土壤肥沃、水资源丰富，植被状况良好。呼伦贝尔高平原区植被以草本、灌木为主，植被类型相对单一，人类活动的破坏已造成该区植被萎缩，草场、森林不断退化，沟蚀现象越发严重。东北漫川漫岗区、大兴安岭东坡丘陵沟壑区耕地面积大，植被覆盖度较低。

自然状态下，黑土区植被状况良好，但近些年由于人为破坏加剧，因此局部区域植被破坏严重，外营力可直接作用于土壤，导致沟蚀的发生。黑土区森林主要分布在人类活动较少的大小兴安岭、长白山一带，而粮食主产地东北漫川漫岗区、大兴安岭东坡丘陵沟壑区和人为扰动较大的呼伦贝尔高平原区植被覆盖度较低且季节性差异显著。由此可知，黑土区大面积的森林并没有真正地遏制住侵蚀沟的发育。

2.1.2 经济概况

东北地区是中华人民共和国成立初期最重要的工、农业生产基地，为我国的社会主义建设做出了巨大的贡献。被誉为“共和国的长子”，在全国最先基本建成涵盖全面的工业体系，从钢铁、化工、重型机械、汽车、造船、飞机到军工，各类重大工业项目星罗棋布。随着开发北大荒，东北被列为全国最重要的商品粮基地。粮食产量在中国的粮食生产中举足轻重，“黑土地”成为共和国的粮仓。东北黑土区粮食总产量627.02亿kg，占当年全国粮食产量4 306.95亿kg的14.56%，其中大豆产量占全国总产量的41.3%，玉米产量占全国总产量的29.00%。水果主要有苹果、梨、桃、杏等树种。

东北黑土区是我国重要的粮食生产基地，耕地面积占到总面积的16%，大面积、长历时的耕作活动已对黑土区土壤性质造成较大影响，耕地表层土壤质地疏松，抗蚀性较差，降雨过后易形成细沟，随着径流的冲刷，细沟会进一步发展成为浅沟、切沟。黑土区工农业生产等人类活动集中区主要分布在松嫩平原及其周边台地、低山丘陵区和辽河平原、三江平原及周边台地区，这些区域侵蚀沟发育较为剧烈。纵观黑土区，人类活动较少区域，植被、土壤状况较好，沟蚀较轻，如大小兴安岭山地区；而人类活动集中的东北漫川漫岗区、大兴安岭东坡丘陵沟壑区、呼伦贝尔高平原区，由于耕地重用轻养、开垦草场、过度放牧等人为因素破坏，土壤失去植被的保护，蓄水保土能力遭到破坏，因此一场高强度的降雨过后，极易产生侵蚀沟。黑土区人为活动与自然环境相辅相成，人为活动可改变自然环境，自然环境也可影响人类活动。人类活动是黑土区沟蚀的主要诱发性因素，黑土区不同地带人类活动强度有所不同，但即使在相同强度的人类活动条件下，由于不同区域自然地理条件的差异，对人类活动影响的容忍度也不相同，更会带来沟蚀强度的差异。

2.1.3 水土流失概况

东北黑土区的地形特点为坡缓、坡长；一般坡度在15°以下，坡长一般500～2 000m，最长达4 000m。黑土土壤疏松，抗蚀能力弱。由于降雨集中和长期以来人口增加导致的过度垦殖、超载放牧、乱砍滥伐等不合理的开发利用，使该区的水土流失日趋严重。

第一次全国水利普查结果显示，东北黑土区共有侵蚀沟295 663条，其中发展沟为侵蚀沟总数的88.67%，稳定沟为侵蚀沟总数的11.33%。侵蚀沟总长度为195 512.64km、总面积为3 648.42km^2，沟壑密度为0.21km/km^2，分布密度为0.31条/km^2，沟道纵比为8.43%。东北黑土区内侵蚀沟长度与侵蚀沟面积分布情况基本一致，呈正相关关系，这说明在东北黑土区内侵蚀沟长度对于侵蚀沟面积的影响要大于侵蚀沟宽度，表明东北黑土区内的侵蚀沟道多为“细长形”。东北黑土区四省区中，黑龙江侵蚀沟数量最多，为115 535条；辽宁省侵蚀沟数量最少，为47 193条；内蒙古自治区与吉林省侵蚀沟数量分别为69 957条、62 978条。内蒙古沟壑密度最大，为0.38km/km^2；黑龙江省沟壑密度最小，为0.12km/km^2；辽宁省和吉林省沟壑密度分别为0.17km/km^2、0.13km/km^2。内蒙古自治区侵蚀沟面积最大，为2 147.11km^2；辽宁省侵蚀沟面积最小，为198.61km^2；黑龙江省和吉林省侵蚀沟面积分别为928.99km^2、373.71km^2。内蒙古自治区侵蚀沟长度最大，为1 095 512.64km；吉林省侵蚀沟长度最小，为19 767.70km；黑龙江省和辽宁省侵蚀沟长度分别为45 244.34km、20 738.57km。

东北黑土区侵蚀沟类型的总体分布规律是发展沟数量明显大于稳定沟数量。东北黑土区发展沟数量占绝大比例的情况表明，黑土区内绝大多数的侵蚀沟随时都有进一步加剧发展的危险。产生这种现象的主要原因是东北黑土区内大范围不合理土地利用，加之黑土区土壤质地疏松、抗蚀性差，夏季集中降雨，对坡面冲刷严重，而每年春季土壤还会受到冻融作用影响。在这种情况下，每过一年侵蚀沟都会受到冻融侵蚀和水力侵蚀的双重作用，使侵蚀沟在已有的破坏程度上遭受更加严重的破坏，如不采取有效治理措施，侵蚀沟将很难达到稳定状态。

水力侵蚀、冻融侵蚀遍布东北黑土区全境，黑土区局部区域风蚀严重。黑土区土壤侵蚀方式分异体现出明显的南北递变的纬度地带性，由北端的寒温带半湿润区到南端的暖温带半湿润区，侵蚀方式由冻融侵蚀过渡到较强的水蚀；同时也体现出明显的东西递变的经度地带性，由东部的温带半湿润区到西部的温带半干旱区，侵蚀方式由水蚀过渡到较强的风蚀，水蚀、风蚀、冻融侵蚀形成三足鼎立的形式，三者在一年内随季节有明显的进退交替。冻融侵蚀在大小兴安岭山地区较为突出，水蚀在辽宁环渤海山地丘陵区较为突出，风蚀在呼伦贝尔高平原区较为突出。水蚀是侵蚀沟的首要诱发因素，冻融侵蚀可以改变土壤结构，降低土壤可蚀性，黑土区北部冻融严重区域，冻融侵蚀可通过频繁的冻融循环造成沟岸的坍塌。

2.1.4 水土保持概况

（1）中华人民共和国成立以来东北黑土区的水土保持工作情况。中华人民共和国成立以来，东北四省区各级政府和广大人民群众发扬自力更生、艰苦奋斗的精神，坚持不懈地开展水土流失综合治理。党中央、国务院一直重视黑土区的水土流失防治工作。1983年，国家第一个水土流失重点防治工程启动实施，就将黑土区的柳河流域列入重点治理区，取得了显著的成效，探索了治理路线，积累了丰富的经验。

水利部在东北地区组织实施了小流域综合治理试点，探索了不同类型区的水土流失规律和治理模式，为大面积开展治理积累了宝贵经验。2003年，在国家发展和改革委员会的支持下，启动实施了东北黑土区水土流失综合防治试点工程，黑土地水土流失防治速度进一步加快。

（2）黑土地水土流失防治的主要措施。东北黑土区水土流失防治工作始终坚持“预防为主、防治并重、治理与开发相结合”的方针，以保护耕地为中心，以小流域为单元，开展山水田林路综合治理。在治理过程中，注重工程措施、植物措施和农业措施科学配置，生态效益、经济效益和社会效益统筹兼顾，实行分区防治，重点治理，建立水土流失综合防治体系。

治理坡耕地的主要措施：顺坡垄改水平垄，修建地埂植物带、坡式梯田和水平梯田；配套拦、引、蓄、灌、排等小型水利水保工程，建设高标准基本农田；营造水土保持林、经济林等，改善农业生产条件，促进退耕和大面积封育保护。治理沟壑区的主要措施：修建沟头防护、谷坊、塘坝等沟道防护措施，建立完整的沟壑防护体系。在人为活动比较少、自然条件相对较好的地区，通过制定相关的保护政策和辅以必要的措施，同时加强监督执法工作，促进自然修复，改善生态环境。

2.2 典型研究区概况

2.2.1 扎兰屯市五一流域

扎兰屯市位于内蒙古自治区的东部，呼伦贝尔市的南端，属大兴安岭东南山地丘陵区，经度在120°28′～123°17′，纬度在47°05′～48°36′。地貌以山地丘陵为主，辖区面积16 800km^2。根据全国第二次土壤侵蚀遥感普查，扎兰屯市水土流失面积为4 515.63km^2，其中，水蚀4 486.01km^2。轻度侵蚀2 937.72km^2，占水土流失面积的65%；中度侵蚀1 548.29km^2，占水土流失面积的35%。

五一流域位于内蒙古自治区东部扎兰屯市，面积3.15km^2，土壤类型以暗棕壤为主，地貌为低山丘陵，年平均气温2.4℃，冬季平均气温-15.4℃，夏季平均气温19.5℃。年均降水量480.3mm，年平均日照时数2 773.3h，年有效积温为1 900～2 100℃，年日照时数2 650～2 900h，无霜期120d左右。冬季严寒少雪，辐射强，日照丰富。夏季短而温热，雨量集中，气温日、年较差较大。春季升温快，秋季温度骤降。种植作物以玉米、大豆、马铃薯为主。

2.2.2 海伦市光荣流域

海伦市位于黑龙江省的中部，绥化市北部，属东北漫川漫岗区，地处小兴安岭山地向松嫩平原的过渡地带，地势从东北部到西南部呈阶梯形逐渐降低，经度在126°14′～127°45′，纬度在46°58′～47°52′。辖区面积4 667.28km^2，不同地形部位分布着不同土壤，以黑土地面积最大。光荣流域位于黑龙江省松嫩平原北部海伦市西南部，面积1.87km^2，土壤类型以黑土为主，地貌为漫川漫岗。海伦市属温带大陆性季风气候，年平均气温2.6℃，冬季平均气温-20℃，夏季平均气温19.6℃，降雨多集中在6—8月，多年平均降雨量511.10mm，流经全市的河流有通肯河、克音河、扎音河、海伦河、三道乌龙沟5条河流，将市域切割包围成“目”字形。地表径流年际变化大，年平均自然径流总量为4.11亿m^3，径流深340mm。年有效积温2 300～2 600℃，年日照时数2 600～2 800h，无霜期125d左右。冬季漫长寒冷，夏季短促温润。种植作物以大豆、玉米为主。

不同地形部位分布着不同土壤。其中尤以在第一阶地与高平原上分布的黑土地面积最大，为29.13km^2，占总土地面积62.7%，现已全部开垦为耕地。其次为草甸地居多，面积1 137km^2，占总土地面积24.4%；其余分别为水稻土、白浆土、暗棕壤土和沼泽土，占总土地面积的12.9%。

2.2.3 梅河口市吉兴流域

梅河口市位于吉林省东南部，处于长白山西麓辉发河上游，东经125°15′～26°03′，北纬42°08′～43°02′。东与辉南县接壤，西与辽宁清源毗连，南与柳河为邻，北与东丰、磐石交界。南北极长97km，东西极宽35km，幅员2 174.60km^2。山地3 914km^2，丘陵913.30km^2，平原652.40km^2。

梅河口市属中北温带大陆性季风气候区，冬冷夏热，雨热同季，四季分明。境内河套低压活动频繁，冷高压控制时间长。气温差异不大，年平均气温4.6℃，7月最暖，平均气温22.4℃。1月最冷，平均气温为-16.4℃，平均年较差为38.8℃。境内主要是大气降水。年平均降水量为708.3mm。年平均降水总量15.51亿m^3，分布趋势受地形影响由南向东北递减。境内春季降水量较稳定，夏季次之，冬季、秋季最不稳定。由于8—10月降水量的不稳定性，常出现秋涝或秋旱现象。

梅河口市属哈达岭与龙岗山脉之间。由于南北极力的水平挤压不均衡，产生扭动，使长白山分成威虎岭、龙岗山、哈达岭、大黑山、老松岭等山脉。海拔超过400m的大山共22座，500m以上的山隘3处。大山山隘多分布于西南和北部，中部较少。梅河口市共有大小河流50余条，均属辉发河水系。其中河长10km以上的有25条，5km以上的31条。境内以大柳河流域为主。河流总长784.30km，总流域面积2 174.60km^2。大柳河流域，主流大柳河，总流域面积14 830km^2。梅河口市内10km以上支流有15条，流域内较大的白银河，发源于清源县水帘洞，总长39.40km，流域面积513km^2，平均坡降为千分之一。于山城镇汇入大柳河，是大柳河右岸较大的支流，发源于柳河县向阳乡金厂岭。全长147km，境内流域面积1 464km^2，于新合镇双胜村汇入大柳河，流域内10km以上支流有碱水河、小杨树河。大沙河流域，主流大沙河，是辉发河水系中大柳河左岸的较大支流，全流域面积964km^2。

吉兴流域位于吉林省南部梅河口市，面积15km^2，地貌为山地丘陵，土壤类型以白浆土为主，年平均气温3.3℃，冬季平均气温-18℃，夏季平均气温20℃。6—8月降水量占全年降水量70%以上，多年平均降水量468.58mm，年平均日照时数2 556h以上，全年＞10℃积温2 732℃，无霜期137d左右。四季分明，夏季温暖多雨，春季干燥多风，秋季少雨降温快，冬季寒冷漫长。种植作物以玉米、大豆、水稻为主。

2.2.4 拜泉县久胜流域

拜泉县位于黑龙江省中部偏西，属东北漫川漫岗区，经度在125°30′～126°31′，纬度在47°20′～47°55′。拜泉县地处小兴安岭余脉和张广才岭与松嫩平原西部的过渡地带，是世界三大黑土带之一，黑土、黑钙土占60%左右，属松嫩平原东部温带半湿润草甸与农田生态区。地貌以漫川漫岗为主，水土流失较为严重，生态环境脆弱。

全县分低丘陵、波状高平原、平原和漫滩地4个地貌类型。低丘陵分布在东部，包括新生、兴国、三道镇、国富、上升等乡镇和新生林场、国富林场，土地面积为176万亩，占全县总土地面积的30%。其中耕地面积为128万亩，占总耕地面积的30.8%。波状高平原多分布在县域的中部、北部、西北部，包括拜泉镇、时中、龙泉、长春、长荣、丰产、大众、兴农、兴华、建国等乡镇及二农场、新炭林场、苗圃，土地面积为254万亩，占县域总土地面积的51.9%。平原分布在县域西南，包括自强、富强、永勒等乡镇和富强马场，土地面积89.4万亩，占县域总土地面积的16.6%。其中耕地面积72.2万亩，占总耕地面积的17.3%。漫滩地主要分布在双阳河、通肯河、润津河两岸，土地面积2.50万亩，占总土地面积的3.8%。

3　东北黑土区侵蚀沟分布特征

3.1　概　述

本研究侵蚀沟数据源于第一次全国水利普查东北黑土区侵蚀沟普查数据，普查流程如下：侵蚀沟普查以国务院第一次全国水利普查领导小组办公室下发的遥感正射影像（时相为2007年1月至2010年10月，分辨率为2.5m×2.5m的全色影像，下文将该时段影像称作2010年影像数据）、1∶50 000数字线划图（DLG）、1∶50 000数字高程模型（分辨率为25m×25m的DEM）以及行政区划、流域边界和水系等数据为主要信息源，采用的数据卫星主要包括ZY（资源卫星）和ALOS卫星（日本对地观测卫星）。解译侵蚀沟前对基础遥感影像进行辐射校正、去条带和斑点，并进行几何校正、影像镶嵌和影像融合拼接，确保影像质量良好。此外，以DEM数据为基础对遥感正射影像进行配准，对每景遥感影像进行坐标系统转换和投影变换，使遥感影像数据坐标系统和投影方式与DEM数据的投影信息保持一致。

侵蚀沟解译基于GIS软件平台，采取人机交互、遥感影像预判和外业实地复核结合的方式。借助于遥感影像沿沟底从沟头向沟口画线，并以沟道线为标尺沿沟缘勾绘（偏差不超过5m），对每一条侵蚀沟进行编码，采用拓扑分析获取侵蚀沟长度、面积等指标；然后结合植被盖度判断侵蚀沟类型，定义发展沟植被盖度小于30%。最后导入数字线划图（DLG），结合遥感影像读取沟头和沟口高程和地理位置，计算沟头和沟口高程差与沟道长度比值，确定沟道纵比和地理空间位置（经纬度），从而获得侵蚀沟长度、数量、面积、类型、沟道纵比及地理位置等数据。侵蚀沟监测过程总体分为基础资料收集、侵蚀沟道提取、野外实地核查和数据整理汇总4个阶段。具体解译流程如图3-1所示。

由表3-1可以看出，东北黑土区发展沟数量较多，多数发展沟长度较小，处于发育初期或中期。黑龙江、吉林、辽宁、内蒙古四省区境内，长度处于100～500m的发展沟数量为各自发展沟总数的81.14%、82.9%、76.65%、41.12%，由此可知，黑土区四省区侵蚀沟进一步发展的潜在危险性较大。

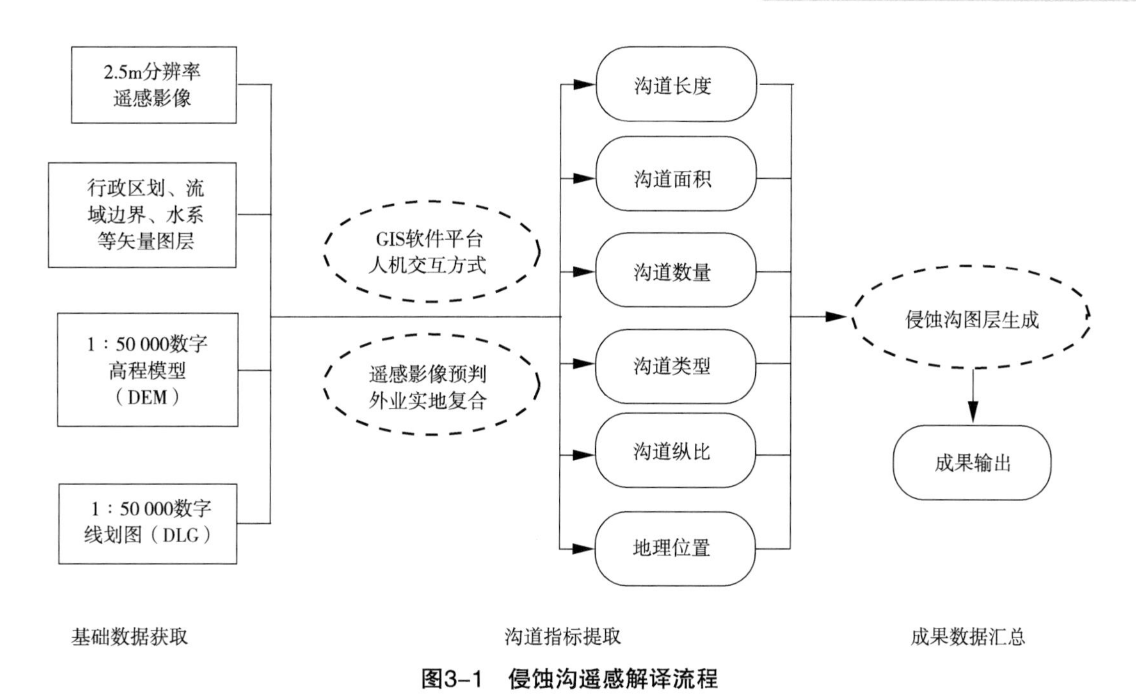

图3-1　侵蚀沟遥感解译流程

表3-1　东北黑土区侵蚀沟汇总表

侵蚀沟道类型（条）		沟道数量（km²）	沟道面积（km）	沟道长度（km/km²）	沟壑密度
发展沟	100m≤L^*<200m	59 762	100.95	9 269.12	0.21
	200m≤L<500m	131 149	622.84	42 937.63	
	500m≤L<1 000m	46 662	613.67	36 398.04	
	1 000m≤L<2 500m	20 552	926.22	48 130.23	
	2 500m≤L<5 000m	4 052	772.39	31 647.34	
稳定沟		33 486	612.36	27 130.28	
合计		295 663	3 648.42	195 512.64	0.21

* L为侵蚀沟长度。

3.2 侵蚀沟分布

根据普查数据得知东北黑土区四省区中，黑龙江侵蚀沟数量最多，为115 535条；辽宁省侵蚀沟数量最少，为47 193条；内蒙古自治区与吉林省侵蚀沟数量分别为69 957条、62 978条。内蒙古自治区沟壑密度最大，为0.38km/km^2；黑龙江省沟壑密度最小，为0.12km/km^2；辽宁省和吉林省沟壑密度分别为0.17km/km^2、0.13km/km^2。内蒙古自治区侵蚀沟面积最大，为2 147.11km^2；辽宁省侵蚀沟面积最小，为198.61km^2；黑龙江省和吉林省侵蚀沟面积分别为928.99km^2、373.71km^2。内蒙古自治区侵蚀沟长度最大，为1 095 512.64km；吉林省侵蚀沟长度最小，为19 767.70km；黑龙江省和辽宁省侵蚀沟长度分别为45 244.34km、20 738.57km。

四省区侵蚀沟分布情况：黑龙江和内蒙古侵蚀沟数量较多、沟道面积较大、沟道长度较长。辽宁省和吉林省侵蚀沟数量较少、沟道面积较小、沟道长度较短。黑龙江侵蚀沟数量最多，内蒙古侵蚀沟的面积最大，沟道长度最长，辽宁省境内侵蚀沟数量、面积、长度最小。东北黑土区各省区侵蚀沟道汇总情况见表3-2。

表3-2 东北黑土区各省（自治区）侵蚀沟汇总表

省份	普查面积（万km^2）	侵蚀沟数量（条）	发展沟数量（条）	稳定沟数量（条）	侵蚀沟面积（km^2）	侵蚀沟长度（km）	沟壑密度（km/km^2）	沟道纵比（%）
黑龙江	39.14	115 535	99 560	15 975	928.99	45 244.34	0.12	5.99
吉林	14.38	62 978	61 081	1 897	373.71	19 767.70	0.13	11.22
辽宁	12.31	47 193	39 094	8 099	198.61	20 738.57	0.17	8.81
内蒙古	28.81	69 957	62 443	7 514	2 147.11	109 762.03	0.38	9.68
合计	94.64	295 663	262 178	33 485	3 648.42	195 512.64	0.21	8.43

3.2.1 黑龙江省侵蚀沟分布

全国第一次水利普查结果显示：黑龙江省境内共有侵蚀沟道115 535条，其中发展沟99 560条、稳定沟15 975条、侵蚀沟道总面积为928.99km^2，侵蚀沟道总长度为45 244.34km，沟壑密度为0.12km/km^2，沟道纵比为5.99%。

黑龙江省侵蚀沟数量为东北黑土区侵蚀沟总数的39.08%，发展沟数量为东北黑土区发展沟总数的37.97%，稳定沟数量为东北黑土区稳定沟总数的47.71%，侵蚀沟面积为东北黑土区侵蚀沟总面积的25.46%，侵蚀沟长度为东北黑土区侵蚀沟总长度的23.14%。

黑龙江省侵蚀沟数量、面积、长度较大，单位面积内侵蚀沟数量、面积、长度较小。侵蚀沟分布特征为数量多，发育规模、沟壑密度较小，侵蚀沟进一步发展的潜在危险性较高。黑龙江省是我国的农林业大省，耕地、林地面积分别占全省总面积的25%、51.3%，省内大部分耕地地势平坦、集中连片，地形、气候和土壤条件较好，大面积的林地又增加了地表覆盖，削弱了外力对土壤的侵蚀作用，因此黑龙江省侵蚀沟沟壑密度、发育规模较小。

从区域分布来看，黑龙江省侵蚀沟的分布情况是中部缓坡地貌且耕地广泛分布地区侵蚀沟数量较多，沟壑密度较大，造成的水土流失较为严重。黑龙江省东部土层较薄的低山丘陵地区，虽然植被覆盖相对较好但侵蚀沟数量仍然较大，沟壑密度较小。北部大小兴安岭森林石质山地区域、西部风沙区、三江平原风蚀水蚀区侵蚀沟数量较少。就沟壑密度而言，各地侵蚀沟发育程度与水力面蚀侵蚀强度呈正相关关系，面蚀强度越高，沟壑密度越大，反之则较小。如面蚀强烈的绥化地区，其沟蚀程度也位居全省之首，而森林密布、水土流失轻微的大小兴安岭地区，其沟蚀程度也明显低于其他区域，这一地域性特征反映了沟蚀、面蚀发生机理的内在联系，体现了侵蚀沟发育的一般规律。黑龙江省侵蚀沟道普查成果也很好地反映了该省地貌、土地利用、降水等因素复合作用对侵蚀沟发育的影响。

3.2.2　吉林省侵蚀沟分布

全国第一次水利普查结果显示：吉林省境内共有侵蚀沟道62 978条，其中发展沟61 081条、稳定沟1 897条。侵蚀沟道总面积为373.71km^2，侵蚀沟道总长度为19 767.70km，沟壑密度为0.13km/km^2，沟道纵比为11.22%。

吉林省侵蚀沟数量为东北黑土区侵蚀沟总数的21.30%，发展沟数量为东北黑土区发展沟总数的23.30%，稳定沟数量为东北黑土区稳定沟总数的5.67%，侵蚀沟面积为东北黑土区侵蚀沟总面积的10.24%，侵蚀沟长度为东北黑土区侵蚀沟总长度的10.11%。

吉林省侵蚀沟数量、面积、长度较小，单位面积内侵蚀沟数量、面积较大，沟壑密度较小。对比分析可知，吉林省侵蚀沟形态特征是长度较小，宽度较大；侵蚀沟数量分布密度较大。吉林省是我国的农业大省，耕地面积为全省总面积的29.04%。吉林省地域差异显著，东、中、西部分别是长白山区、松辽平原、科尔沁草原，大致呈现东林、中农、西牧的土地利用格局。东部部分地区林木采育失调，植被遭到破坏，水土流失严重；中部部分地区过度垦殖，土壤肥力下降，土地抗蚀性减弱；西部部分地区草原受到破坏，生态环境脆弱。地域差异显著加之部分区域水土流失严重，造成吉林省侵蚀沟数量分布密度较大。从区域分布来看，侵蚀沟主要分布在吉林省中东部和第二松花江、拉林河及其他河流的一二级阶地。由于地势起伏大、耕地多、植被覆盖度低，所以吉林省境内的山地丘陵区侵蚀沟发育明显；而由于土壤沙化严重，降雨基本全部入渗，所以吉林省境内的松辽风沙区侵蚀沟发育不明显。

吉林省侵蚀沟从数量上看主要分布在吉林市、通化市、延边朝鲜族自治州等地区，在西部的白城市及松原市分布较少。吉林省侵蚀沟主要发育在吉林省中东部、第二松花江、拉林河及其他河流的一、二级阶地间，在山区河谷间开荒坡耕地也有较明显发育。从侵蚀沟道总数量、单位面积沟道数量及沟壑密度角度进行分析，吉林省侵蚀沟道主要分布在山地丘陵区和漫川漫岗区。造成这些区域侵蚀沟数量较多的原因是地势起伏较大，同时，该区域土地利用以耕地为主，缺少林草植被覆盖区域更易于侵蚀沟的形成。松辽防风固沙农田防护区侵蚀沟数量较少的主要原因是该区土壤沙化严重，降雨基本全部入渗，很难形成径流对土壤产生冲刷。吉林省普查结果显示在地形起伏大、耕地广泛分布区域水土流失严重，侵蚀沟数量也较多，林草植被覆盖较好和地势平坦区域侵蚀沟数量较少，侵蚀沟道普查结果能够反映出这一土壤侵蚀基本规律。

3.2.3 辽宁省侵蚀沟分布

辽宁省位于我国东北南部，东以鸭绿江为界与朝鲜隔江相望，西北与内蒙古自治区接壤，西南、北分别与河北省和吉林省为邻，辽东半岛及辽西走廊临渤海和黄海。其土壤结构主要由棕壤和褐土组成，耕地面积40 929km^2，占全省土地总面积的27.65%，是我国重要的粮食生产基地，但重耕轻养的耕作习惯导致该区土层变薄，土壤肥力降低，水力侵蚀严重，土壤理化性质逐渐恶化。

2010年全国第一次水利普查水土保持情况普查结果显示：辽宁省境内共有侵蚀沟道47 193条，其中发展沟39 094条、稳定沟8 099条。侵蚀沟道总面积为198.61km^2，侵蚀沟道总长度为20 738.57km，沟壑密度为0.17km/km^2，沟道纵比为8.81%。

全国第一次水利普查水土保持情况普查结果显示：辽宁省侵蚀沟数量为东北黑土区侵蚀沟总数的15.96%，发展沟数量为东北黑土区发展沟总数的14.91%，稳定沟数量为东北黑土区稳定沟总数的24.19%，侵蚀沟面积为侵蚀沟总面积的5.44%，侵蚀沟长度为侵蚀沟总长度的10.61%。

辽宁省侵蚀沟数量、面积、长度较小，单位面积内侵蚀沟数量、长度较大，单位面积内侵蚀沟面积较小。对比分析可知，辽宁省侵蚀沟的形态特征是长度较大，宽度较小；侵蚀沟沟壑密度较大，沟蚀现象严重。辽宁省耕地面积为409.08万hm^2，坡耕地占有较大比重，是水土流失的主要策源地，全省地貌自西向东依次为低山丘陵、平原和山地，土地退化严重。大面积坡耕地及多变的地貌造成辽宁省沟蚀发育较为严重。

从区域分布来看，辽宁省侵蚀沟道主要分布在辽西北地区以及辽东地区，其中西丰县侵蚀沟道数目最多为5 968条，义县侵蚀沟道数目次之为3 184条，开原市侵蚀沟道数目第三为2 154条。在本次侵蚀沟道普查过程中，辽中县（现辽中区）、台安县、大洼县（现大洼区）和盘山县，没有发现符合普查要求的侵蚀沟道。从侵蚀沟道的数目分布上分析，辽宁省侵蚀沟道数目的多少主要受到降雨、地形因素、耕地面积的影响，辽西北地区以及辽东地区受地形起伏较大的影响侵蚀沟道数目分布较多，此外，降雨因素对于辽东地区侵蚀沟的形成也有较大程度的影响，大面积的耕地对辽西北侵蚀沟发育有较大影响。全省侵蚀沟数量与坡耕地面积呈正相关关系，各地沟壑密度与降雨强度呈正相关关系。侵蚀沟道数目分布较多。

3.2.4 内蒙古自治区侵蚀沟分布

第一次全国水利普查结果显示：内蒙古自治区境内共有侵蚀沟道69 957条，其中发展沟62 443条、稳定沟7 514条。侵蚀沟道总面积为2 147.11km^2，侵蚀沟道总长度为109 762.03km，沟壑密度为0.38km/km^2，沟道纵比为9.68%。

内蒙古自治区侵蚀沟数量为东北黑土区侵蚀沟总数的23.66%，发展沟数量为东北黑土区发展沟总数的23.82%，稳定沟数量为东北黑土区稳定沟总数的22.44%，侵蚀沟面积为东北黑土区侵蚀沟总面积的58.85%，侵蚀沟长度为东北黑土区侵蚀沟总长度的56.14%。

内蒙古自治区侵蚀沟数量、面积、长度较大，单位面积内侵蚀沟数量较少，单位面积内侵蚀沟面积、长度较大。对比分析可知，内蒙古侵蚀沟发育规模、沟壑密度较大，沟蚀现象严重。内蒙古气候干旱，风力强劲，植被以草本和灌木为主，抵抗外力侵蚀能力较弱，是我国生态环境相对脆弱地区。该区地貌以蒙古高原为主体，具有复杂多样的形态，高原、山地、丘陵面积分别占全区总面积的53.4%、20.9%和16.4%。内蒙古是我国重要的农牧业和商品粮生产区，耕地和牧草地面积分别占土地总面积的6.15%和57.03%，耕地重用轻养，植被类型单一，过度放牧及矿产开采等因素造成内蒙古侵蚀沟发育规模、沟壑密度较大。从区域分布来看，内蒙古侵蚀沟沿各大水系两侧分布，总体上以额尔古纳河为界：额尔古纳河以东、以南侵蚀沟分布密集，侵蚀沟数量约为总数的2/3，其中大多数侵蚀沟分布在扎兰屯以南地区，东北角区域侵蚀沟数量较少，仅鄂伦春与莫力达瓦达斡尔族自治旗交界处有少量侵蚀沟；额尔古纳河以西侵蚀沟较少，数量约为总数的1/3，总体呈片状分布。

内蒙古自治区侵蚀沟数量较大，分布广泛，侵蚀沟沿各大水系两侧分布，总体上主要以额尔古纳河为界。额尔古纳河以东、以南侵蚀沟道分布密集，密度较高，侵蚀沟道数量约为总数的2/3，其中大多数侵蚀沟道分布在扎兰屯市以南的地区，扎兰屯市的东北部沿省界均匀分布着一定数量的侵蚀沟道，侵蚀沟道一直延伸到东北部的莫力达瓦达斡尔族自治旗。内蒙古东北黑土区的东北角侵蚀沟道分布较少，仅鄂伦春自治旗与莫力达瓦达斡尔族自治旗相邻的交界处有少量的侵蚀沟道零星分布。额尔古纳河以西侵蚀沟道分布较少，侵蚀沟道数量约为总数的1/3，且分布密度较低，分布较为分散，总体呈片状分布。侵蚀沟道普查成果表明，内蒙古自治区独特的自然和人文环境对侵蚀沟分布与侵蚀沟发育形态有影响。

3.3 流域侵蚀沟分布特征

东北黑土区内有松花江与辽河两大流域（表3-3），松花江流域共有侵蚀沟224 529条，占松辽流域侵蚀沟总数的75.94%。其中发展沟199 801条，占松辽流域发展沟总数的76.21%；稳定沟24 728条，占松辽流域稳定沟总数的73.85%。侵蚀沟道总面积为3 323.80km^2，占松辽流域侵蚀沟总面积的91.10%。侵蚀沟道总长度为160 191.1km，占松辽流域侵蚀沟总长度的81.93%。平均沟道纵比为7.97%。

表3-3 松花江流域各项侵蚀沟普查数据

流域	侵蚀沟数量（条）	发展沟数量（条）	稳定沟数量（条）	沟道面积（km^2）	沟道长度（km）
松花江流域	224 529	199 801	24 728	3 323.80	160 191.1
占松辽流域比例（%）	75.94	76.21	73.85	91.10	81.93
辽河流域	71 134	62 376	8 758	424.62	35 321.6
占松辽流域比例（%）	24.06	23.79	26.15	8.90	18.07

辽河流域黑土区内共有侵蚀沟71 134条，占松辽流域侵蚀沟总数的24.06%。其中发展沟62 376条，占松辽流域发展沟总数的23.79%；稳定沟8 758条，占松花江流域稳定沟总数的26.15%。侵蚀沟道总面积为424.62km^2，占松辽流域侵蚀沟总面积的8.90%。侵蚀沟总长度为35 321.6km，占松辽流域侵蚀沟总长度的18.07%。平均沟道纵比为9.99%。

3.4 二级分区侵蚀沟分布特征

根据全国水土保持二级区划的划分，东北黑土区在本次普查范围内的分区：长白山完达山山地丘陵区、东北漫川漫岗区、大兴安岭东坡丘陵沟壑区、辽宁环渤海山地丘陵区、大小兴安岭山地区、呼伦贝尔高平原区。各规划分区普查情况见表3-4。

表3-4　东北黑土区各规划分区普查情况汇总表

分区	侵蚀沟数量（条）	稳定沟数量（条）	发展沟数量（条）	侵蚀沟面积（km^2）	侵蚀沟长度（km）	沟壑密度（km/km^2）	沟道纵比（%）
长白山完达山山地丘陵区	120 670	10 131	110 539	668.90	42 305.26	0.14	9.44
占东北黑土区比例（%）	40.81	30.26	42.16	18.34	21.64		
东北漫川漫岗区	61 818	8 554	53 264	563.66	24 638.40	0.14	5.95
占东北黑土区比例（%）	20.91	25.55	20.32	15.46	12.60		
大兴安岭东坡丘陵沟壑区	61 677	4 923	56 754	1 369.00	85 368.06	0.56	7.67
占东北黑土区比例（%）	20.86	14.70	21.65	37.54	43.66		
辽宁环渤海山地丘陵区	25 916	4 504	21 412	138.44	12 537.15	0.18	7.89
占东北黑土区比例（%）	8.77	13.45	8.17	3.80	6.41		
大小兴安岭山地区	20 029	5 067	14 962	468.81	17 722.79	0.08	6.48
占东北黑土区比例（%）	6.77	15.13	5.71	12.86	9.06		
呼伦贝尔高平原区	5 306	306	5 000	436.73	12 872.91	0.36	7.79
占东北黑土区比例（%）	1.79	0.91	1.91	11.98	6.58		

3.4.1　长白山完达山山地丘陵区

长白山完达山山地丘陵区侵蚀沟数量为120 670条，侵蚀沟面积为668.9km^2，侵蚀沟长度为42 305.26km，沟道纵比为9.44%，沟壑密度为0.14km/km^2。该地区降雨较多，山地为丘陵地貌，地势平坦，而植被条件一般，因而侵蚀沟发育广泛。

长白山完达山山地丘陵区侵蚀沟数量已经达到了东北黑土区内侵蚀沟总数的40.81%。该地区降雨较多，地貌为山地丘陵区，大量农田开垦，同时植被条件一般的情况下很难阻止侵蚀沟的发育，有限的土层厚度和山地丘陵地貌使该区侵蚀沟多发育呈“细长形”侵蚀沟形态。

3.4.2 东北漫川漫岗区

东北漫川漫岗土壤保持区侵蚀沟数量为61 818条，侵蚀沟面积为563.66km^2，侵蚀沟长度为24 638.40km，沟道纵比为5.95%，沟壑密度为0.14km/km^2。东北漫川漫岗区位于黑土区中部，主要是指大小兴安岭和长白山延伸的山前台地，由“德北山前台地”“克拜波状起伏台地沟壑”和“南部波状缓倾斜台地”三部分共同组成，总面积达11.41万km^2。漫川漫岗区地势波状起伏，土地利用以耕地为主，水土流失类型以水力侵蚀为主，春季解冻期冻融、融雪侵蚀剧烈。

东北漫川漫岗土壤保持区地形比较复杂，起伏较大，坡长多为500～1 000m，气候属于寒温带大陆性半湿润气候，春季多风，气温寒暑相差悬殊，气温平均为0℃，平均日照时数2 740h，无霜期110～120d。年总降水量500～550mm，年平均降水自西南向东北递增，降雨年际变化大，分布不均，7—9月降水占全年降水的70%。土壤主要由黑土、黑钙土和草甸土组成。

东北漫川漫岗土壤保持区属东北黑土区的核心地带，是我国主要的商品粮生产基地。由于土地利用以耕地为主，因此侵蚀沟数量已经达到了东北黑土区内侵蚀沟总数的20.91%，漫川漫岗区地形复杂，起伏较大，地面坡度大部分为3°～8°，坡长多为500～1 000m，汇水面积较大，面蚀严重，遇到大雨或暴雨时，常发生沟蚀，沟壑冲刷严重，土壤多由黑土变为黑黄土、黄黑土等，土壤团粒结构差，抗蚀力不断降低，加之年降水量的60%～70%集中在7—9月，并多暴雨，从而加剧了侵蚀沟的发展。

研究区共有侵蚀沟14 273条，其中88.91%为发展沟，11.09%为稳定沟，侵蚀沟总长度为557.66km，总面积为13 415.04m^2。由图3-2可以看出，研究区沟壑密度介于0.01～0.47km/km^2，分布密度介于0.05～0.91条/km^2，沟壑密度、分布密度均值分别为0.2km/km^2、0.42条/km^2。沟壑密度与分布密度呈正相关关系，关系式为$y=1.87x+0.06$，相关系数$R^2=0.97$，这说明单位面积内侵蚀沟数量与长度呈正相关关系，侵蚀沟发育规模接近。庆安、克东、海伦的沟壑密度、分布密度较大，双城、农安、嫩江、昌图的沟壑密度、分布密度较小，两项指标标准差分别为0.18、0.35。这说明东北漫川漫岗区侵蚀沟发育剧烈程度具有地域性差异，结合研究区所处地理位置可以看出，东北漫川漫岗区北部侵蚀沟发育严重，沟壑密度、分布密度分别为0.3km/km^2、0.61条/km^2，南部侵蚀沟发育相对较弱，沟壑密度、分布密度分别为0.06km/km^2、0.18条/km^2。

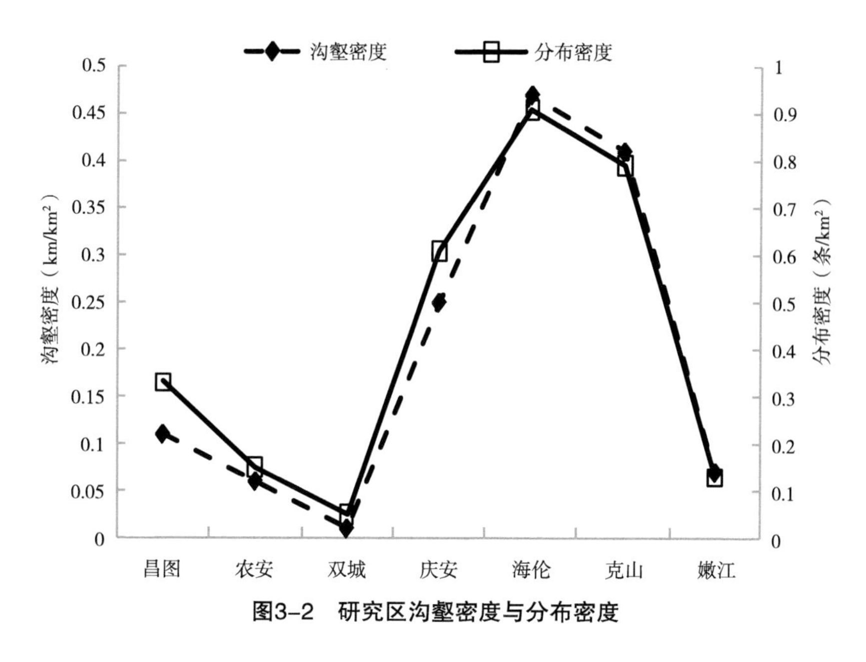

图3-2 研究区沟壑密度与分布密度

将发展沟长度分成5个范围，分别为100～200m、200～500m、500～1 000m、1 000～2 500m、2 500～5 000m。由图3-3可以看出，随着长度的增加，侵蚀沟数量先增加后减小，41.26%的侵蚀沟处于200～500m，33.85%的侵蚀沟处于500～1 000m。随着侵蚀沟长度的增加，沟道纵比逐渐减小。说明东北漫川漫岗区侵蚀沟多数处于发育初、中期，该阶段侵蚀沟沟道纵比较大，可达到4.59%～6.16%，这使得沟内径流流速加快，加剧对沟道的冲刷。该阶段是侵蚀沟高速发育期，侵蚀沟发育潜在危险性较大。

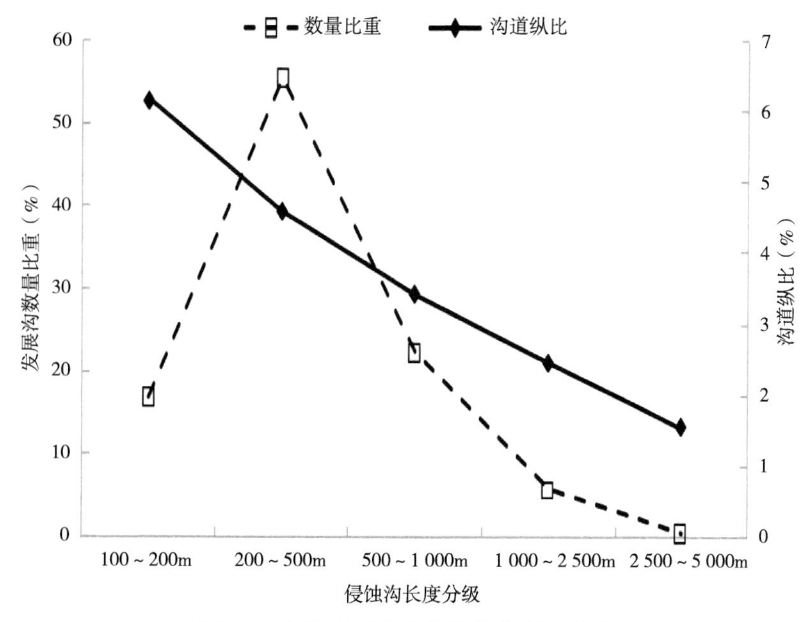

图3-3 不同长度分级侵蚀沟数量、纵比

3.4.3 大兴安岭东坡丘陵沟壑区

大兴安岭东坡丘陵沟壑区侵蚀沟数量为61 677条，侵蚀沟面积为1 369.00km^2，侵蚀沟长度为85 368.06km，沟道纵比为7.67%，沟壑密度为0.56km/km^2。大兴安岭东坡丘陵沟壑区土层较薄，侵蚀沟分布相对其他分区较为密集。该地区坡度较大且缺少林草覆盖。由于人类长期大量耕作的影响，破坏了土壤固有的结构，造成地表结构松散，易于遭受侵蚀。大兴安岭东坡丘陵沟壑区为山地的延伸部分，属低山丘陵地带，地形比较复杂，山区多为天然次生林。同时由于采育严重失调，伐多造少、毁林开荒、陡坡开荒等原因，致使林区水土流失不断加剧，弃耕地面积不断增加。

3.4.4 辽宁环渤海山地丘陵区

辽宁环渤海山地丘陵区侵蚀沟数量为25 916条，侵蚀沟面积为138.44km^2，侵蚀沟长度为12 537.15km，沟道纵比为7.89%，沟壑密度为0.18km/km^2。辽宁环渤海山地丘陵区属风水两相侵蚀交错区。该区林草植被覆盖较好，但该区降雨量大且多暴雨，加之小面积坡耕地开垦和矿山等开发建设项目扰动地表，植被破坏，所以该区域易形成规模较小、密度较大的小型侵蚀沟。该区沟道纵比相对较大是因为沟道发育时间较短，处于不稳定的发展沟阶段。

3.4.5 大小兴安岭山地区

大小兴安岭山地区侵蚀沟数量为20 029条，侵蚀沟面积为468.81km^2，侵蚀沟长度为17 722.79km，平均沟道纵比为6.48%，沟壑密度为0.08km/km^2。

大兴安岭山地区是东北地区重要的水源涵养和生态屏障区，特点是面积大、植被覆盖度高，侵蚀沟的数量较少。该区良好的植被覆盖对土壤有一定的保护作用，减弱了水力、风力等外力对于该区土壤的作用力。同时，植物根系对土壤有一定的固结作用，使土壤的抗蚀力增强。因此，该区侵蚀沟数量较少。

3.4.6 呼伦贝尔高平原区

呼伦贝尔高原区侵蚀沟数量为5 306条，侵蚀沟面积为436.73hm^2，侵蚀沟长度为12 872.91km，沟道纵比为7.79%，沟壑密度为0.36km/km^2。

呼伦贝尔高原区是我国重要的草原草甸生态功能区，近年来由于草地无序开发利用，使草原生态系统严重退化，表现为草地群落结构简单化、草场沙漠化、草原湿地萎缩。由于该区处于风水两相侵蚀交错区域，降水总量有限，侵蚀沟发育数量很少。但是由于地表植被的大面积萎缩，加之缓坡丘陵地貌影响，降雨侵蚀在该区发育出规模较大的侵蚀沟，致使侵蚀沟面积达到全区侵蚀沟道总面积的11.98%。

3.4.7 黑土区水土保持二级分区侵蚀沟分布对比

东北黑土区沟壑密度为0.21km/km^2。其中大兴安岭东坡丘陵沟壑区、呼伦贝尔高平原区沟壑密度分别高达0.56km/km^2、0.36km/km^2。两个分区如此高的沟壑密度与不合理的土地利用方式及人为扰动关系密切。大兴安岭东坡丘陵沟壑区地形复杂，地势起伏，土地利用以耕地为主且多坡耕地，开垦草场、过度放牧等人为活动破坏生态环境，使土壤失去植被保护，蓄水保土能力遭到破坏，高强度降雨过后，易产生侵蚀沟。呼伦贝尔高平原区土层较薄，表土层一旦遭到破坏，沉积沙层就会裸露，造成土地沙化，过度放牧、矿产开采等人为活动造成草原退化，该区为风水两相侵蚀交错区域，地表植被破坏，加之缓坡丘陵地貌影响，降雨易导致该区沟蚀严重。大小兴安岭山地丘陵区沟壑密度为0.08km/km^2。该区是东北地区重要的水源涵养和生态屏障区，植被状况良好，人为扰动较小，大面积植被既可以削弱降雨冲击力又可以固土、保土，丰富的水资源和森林资源使该区蓄水保土效果显著，沟蚀现象较轻（图3-4至图3-7）。

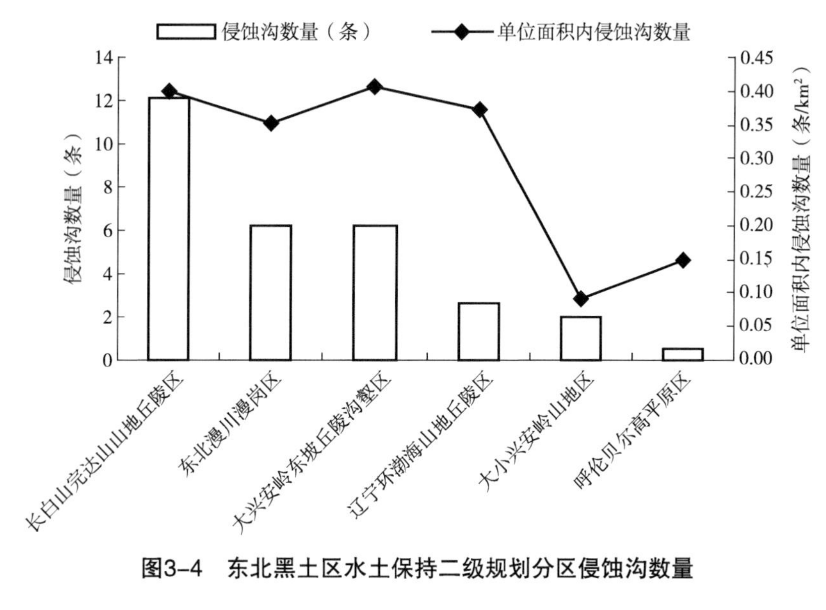

图3-4 东北黑土区水土保持二级规划分区侵蚀沟数量

长白山完达山山地丘陵区、东北漫川漫岗区、大兴安岭东坡丘陵沟壑区侵蚀沟数量分别为12.07万条、6.18万条、6.17万条，侵蚀沟面积分别为668.9km^2、563.66km^2、1 369km^2，侵蚀沟长度分别为4.23万km、2.46万km、8.54万km。三者合计侵蚀沟数量为黑土区侵蚀沟总数的82.65%，侵蚀沟面积为黑土区侵蚀沟总面积的65.86%，侵蚀沟长度为黑土区侵蚀沟总长度的77.9%。从侵蚀沟数量、面积、长度角度考虑，长白山完达山山地丘陵区、东北漫川漫岗区、大兴安岭东坡丘陵沟壑区是侵蚀沟发育最严重的3个二级分区。黑土区人为活动主要集中在这3个分区，各类活动对区域土壤、植被造成一定程度的破坏。由此可知，人为活动是影响黑土区侵蚀沟发育的首要因素。黑土区侵蚀沟长度与面积呈正相关关系，说明侵蚀沟长度对面积的影响大于宽度，即黑土区侵蚀沟多为“细长形”。长白山完达山山地丘陵区、辽宁环渤海山地区沟道纵比较大，沟道下切能力较强。东北漫川漫岗区沟道纵比较小，沟道下切能力较弱。长白山完达山山地丘陵区、东北漫川漫岗区、辽宁环渤海山地丘陵区、大小兴安岭山地区侵蚀沟发育规模较小，大兴安岭东坡丘陵沟壑区、呼伦贝尔高平原区侵蚀沟发育规模较大。耕地广布、土壤抗蚀性差、降雨及冻融等因素造成88.67%的侵蚀沟处于发展状态，侵蚀沟进一步发展的潜在危险性很高。

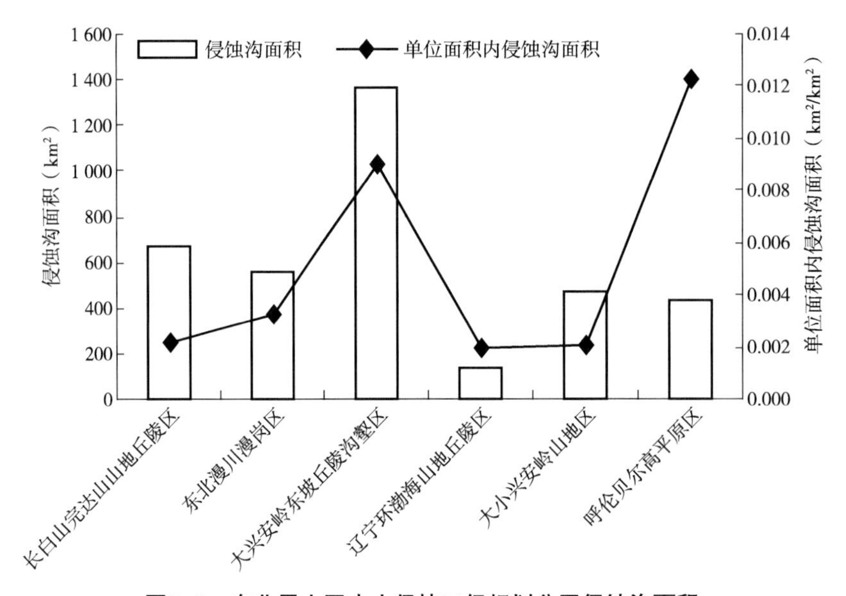

图3-5　东北黑土区水土保持二级规划分区侵蚀沟面积

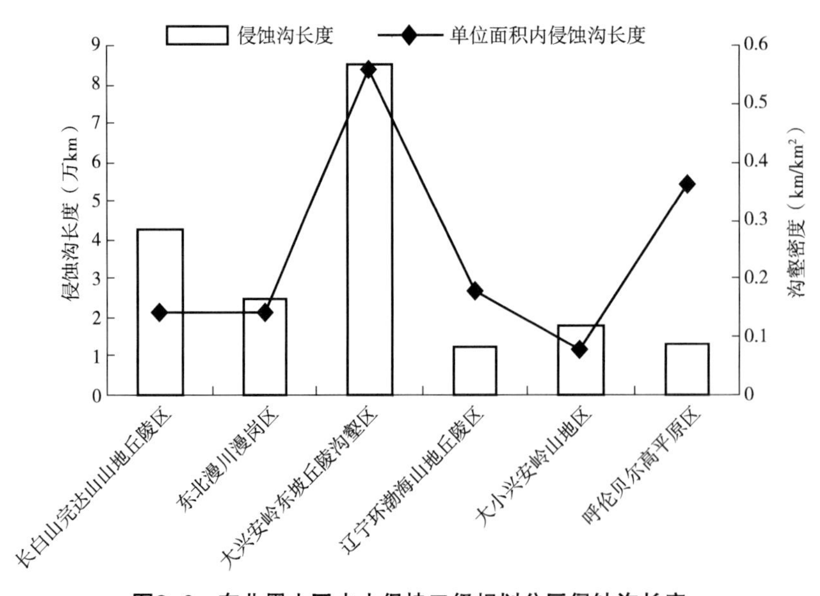

图3-6　东北黑土区水土保持二级规划分区侵蚀沟长度

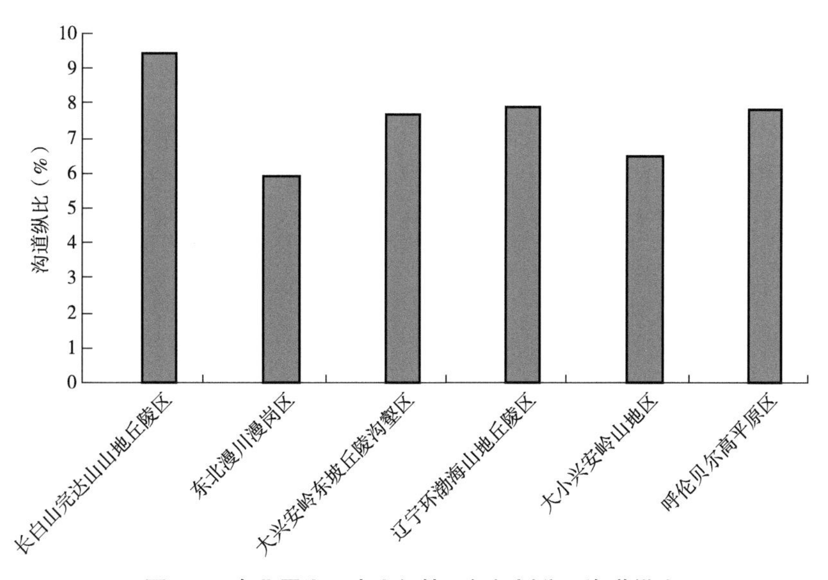

图3-7　东北黑土区水土保持二级规划分区沟道纵比

3.5　侵蚀沟形态特征分形量化研究

3.5.1　侵蚀沟分布特征

据第一次全国水利普查结果，东北黑土区共有侵蚀沟295 663条，其中发展沟为侵蚀沟总数的88.67%，稳定沟为侵蚀沟总数的11.33%。侵蚀沟总长度为195 512.64km、总面积为3 648.42km^2，沟壑密度为0.21km/km^2，沟道纵比为8.43%。黑龙江侵蚀沟数量最多，为115 535条；辽宁省侵蚀沟数量最少，为47 193条；内蒙古自治区与吉林省侵蚀沟数量分别为69 957条、62 978条。内蒙古自治区沟壑密度最大，为0.38km/km^2；黑龙江省沟壑密度最小，为0.12km/km^2；辽宁省和吉林省沟壑密度分别为0.17km/km^2、0.13km/km^2。内蒙古自治区侵蚀沟面积最大，为2 147.11km^2；辽宁省侵蚀沟面积最小，为198.61km^2；黑龙江省和吉林省侵蚀沟面积分别为928.99km^2、373.71km^2。内蒙古自治区侵蚀沟长度最大，为1 095 512.64km；吉林省侵蚀沟长度最小，为19 767.70km；黑龙江省和辽宁省侵蚀沟长度分别为45 244.34km、20 738.57km。四省（自治区）侵蚀沟分布情况是黑龙江省和内蒙古自治区侵蚀沟数量较多、沟道面积较大、沟道长度较长。辽宁省和吉林省侵蚀沟数量较少、沟道面积较小、沟道长度较短。黑龙江省侵蚀沟数量最多，内蒙古自治区侵蚀沟的面积最大、沟道长度最长，辽宁省境内侵蚀沟数量、面积、长度最小。

由于人为活动、地形地貌、土地利用等因素的不同，黑土区各水保规划分区侵蚀沟分布特征差异较大。长白山完达山山地丘陵区、东北漫川漫岗区侵蚀沟数量、面积、长度较大。大兴安岭东坡丘陵沟壑区、呼伦贝尔高平原区沟壑密度较大，大小兴安岭山地区沟壑密度较小。从侵蚀沟数量、面积、长度角度考虑，长白山完达山山地丘陵区、东北漫川漫岗区沟蚀最严重。从沟壑密度角度考虑，大兴安岭东坡丘陵沟壑区、呼伦贝尔高平原区沟蚀最严重。黑土区沟壑密度已达到0.21km/km^2，大兴安岭东坡丘陵沟壑区、呼伦贝尔高平原区沟壑密度分别高达0.56km/km^2、0.36km/km^2。黑土区88.67%的侵蚀沟处于发展状态，且64.57%的发展沟长度在100～500m，发展沟进一步发展的潜在危险性巨大。

3.5.2 形态特征量化方法与数据处理

3.5.2.1 分析原理与方法

分形维数是量化形态特征的重要参数，根据局部与整体间一定程度上的相似性，定量刻画和描述自然界一些不可微的、支离破碎的和形状复杂多变的物体，在一定程度上反映分形体的复杂程度（王民等，2008；Skubalska-Rafajlowicz，2005；Amer et al.，2012）。其原理：对于任一个不规则的分形体，以边长为r的网格覆盖一个二维平面分形体，计算出图形中非空网格数为$N(r)$，对不同的覆盖网格r_i（i=1，2，3，…，m）进行计算，将得到m个不同的$N(r_i)$值与之对应，即：

$$N(r_i)=f(r_i^{-D_i})$$

式中：$N(r_i)$为非空网格数；r_i为覆盖网格；D_i为分形维数。

在双对数轴上标绘$\ln N(r_i)$与$\ln r_i$数值之间关系，用最小二乘法作一元线性回归将其拟合出一条直线，直线的斜率（分形无标度区间内）即为侵蚀沟形态分形维数D_i。分形公式如下：

$$\ln N(r_i)=C_i-D_i\ln r_i$$

式中：$N(r_i)$为非空网格数；D_i为分形维数；C_i为系数。

3.5.2.2 指标提取与处理

采用分形理论将研究区普查出的295 663条侵蚀沟矢量数据栅格化，通过ArcGIS的属性查询功能计算出非空网格的数目$N(r)$，依次变换像元大小r，获得不同的r_i与相应的$N(r_i)$。在选择像元大小时，尺度太大将降低侵蚀沟分形精度，尺度太小数据量将以几何形式递增，影响运算速度。因此，像元大小（单位：m×m）依次取0.2×0.2、0.4×0.4、0.6×0.6、0.8×0.8、1.0×1.0、1.2×1.2、1.4×1.4、1.6×1.6、1.8×1.8、2.0×2.0、2.2×2.2、2.4×2.4、2.6×2.6、2.8×2.8、3.0×3.0、3.2×3.2、3.4×3.4、3.6×3.6、3.8×3.8、4.0×4.0共20级网格梯度，分形维数计算流程如图3-8所示。

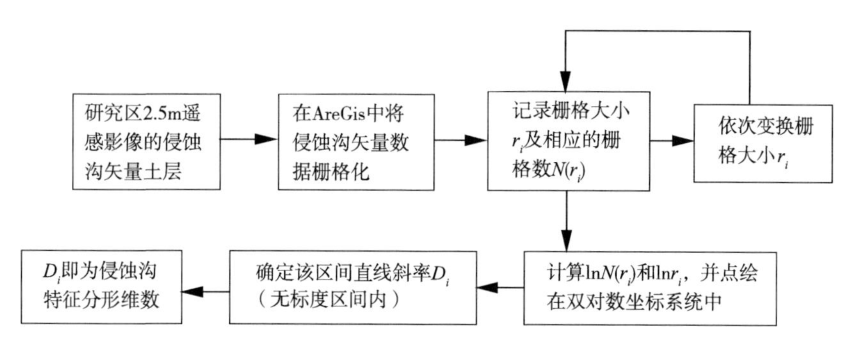

图3-8 侵蚀沟分形维数计算流程

3.5.3 侵蚀沟形态分形量化信息分析

基于侵蚀沟形态分形理论与方法，计算得到了东北黑土区普查出的295 663条侵蚀沟形态分形维数以及大小兴安岭山地区、大兴安岭东坡丘陵沟壑区、呼伦贝尔高平原区、辽宁环渤海山地丘陵区、东北漫川漫岗区、长白山完达山山地丘陵区6个分区侵蚀沟形态分形维数均值（表3-5）。

表3-5 侵蚀沟分形维数信息统计

二级分区	无标度区间（m）	校正系数（R^2）	像元尺寸及规格（m）	分形维数（D_i）
大小兴安岭山地区（BⅠ）	0.2 ~ 2.4	0.997	0.2，0.4，0.6，…，3.4，3.6，3.8，4.0	1.091
大兴安岭东坡丘陵沟壑区（BⅡ）		0.994		1.117
呼伦贝尔高平原区（BⅢ）		0.996		1.127
辽宁环渤海山地丘陵区（BⅣ）		0.993		1.061
东北漫川漫岗区（BⅤ）		0.996		1.062
长白山完达山山地丘陵区（BⅥ）		0.996		1.045

无标度区间是指侵蚀沟分形维数相关程度最好且形态具有分形特征的尺度范围。东北黑土区侵蚀沟分形维数计算时选取像元大小范围在0.2 ~ 4.0m，在双对数坐标系统中对像元大小与对应像元数量作一元线性回归确定了侵蚀沟分形无标度区间为0.2 ~ 2.4m。在无标度区间内，各水土保持二级分区侵蚀沟$\ln N(r_i)$与拟合直线的校正决定系数（R^2）均在0.993（$P<0.001$）以上，相关性显著，具有标度不变性特征。以上分析表明，在无标度区间内，东北黑土区各分区侵蚀沟分形特征良好，分形维数D_i可作为该区域侵蚀沟形态特征分形量化的综合指标。

3.5.4 基于分形理论的侵蚀沟形态划分

地形地貌与频繁的人类活动是区域侵蚀沟形态多样性的主要原因。欧式几何中，一维的线分维值是1，二维的面分维值是2。因此，理论上线型侵蚀沟可以看作是一维的线，分形维数是1；分支型侵蚀沟可以看作曲线段在平面的集合，分形维数应处于1～2之间。本研究中东北黑土区侵蚀沟分形维数分布范围为0.910～1.239。无标度区间与斑块面积存在一定的联系，斑块面积越大，无标度区间相对较大，当斑块面积相近时，无标度区间受面积影响作用有所减弱（崔灵周等，2004）。侵蚀沟形态的多样化决定了面积的千差万别，无标度区间确定、计算机运行及人为因素对分形结果都会产生一定的影响，这些误差都是无法避免的。研究成果在误差允许范围内与上述理论相符。

基于侵蚀沟形态分形成果，依据几何原理将侵蚀沟划分为线型和分支型（2条及2条以上分支）两类。线型和分支型是侵蚀沟发展到不同阶段时的形态表现形式，不同形态侵蚀沟分布比例在一定程度上也反映了区域侵蚀网复杂程度。如图3-9所示，长白山完达山山地丘陵区侵蚀沟数量最多，几乎是研究区侵蚀沟总数的一半，地表切割十分严重；呼伦贝尔高平原区侵蚀沟数量最少，不足研究区侵蚀沟总数的2%，但较小的面积分布有比例较大的侵蚀沟，侵蚀程度不容忽视。采用二维分形理论将研究区侵蚀沟划分为线型与分支型，东北黑土区有192 199条分支型侵蚀沟，是侵蚀沟总数的65.06%，表明东北黑土区65%以上的侵蚀沟是形态比较复杂的分支型侵蚀沟。由图3-9及表3-5还可以看出，以大小兴安岭山地区、呼伦贝尔高平原区以及大兴安岭东坡丘陵沟壑区为主的西北部地区分支型侵蚀沟所占比例高达78.77%；以东北漫川漫岗区、辽宁环渤海山地丘陵区以及长白山完达山山地丘陵区为主的东南部地区线型侵蚀沟与分支型侵蚀沟分布数量几乎相当。

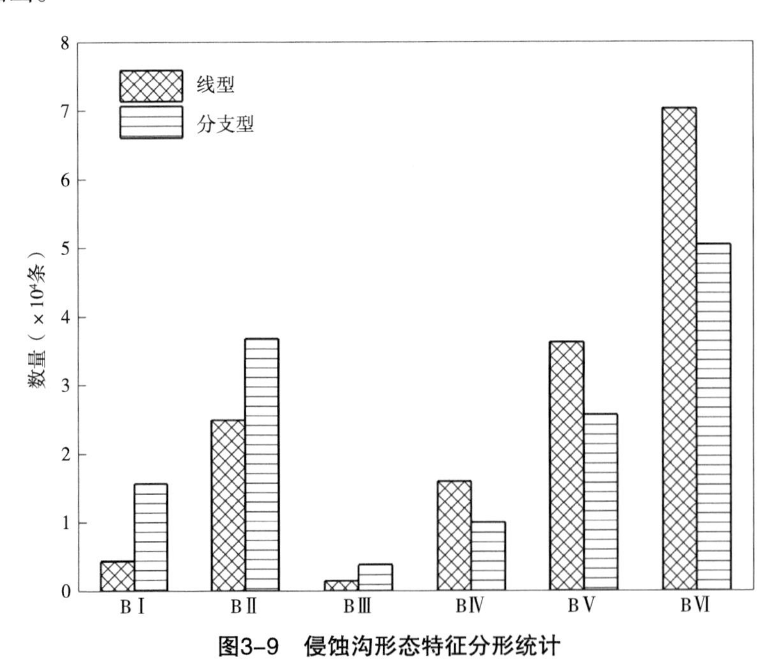

图3-9　侵蚀沟形态特征分形统计

3.5.5 侵蚀沟形态特征空间变异分析

3.5.5.1 分形维数空间变异特征

分形维数揭示了侵蚀沟发展不同时期形态复杂的本质。如图3-10所示，侵蚀沟形态特征分布具有一定的地区性规律，分形特征东西部差异明显，总体表现为西北部较东南部侵蚀沟形态复杂，分形维数大。其中，各分区侵蚀沟形态复杂程度具体表现为呼伦贝尔高平原区＞大兴安岭东坡丘陵沟壑区＞大小兴安岭山地区＞东北漫川漫岗区＞辽宁环渤海山地丘陵区＞长白山完达山山地丘陵区。黑土区侵蚀沟形态特征区域差异明显，侵蚀沟分形维数分布范围为0.910～1.239，平均分形维数为1.067（图3-10）。长白山完达山山地丘陵区侵蚀沟最多，但线型侵蚀沟所占比例大，平均分形维数仅为1.045；呼伦贝尔高平原区侵蚀沟虽然数量少，但平均分形维数高达1.127，形态最为复杂。地形特征在一定程度上影响着侵蚀沟分维信息，分析各分区高程、坡度和分形维数变异系数（表3-6）可知，东北漫川漫岗区和长白山完达山山地丘陵区分形维数变异系数分别为0.064和0.066，侵蚀沟形态特征差异大，且多处于发育初期，形态单一的线型侵蚀沟有极大的空间在未来发育为形态复杂的分支型（Wang et al.，2017）。

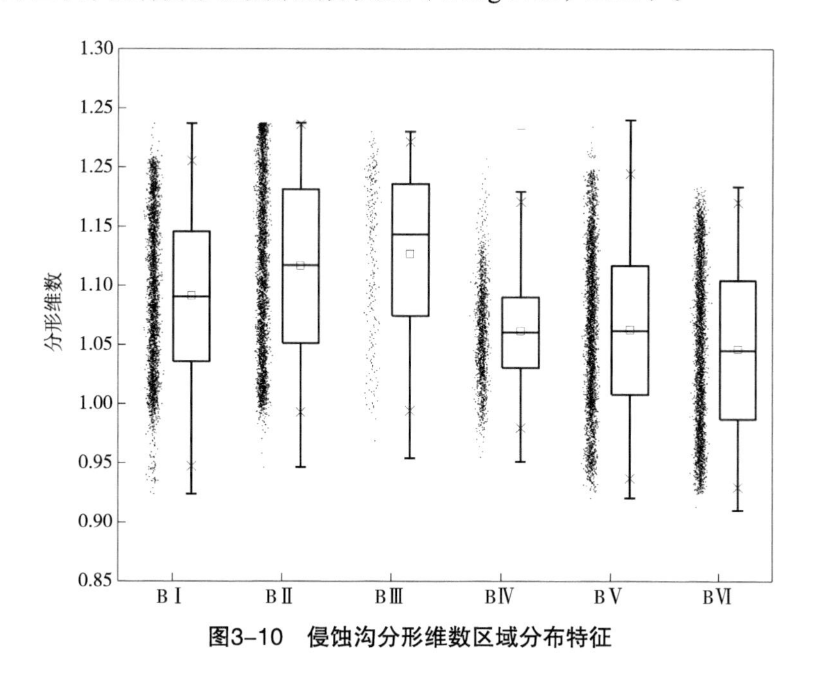

图3-10 侵蚀沟分形维数区域分布特征

表3-6 分区地形特征及分维值变异系数统计

二级分区	高程（m）			坡度（°）			分形维数变异系数
	最大值	最小值	平均值	最大值	最小值	平均值	
（BⅠ）	1 618.22	−126.37	530.09	83.81	0	7.23	0.060
（BⅡ）	1 703.46	1.00	477.62	82.73	0	7.13	0.061

（续表）

二级分区	高程（m）			坡度（°）			分形维数变异系数
	最大值	最小值	平均值	最大值	最小值	平均值	
（BⅢ）	1 707.63	435.27	740.34	74.55	0	4.31	0.059
（BⅣ）	1 137.68	−201.35	103.84	72.48	0	5.29	0.040
（BⅤ）	936.38	122.65	230.04	72.43	0	4.37	0.064
（BⅥ）	4 664.63	−291.32	386.54	88.58	0	8.50	0.066

侵蚀沟作为一种典型的微地貌形态，其形态的复杂多样性在一定程度上也体现了地表的切割破碎程度。如表3-6所示，平均坡度和平均高程的组合表达了地形变化的频率，大小兴安岭山地区和大兴安岭东坡丘陵沟壑区地形复杂，坡度大，汇水面积大而集中、汇水速度快，土壤抗蚀性差，沟蚀冲刷较为严重；呼伦贝尔高平原区土质疏松、过度放牧、植被群落单一及历史悠久的农业开垦也为沟蚀发育创造了条件。因此，西北部地区受地形、土壤、植被和人类活动等的影响侵蚀沟形态较为复杂，侵蚀沟发育纵横向交替进行，侵蚀结果形成了多数以主沟道为主体，多个支沟并存的分支型侵蚀沟，分形维数较大，平均分形维数为1.091、1.117和1.127。与西北部相比，东部辽宁环渤海山地丘陵区和东北漫川漫岗区土地利用以耕地为主，地貌多为平原和漫川漫岗，汇水速度慢且径流分散，有效降低了径流对地表的冲刷，缓解了侵蚀沟发育；辽宁环渤海山地丘陵区，长白山完达山山地丘陵区林、灌、草相间分布的稳定植物群落及较高的植被覆盖一定程度上抑制了地表部分侵蚀的发生，致使区域侵蚀方式比较单一；此外，森林植被的砍伐和土地资源不合理利用，致使东部地区短期内形成了大量以线型侵蚀沟为主的小型侵蚀沟。因此，东部地区侵蚀沟形态大多较为简单，以溯源侵蚀为主的侵蚀形式形成了细长的线型侵蚀沟或形态简单的分支型侵蚀沟，分形维数相对较小，平均为1.061、1.062和1.045。

图3-10表明，东北黑土区50%以上的侵蚀沟分形维数分布在1.014～1.124，其中大兴安岭东坡丘陵沟壑区和呼伦贝尔高平原区分形维数为1.051～1.186的侵蚀沟高达50%以上，远大于线型与分支型侵蚀沟分界值，表明该区域一半的侵蚀沟为形态极为复杂的分支型。张莉与孙虎（2010）研究结果表明，陕北黄土高原典型丘陵沟壑区12个样区地貌分形维数在1.351～1.533。王瑄等（2011）研究表明，辽宁泉河小流域地貌形态分形维数是1.953 9。相比之下，东北黑土区微地貌侵蚀沟形态分形维数明显偏小，归因于黄土高原沟壑纵横复杂的地貌形态；此外，和流域复杂地貌形态相比，微地貌侵蚀沟尺度小也是黑土区侵蚀沟分形维数偏小的原因。以上对侵蚀沟形态特征量化分析表明，以呼伦贝尔高平原区、大兴安岭东坡丘陵沟壑区、大小兴安岭山地区为主的西北部地区独特的自然条件和人类活动方式，致使区域侵蚀沟形态复杂、分形维数大。

3.5.5.2 分形维数与传统量化参数间的关系

传统量化侵蚀沟形态的单因子参数有长度、周长、面积、沟道纵比、密度和密集度。侵蚀沟形态的发展演变直接影响细沟长度、面积和数量等的变化，进而影响侵蚀沟密度、密集度的变化。通过长度、周长、面积、沟道纵比、密度和密集度的变化可以获得侵蚀沟动态发育趋势，但对于复杂形态的描述较分形维数缺乏整体的空间性、区位性（张攀等，2014）。图3-11揭示了分形维数与传统单因子量化参数的相关性。

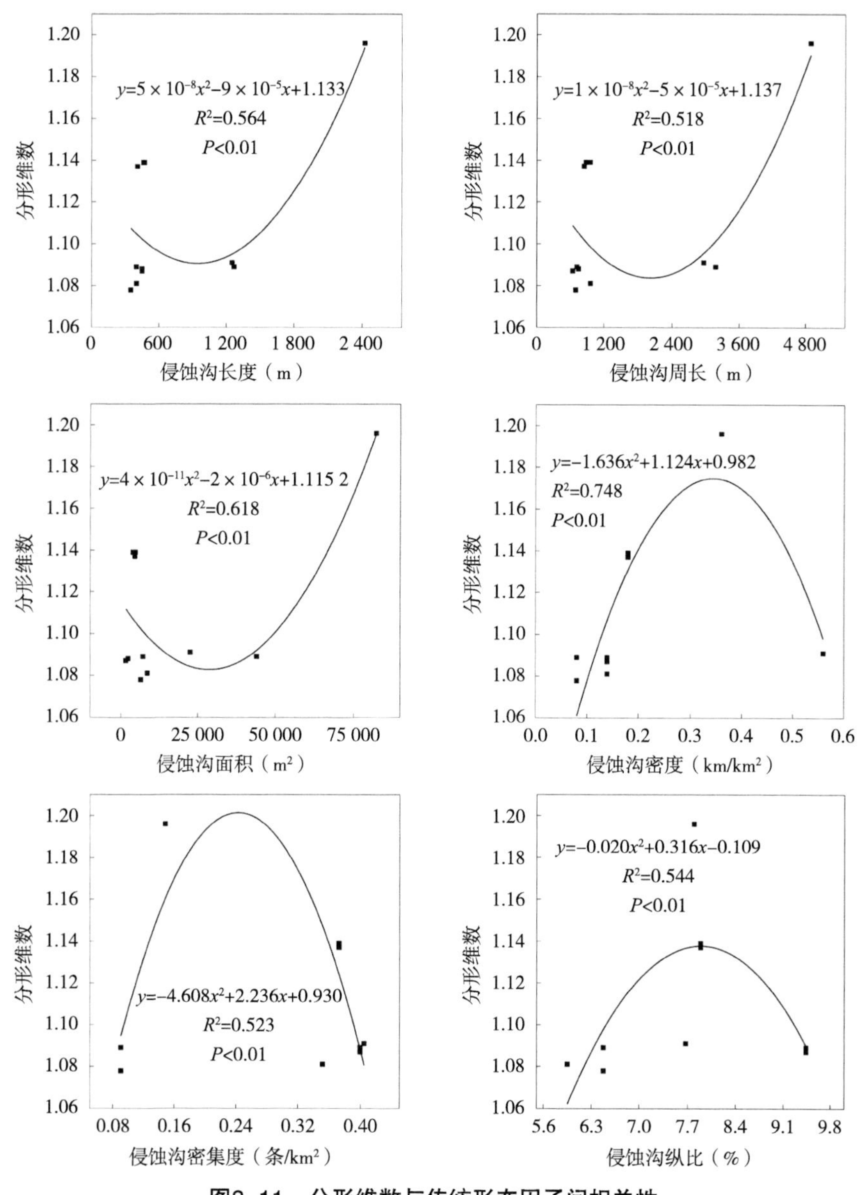

图3-11 分形维数与传统形态因子间相关性

分形维数和传统形态因子关系表明，分形维数与侵蚀沟长度、周长、面积、密度、密集度和沟道纵比分别在$P<0.01$水平上呈凹形二次曲线关系和凸形二次曲线关系，分形维数随侵蚀沟长度、周长和面积的增大呈现先减小后增大趋势，随侵蚀沟密度、密集度和沟道纵比的增大表现出先增大后减小趋势，临界值分别为900m、2 500m、25 000m^2、0.35km/km^2、0.24条/km^{2}和7.90%。由R^2可知，侵蚀沟分形维数与各量化参数之间存在一定的表征关系，各侵蚀沟形态参数对分形维数解释的程度高低顺序为密度>面积>长度>沟道纵比>密集度>周长。

3.5.6 小　结

针对目前侵蚀沟形态指标多为定性描述的不足，借助于分形理论和GIS技术，采用分形理论探索侵蚀沟形态因子量化的新方法，变定性描述为定量研究，给出了线型和分支型的判别标准，并揭示了东北黑土区侵蚀沟形态特征空间分异规律。

（1）黑土区侵蚀沟分形无标度区间为0.2～2.4m，分形维数范围为0.910～1.239，平均分维值为1.067，分形维数可用来量化侵蚀沟形态特征复杂程度。

（2）采用二维分形理论将侵蚀沟划分为线型和分支型，黑土区65%以上的侵蚀沟是形态复杂的分支型。

（3）西北部地区分形维数明显大于东南部，东北漫川漫岗区和长白山完达山山地丘陵区分形维数变异系数分别为0.064和0.066，形态特征差异大，且多数处于发育初期。

（4）分形维数随侵蚀沟长度、周长和面积的增大呈先减小后增大趋势，随密度、密集度和沟道纵比的增大呈先增大后减小趋势，各参数对分形维数解释的程度高低顺序为密度>面积>长度>沟道纵比>密集度>周长。

3.6 结　论

东北黑土区共有侵蚀沟295 663条，其中发展沟为侵蚀沟总数的88.67%，稳定沟为侵蚀沟总数的11.33%。侵蚀沟总长度为195 512.64km、总面积为3 648.42km^2，沟壑密度为0.21km/km^2，沟道纵比为8.43%。黑龙江侵蚀沟数量最多，为115 535条；辽宁省侵蚀沟数量最少，为47 193条；内蒙古自治区与吉林省侵蚀沟数量分别为69 957条、62 978条。内蒙古自治区沟壑密度最大，为0.38km/km^2；黑龙江省沟壑密度最小，为0.12km/km^2；辽宁省和吉林省沟壑密度分别为0.17km/km^2、0.13km/km^2。内蒙古自治区侵蚀沟面积最大，为2 147.11km^2；辽宁省侵蚀沟面积最小，为198.61km^2；黑龙江省和吉林省侵蚀沟面积分别为928.99km^2、373.71km^2。内蒙古自治区侵蚀沟长度最大，为1 095 512.64km；吉林省侵蚀沟长度最小，为19 767.70km；黑龙江省和辽宁省侵蚀沟长度分别为45 244.34km、20 738.57km。四省（自治区）侵蚀沟分布情况是黑龙江省和内蒙古自治区侵蚀沟数量较多、沟道面积较大、沟道长度较长。辽宁省和吉林省侵蚀沟数量较少、沟道面积较小、沟道长度较短。黑龙江省侵蚀沟数量最多，内蒙古自治区侵蚀沟的面积最大，沟道长度最长，辽宁省境内侵蚀沟数量、面积、长度最小。

由于人为活动、地形地貌、土地利用等因素的不同，黑土区各水保规划分区侵蚀沟分布特征差异较大。长白山完达山山地丘陵区和东北漫川漫岗区侵蚀沟数量、面积、长度较大。大兴安岭东坡丘陵沟壑区、呼伦贝尔高平原区沟壑密度较大，大小兴安岭山地区沟壑密度较小。从侵蚀沟数量、面积、长度角度考虑，长白山完达山山地丘陵区、东北漫川漫岗区沟蚀最严重。

分形维数揭示了侵蚀沟发展不同时期形态复杂的本质。侵蚀沟形态特征分布具有一定的地区性规律，分形特征东西部差异明显，总体表现为西北部较东南部侵蚀沟形态复杂，分形维数大。其中，各分区侵蚀沟形态复杂程度具体表现为呼伦贝尔高平原区＞大兴安岭东坡丘陵沟壑区＞大小兴安岭山地区＞东北漫川漫岗区＞辽宁环渤海山地丘陵区＞长白山完达山山地丘陵区。黑土区侵蚀沟形态特征区域差异明显，侵蚀沟分形维数分布范围为0.910 ~ 1.239，平均分形维数为1.067。长白山完达山山地丘陵区侵蚀沟最多，但线型侵蚀沟所占比例大，平均分形维数仅为1.045；呼伦贝尔高平原区侵蚀沟虽然数量少，但平均分形维数高达1.127，形态最为复杂。

4　地形对侵蚀沟分布与发育影响研究

4.1　地形对侵蚀沟分布的影响

应用第一次全国水利普查侵蚀沟调查数据，对侵蚀沟在东北黑土区水土保持二级分区的分布与地形的关系进行研究。采用相同的侵蚀沟分布指标（侵蚀沟密集度、密度、切割土地比），对比侵蚀沟在不同坡度、坡向的发育特征，明确不同水土保持分区间沟蚀发育差异，验证沟蚀潜在危险性预测结果，并根据分区侵蚀沟发育规律构建沟蚀发育方程。根据典型小流域积雪监测、侵蚀沟动态监测结果，解释侵蚀沟发育特征。

4.1.1　长白山完达山山地丘陵区

长白山完达山山地丘陵区侵蚀沟密集度随坡度上升的分布变化如图4-1所示，侵蚀沟密集度随坡度的上升先增大后减小。侵蚀沟密集度的坡度分布阈值为5°，并在该坡度达到侵蚀沟密集度最大值，为6.01条/km^2。当坡度小于5°时，侵蚀沟密集度随坡度的上升而增大；当坡度大于5°时，侵蚀沟密集度随坡度的继续上升而减小，并在坡度大于25°时，侵蚀沟密集度降至最小值，为0.32条/km^2。

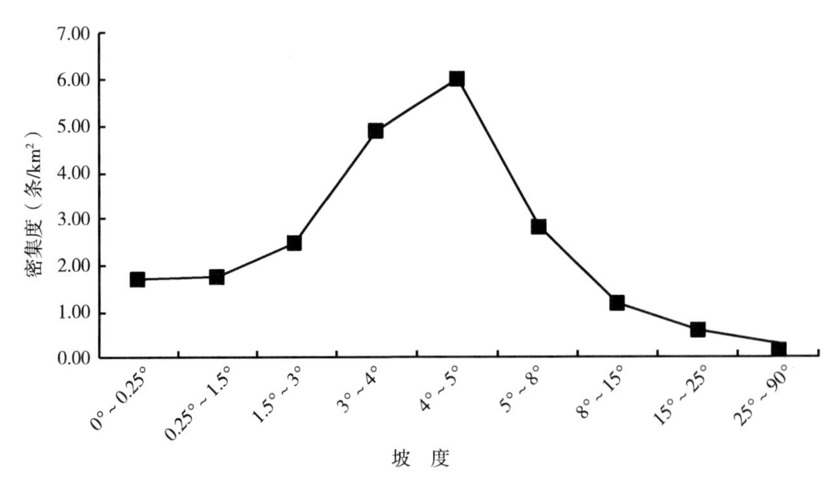

图4-1　长白山完达山山地丘陵区不同坡度侵蚀沟密集度分布图

长白山完达山山地丘陵区发展沟、稳定沟及侵蚀沟密度随坡度上升的分布变化如图4-2所示，均随坡度上升先增大后减小。侵蚀沟密度随坡度的上升先增大后减小，侵蚀沟密度的坡度阈值为8°，并在该坡度达到侵蚀沟密度最大值，为0.216 8km/km^2。当坡度小于8°时，侵蚀沟密度随坡度的上升而增大；当坡度大于8°时，侵蚀沟密度随坡度的继续上升而减小，并在坡度大于25°时，侵蚀沟密度达到最小值，为0.022 9km/km^2。

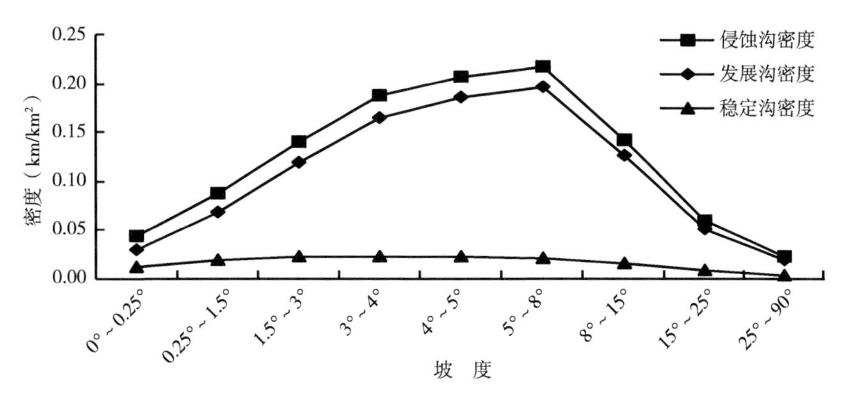

图4-2　长白山完达山山地丘陵区不同坡度沟蚀密度分布图

发展沟密度的坡度阈值为8°，并在该坡度达到发展沟密度最大值，为0.196 3km/km^2。当坡度小于8°时，发展沟密度随坡度的上升而增大；当坡度大于8°时，随坡度的继续上升而减小，并减少至发展沟密度的最小值0.019 0km/km^2。稳定沟密度的坡度阈值为3°，并在该坡度达到稳定沟密度最大值，为0.022 5km/km^2。当坡度小于3°时，稳定沟密度随坡度的上升增大；当坡度大于3°时，稳定沟密度随坡度的继续上升而减小，并减少至最小值0.003 9km/km^2。

长白山完达山山地丘陵区侵蚀沟切割土地比例随坡度上升的分布变化如图4-3所示，侵蚀沟切割土地比例随坡度的上升先增大后减小。侵蚀沟切割土地比例的坡度分布阈值为8°，并在该坡度达到侵蚀沟切割土地比例最大值，为0.352 6%。当坡度小于8°时，侵蚀沟切割土地比例随坡度的上升而增大；当坡度大于8°时，侵蚀沟切割土地比例随坡度的继续上升而减小，当坡度大于25°时减少至最小值0.032 1%。

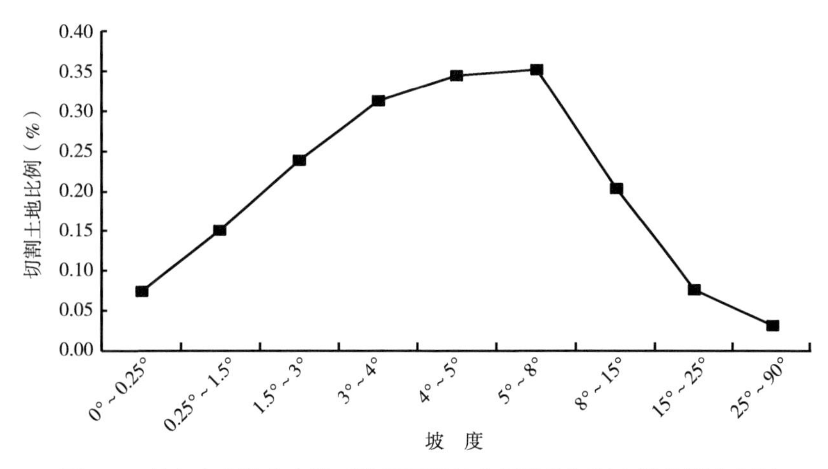

图4-3　长白山完达山山地丘陵区不同坡度侵蚀沟切割土地比例分布图

长白山完达山山地丘陵区侵蚀沟密集度随坡向变化的分布如图4-4所示。侵蚀沟密集度在不同坡向分布规律为N向最大（2.45条/km^2），S向和SE方向次之（1.88条/km^2、1.81条/km^2），NW方向侵蚀沟密集度最小（1.40条/km^2）。

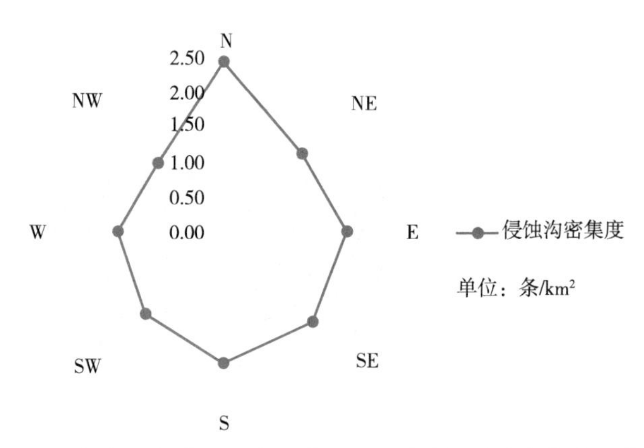

图4-4　长白山完达山山地丘陵区不同坡度侵蚀沟密集度分布图

长白山完达山山地丘陵区沟蚀密度随坡向变化的分布如图4-5所示。侵蚀沟密度在不同坡向分布规律为SE方向最大（0.165 7km/km^2）；E向和S向次之（0.164 9km/km^2、0.158 0km/km^2）；NW方向最小（0.098 8km/km^2）。发展沟密度在不同坡向分布规律为E方向最大（0.145 8km/km^2）；SE方向和S向次之（0.145 5km/km^2、0.137 8km/km^2）；NW方向最小（0.086 0km/km^2）。S向和SE方向稳定沟密度最大均为0.020 3km/km^2；其次是E向较大，为0.019 1km/km^2；NW方向稳定沟密度最小（0.012 8km/km^2）。

长白山完达山山地丘陵区切割土地比例随坡向变化的分布如图4-6所示。切割土地面积在不同坡向分布规律为SE方向最大，侵蚀沟占土地面积的0.267 6%；S向和E向次之（0.258 5%、0.252 5%）；NW方向侵蚀沟占土地面积的0.156 7%，为切割土地比例最小值所在坡向。

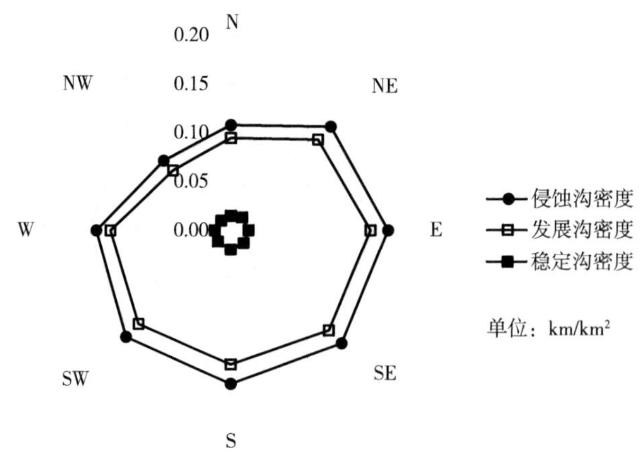

图4-5　长白山完达山山地丘陵区不同坡向沟蚀密度分布图

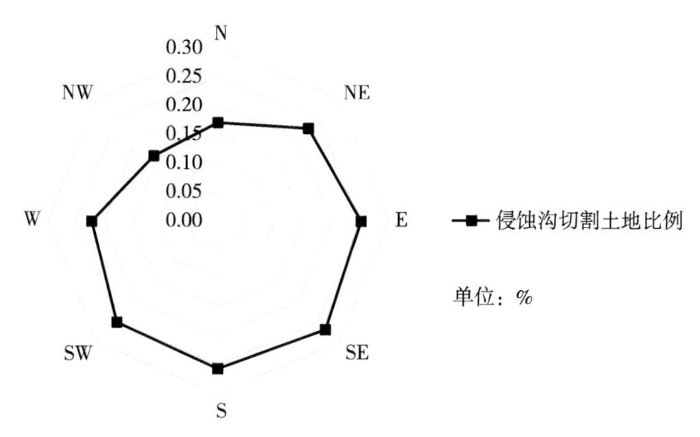

图4-6 长白山完达山山地丘陵区不同坡向侵蚀沟切割土地比例分布图

4.1.2 东北漫川漫岗区

东北漫川漫岗区侵蚀沟密集度随坡度上升的分布变化如图4-7所示，其变化趋势为随坡度的上升先减小后增大再减小。侵蚀沟密集度的坡度分布阈值为5°，并在该坡度达到侵蚀沟密集度最大值，为4.94条/km^2。在0°～5°的坡度范围，侵蚀沟密集度随坡度的上升先减小再增大；当坡度大于5°时，侵蚀沟密集度随坡度的继续上升而减小，并在坡度大于25°时，侵蚀沟密集度达到最小值，为0.90条/km^2。

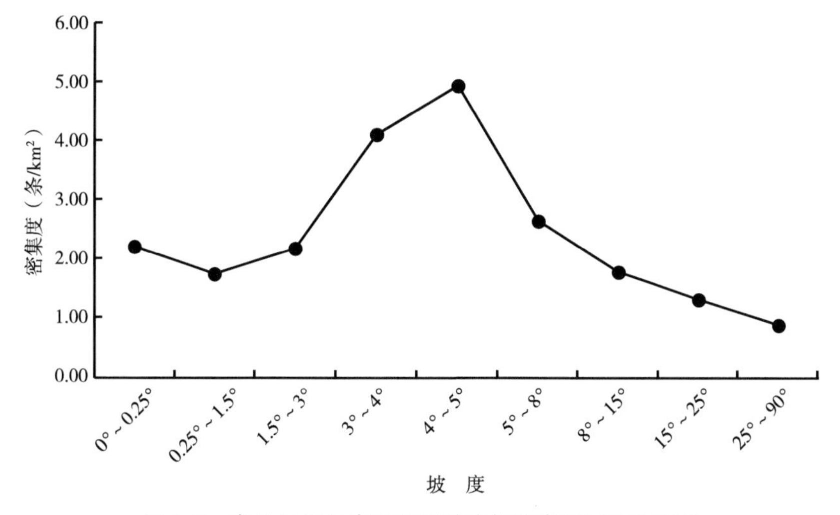

图4-7 东北漫川漫岗区不同坡度侵蚀沟密集度分布图

东北漫川漫岗区沟蚀密度随坡度上升的分布变化如图4-8所示。侵蚀沟密度随坡度的上升先增大后减小，侵蚀沟密度的坡度阈值为8°，在该坡度达到侵蚀沟密度最大值，为0.178 2km/km^2。当坡度小于8°时，侵蚀沟密度随坡度的上升而增大，说明坡度在侵蚀沟的形成发育上是一个重要的影响因子（王文娟，2018）；当坡度大于8°时，侵蚀沟密度随坡度的继续上升而减小，并在坡度大于25°时，侵蚀沟密度达到最小值，为0.048 3km/km^2，说明在坡度大于8°时，坡度对侵蚀沟的发育影响减弱。闫业超（2007）

在拜泉县研究亦得出坡度8°为临界坡度，坡度大于8°时，沟蚀影响因素更为复杂，需进一步研究。

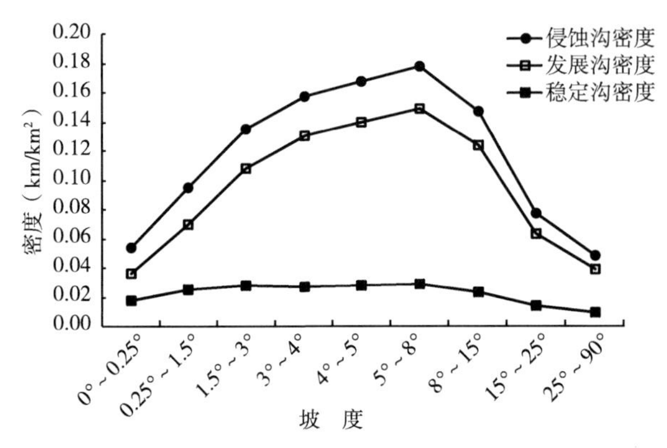

图4-8　东北漫川漫岗区不同坡度侵蚀沟的密度分布图

发展沟密度和稳定沟密度随坡度上升先增大后减小，与侵蚀沟密度随坡度的变化趋势一致。其中发展沟密度的坡度阈值与侵蚀沟密度的坡度阈值相同，为8°，并在该坡度达到发展沟密度最大值，为0.149 9km/km^2。当坡度小于8°时，发展沟密度随坡度的上升而增大，发展沟密度从最小值（0.036 3km/km^2）增长至最大值；当坡度大于8°时，侵蚀沟密度随坡度的继续上升而减小。

稳定沟密度的坡度阈值为8°，并在该坡度达到稳定沟密度最大值（0.028 9km/km^2）。当坡度小于8°时，稳定沟密度随坡度的上升增大；当坡度大于8°时，稳定沟密度随坡度的继续上升而减小，并减少至稳定沟密度最小值0.009 2km/km^2。

东北漫川漫岗区侵蚀沟切割土地比例随坡度上升的分布变化如图4-9所示，该指标随坡度的上升先增大后减小。侵蚀沟切割土地比例的坡度分布阈值为8°，并在该坡度达到侵蚀沟切割土地比例最大值，为0.416 7%。当坡度小于8°时，侵蚀沟切割土地比例随坡度的上升而增大；当坡度大于8°时，侵蚀沟切割土地比例随坡度的继续上升而减小，并减少至切割土地比例最小值0.107 7%。

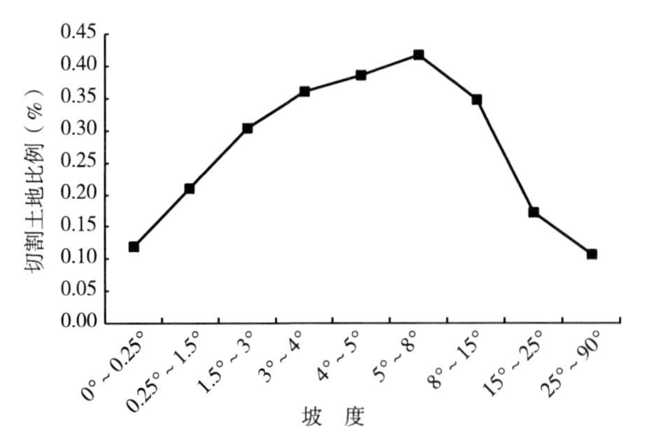

图4-9　东北漫川漫岗区不同坡度侵蚀沟切割土地比例分布图

东北漫川漫岗区侵蚀沟密集度随坡向变化的分布如图4-10所示。侵蚀沟密集度在不同坡向分布规律为N向最大（3.29条/km^2），S向和E向次之（2.19条/km^2、2.18条/km^2），NW方向侵蚀沟密集度最小（1.84条/km^2）。

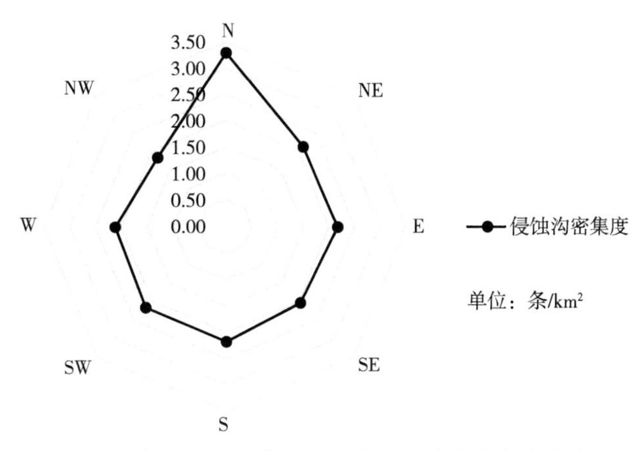

图4-10　东北漫川漫岗区不同坡向侵蚀沟密集度分布图

东北漫川漫岗区沟蚀密度随坡向变化的分布如图4-11所示。侵蚀沟密度在不同坡向分布规律为SW方向最大（0.160 5km/km^2），E向和SE方向次之（0.151 2km/km^2、0.150 4km/km^2），NW方向最小（0.116 1km/km^2）。

发展沟密度在不同坡向分布规律为SW方向最大（0.130 5km/km^2），SE方向和E向次之（0.124 7km/km^2、0.124 2km/km^2），NW方向最小（0.091 9km/km^2）。稳定沟密度在不同坡向分布规律为SW方向最大（0.030 1km/km^2），NE方向和S向次之（0.028 4km/km^2、0.027 7km/km^2），NW方向最小（0.024 2km/km^2）。

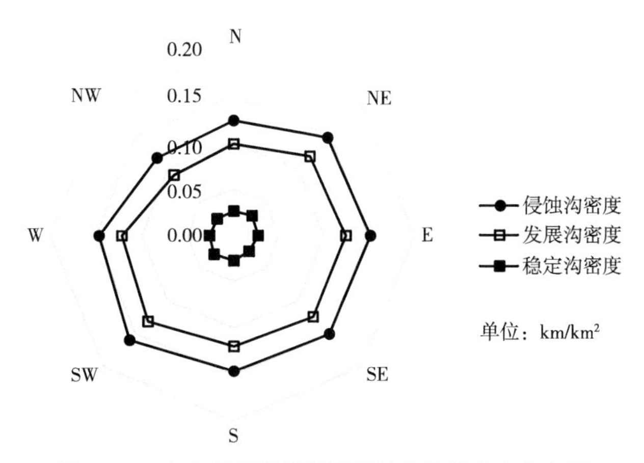

图4-11　东北漫川漫岗区不同坡向沟蚀密度分布图

东北漫川漫岗区切割土地比例随坡向变化的分布如图4-12所示。切割土地面积在不同坡向分布规律为SW方向最大（0.360 9%），S向和SE向次之（0.355 8%、0.353 3%），NW方向度最小（0.259 6%）。

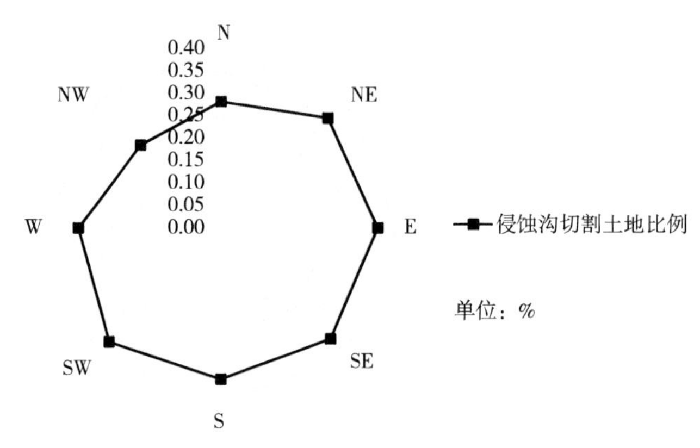

图4-12 东北漫川漫岗区不同坡向侵蚀沟切割土地比例分布图

4.1.3 大兴安岭东坡丘陵沟壑区

大兴安岭东坡丘陵沟壑区侵蚀沟密集度随坡度上升的分布变化如图4-13所示，侵蚀沟密集度随坡度上升的变化趋势为“三峰两谷”。侵蚀沟密集度的坡度分布阈值为5°，并在该坡度达到侵蚀沟密集度最大值，为17.07条/km^2。当坡度小于5°时，侵蚀沟密集度随坡度的上升先减小再增大，第一个谷值点所在坡度为1.5°，此时密集度为4.40条/km^2；当坡度大于5°时，侵蚀沟密集度随坡度的继续上升而减小，并在坡度为8°～15°时，侵蚀沟密集度达到最小值即第二个谷值，为3.11条/km^2，当坡度大于15°时，侵蚀沟密集度继续增大。

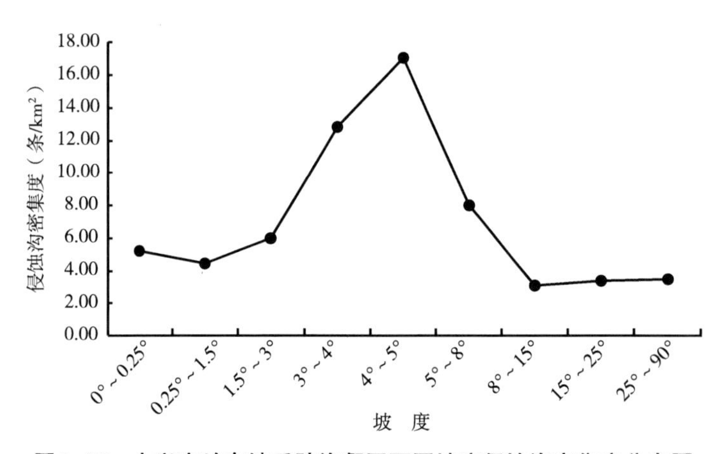

图4-13 大兴安岭东坡丘陵沟壑区不同坡度侵蚀沟密集度分布图

大兴安岭东坡丘陵沟壑区沟蚀密度随坡度上升的分布变化如图4-14所示。侵蚀沟密度随坡度的上升先增大后减小，侵蚀沟密度的坡度阈值为8°，并在该坡度达到侵蚀沟密度最大值，为0.754 8km/km^2。当坡度小于8°时，侵蚀沟密度随坡度的上升而增大；当坡度大于8°时，侵蚀沟密度随坡度的继续上升而减小。

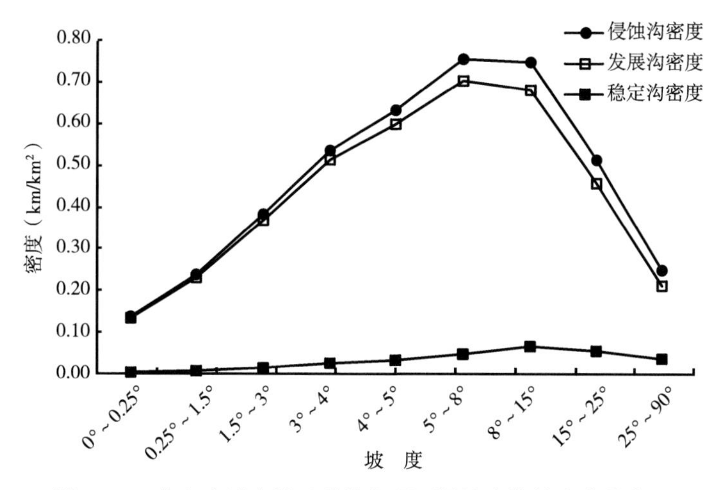

图4-14 大兴安岭东坡丘陵沟壑区不同坡度沟蚀密度分布图

发展沟密度和稳定沟密度随坡度上升先增大后减小，与侵蚀沟密度随坡度的变化趋势相同。其中发展沟密度的坡度阈值与侵蚀沟密度的坡度阈值相同，为8°，并在该坡度达到发展沟密度最大值，为0.705 3km/km^2。当坡度小于8°时，发展沟密度随坡度的上升增大，发展沟密度从最小值（0.133 6km/km^2）增长至最大值；当坡度大于8°时，侵蚀沟密度随坡度的继续上升而减小。

稳定沟密度坡度阈值为15°，并在该坡度达到稳定沟密度最大值（0.066 4km/km^2）。当坡度小于15°时，稳定沟密度随坡度的上升而增大；当坡度大于15°时，稳定沟密度随坡度的继续上升而减小。

大兴安岭东坡丘陵沟壑区侵蚀沟切割土地比例随坡度上升的分布变化如图4-15所示，侵蚀沟切割土地比例随坡度的上升先增大后减小，坡度分布阈值为15°，并在该坡度达到最大值，为1.218 8%。当坡度小于15°时，侵蚀沟切割土地比例从最小值的0.222 0%增加至最大值；当坡度大于15°时，侵蚀沟切割土地比例随坡度的继续上升而减小。

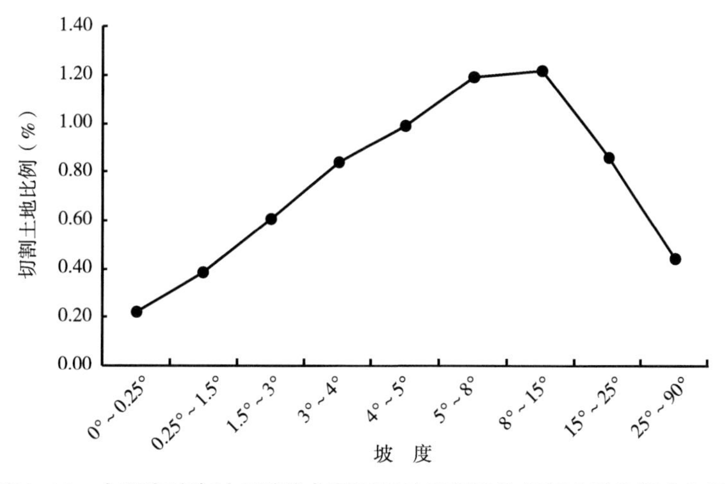

图4-15 大兴安岭东坡丘陵沟壑区不同坡度侵蚀沟切割土地比例分布图

大兴安岭东坡丘陵沟壑区侵蚀沟密集度随坡向变化的分布如图4-16所示。侵蚀沟密集度在不同坡向分布规律为N向最大（7.10条/km^2），S向和SE方向次之，分别为6.26条/km^2、5.80条/km^2，NE方向侵蚀沟密集度最小（3.76条/km^2）。

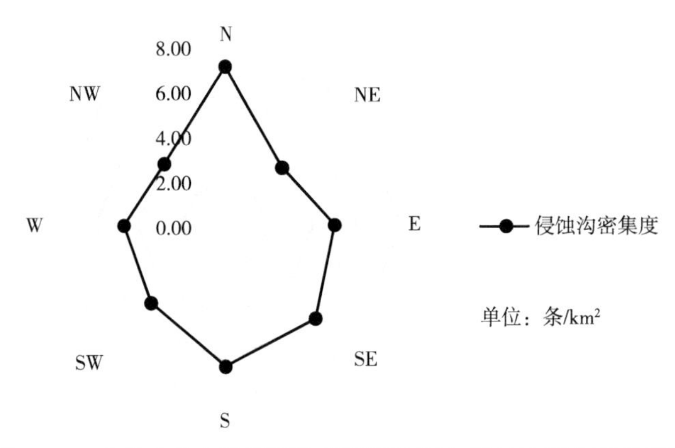

图4-16　大兴安岭东坡丘陵沟壑区不同坡向侵蚀沟密集度分布图

大兴安岭东坡丘陵沟壑区沟蚀密度随坡向变化的分布如图4-17所示。侵蚀沟密度在不同坡向分布规律为S向最大（0.810 0km/km^2），SW方向和SE方向次之（0.739 9km/km^2、0.725 2km/km^2），NW方向最小（0.347 5km/km^2）。

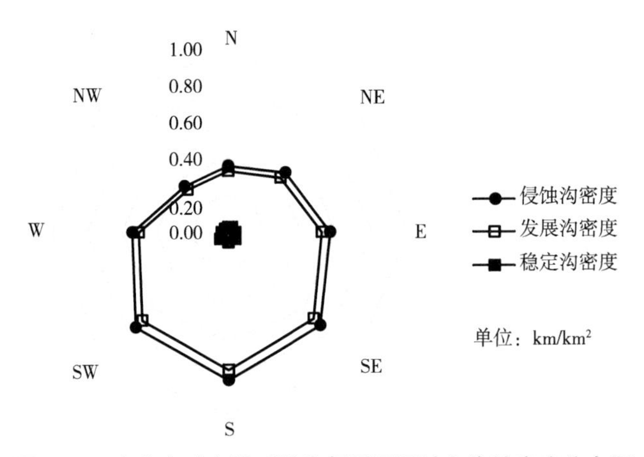

图4-17　大兴安岭东坡丘陵沟壑区不同坡向沟蚀密度分布图

发展沟密度在不同坡向分布规律为S向最大（0.752 6km/km^2），SW方向和SE方向次之（0.686 7km/km^2、0.671 9km/km^2），NW方向最小（0.325 6km/km^2）。稳定沟密度在不同坡向分布规律为S向最大（0.057 5km/km^2），SE方向和SW方向次之（0.053 3km/km^2、0.053 2km/km^2），NW方向最小（0.021 9km/km^2）。

大兴安岭东坡丘陵沟壑区侵蚀沟切割土地比例随坡向变化的分布如图4-18所示。不同坡向切割土地面积分布规律为S向最大（1.291 3km/km^2），SE方向和SW方向次之（1.181 9km/km^2、1.149 9km/km^2），NW方向密集度最小（0.550 8km/km^2）。

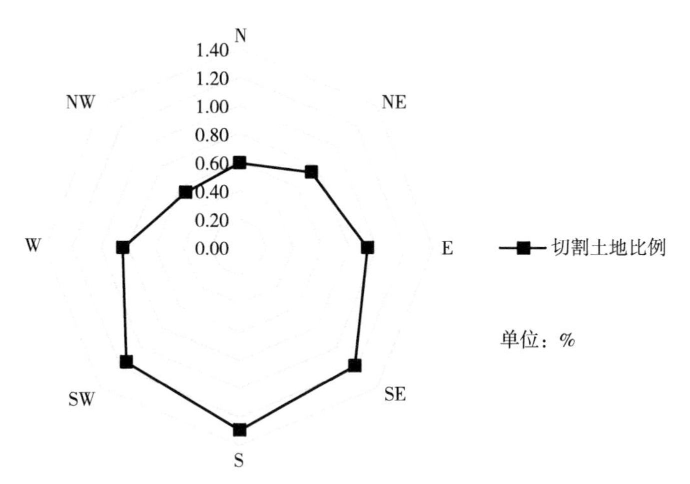

图4-18　大兴安岭东坡丘陵沟壑区不同坡向侵蚀沟切割土地比例分布图

4.1.4　辽宁环渤海山地丘陵区

辽宁环渤海山地丘陵区侵蚀沟密集度随坡度上升的分布变化如图4-19所示，侵蚀沟密集度随坡度的上升先增大后减小，坡度分布阈值为5°，并在该坡度达到侵蚀沟密集度最大值，为8.20条/km^2。当坡度小于5°时，侵蚀沟密集度从最小值的0.56条/km^{2}增长至最大值；当坡度大于5°时，侵蚀沟密集度随坡度的继续上升而减小。

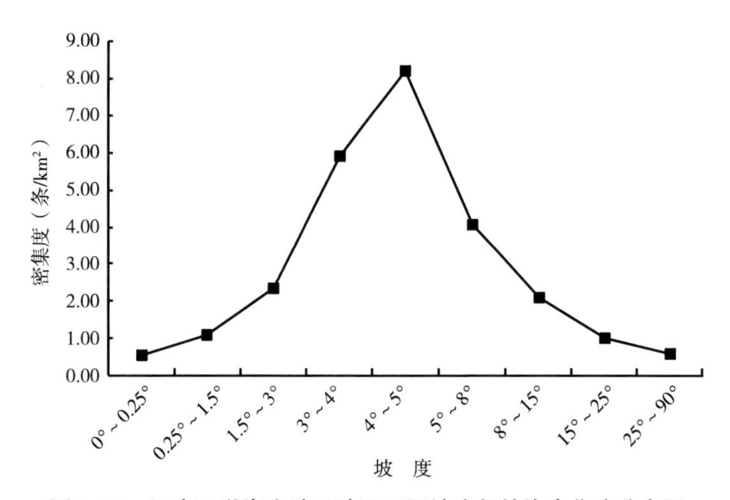

图4-19　辽宁环渤海山地丘陵区不同坡度侵蚀沟密集度分布图

辽宁环渤海山地丘陵区发展沟、稳定沟及侵蚀沟密度随坡度上升的分布变化如图4-20所示，均随坡度上升先增大后减小。侵蚀沟密度随坡度的上升先增大后减小，坡度阈值为8°，并在该坡度达到侵蚀沟密度最大值，为0.368 7km/km^2。在0°～8°的坡度范围，侵蚀沟密度从最小值的0.015 0km/km^{2}增长至最大值；当坡度大于8°时，侵蚀沟密度随坡度的继续上升而减小。发展沟与稳定沟密度的坡度阈值同为8°，并在该坡度达到密度最大值，此时两者密度分别为0.276 0km/km²、0.092 8km/km²；当坡度小于0.25°时，发展沟和稳定沟密度分别为0.011 2km/km²、0.003 7km/km²。随着坡度的上升，两者密度逐步上升至最大值，当坡度大于8°时，随着坡度的继续上升而减小。

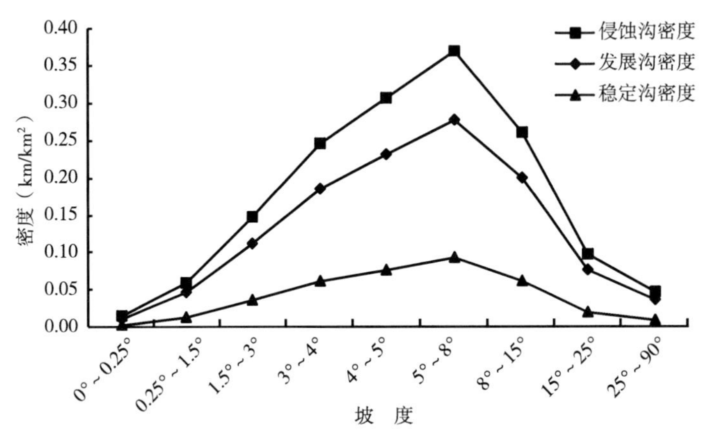

图4-20 辽宁环渤海山地丘陵区不同坡度沟蚀密度分布图

辽宁环渤海山地丘陵区侵蚀沟切割土地比例随坡度上升的分布变化如图4-21所示，其变化趋势为随坡度的上升先增大后减小。侵蚀沟切割土地比例的坡度分布阈值为8°，并在该坡度达到最大值的0.413 8%。当坡度小于8°时，侵蚀沟切割土地比例随坡度的上升，从最小值的0.015 1%上升至0.413 8%；当坡度大于8°时，侵蚀沟切割土地比例随坡度的继续上升而减小。

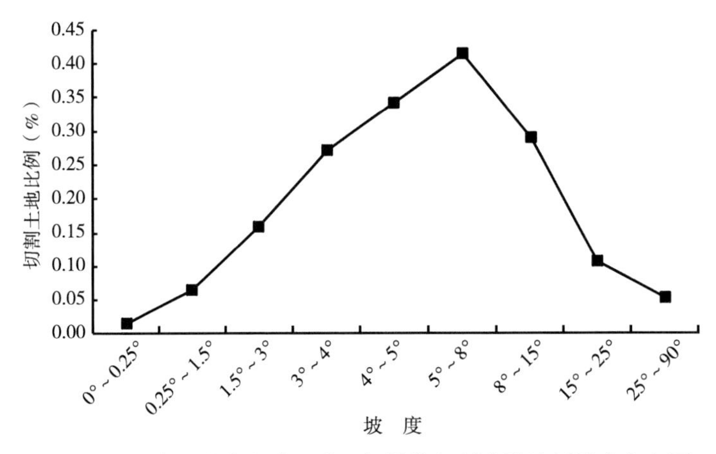

图4-21 辽宁环渤海山地丘陵区侵蚀沟切割土地比例坡度分布图

辽宁环渤海山地丘陵区侵蚀沟密集度随坡向变化的分布如图4-22所示。侵蚀沟密集度在不同坡向分布规律为N向最大（3.44条/km²），S向和SE方向两个方向仅次于N向，密集度均为2.30条/km²，NW方向侵蚀沟密集度最小（1.89条/km²）。

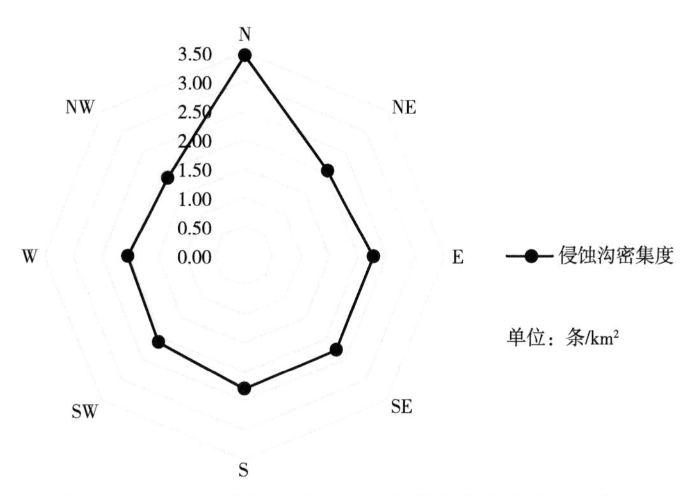

图4-22　辽宁环渤海山地丘陵区侵蚀沟密集度坡向分布图

辽宁环渤海山地丘陵区不同坡向沟蚀密度的分布如图4-23所示。侵蚀沟密度在不同坡向分布规律为SE方向最大（0.223 8km/km^2），E向和S向次之（0.215 8km/km^2、0.204 0km/km^2），NW方向最小（0.140 6km/km^2）。受发展沟占比较多的影响，不同坡向发展沟密度的分布规律与侵蚀沟密度的分布规律完全一致。

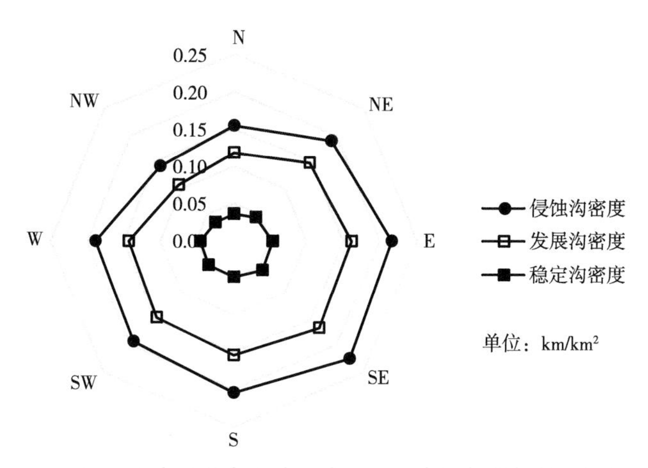

图4-23　辽宁环渤海山地丘陵区不同坡向沟蚀密度分布图

发展沟密度在不同坡向分布规律为SE方向最大，为0.167 7km/km^2，E向和S向次之（0.161 3km/km^2、0.153 7km/km^2），NW方向最小（0.106 1km/km^2）。稳定沟密度在不同坡向分布规律为SE方向最大（0.056 1km/km^2），E向和S向次之（0.054 4km/km^2、0.050 3km/km^2），NW方向最小（0.034 4km/km^2）。

辽宁环渤海山地丘陵区切割土地比例随坡向变化的分布如图4-24所示。切割土地面积在不同坡向分布规律为SE方向最大（0.240 7%），E向和S向次之（0.237 5%、0.221 0%），NW方向密集度最小（0.158 7%）。

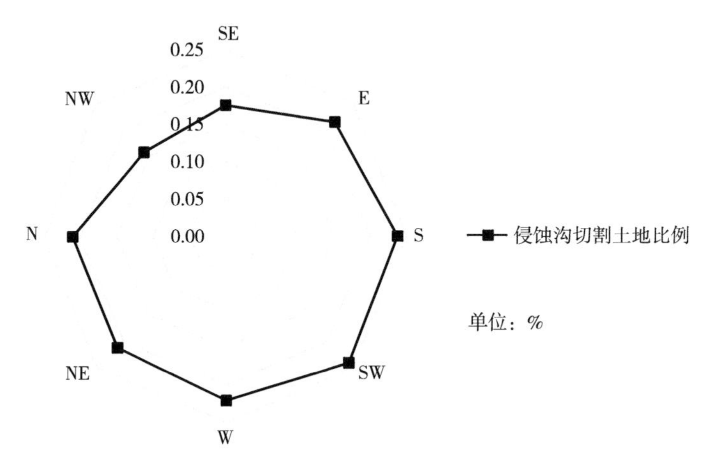

图4-24　辽宁环渤海山地丘陵区不同坡向侵蚀沟切割土地比例分布图

4.1.5　大小兴安岭山地区

大小兴安岭山地区共有侵蚀沟20 029条，占东北黑土区侵蚀沟总数的6.77%，其中发展沟14 962条，占东北黑土区发展沟总数的5.71%；稳定沟5 067条，占东北黑土区稳定沟总数的15.13%。侵蚀沟总面积为468.81km^2，占东北黑土区侵蚀沟总面积的12.86%；侵蚀沟总长度为17 722.79km，占东北黑土区侵蚀沟总长度的9.06%；侵蚀沟密度最小，仅为0.08km/km^2。

大小兴安岭山地区侵蚀沟密集度随坡度上升的分布变化如图4-25所示，侵蚀沟密集度变化呈随坡度的上升先减小后增大再减小再增大的趋势。侵蚀沟密集度的坡度分布阈值为5°，并在该坡度达到侵蚀沟密集度最大值，为2.57条/km^2。在0°～5°的坡度范围，侵蚀沟密集度随坡度的上升先减小后增大；当坡度大于5°时，侵蚀沟密集度随坡度的继续上升而减小，并在坡度为15°时，侵蚀沟密集度达到最小值，为0.41条/km^2，当坡度大于15°，侵蚀沟密集度再次逐渐上升。

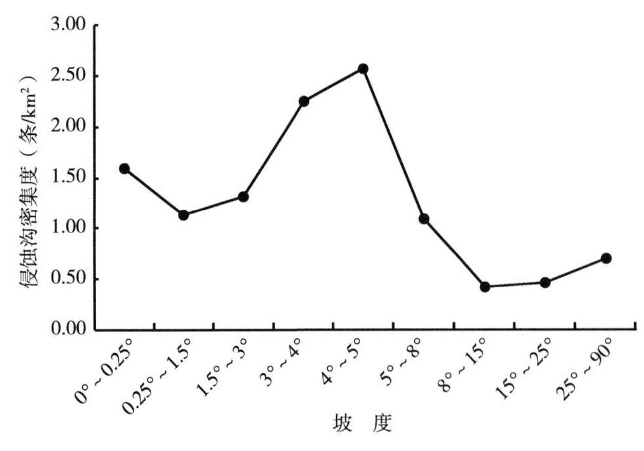

图4-25　大小兴安岭山地区不同坡度侵蚀沟密集度分布图

大小兴安岭山地区沟蚀密度随坡度上升的分布变化如图4-26所示。侵蚀沟密度随坡度的上升先增大后减小，侵蚀沟密度的坡度阈值为5°，并在该坡度达到侵蚀沟密度最大值，为0.090km/km^2。当坡度小于5°时，侵蚀沟密度随坡度的上升而增大；当坡度大于5°时，侵蚀沟密度随坡度的继续上升而减小。

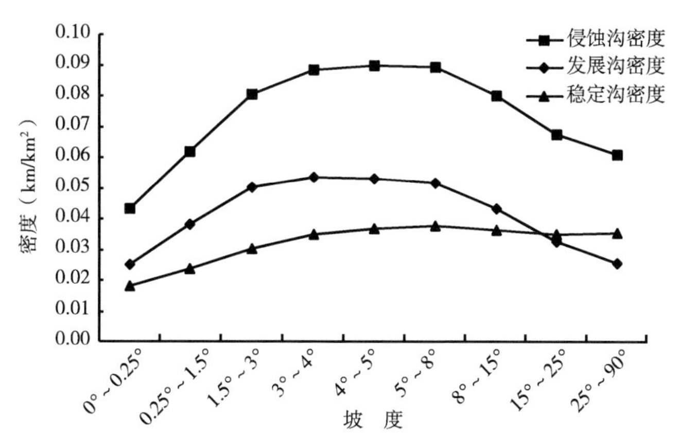

图4-26 大小兴安岭山地区不同坡度沟蚀密度分布图

发展沟密度和稳定沟密度随坡度上升先增大后减小，与侵蚀沟密度随坡度的变化趋势相同。其中发展沟密度的坡度阈值为4°，并在该坡度达到发展沟密度最大值，为0.053 5km/km^2。当坡度小于4°时，发展沟密度随坡度的上升增大，发展沟密度从最小值（0.025 0km/km^2）增长至最大值；当坡度大于4°时，侵蚀沟密度随坡度的继续上升而减小。

稳定沟密度的坡度阈值为8°，并在该坡度达到稳定沟密度最大值，为0.037 7km/km^2。当坡度小于8°时，稳定沟密度从最小值的0.018 1上升至最大值；当坡度大于8°时，稳定沟密度随坡度的继续上升先减小后增大，该阶段分布趋势改变时的坡度为25°，并且当坡度大于25°时，稳定沟密度要大于发展沟密度，说明在陡坡稳定沟的长度要大于发展沟。

大小兴安岭山地区侵蚀沟切割土地比例随坡度上升的分布变化如图4-27所示，指标随坡度的上升先增大后减小。侵蚀沟切割土地比例的坡度分布阈值为4°，并在该坡度达到最大值，为0.361 9%。当坡度小于4°时，侵蚀沟切割土地比例随坡度的上升而增大；当坡度大于4°时，侵蚀沟切割土地比例随坡度的继续上升而减小。

大小兴安岭山地区侵蚀沟密集度随坡向变化的分布如图4-28所示。侵蚀沟密集度在不同坡向分布规律为N向最大（1.44条/km^2），SE方向和S向次之（1.09条/km^2、0.94条/km^2），W向侵蚀沟密集度最小（0.68条/km^2）。

大小兴安岭山地区沟蚀密度随坡向变化的分布如图4-29所示。侵蚀沟密度在不同坡向分布规律为SE方向最大（0.110 5km/km^2），E向和S向次之（0.108 7km/km^2、0.088 7km/km^2），NW方向最小（0.050 2km/km^2）。

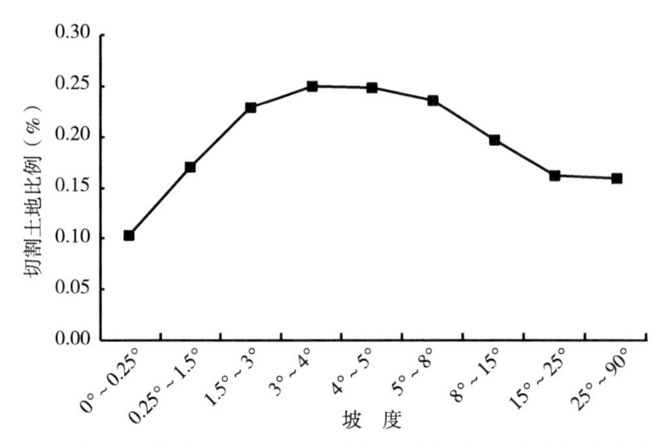

图4-27　大小兴安岭山地区不同坡度侵蚀沟切割土地比例坡度分布图

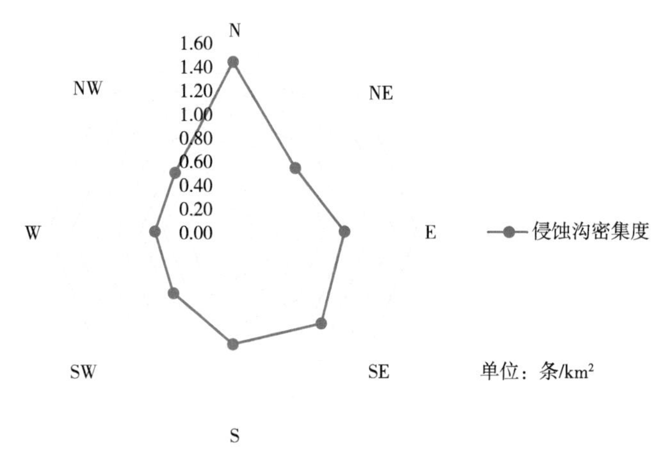

图4-28　大小兴安岭山地区不同坡向侵蚀沟密集度分布图

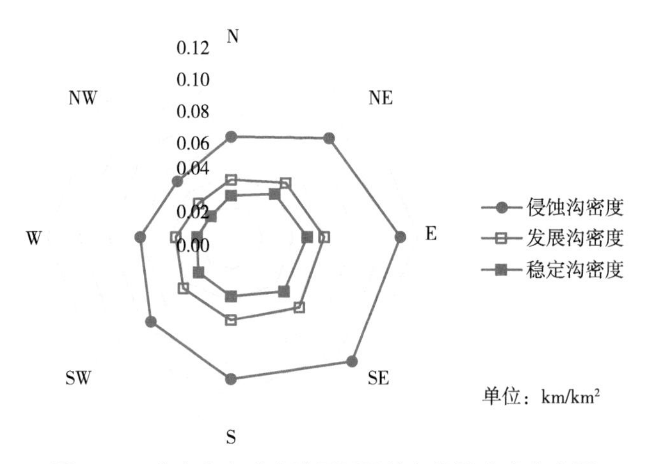

图4-29　大小兴安岭山地区不同坡向沟蚀密度分布图

发展沟密度在不同坡向分布规律为SE方向最大（0.062 4km/km^2），E向和S向次之（0.059 9km/km^2、0.051 5km/km^2），NW方向最小（0.030 5km/km^2）。

稳定沟密度在不同坡向分布规律为E向最大（0.048 7km/km^2），SE方向和NE方向次之（0.048 1km/km^2、0.039 0km/km^2），NW方向最小（0.019 7km/km^2）。

山地地貌切割土地比例随坡向变化的分布如图4-30所示。切割土地面积在不同坡向分布规律为E向最大（0.293 1%），SE方向和NE方向次之，分别为0.284 0%和0.246 7%，NW方向最小，仅为0.133 9%。

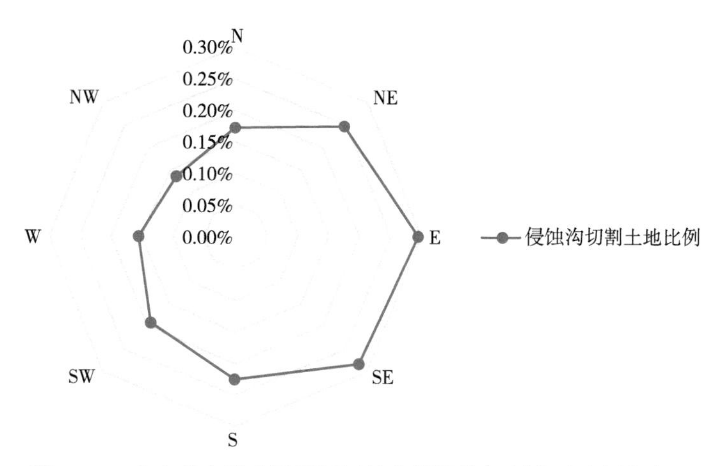

图4-30　大小兴安岭山地区不同坡向侵蚀沟切割土地比例分布图

4.1.6　呼伦贝尔高平原区

呼伦贝尔高平原区侵蚀沟密集度随坡度上升的分布变化如图4-31所示，侵蚀沟密集度随坡度上升的变化趋势为“三峰两谷”。当坡度小于1.5°时，侵蚀沟密集度随坡度的上升减少至最小值，当坡度在1.5°～5°时，由最小值的2.28条/km^{2}增加至最大值的13.98条/km^2，随后密集度降至第二个谷点，此时的坡度为15°，侵蚀沟密集度为3.41条/km^2，当坡度大于15°时，沟蚀指标随坡度的上升继续增加，当坡度大于25°时达到第三个峰值。

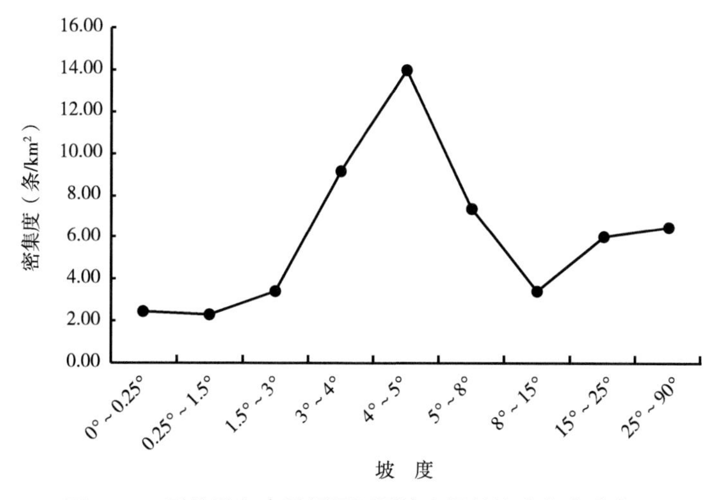

图4-31　呼伦贝尔高平原区不同坡度侵蚀沟密集度分布图

呼伦贝尔高平原区沟蚀密度随坡度上升的分布变化如图4-32所示。侵蚀沟密度随坡度的上升先增大后减小，侵蚀沟密度的坡度阈值为15°，并在该坡度达到侵蚀沟密度最大值，为0.667 0km/km²。当坡度小于15°时，侵蚀沟密度从最小值的0.119 8km/km²增长至最大值；当坡度大于15°时，侵蚀沟密度随坡度的继续上升而减小。

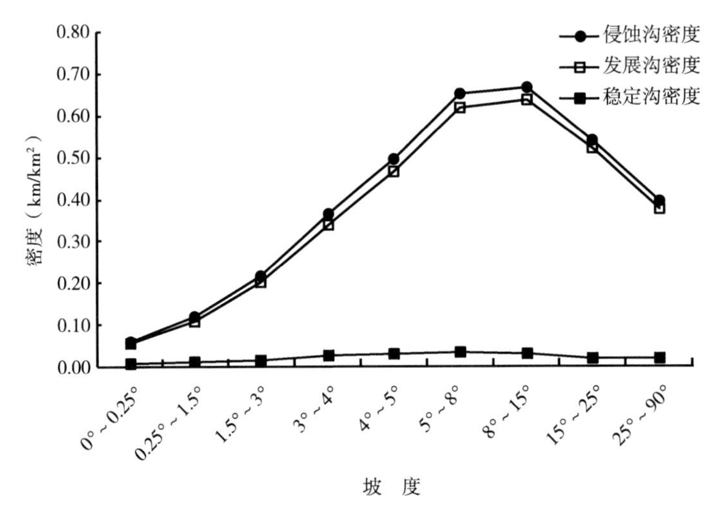

图4-32 呼伦贝尔高平原区不同坡度沟蚀密度分布图

发展沟密度和稳定沟密度随坡度上升先增大后减小，与侵蚀沟密度随坡度的变化趋势相同。其中发展沟密度的坡度阈值与侵蚀沟密度的坡度阈值相同，为15°，并在该坡度达到发展沟密度最大值，为0.638 2km/km²。当坡度小于15°时，发展沟密度随坡度的上升增大，从最小值（0.054 5km/km²）增长至最大值；当坡度大于15°时，侵蚀沟密度随坡度的继续上升而减小。

稳定沟密度的坡度阈值为8°，并在该坡度达到稳定沟密度最大值（0.034 9km/km²）。当坡度小于8°时，稳定沟密度从最小值的0.006 2km/km²上升至最大值；当坡度在8°～25°时，稳定沟密度随坡度的继续上升而减小，当坡度大于25°时，稳定沟密度与坡度共同上升。

呼伦贝尔高平原区侵蚀沟切割土地比例随坡度上升的分布变化如图4-33所示，侵蚀沟切割土地比例随坡度的上升先增大后减小。其坡度分布阈值为8°，并在该坡度达到侵蚀沟切割土地比例最大值，为2.166 7%。当坡度小于8°时，侵蚀沟切割土地比例随坡度的上升而增大；当坡度大于8°时，侵蚀沟切割土地比例随坡度的继续上升而减小。

呼伦贝尔高平原区侵蚀沟密集度随坡向变化的分布如图4-34所示。侵蚀沟密集度在不同坡向分布规律为N向最大（7.12条/km²），E向和S向次之（5.03条/km²、4.64条/km²），NW方向侵蚀沟密集度最小（2.99条/km²）。

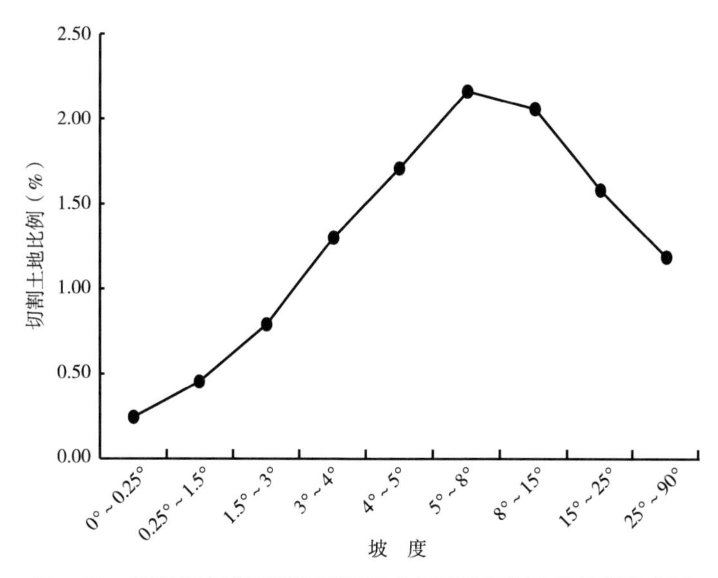

图4-33　呼伦贝尔高平原区不同坡度侵蚀沟切割土地比例分布图

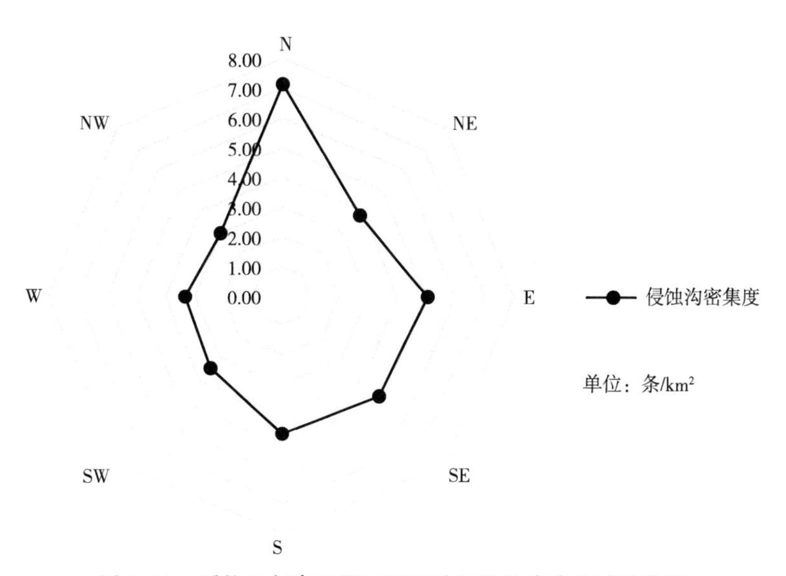

图4-34　呼伦贝尔高平原区不同坡向侵蚀沟密集度分布图

呼伦贝尔高平原区沟蚀密度随坡向变化的分布如图4-35所示。侵蚀沟密度在不同坡向分布规律为E向最大（0.506 3km/km^2），NE方向和SE方向次之（0.457 2km/km^2、0.447 9km/km^2），NW方向最小（0.214 5km/km^2）。

发展沟密度在不同坡向分布规律为E向最大（0.479 1km/km^2），NE方向和SE方向次之（0.430 0km/km^2、0.423 7km/km^2），NW方向最小（0.202 3km/km^2）。稳定沟密度在不同坡向分布规律为SW方向最大（0.027 4km/km^2），E向和NE方向次之（0.027 3km/km^2、0.027 3km/km^2），NW方向最小（0.012 2km/km^2）。

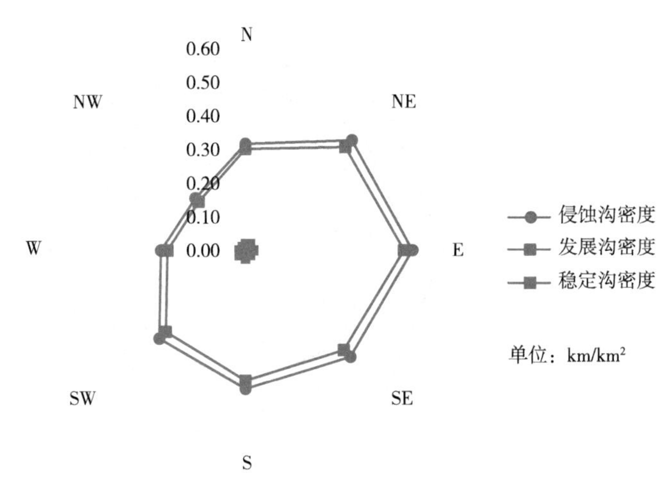

图4-35　呼伦贝尔高平原区不同坡向沟蚀密度分布图

呼伦贝尔高平原区侵蚀沟切割土地比例随坡向变化的分布如图4-36所示。不同坡向切割土地面积在E方向为1.691 3%，在所有坡向中最大，NE方向和SE方向次之，比例分别为1.595 6%、1.472 0%，NW方向最小，仅为0.746 8%。

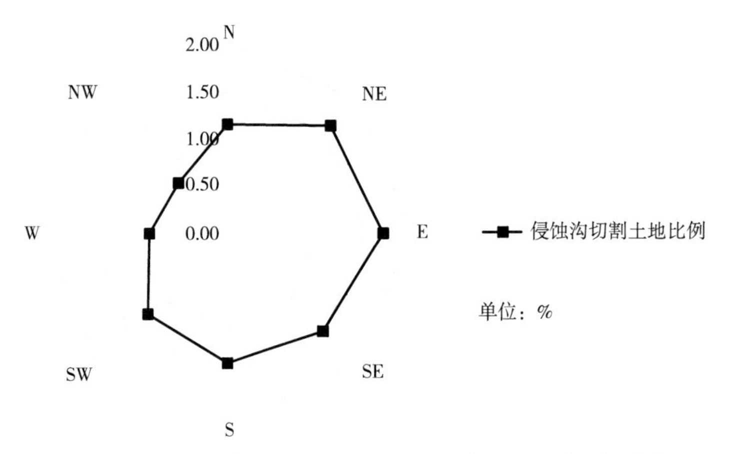

图4-36　呼伦贝尔高平原区不同坡向侵蚀沟切割土地比例分布图

4.1.7　不同水保分区侵蚀沟坡面分布差异

4.1.7.1　不同坡度侵蚀沟分布差异

在进行不同分区侵蚀沟坡度分布差异分析前，先对不同分区的不同坡度面积进行统计，明确不同分区坡度特征。

由不同分区坡度面积分布图（图4-37）可以看出，各级坡度所占比例的分布曲线为“M”形的双峰曲线，5°是两个峰值间的转折坡度。辽宁环渤海山地丘陵区、东北漫川漫岗区及呼伦贝尔高平原区小于5°的面积较多，其余地貌坡度大于5°的面积较多。

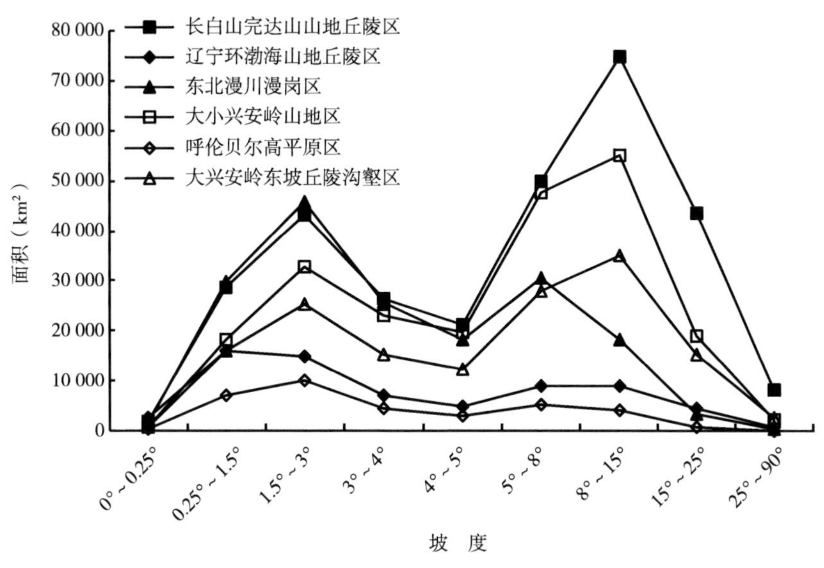

图4-37　不同水土保持二级分区坡度面积分布图

通过对各水土保持二级分区的不同坡度侵蚀沟分布指标与地形的相关性分析表明（表4-1），大小兴安岭山地区、大兴安岭东坡丘陵沟壑区和东北漫川漫岗区侵蚀沟密度与坡度面积呈显著相关。大兴安岭东坡丘陵沟壑区发展沟密度和切割土地比例与坡度面积呈显著相关。除此之外，东北漫川漫岗区稳定沟密度与坡度面积呈显著相关。这些分析表明，坡度不是制约沟谷形成的主要因素，与部分学者得出的结论相同，同时他们认为坡面形状、坡向、集水区、地形起伏等因素对沟谷形成的影响或许更大（李飞等，2012；王文娟等，2012）。而坡面形状、集水区及地形起伏等因素都是由不同坡度的坡面组成，因此不能直接否认坡度对侵蚀沟分布的影响。

表4-1　侵蚀沟分布指数与坡度面积的相关性

分区		侵蚀沟密度	发展沟密度	稳定沟密度	侵蚀沟密集度	切割土地比例
坡度	长白山完达山山地丘陵区	0.429	0.44	0.24	−0.134	0.344
	辽宁环渤海山地丘陵区	0.136	0.135	0.138	−0.023	0.126
	大小兴安岭山地区	0.686*	0.65	0.519	−0.247	0.576
	大兴安岭东坡丘陵沟壑区	0.746*	0.749*	0.536	−0.082	0.745*
	东北漫川漫岗区	0.674*	0.63	0.845**	0.29	0.651
	呼伦贝尔高平原区	−0.157	−0.167	0.078	−0.213	−0.085

通过对水土保持区划二级分区的侵蚀沟在不同坡度分布特征的研究，侵蚀沟密度和切割土地比例均随坡度的上升先增大后减小。侵蚀沟密集度随坡度上升具有3种不同的

变化趋势，但坡度阈值作为侵蚀沟指标最大值所在坡度，从总体变化规律上分析，当坡度小于坡度阈值时，侵蚀沟指标随坡度的上升而增大，当坡度大于坡度阈值时，侵蚀沟指标随着坡度的继续上升而减小。因此先从坡度阈值入手，明确各分区不同坡度侵蚀沟分布差异及坡度对侵蚀沟分布的影响。

通过对不同水土保持二级分区侵蚀沟指标坡度阈值进行汇总（表4-2），从中可以看出侵蚀沟密集度的坡度阈值均为5°。同时在不同分区坡度面积分布中（图4-37），5°是两个峰值间的转折坡度。首先，侵蚀沟在坡面是一个连续的存在，而坡度为5°的坡面面积较少，侵蚀沟在从陡坡至平缓坡发展的过程中在该坡度汇集，造成侵蚀沟密集度较大。其次，从不同分区侵蚀沟密集度随坡度变化分布图（图4-38）和不同分区坡度面积分布图（图4-37）中可以看出，当坡度从15°下降至8°时，土地面积在增加的同时侵蚀沟密集度有明显的增长，主要由于坡度在5°～8°时耕地较多，利于沟蚀的发生，并且通过侵蚀沟野外监测和解译成果发现侵蚀沟中上部存在较多的支沟，因此造成坡度在5°时侵蚀沟数量较多。受坡度面积和人为活动的影响，最终导致坡度为5°时侵蚀沟密集度最大。当坡度大于15°时，呼伦贝尔高平原区侵蚀沟密集度较其他分区相比有明显的增加，一方面由于该区以平原地貌为主，大于15°的坡面较少（图4-38），仅占土地面积的2.66%；另一方面放牧对沟蚀的产生具有促进作用（Zucca et al.，2006）；另外，该分区由于人类活动导致地下水抽采严重，大面积草原因缺水枯死，植被盖度逐年减少，生态系统退化，较其他分区乔灌草多植被类型相比，抗侵蚀能力较弱，综合以上原因造成呼伦贝尔高平原区大于15°时侵蚀沟密集度明显增加。

表4-2　不同水土保持二级分区侵蚀沟指标坡度阈值

项目	长白山完达山山地丘陵区	辽宁环渤海山地丘陵区	东北漫川漫岗区	大小兴安岭山地区	呼伦贝尔高平原区	大兴安岭东坡丘陵沟壑区
密集度	5°	5°	5°	5°	5°	5°
密度	8°	8°	8°	5°	15°	8°
切割土地比例	8°	8°	8°	4°	8°	15°

侵蚀沟中上部支沟较多，因此坡度阈值可以反映出侵蚀沟中上部的支沟数量的多少及沟头所在坡度。通过对不同分区侵蚀沟密度坡度阈值汇总（表4-2）发现，只有大小兴安岭山地区侵蚀沟密度坡度阈值与密集度坡度阈值相同，其余分区侵蚀沟密度坡度阈值均大于密集度坡度阈值。说明在坡度为5°时，山地丘陵侵蚀沟密集度较高除受坡度面积较少、沟道汇集的影响外，还由于该坡度是大小兴安岭山地区侵蚀沟的高发坡度，而其他地貌侵蚀沟密集度较高则主要受地形的影响。大小兴安岭山地区植被盖度高，是东北地区的重要生态屏障，地表受植被的保护，沟蚀的产生需要更多的径流量和更高的径流流速，因此该区沟蚀主要发生坡度要小于其他分区。

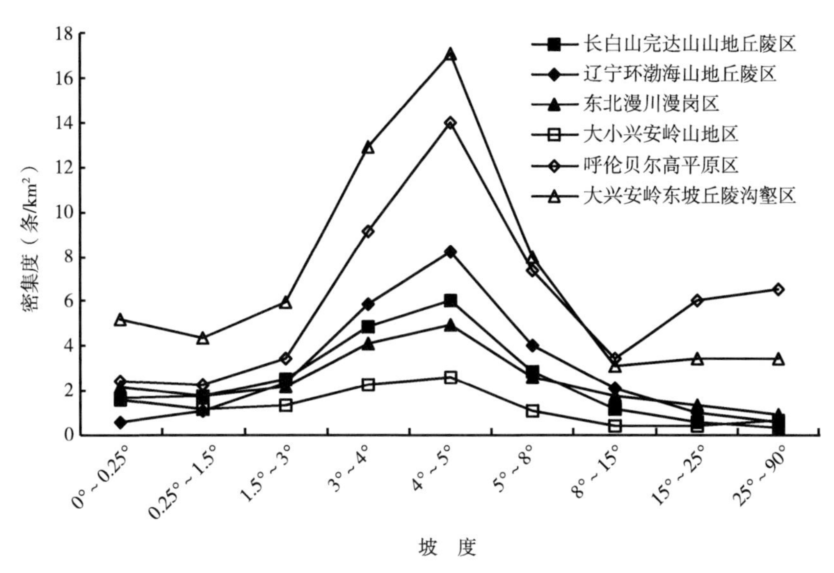

图4-38　不同水土保持二级分区侵蚀沟密集度坡度分布图

通过对不同分区侵蚀沟坡度分布相关性指标分析（表4-3）发现，东北漫川漫岗区、辽宁环渤海山地丘陵区和长白山完达山山地丘陵区的单位面积内侵蚀沟长度、数量和面积在不同坡度分级下高度相关。在大小兴安岭山地区、大兴安岭东坡丘陵沟壑区和呼伦贝尔高平原区，侵蚀沟面积与密度显著相关。总体而言，东北黑土区不同坡度侵蚀沟长度与面积相关性较高（王岩松等，2013）。因此从不同坡度侵蚀沟密度分布入手，分析侵蚀沟切割土地比例与侵蚀沟密度的分布关系，进而推导出侵蚀沟切割土地比例分布差异与坡度的关系。大小兴安岭山地区、呼伦贝尔高平原区、大兴安岭东坡丘陵沟壑区侵蚀沟切割土地比例坡度阈值与密度坡度阈值存在差异。其中大小兴安岭山地区侵蚀沟切割土地比例坡度阈值为4°，小于其侵蚀沟密集度和密度的坡度阈值（5°），主要由于当坡度下降至4°时，侵蚀沟之间相互汇集，造成数量和长度减少的同时，面积增加。通过表4-2可以看出呼伦贝尔高平原区和大兴安岭东坡丘陵沟壑区侵蚀沟切割土地比例坡度阈值与侵蚀沟密度坡度阈值虽然不同，但均为临近坡度范围。并且从图4-38可以看出，在8°和15°时两个分区侵蚀沟密度相近，呼伦贝尔高平原区8°时的侵蚀沟密度比15°时大0.006 9km/km^2，大兴安岭东坡丘陵沟壑区15°时的侵蚀沟密度比8°时大0.015 2km/km^2，侵蚀沟切割土地比例在8°和15°同样相差较少。

表4-3　不同水土保持二级分区侵蚀沟坡度分布指标的相关性分析

分区	指标	侵蚀沟密度	侵蚀沟密集度	切割土地比例	分区
长白山完达山山地丘陵区	侵蚀沟密度		0.777*	1.0**	辽宁环渤海山地丘陵
	侵蚀沟密集度	0.789*	—	0.774*	
	切割土地比例	0.994**	0.830**	—	

（续表）

分区	指标	侵蚀沟密度	侵蚀沟密集度	切割土地比例	分区
东北漫川漫岗区	侵蚀沟密度	—	0.326	0.976**	大小兴安岭山地区
	侵蚀沟密集度	0.689*	—	0.456	
	切割土地比例	0.999**	0.680*	—	
呼伦贝尔高平原区	侵蚀沟密度	—	0.359	0.998**	大兴安岭东坡丘陵沟壑区
	侵蚀沟密集度	0.453	—	0.312	
	切割土地比例	0.990**	0.521	—	

4.1.7.2　不同坡向侵蚀沟分布差异

在进行不同水土保持二级分区侵蚀沟坡向分布差异分析前，先对不同分区的坡向面积进行统计，明确不同分区坡向特征。

通过对不同分区坡向面积统计（图4-39）发现在阴坡和阳坡的土地面积相对较少，半阴坡和半阳坡的土地面积较大。

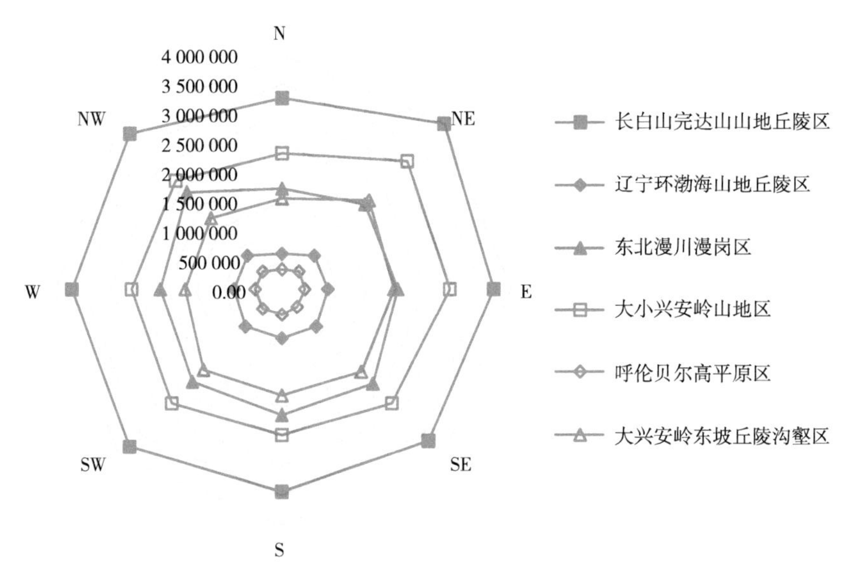

图4-39　不同水土保持二级分区坡向面积分布图

分布指标与土地面积的相关性分析见表4-4。4个分区的侵蚀沟密集度与坡向面积显著相关，分别为东北漫川漫岗区、呼伦贝尔高平原区、辽宁环渤海山地丘陵区和长白山完达山山地丘陵区。结果表明，只有山地丘陵地貌、漫川漫岗地貌和平原地貌的侵蚀沟密集度与坡向面积显著相关。虽然根据相关性分析结果显示坡向不是制约沟谷形成的主要因素（李飞等，2012；王文娟等，2012），但不能直接否认坡向对侵蚀沟分布的影响，因此从侵蚀沟不同坡向分布差异角度研究坡向对侵蚀沟分布的影响。

表4-4 侵蚀沟分布指数与坡向面积的相关性

项目	分区	侵蚀沟密度	发展沟密度	稳定沟密度	侵蚀沟密集度	切割土地比例
坡向	长白山完达山山地丘陵区	0.226	0.237	0.132	−0.841**	0.720
	辽宁环渤海山地丘陵区	0.594	0.580	0.511	−0.882**	0.574
	大小兴安岭山地区	0.438	0.403	0.472	−0.491	0.51
	大兴安岭东坡丘陵沟壑区	0.361	0.355	0.425	−0.506	0.386
	东北漫川漫岗区	0.172	0.187	0.024	−0.905**	0.142
	呼伦贝尔高平原区	−0.151	−0.162	0.054	−0.940**	−0.194

通过对不同分区侵蚀沟指标最大值所在坡向统计表（表4-5）发现，所有分区北坡侵蚀沟密集度最大，北坡太阳辐射较弱，冻融循环次数较多，受冻融作用土壤破碎度比其他朝向坡面大，但是融雪历时长，单次融雪径流量较小，受地形起伏影响形成多个且面积较小的汇水面，最终导致侵蚀沟数量较多。在侵蚀沟野外动态监测中，发现在阴坡汇水线上有不连续的切沟出现（图4-40），认为其原因为单次融雪径流量较小，其动能无法将汇水线上形成的沟道贯通，或仅由细沟相连，进而造成了北坡侵蚀沟数量多、长度和面积较少这一现象。

表4-5 不同分区侵蚀沟指标最大值所在坡向

项目	长白山完达山山地丘陵区	辽宁环渤海山地丘陵区	东北漫川漫岗区	大小兴安岭山地区	呼伦贝尔高平原区	大兴安岭东坡丘陵沟壑区
密集度	N	N	N	N	N	N
密度	SE	SE	SW	SE	E	S
切割土地比例	SE	SE	SW	E	E	S

不同分区的侵蚀沟密度、切割土地比例在不同坡向上分布规律相近，并且最大值所在坡向相同（表4-5）。其明显规律为阳坡和半阳坡的侵蚀沟密度和切割土地比例大于阴坡和半阴坡。经过对冬季积雪的观测，北坡的积雪深度和液态含水率均小于阳坡，并且阳坡在融雪期经受的太阳辐射较强，融雪历时短，单次融雪径流量大，并且受未解冻层的影响，融雪径流无法正常入渗，造成侵蚀沟纵向的延伸和横向的扩张，使侵蚀沟密度和切割土地比大于阴坡。不同分区受地形的影响，积雪厚度存在一定差异，因此造成不同分区侵蚀沟密度和切割土地最大值所在坡向的差异。在夏季，受季风的影响，阳坡为迎风坡，雨滴与坡面的夹角大，对坡面的打击作用力强，阴坡为背风坡，雨滴作用于

坡面的夹角减小，降雨侵蚀力明显小于阳坡，从而土壤侵蚀强度也小于阳坡。综合融雪和降雨的双重影响，才造成不同分区侵蚀沟在坡向方面分布的差异。

图4-40　阴坡不连续沟蚀

4.1.7.3　不同分区沟蚀潜在危险性预测

在研究东北地区侵蚀沟在不同分区坡面分布差异的同时，尝试根据侵蚀沟分布的坡度阈值预测侵蚀沟发育空间的大小。当稳定沟的坡度阈值大于发展沟坡度阈值时，认为侵蚀沟的发展趋于稳定状态，则发展空间较小。若情况相左，则认为发展沟已经超过了侵蚀沟原有稳定状态的坡度限制条件，也就是说，发展沟正试图满足一系列的自然或人为条件以达到稳定状态，因此，具有较大的潜在危险性。

表4-6　不同分区侵蚀沟分布坡度阈值

项目	大小兴安岭山地区	大兴安岭东坡丘陵沟壑区	东北漫川漫岗区	呼伦贝尔高平原区	辽宁环渤海山地丘陵区	长白山完达山山地丘陵区
侵蚀沟	5°	8°	8°	15°	8°	8°
发展沟	4°	8°	8°	15°	8°	8°
稳定沟	8°	15°	8°	8°	8°	3°

通过对不同分区侵蚀沟密度分布坡度阈值统计可知（表4-6），侵蚀沟密度分布的坡度阈值在5°～15°，发展沟密度分布的坡度阈值在4°～15°，侵蚀沟密集度分布最大值的坡度为5°，切割土地比例的坡度阈值在4°～15°。稳定沟密度分布的坡度阈值即稳定沟最大密度所对应的坡度在3°～15°。大小兴安岭山地区与大兴安岭东坡丘陵沟壑区稳定沟密度分布坡度阈值大于侵蚀沟密度和发展沟密度分布坡度阈值，表明现有侵蚀沟与发展沟主要分布在稳定坡度以下，侵蚀沟潜在危险性较小。辽宁环渤海山地丘陵区侵蚀沟密度、发展沟密度、稳定沟密度分布坡度阈值相同，表明现有侵蚀沟发育趋于稳定，

侵蚀沟潜在危险性较小。东北漫川漫岗区侵蚀沟、发展沟分布坡度阈值与稳定沟密度最大值分布坡度相同，但稳定沟密度坡度分布特征曲线具有两个峰值并且无明显分布坡度阈值，表明侵蚀沟发展具有一定的潜在危险性。呼伦贝尔高平原区与长白山完达山山地丘陵区稳定沟密度分布坡度阈值小于侵蚀沟密度与发展沟密度分布坡度阈值，且发展沟比例分别为94.23%和91.60%，表明现有侵蚀沟发展现状以超过现有稳定沟分布情况，具有较大潜在危险性。

4.2 坡度对侵蚀沟发育的影响

4.2.1 不同坡度侵蚀沟数量发育规律

为分析坡度对侵蚀沟发育影响，选择辽宁环渤海山地丘陵区和长白山完达山山地丘陵区在辽宁省境内第一次全国水利普查数据（2010年）与辽宁省第五次水土保持普查数据（2015年）进行不同坡度侵蚀沟动态发育规律研究。辽宁环渤海山地丘陵区2010年与2015年侵蚀沟密集度增长量及增长率随坡度变化的分布如图4-41所示。与2010年相比，2015年侵蚀沟密集度随坡度上升的变化趋势不变，依然随着坡度的上升先增大后减小，并在坡度为5°时达到最大值。从不同坡度侵蚀沟密集度发育量上看，坡度为5°时侵蚀沟密集度增加最大，较2010年相比增加了1.91条/km^2。2015年侵蚀沟密集度在坡度大于25°时降至最小值，而2010年侵蚀沟密集度在坡度小于0.25°时取得最小值。主要由于在2010年坡度小于0.25°和大于25°时，侵蚀沟密集度相差较小，仅相差0.04条/km^2，但5年间在坡度小于0.25°的范围内侵蚀沟密集度增量为0.50条/km^2，远大于坡度大于25°时的侵蚀沟密度增量0.12条/km^2，因此造成了侵蚀沟密集度最小值所在坡度的差异。

长白山完达山山地丘陵区2010年与2015年侵蚀沟密集度的增长量及增长率随坡度变化的分布如图4-42所示。2015年侵蚀沟密集度随坡度上升的变化趋势与2010年相同，依然为随坡度的上升先增大后减小，并在坡度为5°时达到最大值。从不同坡度侵蚀沟密集度增长量上看，坡度为4°时侵蚀沟密集度增加最大，较2010年相比增加了1.61条/km^2。

对比两个分区不同坡度侵蚀沟密集度增长量（图4-41、图4-42），结果表明坡度对侵蚀沟的发生具有一定程度的影响，侵蚀沟密集度在坡度3°～8°的范围时增加量大于其他坡度，辽宁环渤海山地丘陵区和长白山完达山山地丘陵区在该坡度范围内密集度增量分别占总增长量的73.97%、51.69%。说明在此坡度范围内是新生侵蚀沟的高发坡度。侵蚀沟数量的分布是侵蚀沟产生和发育的结果，坡度对侵蚀沟的形成产生影响的同时也说明了坡度对侵蚀沟数量的分布具有一定影响。当坡度大于25°时，侵蚀沟密集度增加有小幅上扬趋势，主要是由于坡度较陡，有利于增加径流流速，减少侵蚀产生时所需径流量，进而促使沟蚀的产生。

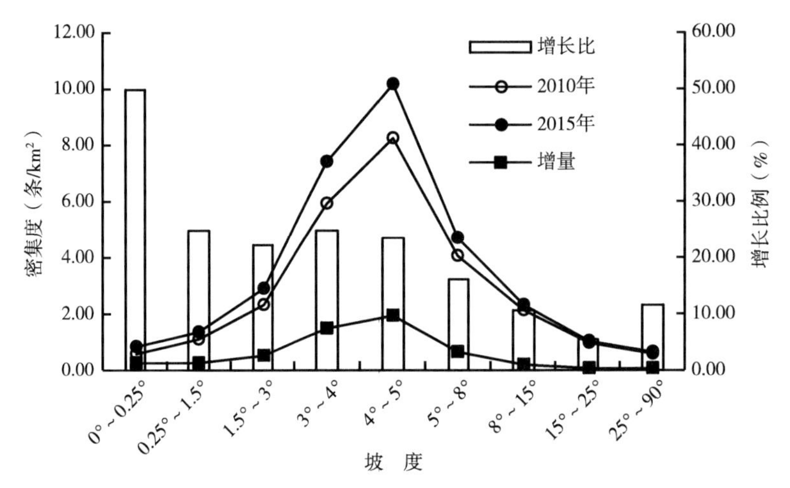

图4-41　辽宁环渤海山地丘陵区不同坡度侵蚀沟密集度分布变化图

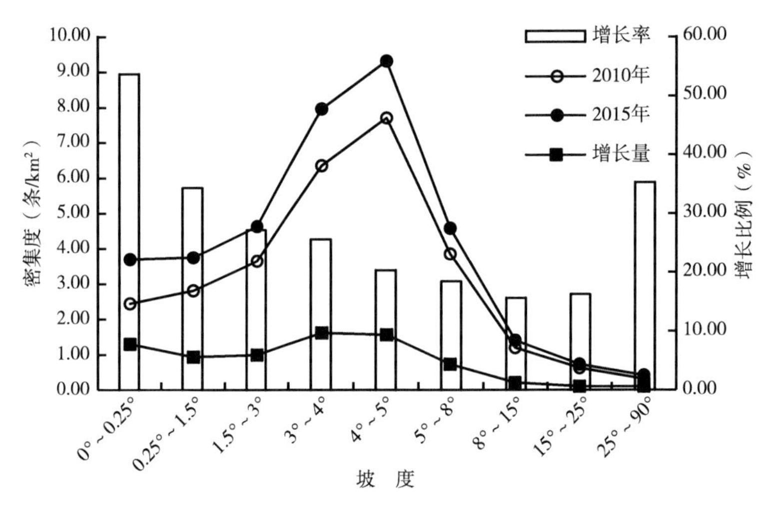

图4-42　长白山完达山山地丘陵区不同坡度侵蚀沟密集度分布变化图

从不同坡度侵蚀沟密集度增长率上看（图4-41、图4-42），坡度小于8°时辽宁环渤海山地丘陵区和长白山完达山山地丘陵区侵蚀沟密集度的增长率分别为22.99%、26.62%，高于坡度大于8°时两个分区的侵蚀沟密集度增长率（9.44%、18.75%）。山地丘陵地貌中坡度较平缓地带是人类生活的主要场所，辽宁省居民点和耕地主要集中在小于8°的坡度范围内（刘立权等，2015），人类活动是造成侵蚀沟密度增长率较大的主要原因。居民点的住房密度、排水网络和密度、不透水地表以及乡间道路等因素加剧了沟蚀的发生（Adediji et al.，2009），造成坡度小于0.25°时侵蚀沟密集度增长率较大。

当坡度小于5°时，两个分区侵蚀沟密集度增长率随坡度的变化呈现不同的分布趋势，长白山完达山山地丘陵区侵蚀沟密集度随坡度的上升持续减少，辽宁环渤海山地丘陵区在0.25°~5°的坡度范围时，增长率保持在22.31%~24.67%。通过统计两个分区不同坡度面积所占土地比例（图4-43）可知，长白山完达山山地丘陵区坡度小于5°的土地面积仅占21.12%，而坡面上的侵蚀沟是个连续的存在，随着坡度的变化逐渐汇集在坡度较缓且面积较少的坡面上；该区大于5°的坡面占总面积的78.88%，陡坡有利于提高径流流速，造成侵蚀沟密集度增长率较大。反观辽宁环渤海山地丘陵区，0.25°～1.5°和1.5°～3°的坡面面积分别占土地面积的23.35%、21.58%，土地面积的增加分散了径流，因此该区相比长白山完达山山地丘陵区侵蚀沟的密集度增长率较小，体现了坡面对侵蚀沟发育和分布的影响作用。

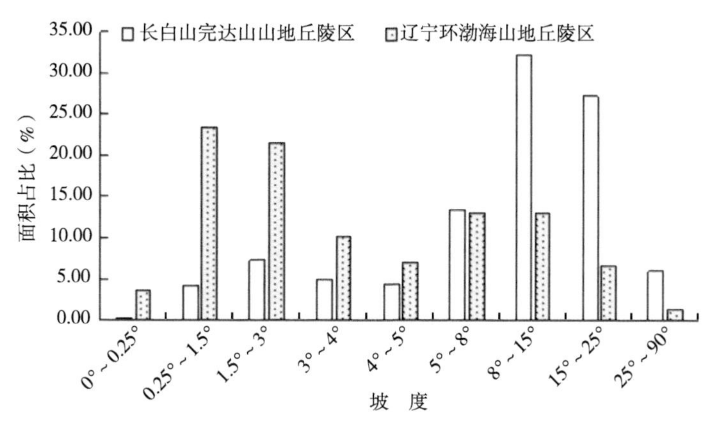

图4-43 不同分区坡度面积占比

将不同坡度侵蚀沟密集度发育量进行累加并拟合发育方程（图4-44），所得拟合方程为y=6.187 1ln$x$−0.207 6，其中x为坡度等级，y为侵蚀沟累加发育密集度，方程拟合精度较高（R^2=0.914 3）。

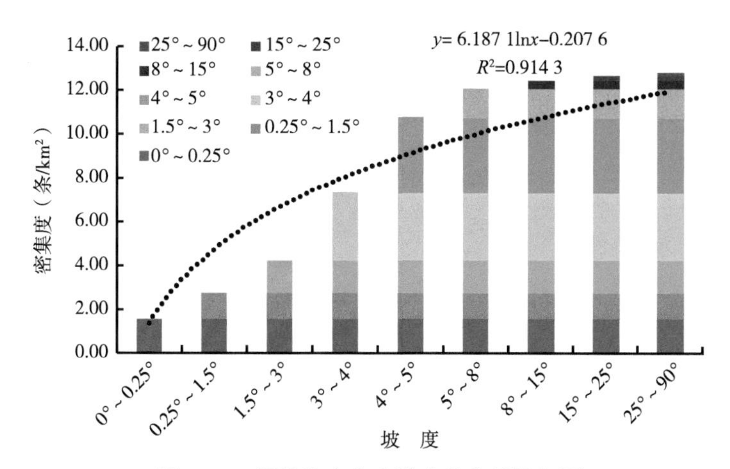

图4-44 侵蚀沟密集度坡度发育量累加图

4.2.2 不同坡度侵蚀沟长度发育规律

辽宁环渤海山地丘陵区2010年与2015年侵蚀沟密度、增长量及增长率随坡度变化的分布如图4-45所示。与2010年相比，2015年侵蚀沟密度随坡度上升的变化趋势没有改变，当坡度小于8°时，侵蚀沟密度随坡度上升而增加，从最小值增加至最大值，当坡度大于8°时，侵蚀沟密度随着坡度的继续上升而下降。

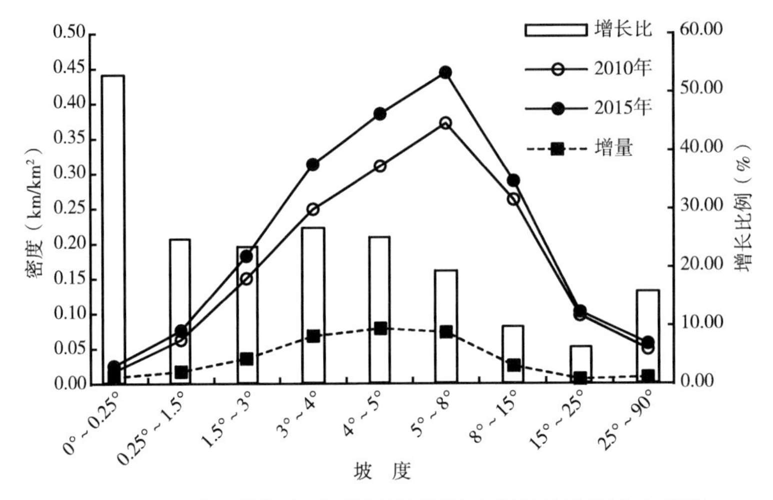

图4-45 辽宁环渤海山地丘陵区不同坡度侵蚀沟密度分布变化

长白山完达山山地丘陵区2010年与2015年侵蚀沟密度、增长量及增长率随坡度变化的分布如图4-46所示。与2010年相比，2015年侵蚀沟密度随坡度上升的变化趋势没有改变，当坡度小于8°时，侵蚀沟密度随坡度上升而增加，从最小值增加至最大值，当坡度大于8°时，侵蚀沟密度随着坡度的继续上升而下降。

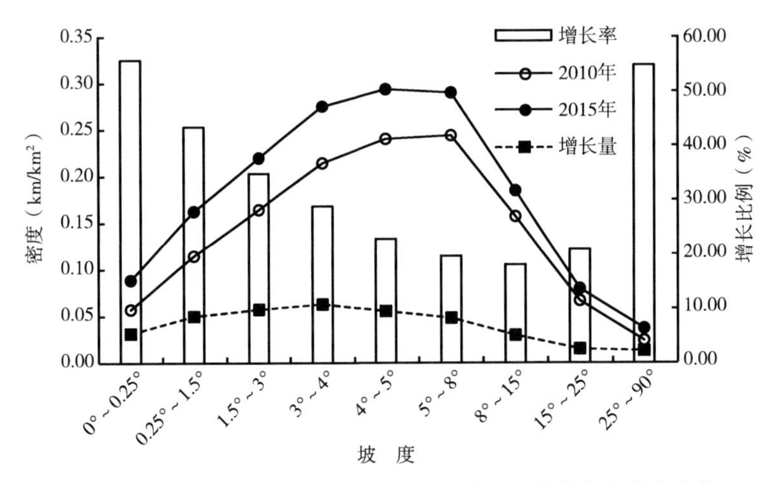

图4-46 长白山完达山山地丘陵区不同坡度侵蚀沟密度分布变化

从侵蚀沟密度不同坡度的发育量上看，辽宁环渤海山地丘陵区和长白山完达山山地丘陵区分别在坡度为5°和4°时侵蚀沟密度增加最大，与侵蚀沟密集度最大增量所在坡度相同，与2010年相比，侵蚀沟密度分别增加了0.076 0km/km²和0.061 4km/km²。坡度大于25°时，两个分区侵蚀沟密度增量最小，分别为0.005 7km/km²、0.012 7km/km²。坡度大于25°时，辽宁环渤海山地丘陵区的坡面面积较小（图4-41），而沟蚀的产生与沟头所在坡度和沟头以上集水区面积相关，同等坡度下集水区面积较小造成沟蚀发生数量减少，进而导致密度增长量较少。

从不同坡度侵蚀沟密度增加量上看，坡度对侵蚀沟的发生具有一定程度的影响，坡度在3°～8°的范围内辽宁环渤海山地丘陵区侵蚀沟密度的增加量较其他坡度大，占总量的69.16%。侵蚀沟密度与密集度均在该坡度范围内具有较大的增量占比，单位面积内侵蚀沟数量和长度的较大增长，说明在该坡度范围内是新生沟体的主要坡度。侵蚀沟长度的分布是侵蚀沟产生和发育的结果，坡度对侵蚀沟的形成产生影响的同时也说明了坡度对侵蚀沟长度的分布具有一定影响。长白山完达山山地丘陵区在坡度0.25°～5°时侵蚀沟密度增长量较大，占总增长量的57.24%。造成两个分区侵蚀沟密度主要增长的坡度范围不同，其主要原因与坡面的面积有关，如章节4.2.1中所述，坡度处在0.25°～5°时，长白山完达山山地丘陵区的土地面积较少，地形导致径流侵蚀力的增加，并且侵蚀沟在此处汇集，因此造成侵蚀沟密度增长量较多。长白山完达山山地丘陵区的不同坡度侵蚀沟密度增长率均高于辽宁环渤海山地丘陵区，表现出更大的危害性。

坡度小于1.5°时，辽宁环渤海山地丘陵区侵蚀沟密度与密集度增量分布趋势略有不同，在该坡度范围内侵蚀沟密集度的增量随坡度下降呈上升趋势，而侵蚀沟密度的增量持续减少，说明在坡度小于0.25°时支沟发育较强，长度较短的侵蚀沟数量增加较多。主要由于坡度小于0.25°时，地势变得相对平坦，汇水线高程与周围高程相差较少，上方径流受地形约束减弱，在此处分散，形成支沟。

从侵蚀沟密度在不同坡度的增长率上看（图4–46），坡度小于8°时侵蚀沟密集度的增长率为23.39%，高于坡度大于8°时的侵蚀沟密集度增长率9.35%。侵蚀沟数量的增加势必会造成侵蚀沟长度的增加，坡度小于8°时侵蚀沟密度增长率较大的原因与侵蚀沟密集度相同。

将不同坡度侵蚀沟密度发育量进行累加并拟合发育方程（图4–47），所得拟合方程为$y=0.086\,4x-0.033\,6$，其中x为坡度等级，y为侵蚀沟累加发育密度，方程拟合精度较高（$R^2=0.953\,5$）。

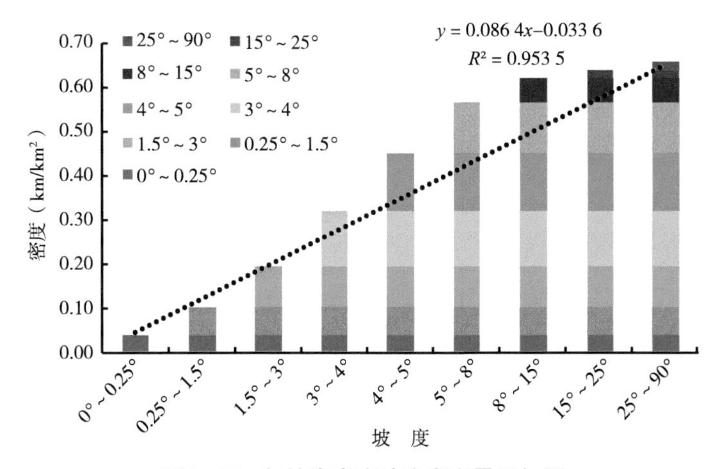

图4–47 侵蚀沟密度坡度发育量累加图

4.2.3 不同坡度侵蚀沟面积发育规律

辽宁环渤海山地丘陵区与长白山完达山山地丘陵区在2010年、2015年侵蚀切割土地比例、增长量及增长率随坡度变化的分布如图4-48、图4-49所示。与2010年相比，两个分区2015年侵蚀沟切割土地比例随坡度上升的变化趋势均没有改变，当坡度小于8°时，侵蚀沟切割土地比例随坡度上升而增加，从最小值增加至最大值，当坡度大于8°时，侵蚀切割土地比例随着坡度的继续上升而下降。

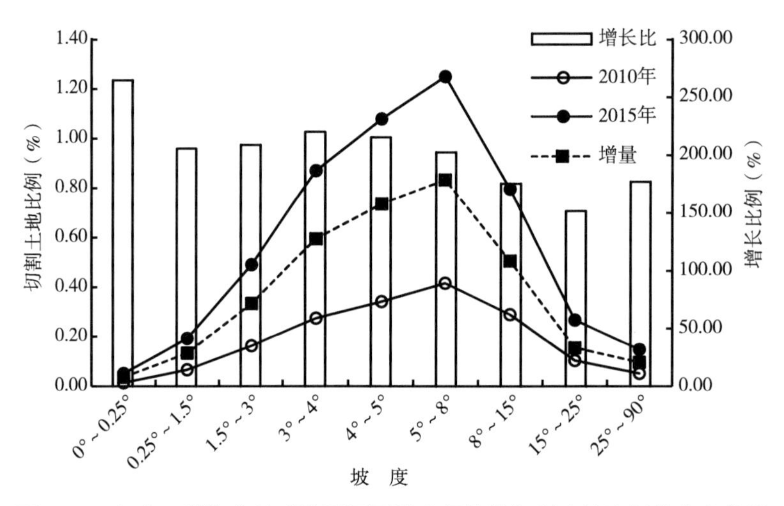

图4-48 辽宁环渤海山地丘陵区不同坡度侵蚀沟切割土地比例分布变化图

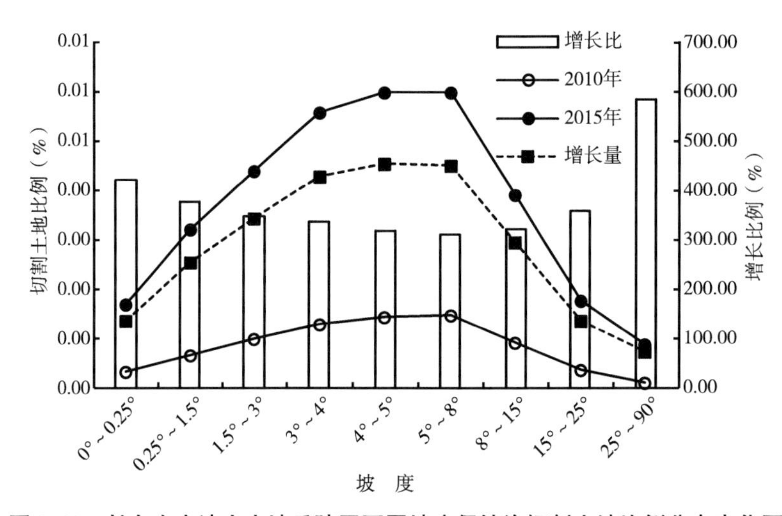

图4-49 长白山完达山山地丘陵区不同坡度侵蚀沟切割土地比例分布变化图

从不同坡度侵蚀沟切割土地比例发育量上看，坡度为8°时两个分区侵蚀沟切割土地的比例增加最大，与侵蚀沟密集度、密度最大增量所在坡度相比，坡度值有所增加。

从不同坡度侵蚀沟密度增加量上看，坡度对侵蚀沟的发生具有一定程度的影响，辽宁环渤海山地丘陵区在坡度3°～8°的范围时侵蚀沟密度的增加量较其他坡度大。侵蚀沟密度与密集度均在该坡度范围内具有较大的增量占比，单位面积内侵蚀沟数量和长度的共同增长导致侵蚀沟面积的增长。侵蚀沟面积的分布是侵蚀沟产生和发育的结果，面积和长度共同构成了侵蚀沟二维参数，坡度对侵蚀沟的形成产生影响的同时也说明了坡度对侵蚀沟面积的分布具有一定影响。长白山完达山山地丘陵区切割土地比例主要增长坡度范围为3°～8°，而侵蚀沟密度主要增长在坡度0.25°～5°范围，说明新增沟的面积小，以溯源侵蚀为主，原有沟蚀则以横向扩张为主。

从不同坡度侵蚀沟切割土地增长率上看，辽宁环渤海山地丘陵区与长白山完达山山地丘陵区各坡度切割土地比例均呈倍数增长，说明侵蚀沟横向发育严重。当坡度小于8°时，侵蚀沟切割土地比例增长率明显大于8°以上各坡度分级增长率，说明侵蚀沟面积发育在受坡度影响同时，人为活动加剧了侵蚀沟面积的扩张。

将不同坡度侵蚀沟切割土地比例发育量进行累加并拟合发育方程（图4-50），所得拟合方程为$y=0.501\ 9x-0.692\ 6$，其中x为坡度等级，y为侵蚀沟累加发育切割土地比例，方程拟合精度较高（$R^2=0.960\ 3$）。

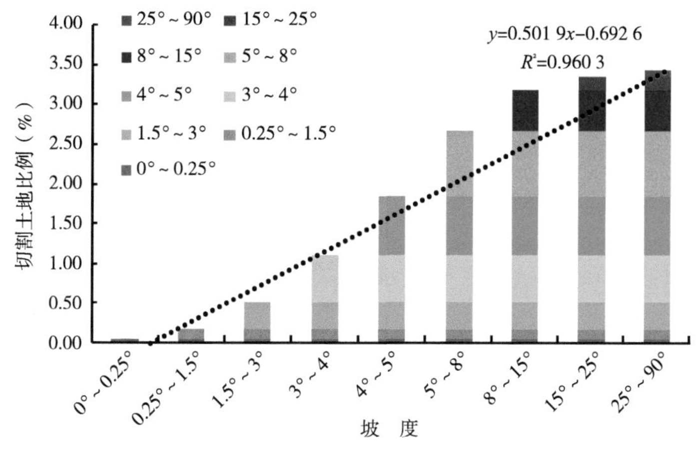

图4-50　切割土地比例坡度发育量累加图

4.3　坡向对侵蚀沟发育的影响

4.3.1　不同坡向侵蚀沟数量发育规律

为分析坡向对侵蚀沟发育影响，选择辽宁环渤海山地丘陵区和长白山完达山山地丘陵区在辽宁省境内第一次全国水利普查数据（2010年）与辽宁省第五次水土保持普查数据（2015年）进行不同坡向侵蚀沟动态发育规律研究。

2010年与2015年辽宁环渤海山地丘陵区、长白山完达山山地丘陵区侵蚀沟密集度及增长量随坡向变化的分布如图4-51所示。与2010年相比，两个分区2015年侵蚀沟密集度在北坡依然最大，但增长量最大值所在坡向不同，辽宁环渤海山地丘陵区为北坡，增量为0.88条/km²，长白山完达山山地丘陵区为西北坡，增量为0.61条/km²。其主要原因是受太阳辐射影响，阴坡及半阴坡接受的太阳总辐射量小，受多次冻融循环的影响，土壤产生裂隙较多，但阴坡融雪历时长、单次融雪径流少，造成侵蚀沟数量较多。平缓坡积雪厚度要高于陡坡（蔡迪花等，2009），并且灌木林地融雪速率要大于乔木林地（车宗玺等，2008）。首先长白山完达山山地丘陵区陡坡较多，并且有林地占林地总面积的70.51%，高于辽宁环渤海山地丘陵区的62.95%，乔木通过遮挡太阳辐射会延长融雪历时和减少融雪径流，因此造成两个分区不同坡向侵蚀沟密集度发育的差异。

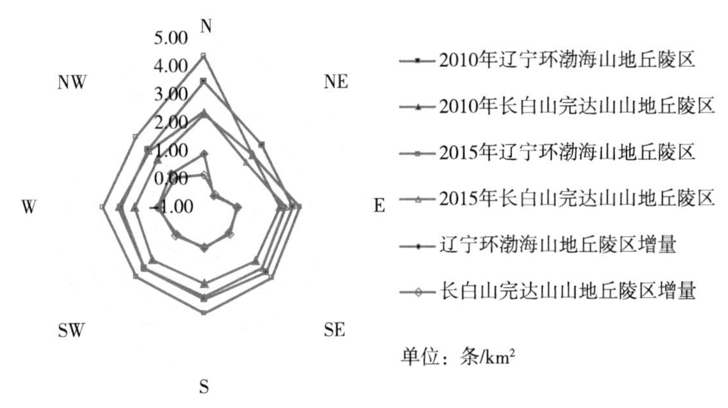

图4-51　不同坡向侵蚀沟密集度分布变化图

在南坡侵蚀沟密集度略高于半阳坡面，主要由于南坡所接受的太阳辐射量大于半阳坡，冻融作用剧烈，融雪径流发生速度快，产生时间集中，造成阳坡侵蚀沟数量较大（王文娟等，2012）。在东北坡，侵蚀沟密集度从2010年的2.08条/km²减少至2015年的1.60条/km²。结合多年侵蚀沟实地动态监测，发现造成这种现象的主要原因为临近侵蚀沟的不断发育，造成沟体融合。

将不同坡向侵蚀沟密集度发育量进行累加并拟合发育方程（图4-52），所得拟合方程为$y=0.637\ 2x-0.5$，其中x为坡向等级，y为侵蚀沟累加发育密集度，方程拟合精度较高（$R^2=0.867\ 3$）。

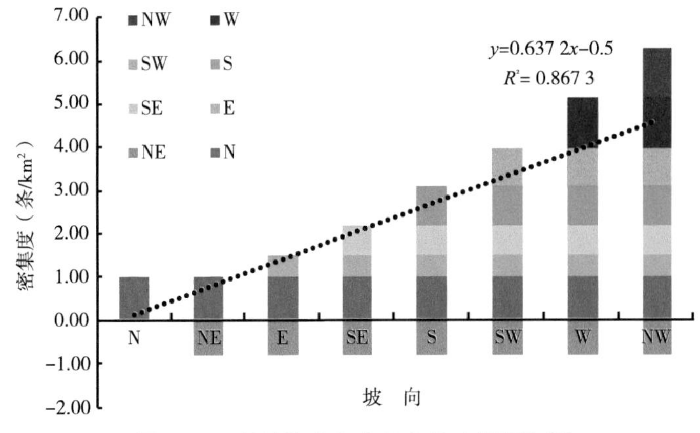

图4-52　侵蚀沟密集度坡向发育量累加图

4.3.2　不同坡向侵蚀沟长度发育规律

长白山完达山山地丘陵区、辽宁环渤海山地丘陵区2010年与2015年侵蚀沟密度及增长量随坡向变化的分布如图4-53所示。与2010年相比，长白山完达山山地丘陵区侵蚀沟密度依然在东南坡最大，并且增长量在该坡向最大，密度增长量为0.045 7km/km^2，东南和东坡侵蚀沟密度大于其他坡向；辽宁环渤海山地丘陵区2015年侵蚀沟密度虽然仍在东南坡最大，但其增长量最小，东北坡虽然侵蚀沟密集度有所减少，但其侵蚀沟密度增量最大，平均每平方千米侵蚀沟增长0.044 7km。经计算，不同坡向侵蚀沟密度增长率处在12.79%～23.51%的范围内。与不同坡向侵蚀沟密集度增长率相比，具有较强的规律性。造成这种现象的主要原因为不同坡向侵蚀沟发育差异影响因素主要源于太阳辐射和雨滴击溅角的不同。阳坡接受的太阳辐射总量大，土壤昼夜温差比阴坡大，冻融作用较阴坡强烈。随着春季解冻，径流发生的速度加快，并且相对集中于向阳坡面，侵蚀作用与向阴坡面相比更为严重。降雨是沟蚀发生的直接原因，降雨主要发生在6—9月，受东北黑土地区夏季季风的影响，阳坡为迎风坡，雨滴与坡面的夹角大，对坡面的打击作用力强，阴坡为背风坡，雨滴作用于坡面的夹角减小，降雨侵蚀力明显小于阳坡，土壤侵蚀强度也小于阳坡（王文娟等，2012）。

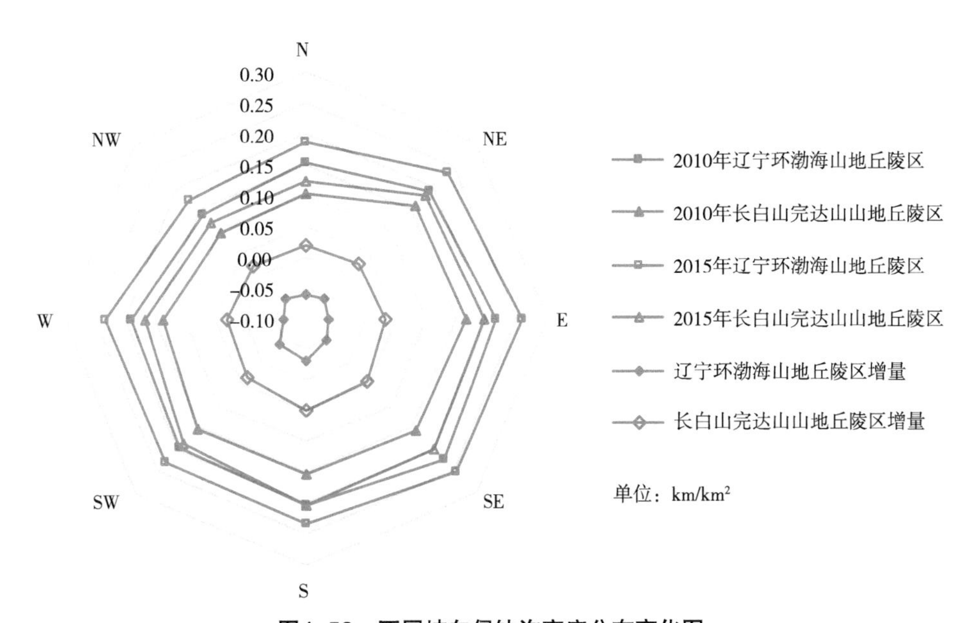

图4-53　不同坡向侵蚀沟密度分布变化图

将不同坡向侵蚀沟密度发育量进行累加并拟合发育方程（图4-54），所得拟合方程为$y=0.071\,9x-0.019\,6$，其中x为坡向等级，y为侵蚀沟累加发育密度，方程拟合精度较高（$R^2=0.999\,0$）。

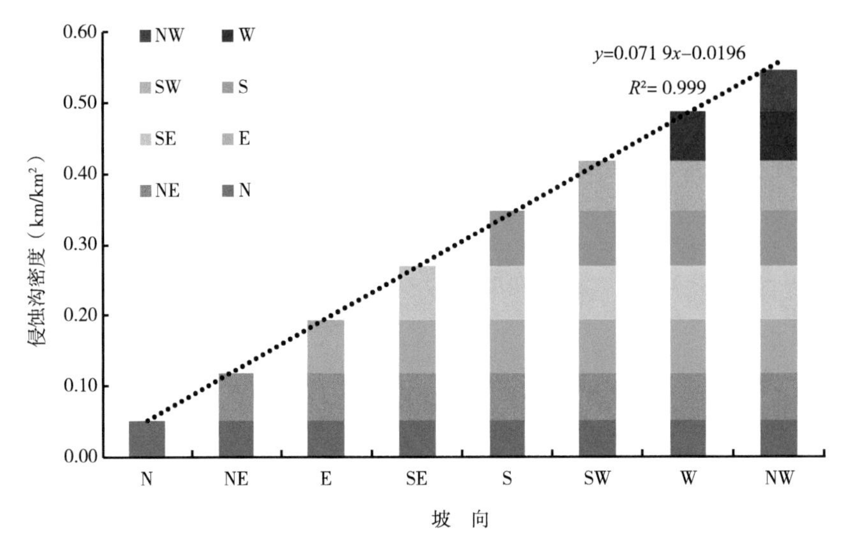

图4–54 侵蚀沟密度坡向发育量累加图

4.3.3 不同坡向侵蚀沟面积发育规律

长白山完达山山地丘陵区与辽宁环渤海山地丘陵区2010年、2015年侵蚀沟切割土地比例及增长量随坡向变化的分布如图4–55所示。辽宁环渤海山地丘陵区不同坡向侵蚀沟切割土地比例分布规律与2010年相比没有变化，东南坡切割土地比例最大，为0.65%；西北坡切割土地比例最小，为0.40%。不同坡向侵蚀沟切割土地比例发育量分布趋势与2010年、2015年切割土地比例分布规律相同，不同坡向侵蚀沟的分布取决于侵蚀沟的发育状况，现有的分布特征是侵蚀沟长期发育的结果，因此坡向是侵蚀沟分布和发育的影响因素之一。

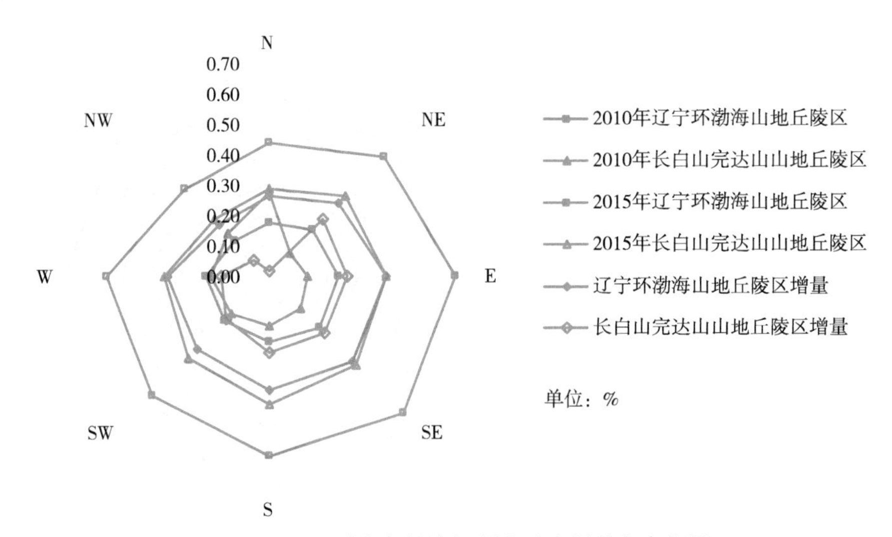

图4–55 不同坡向侵蚀沟切割土地比例分布变化图

长白山完达山山地丘陵区不同坡向侵蚀沟切割土地比例分布规律发生改变。由于北坡每平方千米侵蚀沟面积仅增长0.000 2km^2，最大值所在坡向由北坡（0.27%）变成南坡（0.42%）；东北坡侵蚀沟切割土地比例增长最大，平均面积增长量为0.002 6km/km^2，因此最小值所在坡向改变成西北坡。该区切割土地比分布趋势的改变与侵蚀沟数量和长度的发育有关，侵蚀沟密集度在东北坡减少，密度、切割土地比例增加，说明解译时没有遗失解译对象，造成密集度减少但切割土地比例大幅增长的原因为侵蚀沟在发展的过程中，由于横向扩张严重，造成临近的沟道融合，印证对侵蚀沟密集度减少的原因。经过发展后的长白山完达山山地丘陵区阳坡、半阳坡切割比例大于阴坡和半阴坡，与辽宁环渤海山地丘陵区分布规律相同。

侵蚀沟无论是数量的增长还是长度的发育，都会造成侵蚀沟面积的增加。由于坡向受太阳辐射和雨滴击溅角等因素的影响，坡向成为侵蚀沟数量和长度发育的重要影响因素，因此坡向与侵蚀沟面积的发展息息相关。

将不同坡向侵蚀沟切割土地比例发育量进行累加并拟合发育方程（图4-56），所得拟合方程为$y=0.005\ 8x-0.002\ 1$，其中x为坡向等级，y为侵蚀沟切割土地比例，方程拟合精度较高（$R^2=0.991\ 8$）。

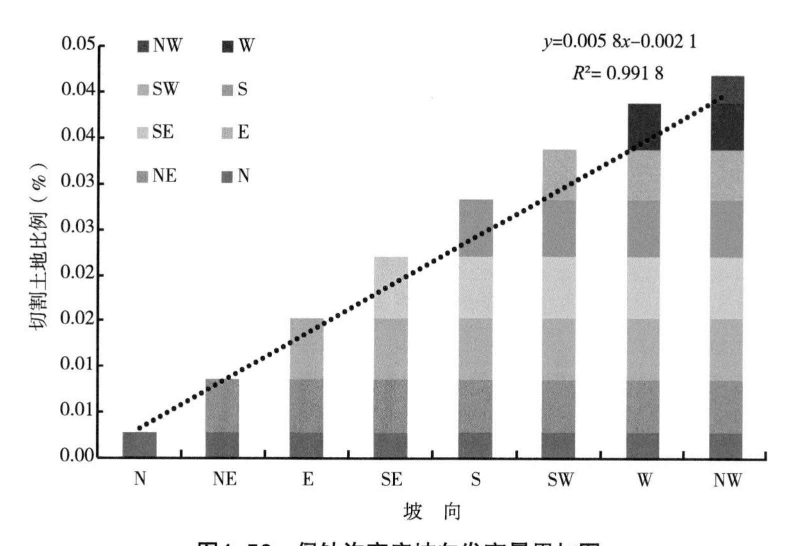

图4-56 侵蚀沟密度坡向发育量累加图

4.4 讨 论

通过对不同分区侵蚀沟坡面分布差异的分析发现，坡度和坡向通过对侵蚀沟密集度的影响进而影响侵蚀沟的密度和切割土地比例的相关分布特征。但是不同分区类型所处的地理位置不同，进而导致了降水、土壤、人为活动等因素的差异性，因此这些因子对不同分区侵蚀沟分布特征的影响是需进一步考虑的。

自然环境的分异包括土壤、气候、地形地貌（Torri and Poesen，2014）和植被（Baets et al.，2008）分异。环境特征存在显著差异，进而导致沟谷发育特征的地带性分化（范昊明等，2013）。气候差异体现在降雨、降雨强度、温度等因素的差异上，区域气候在一定程度上决定了土壤侵蚀的格局。从地形上看，东北地区东、北、西三面为低、中海拔山地，中部为大平原。地形及其复杂性导致流域面积与沟谷发育的差异。

因为地理位置不同，造成各分区区域气候的差异，气候差异体现在降雨量、降雨强度、温度等因素差异，区域气候在一定程度上决定着土壤侵蚀方式。东北黑土区是黑土、黑钙土和草甸土集中连片的分布区（刘宝元等，2008），也包括暗棕壤、白浆土等种类，各地貌类型区土壤的理化性质虽然差别不大，因为自然条件的不同和人类活动的影响，使土层厚度分布不一，但总体来看，黑土区的土壤抗蚀性较差（范昊明等，2013）。研究表明，东北黑土区降雨侵蚀力由北向南逐渐增大，由西向东先增大后减小（张旭等，2014）。东北黑土区森林植被覆盖度普遍较高，大兴安岭和长白山森林覆盖面积占全国林地总面积的33%。植被覆盖度高，雨滴击溅作用减弱，发育良好的植物根系可起到固土、保土，减少沟蚀现象产生等作用（范昊明等，2013）。在一定降雨强度下，植被减少地表径流（Baets et al.，2008），增强表层土壤对地表径流的抵抗能力（Guo et al.，2015）。密集的植被类型可以通过截留降雨的方式减少水土流失；此外，根系土壤可以储存降水，改善土壤的理化性质，增加入渗，增强土壤的耐蚀性（张旭等，2014）。自然状态下黑土区的植被状况良好，然而近些年由于人类活动加剧，植被遭到破坏，使原本的植被分布差异更加明显。虽然在大小兴安岭山地区有大量的林场，但在粮食主产区的东北漫川漫岗区和大兴安岭东坡丘陵沟壑区植被盖度较低（范昊明等，2013）。并且随着人类活动的增加，林下水土流失现象日益严重（郭旺等，2012）。对小兴安岭汤旺河流域采伐迹地研究结果表明，集采道和无地被物覆盖迹地土壤流失严重，地被物完好的采伐迹地土壤流失量甚微，并且在20°～26°的采伐迹地土壤流失较重，小于10°山坡土壤流失量较小（满秀玲等，1997），因此地被物覆盖率在一定程度上影响了土壤侵蚀强度。

冻融是造成东北黑土区土壤侵蚀的另外一个重要诱因（Wang et al.，2016）。在中国最北端的大小兴安岭山地区，冬季寒冷，土壤冻结深、冻结时间长，而本研究区中最南端的为辽宁环渤海山地丘陵区，冬季较短，温度较高，升温较快，冻融时间较短。Konrad（1989）认为反复冻融可以改变土壤结构，破坏土壤颗粒之间的黏结力，造成土壤颗粒重新排列。此外，土壤侵蚀速率是评价土壤可蚀性的重要指标，冻融效应可以改变土壤性质，影响土壤侵蚀速率（顾广贺等，2014）。除温度对冻融有影响外，地表枯落物类型的差异对土壤冻结深度同样有影响（程慧艳等，2008），不同枯落物覆盖对土壤冻结深度表现为裸地＞草地＞常绿针叶林地＞落叶林地（Shanley et al.，1999），不同分区的不同植被产生的凋落物，影响土壤冻结深度和土壤解冻时间，导致各坡面冻融侵蚀强度随坡面和坡向的变化而不同。同时，人类活动是黑土地区沟蚀的主要因素之一，不同分区内人类活动强度和主要活动类型存在差异，不同程度导致侵蚀沟分布的差异。

虽然自然因素和人为因素的差异会对侵蚀沟的分布造成影响，但是坡度和坡向自身对沟蚀影响作用是相对显著的。首先是坡度占比的原因，侵蚀沟在坡度为3°～5°时聚集，造成该坡度范围内侵蚀沟密集度最大；其次不同坡向侵蚀沟的分布差异虽然由太阳辐射、雨滴击溅角等因素造成，但是这些因素也是因为坡向的影响而在地表造成的差异。因此坡度和坡向对侵蚀沟分布的影响是存在的。

经过对两个分区不同坡度和坡向的侵蚀沟发育规律研究，再次证明了坡度和坡向对侵蚀沟分布的影响。侵蚀沟的分布是侵蚀沟产生和发育的结果体现，侵蚀沟在不同坡度和坡向的发育规律最终形成了其分布特征。

在研究过程中发现，当坡度小于8°时侵蚀沟在单位面积内的数量、长度和面积增长率较高，并且平缓坡的增长率最高，其主要原因是人为活动因素的影响。坡面是人类生产、生活的主要场所，主要集中在坡度小于8°的范围内，过度砍伐、开垦以及放牧等都会加剧土壤侵蚀的强度（Valentin et al.，2005）。虽然实行了退耕还林等工程，但是在平整土地、建造拦蓄工程和植树种草时，会使原地面形成微小的高低起伏，这一特征必然会对降雨、产流和径流动力产生一定的影响，从而影响土壤侵蚀。

切沟长度发育速率与坡长、集水区面积和地形因子均显著相关（蒋小娟，2017）。侵蚀沟集水区的特征与小流域相同，而小流域是地形因子中各种长度、坡度、坡向的几何图形的组合结果。同时地形因子是由坡度因子和坡长因子共同组成。在本书中分析侵蚀沟长度与面积相关性较高，因此坡度在影响侵蚀沟长度发育的同时也影响着侵蚀沟面积的发育。

4.5　结　论

受坡度和坡向的影响，在不同坡度、坡向侵蚀沟密集度、密度、切割土地比例分布特征具有共同性和差异性。共同性体现在侵蚀沟密集度、密度、切割土地比例总体趋势均随坡度的上升先增大后减小；侵蚀沟密集度均在5°达到最大值；不同分区侵蚀沟密集度均在北坡最大，并且侵蚀沟密度与切割土地比例最大值所在坡向一致；东北黑土区不同坡度侵蚀沟长度与面积相关性较高。差异性在于虽然侵蚀沟密集度随坡度上升总体的变化趋势相同，但是在上升或下降时在部分坡度存在波动，进而呈现3种不同变化趋势，分别为“三峰两谷”“双峰双谷”和“单峰值”型；不同分区侵蚀沟密度分布差异性体现在坡度阈值的不同，大小兴安岭山地区侵蚀沟密度坡度阈值为5°，呼伦贝尔高平原区侵蚀沟密度坡度阈值为15°，其余4个分区侵蚀沟密度坡度阈值为15°；切割土地比例随着坡度的上升先增大，在达到某一坡度阈值后，随着坡度的继续上升而减小，其中大小兴安岭山地区坡度阈值最小，为4°，大兴安岭东坡丘陵沟壑区坡度阈值最大，为15°，其余4个分区坡度阈值均为8°；受坡向的影响，侵蚀沟密集度、密度、切割土地比例在最大值以外的坡向，指标大小关系不一致。

虽然通过地形与侵蚀沟分布的相关性分析显著性较弱，但不同坡度和坡向可以通过改变自然条件的分配，从而造成侵蚀沟分布的差异，因此坡度和坡向对侵蚀沟的分布产生影响。虽然不同分区所处的地理位置不同，造成土壤、降水、植被、人为活动等因素的差异，但是坡度和坡向对各因素的影响方式是相同的，因此造成不同分区侵蚀沟分布的共同性。由于各因素在不同地理位置的原始状态差异，造成了坡度和坡向对各因素影响程度的不同，进而造成了不同分区间侵蚀沟分布的差异。

根据不同状态侵蚀沟密度坡度分布阈值关系，预测大小兴安岭山地区、大兴安岭东坡丘陵沟壑区及辽宁环渤海山地丘陵区侵蚀沟潜在危险性较小。东北漫川漫岗区侵蚀沟发展具有一定的潜在危险性。呼伦贝尔高平原区与长白山完达山山地丘陵区沟蚀发展具有较大潜在危险性。

辽宁环渤海山地丘陵区侵蚀沟数量、长度及面积增长率分别为16.65%、16.41%、191.91%，长白山完达山山地丘陵区侵蚀沟数量、长度及面积增长率分别为14.51%、20.39%、322.01%，侵蚀沟横向扩张现象严重，根据野外观测经验分析认为与坡度、沟头以上集水区及人为活动有关。

辽宁环渤海山地区和长白山完达山山地丘陵区侵蚀沟发育规律存在共性和差异性。经过5年的发育，侵蚀沟密集度、密度、切割土地比例随坡度上升的分布趋势及坡度阈值均未改变。当坡度小于5°时，侵蚀沟发育以新增沟为主，坡度大于5°时，以原有侵蚀沟溯源侵蚀和横向扩张为主。坡度在3°～8°时，两个分区侵蚀沟密集度增量较大，分别增长73.97%、51.69%，并且在坡度为5°和4°时侵蚀沟密度增长量最大，与密集度最大增量所在坡度相同。受侵蚀沟密集度和密度发育规律的影响，当坡度小于8°时切割土地比例增长率大于8°以上各坡度分级增长率，同时受侵蚀沟融合和横向扩张的影响，切割土地比例增长量最大的坡度为8°。受不同坡度面积比例的影响，两个分区不同坡度侵蚀沟增长率存在差异性，当坡度小于8°时，长白山完达山山地丘陵区侵蚀沟密集度、密度及切割土地比例增长率随坡度的下降持续增加，辽宁环渤海山地丘陵区则增长率先减小再增加。坡度、沟头以上集水区及人为活动造成两个分区不同坡度侵蚀沟发育规律的共性，而坡度面积的比例差异造成了两个分区侵蚀沟发育规律的差异。不同坡向发育规律中，辽宁环渤海山地丘陵区和长白山完达山山地丘陵区侵蚀沟密集度、密度的最大值所在依然为北坡、东南坡，同时两个分区侵蚀沟密集度在东北坡均有所减少。长白山完达山山地丘陵区切割土地比例因侵蚀沟发育，造成不同坡向分布规律的改变，改变后的分布规律与辽宁环渤海山地丘陵区相同，均为阳坡、半阳坡较大。而两个分区的主要坡度不同造成积雪差异，植被类型的不同造成积雪量和融雪速率的差异，因此造成了分区间发育规律的不同。通过对不同坡度和坡向侵蚀沟发育规律研究，认为坡度和坡向与侵蚀沟发育相关，并且通过影响侵蚀沟发育进而影响侵蚀沟在不同坡度和坡向的分布规律。

在对不同坡度和坡向侵蚀沟发育量的统计基础上，完成了对侵蚀沟发育方程的构建。在不同坡度侵蚀沟密集度、密度、切割土地比例的坡度累加发育方程分别为$y=6.187\,1\ln x-0.207\,6$（$R^2=0.914\,3$）、$y=0.086\,4x-0.033\,6$（$R^2=0.953\,5$）、$y=0.501\,9x-$

0.692 6（R^2=0.960 3）。在不同坡向侵蚀沟密集度、密度、切割土地比例的坡向累加发育方程分别为y=0.637 2x−0.5（R^2=0.867 3）、y=0.071 9x−0.019 6（R^2=0.999 0）、y=0.005 8x−0.002 1（R^2=0.991 8）。

长白山完达山山地丘陵区侵蚀沟面积及长度的增长率分别为322.01%、20.39%，均大于辽宁环渤海山地丘陵区的191.91%、16.41%。并且长白山完达山山地丘陵区在侵蚀沟数量增长量较小的情况下，新增发展沟数量为1 772条，远大于辽宁环渤海山地丘陵区的461条。印证了长白山完达山山地丘陵区沟蚀的潜在危险性更大的结论。

5 植被与侵蚀沟发育关系研究

5.1 研究方法

5.1.1 侵蚀沟的选择

植被与侵蚀沟发育关系研究选择梅河口吉兴小流域、海伦光荣小流域、扎兰屯五一小流域和拜泉久胜小流域内侵蚀沟为研究对象。通过遥感影像对4条典型流域内所有侵蚀沟进行预判读，参考前人的研究，借鉴其对于侵蚀沟发育阶段的划分标准，选择可长时期进行水土保持监测与防治的狭义侵蚀沟，即切沟作为研究对象（秦伟等，2014）。根据切沟横剖面呈“V”形，沟头产生陡坎和跌水，沟缘明显，沟底纵剖面与所在坡面大致并行，沟底无稳定堆积物的特点（蒋岩初等，2017），记录影像上切沟位置并实地调查复核，挑选出4条典型流域内最具代表性的侵蚀沟作为研究对象，调查植被主要生长期前后各流域侵蚀沟参数的变化。最终分别在梅河口吉兴流域选取3条侵蚀沟，编号M1、M2、M3；在海伦光荣流域选取2条侵蚀沟，编号H1、H2；在拜泉久胜流域选取3条侵蚀沟，编号B1、B2、B3；在扎兰屯五一流域选取3条侵蚀沟，编号Z1、Z2、Z3。

5.1.2 侵蚀沟监测

5.1.2.1 野外测量

分别对侵蚀沟5月和10月植被主要生长期前后的形态特征进行精准监测。利用银河6RTK接收机实时动态精度达到厘米级的优点，以期获取各流域侵蚀沟植被主要生长期前后各参数的变化量。

测量前在基准站附近找3个固定点，记录3点的直角坐标，每次测量前用已知的3点坐标对移动站进行校正，校正后，运用移动站对侵蚀沟进行测量。野外测量时，测量人员持流动站接收机进行测量，根据侵蚀沟的地貌特征有效地采集地形特征点（图5-1至图5-4）。分别对沟沿、沟底以及沟坡采集高程点，地形变化较小区域以步长为单位进行距离计量，均匀采点，并对沟沿形态变化处采点量进行增加，以获得更准确的侵蚀沟形态特征，对沟坡崩塌、沟底堆积处进行更细致测量，减少体积误差，完成各项参数的测量（顾广贺等，2015）。

图5-1　吉兴流域侵蚀沟测量

图5-2　光荣流域侵蚀沟测量

图5-3　久胜流域侵蚀沟测量

图5-4　五一流域侵蚀沟测量

5.1.2.2　室内数据处理

将所采集的5月和10月的侵蚀沟数据通过Microsoft Excel软件预处理转换为ArcGIS可处理数据，利用ArcGIS软件解译提取各流域沟道参数及其空间地理位置（胡刚等，2004）。将测量的沟底和沟沿高程点导入ArcGIS中处理出沟沿线、沟底线并生成DEM得到长度、面积、体积（图5-5），将数据矢量化加入Google Earth数据进行检验。

5.1.3　野外植被观测

本研究采用样方和低空无人机航拍两种方法对沟内植被进行精准的信息提取并系统的分析，在一定程度上避免了单一方法对侵蚀沟整体及微地形上植被覆盖度等信息判断的片面性。

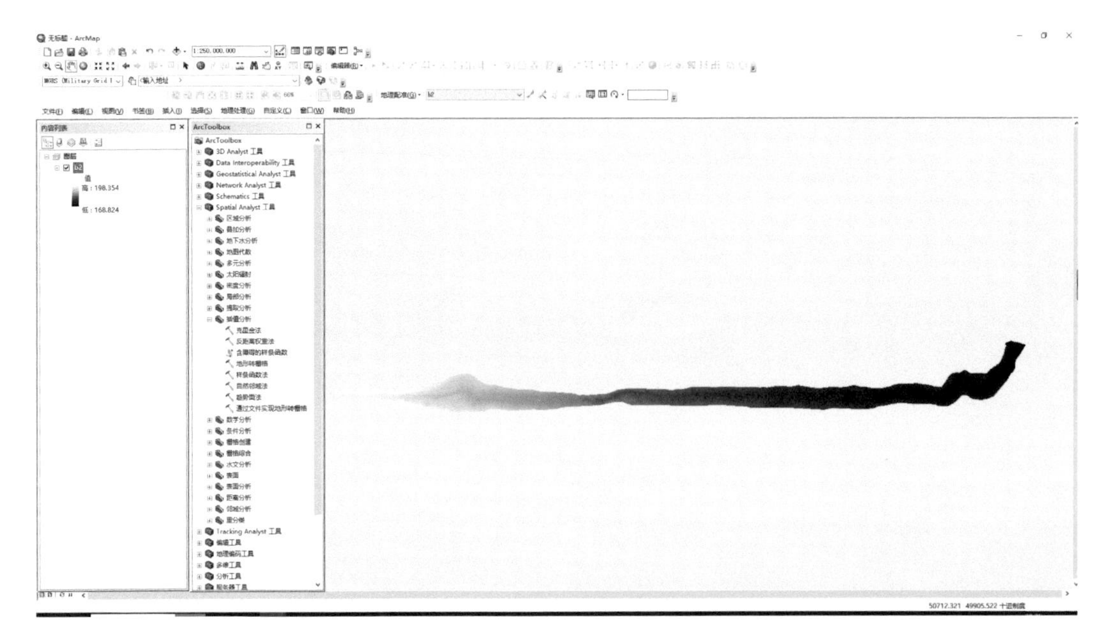

图5-5　DEM生成

5.1.3.1　样方法

对7—8月的沟内植被特征进行观测统计。由于侵蚀沟内植被处于次生演替初期，沟内自然生长的乔木及灌木极少，所以采用1m×1m的样方法，对沟内草本植被进行观测。根据地形的特征以及植被群落的特点，在沟内地形发生变化的两侧坡面及沟底布设样方，并在其中间段选择10m间距随机布设样方，并记录物种数、株数、高度、盖度，每条流域内选择2～3条侵蚀沟进行调查，进而对4条典型流域侵蚀沟内自然植被进行观测统计（图5-6、图5-7）。

图5-6　自然植被观测

图5-7　人工植物措施下自然植被观测

5.1.3.2 低空无人机航拍法

无人机遥感是近几年生态—环境—资源领域新兴起的观测技术手段（周旺辉等，2017）。采用无人机航拍技术提取整条侵蚀沟内不同坡向上的植被覆盖度，相对比样方法提取植被覆盖度能更加准确地反映侵蚀沟植被覆盖度情况的整体性。

在7—8月植被观测统计期间，对四条典型流域所选侵蚀沟进行无人机野外航拍，用以直观反映沟内植被状态（万炜等，2018）。所用机型为大疆精灵4Pro，搭载FOV 94°20mm镜头，有效像素1 240万，飞行高度25m，分辨率高达0.05m。

5.1.3.3 室内数据处理

（1）样方内植被重要值。选出各流域沟内植被样方中存在重要值大于0.010且分布频次都在50%及以上的植被作为该流域侵蚀沟内的优势物种（拜泉久胜流域除外，因为该流域各条沟内有着不同的人工植物措施，使得各侵蚀沟内自然植被优势种不尽相同）。通过计算得出植被在沟内不同方位的重要值，进而得出不同植被物种在沟内生长分布之间的关系。

$$IV=（相对盖度+相对频度+相对密度）/ 3$$

式中：IV——重要值；相对盖度（%）=（某一植被种的盖度/所有植被种盖度之和）×100；相对频度（%）=（某一植被种出现的次数/所有植被种出现的总次数）×100；相对密度（%）=（某一植被种的株数/所有植被种的总株数）×100。

（2）样方内植被多样性指标。选择植被群落多样性、均匀度、生态优势度和丰富度4种多样性指标，来计算草本植被各项指数值，对比分析多种植被群落内植被生长特征存在的差异。

Shannon-Wiener（H）多样性指数：

$$P_i = N_i / N$$

式中：P_i——第i个种的相对度；N_i——第i个种的个体数目；N——群落中所有种的个体总数。

$$H = \sum_{i=1}^{n} P_i \ln P_i$$

式中：H——多样性指数；P_i——第i个种的相对度。

Pielou（J）均匀度指数：

$$J = (-\sum P_i \ln P_i) / \ln S$$

式中：J——均匀度指数；P_i——第i个种的相对度；S——群落中的总物种数。

Simpson（λ）生态优势度指数：

$$\lambda = 1 - \sum_{i=1}^{S} P_i^2$$

式中：λ——生态优势度指数；P_i——第i个种的相对度；S——群落中的总物种数。

Margalef（D）丰富度指数：

$$D = (S-1)/\ln N$$

式中：D——丰富度指数；N——该区全部物种个体数；S——物种数。

（3）样方内植被覆盖度。将垂直拍摄的样方框数码相片（图5-8）通过Photoshop进行处理并利用Image J 计算植被覆盖度，得到样方内植被覆盖度（图5-9）以精准地获取侵蚀沟内微地形的植被覆盖度信息。

图5-8　样方内植被

图5-9　样方内植被覆盖度

（4）无人机影像内植被覆盖度。对无人机所采集的侵蚀沟图片通过Agisoft PhotoScan软件进行处理合成，影像中沟内植被清晰可见（图5-10）。通过Image J 软件来对侵蚀沟内的植被覆盖度进行提取（图5-11）。

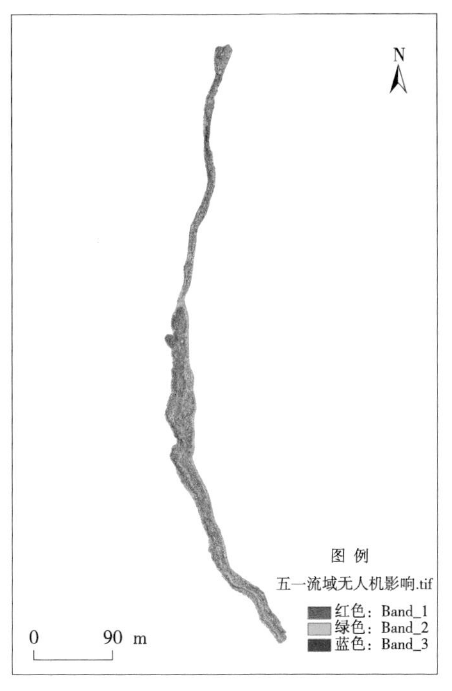

图5-10 侵蚀沟无人机影像

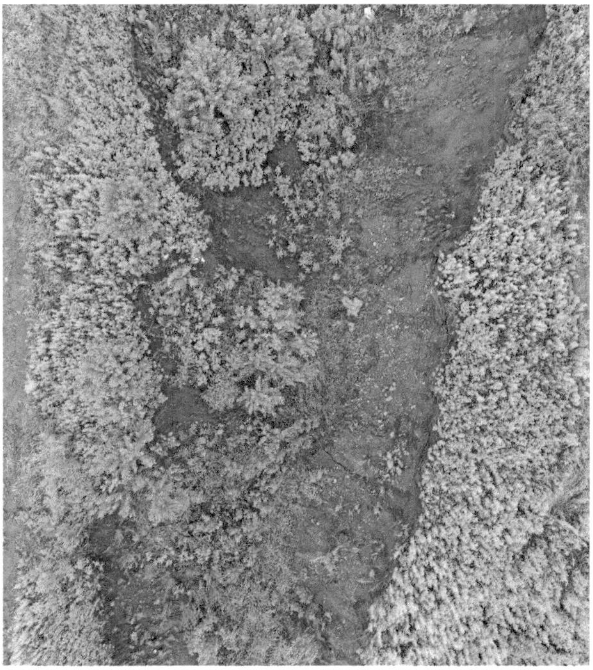

图5-11 侵蚀沟植被覆盖度处理

5.2 植被生长期侵蚀沟发育特征

由于东北地区独特的气候环境特征，使产生土壤侵蚀的主导因素具有季节性特点。在夏季土壤侵蚀主要受降雨侵蚀的影响，在冬季土壤侵蚀主要受融雪侵蚀的影响，致使侵蚀沟在各个时间段的发育速率及发育位置变化不尽相同。为探究东北黑土区植被生长期侵蚀沟发育特征及影响因素，在同一年内的5月和10月对4条典型流域内侵蚀沟进行监测。

5.2.1 侵蚀沟发育速率

侵蚀沟发育的特征由对应监测时段沟的长度、面积、体积参数对比得到。各流域所选侵蚀沟在植被主要生长期发育状况见表5-1。

表5-1　植被生长期各流域侵蚀沟的参数变化

沟号	时间（年.月）	长度变量（m）	面积变量（m^2）	体积变量（m^3）
M1	2018.05 2018.10	2.71	45.07	81.91
M2	2018.05 2018.10	0.50	41.97	5.78
M3	2018.05 2018.10	0.78	20.31	22.62
H1	2018.05 2018.10	3.30	66.60	323.24
H2	2018.05 2018.10	4.31	198.63	187.37
B1	2018.05 2018.10	1.25	630.87	734.23
B2	2018.05 2018.10	0.73	176.40	−800.88
B3	2018.05 2018.10	1.35	49.93	−2 301.66
Z1	2018.05 2018.10	0.77	215.16	204.91
Z2	2018.05 2018.10	0.98	323.95	90.97
Z3	2018.05 2018.10	2.77	175.69	133.15

由于各流域内侵蚀沟各参数的基数不尽相同，发育的变化量无法直接比较，所以将各流域5月和10月沟的长度、面积、体积增长率进行对比分析（图5-12）。

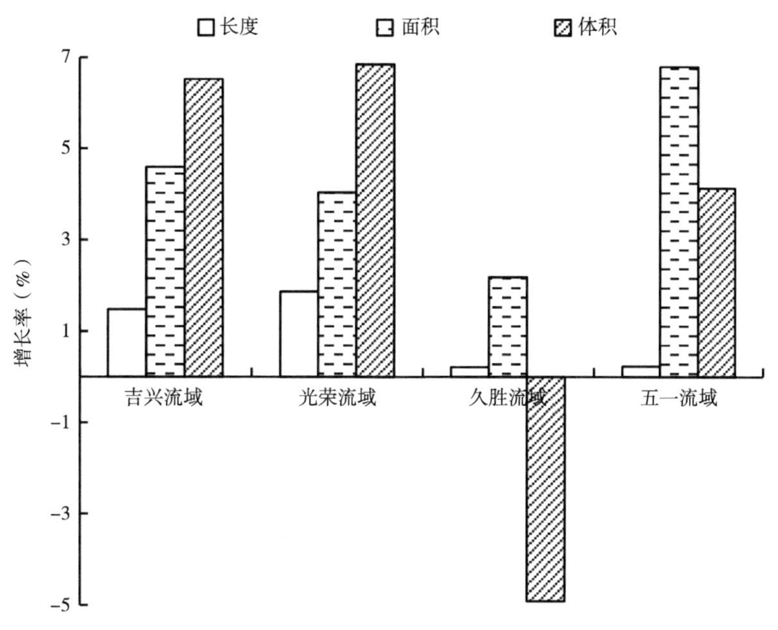

图5-12　植被生长期各流域侵蚀沟发育速率

通过对侵蚀沟监测数据对比分析发现，4条典型流域内侵蚀沟在植被生长期发育具有地域分异性特征。

根据侵蚀沟参数变化，在植被生长期海伦光荣流域侵蚀沟长度增长率最高，梅河口吉兴流域、扎兰屯五一流域次之，拜泉久胜流域最低，各流域侵蚀沟长度平均增长率分别为1.87%、1.48%、0.23%、0.21%。海伦光荣流域、梅河口吉兴流域、扎兰屯五一流域侵蚀沟长度增长率分别是拜泉久胜流域侵蚀沟长度增长率的8.90倍、7.05倍、1.10倍。

在植被生长期扎兰屯五一流域侵蚀沟面积增长率最高，梅河口吉兴流域、海伦光荣流域次之，拜泉久胜流域最低。各流域侵蚀沟面积平均增长率分别为6.79%、4.60%、4.04%、2.18%。扎兰屯五一流域、梅河口吉兴流域、海伦光荣流域侵蚀沟面积增长率分别是拜泉久胜流域侵蚀沟面积增长率的3.11倍、2.11倍、1.85倍。

在植被生长期海伦光荣流域侵蚀沟体积增长率最高，梅河口吉兴流域次之，扎兰屯五一流域最低，而拜泉久胜流域侵蚀沟体积呈现出负增长的情况，各流域侵蚀沟体积平均增长率分别为6.85%、6.52%、4.13%、-4.91%。拜泉久胜流域侵蚀沟体积呈现负增长，主要由于该流域沟内布设了多种乔木人工植物措施，有效地拦截泥沙形成了堆积，在观测时还发现推土机会对田间道路及侵蚀沟末端处进行平整，将铲出的多余表土直接堆放于侵蚀沟边缘以及沟内部。海伦光荣流域、梅河口吉兴流域侵蚀沟体积增长率分别是扎兰屯五一流域侵蚀沟体积增长率的1.66倍、1.58倍。

从长度、面积、体积三方面参数的变化量可以看出（表5-1），各流域侵蚀沟长度及体积增长率海伦光荣流域最快，扎兰屯五一流域最慢；而面积增长率则为扎兰屯五一流域最快，海伦光荣流域最慢。这与侵蚀沟的长度、体积变化主要受到沟内部生态环境、两侧沟坡宽度等因素的影响，而面积的变化主要与沟型及其所在坡面长度、周边耕作、农用机械碾压等侵蚀沟外部因素有关。扎兰屯五一流域、梅河口吉兴流域内侵蚀沟多为细长型，海伦光荣流域、拜泉久胜流域内侵蚀沟多为深宽型，细长型侵蚀沟相对于深宽型侵蚀沟面积基数小，沟沿较长，坡面水流冲刷使得沿途沟沿发生侵蚀的概率大大增加，所以面积相对增长率会较大。综合以上3种侵蚀沟参数植被主要生长期前后的变化率规律，来判定各流域侵蚀沟发育稳定程度，其中拜泉久胜流域侵蚀沟相对稳定，扎兰屯五一流域和梅河口吉兴流域侵蚀沟次之，海伦光荣流域侵蚀沟较为活跃。

5.2.2 侵蚀沟的发育位置

通过对比各流域5月和10月侵蚀沟长度、面积发育位置变化的地域分异特征，来进一步了解东北黑土区植被生长期侵蚀沟的发育规律。图5-13为各流域侵蚀沟植被主要生长期前后形态以及长度、面积发育位置变化的代表。其中白色区域为2018年植被生长前期监测时侵蚀沟形态和面积；红色区域为2018年植被生长期侵蚀沟形态和面积变化位置。

从图5-13中可以明显看出，各流域侵蚀沟长度、面积位置变化均呈现出在沟头处和侵蚀沟末端处有明显的长度增加和面积扩张，沟道两侧沟沿也存在明显的向外扩张。可以判断植被生长期侵蚀沟发育主要以沟头前进、沟沿坍塌扩张、末端后退为主。这是由于侵蚀沟上游有较大的集水区，沟头以上区域细沟发育明显，细沟的存在使侵蚀沟沟头容易汇聚较多因降雨而产生的径流，加速沟头前进（范昊明等，2018）；而沟体由于各流域沟道两侧大多为耕地，且来水量比较大，耕地翻作及农机耕作碾压，沟沿土壤受到扰动，坡面上的地表径流冲刷沟沿，因此造成沟沿不断的塌陷和扩充；侵蚀沟末端主要由于强降雨作用下，径流能量至侵蚀沟末端还未得到完全的释放，侵蚀沟末端处相对平缓，两侧沟坡小，极易受到径流能量冲刷的影响向后蔓延发育。

5.2.3 小结

为探究侵蚀沟发育特征及其影响因素，利用银河6RTK分别在同年5月和10月采集植被主要生长期前后侵蚀沟形态特征点，通过对采集的高程点进行处理，获得各流域侵蚀沟的长度、面积和体积发育变化参数，分析侵蚀沟在植被生长期发育的速率及位置的地域性特征及影响因素。结果如下。

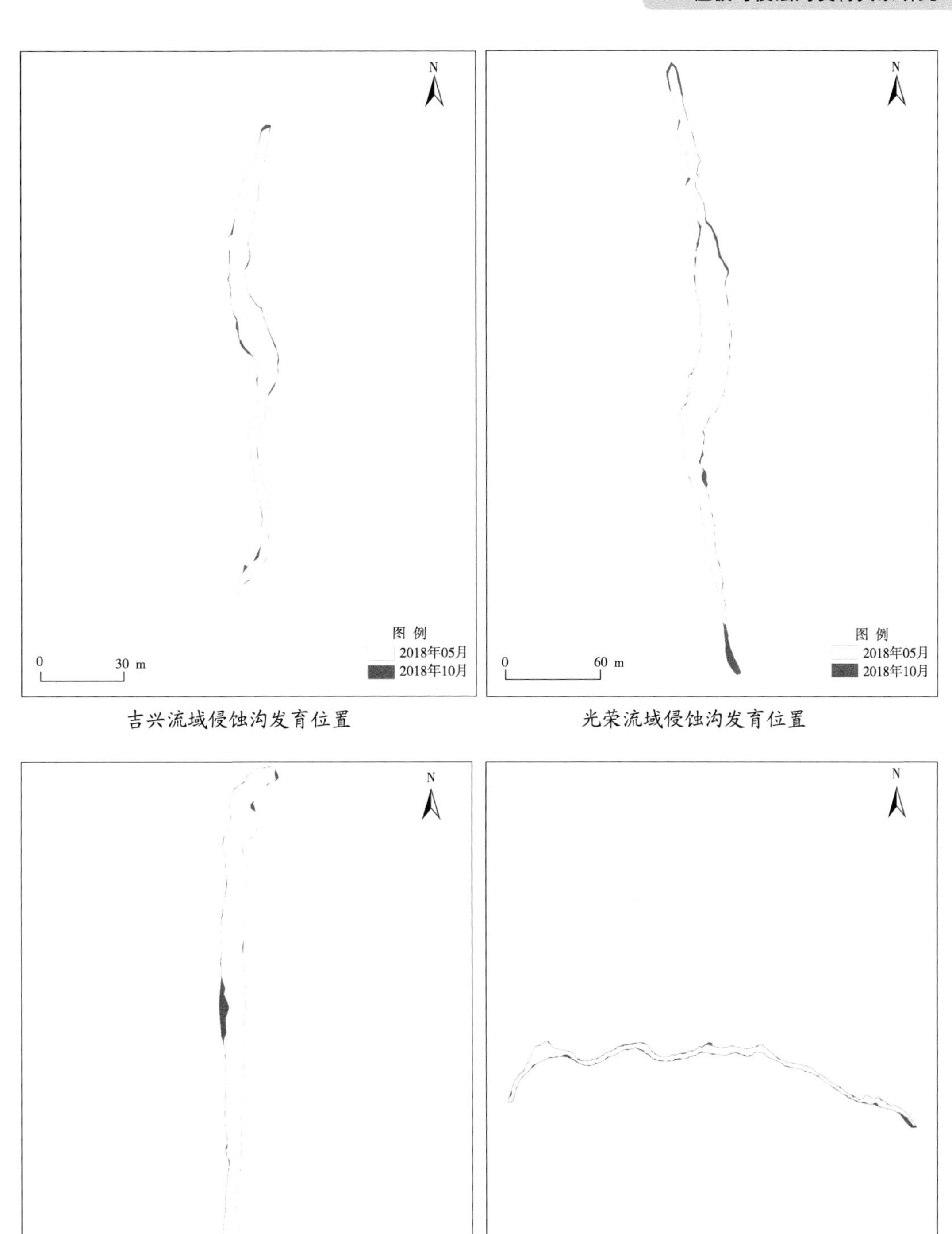

图5–13 植被生长期各流域部分侵蚀沟发育位置

（1）梅河口吉兴流域侵蚀沟植被生长期长度、面积和体积发育增长率变化参数分别为1.48%、4.60%、6.52%；海伦光荣流域侵蚀沟植被生长期长度、面积和体积发育增长率变化参数分别为1.87%、4.04%、6.85%；拜泉久胜流域侵蚀沟植被生长期长度、面积和体积发育增长率变化参数分别为0.21%、2.18%、-4.19%；扎兰屯五一流域侵蚀沟植被生长期长度、面积和体积发育增长率变化参数分别为0.23%、6.79%、4.13%。综合以上3种侵蚀沟参数植被生长期的变化率规律，来判定各流域侵蚀沟发育稳定程度：拜泉久胜流域侵蚀沟相对稳定，扎兰屯五一流域和梅河口吉兴流域侵蚀沟次之，海伦光荣流域侵蚀沟较为活跃，为后文判断沟内植被生长差异性是否与侵蚀沟发育状态间存在着关联提供理论依据。

（2）植被生长期各流域侵蚀沟长度、面积发育位置变化呈现出在沟头处和侵蚀沟末端处有明显的长度增加和沟沿面积扩张，沟道两侧沟沿也存在明显的向外扩张。说明植被生长期侵蚀沟发育主要以沟头前进、沟沿坍塌扩张、侵蚀沟末端后退为主，这与侵蚀沟所在坡面由于降雨产生的径流有着密切的联系，也为后文植被覆盖度多寡所在位置与侵蚀沟发育位置两者间存在的关系提供理论依据。

（3）对各流域内地形特征、降雨量的多寡、土壤类型及可蚀性值、人为活动干扰进行分析，以上4种因素均对侵蚀沟的发育起到了一定的影响作用。植被作为沟内的一部分，是联系侵蚀沟发育与各影响因素之间的纽带，掌握东北黑土区沟内植被生长特征对研究侵蚀沟的发育及其治理极为必要，下文将侧重分析沟内的植被影响因素。

5.3 侵蚀沟内植被生长特征

植被是生态系统的重要组成部分，也是侵蚀沟内生态恢复的重要手段。东北黑土区从东南部至西北部气候具有由湿润至半湿润的地带性分异，植被也具有独特的分布格局。植被可以直接改变降雨再分配和雨滴特性，来抑制水土流失（朱显谟，1960）。随着物种多样性的增多，对各流域内侵蚀沟发育能起到一定的减缓作用。对比前文侵蚀沟的发育速率，进一步分析不同侵蚀速率的侵蚀沟沟内植被物种组成等特征是否存在差异，探究出不同流域侵蚀沟内植被的优势物种，为今后通过植被有效地控制侵蚀沟的发育速率提供理论依据。

5.3.1 侵蚀沟内植被物种组成

5.3.1.1 植被的科属种

为掌握不同流域侵蚀沟内的植被群落物种组成，分析其对侵蚀沟的发育速率上是否起到了一定的影响作用，本研究分别对四条典型流域7—8月生长旺盛季沟内植被物种类型进行观测，结果显示物种科数、属数和种数的物种组成及其数量均呈现出地域性差异（图5-14）。

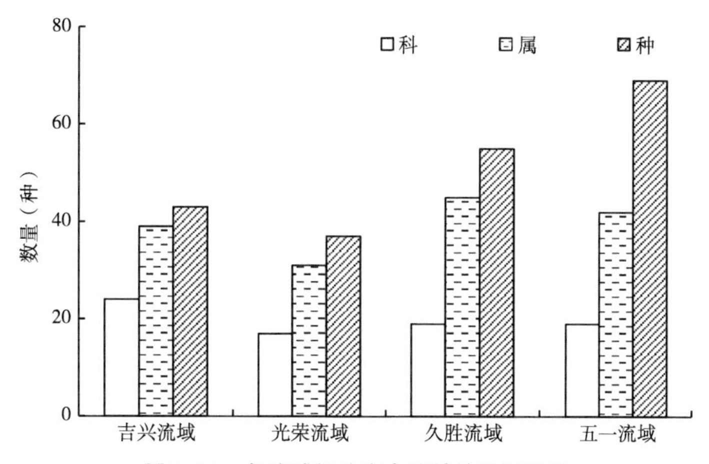

图5-14 各流域侵蚀沟内植被的科属种数

梅河口吉兴流域侵蚀沟内共统计到草本植被43种，隶属于24科38属，以禾本科（Gramineae）、菊科（Compositae）、藜科（Chenopodiaceae）、十字花科（Cruciferae）、豆科（Leguminosae）为主；该地区气温高、地表蒸发强烈，形成植被种类多样性较低的特点。但该流域侵蚀沟内植被科类的多度是4条典型流域中最高的，表明该流域侵蚀沟内植被有着多种不同的形态结构特征，群落组成复杂，具有较高的物种多样性。出现此特点的原因是由于当地土壤粗粉砂和黏粒含量多，透水性好，可以适应多种不同形态特征的植被在此生存。

海伦光荣流域侵蚀沟内共统计到草本植被37种，隶属于17科31属，以禾本科（Gramineae）、菊科（Compositae）、蔷薇科（Rosaceae）、豆科（Leguminosae）、堇菜科（Violaceae）为主；在科类、属类、种类多样性上均是4条流域最低，这与该流域气候和土壤条件关系密切。海伦光荣流域土壤类型为黑土，薄层黑土表层透水性弱、降雨量较大，极易产生地表径流，植被根系难以得到所需水分，同时受人类活动的放牧干扰，经过优胜劣汰，留下适应当地生态环境的物种，使得海伦光荣流域沟内物种种类最少。

拜泉久胜流域和海伦光荣流域同属一个光荣大流域，侵蚀沟内共统计到草本植被55种，隶属于19科45属，以禾本科（Gramineae）、菊科（Compositae）、藜科（Chenopodiaceae）、十字花科（Cruciferae）、蔷薇科（Rosaceae）、豆科（Leguminosae）、伞形科（Umbelliferae）、唇形科（Labiatae）、蓼科（Polygonaceae）为主；其自然植被种类基本相似，由于拜泉久胜流域侵蚀沟内栽植多种乔木人工植物措施，植被环境复杂，除了沟内的原生自然植被以外，还受种植乔木的影响生长出多种新生植被，使得拜泉久胜流域侵蚀沟内植被种类远多于海伦光荣流域，由此可见人工种植对改变物种组成起着重要的作用。

扎兰屯五一流域侵蚀沟内共统计到草本植被67种，隶属于19科42属，以禾本科（Gramineae）、菊科（Compositae）、十字花科（Cruciferae）、蔷薇科

（Rosaceae）、豆科（Leguminosae）、堇菜科（Violaceae）、唇形科（Labiatae）、蓼科（Polygonaceae）、毛茛科（Ranunculaceae）为主。该流域沟内植被种类多样性在4条典型流域中也是最高，但科类、属类多样性较少，植被间相似度较高，共同特征最多，多为亲缘关系相近物种，属于植被物种种类多样性较贫乏地区。这与该流域季节性降雨的发生创造了其良好的草原土壤有关，但沟内土壤砾石较多，使得部分种类植被很难扎根，从而导致适应该流域侵蚀沟内植被科类较少，同科类中相似种较多。

4条典型流域沟内植被种类多寡呈现为扎兰屯五一流域＞拜泉久胜流域＞梅河口吉兴流域＞海伦光荣流域。植被的科属种类别越多样化，植被群落的成层结构也会越复杂。参照前文研究的侵蚀沟发育速率，可以看出4条典型流域沟内植被种类的多寡对侵蚀沟的发育速率的快慢起到了一定的影响作用。

5.3.1.2 植被相似性

梅河口吉兴流域、海伦光荣流域、拜泉久胜流域和扎兰屯五一流域侵蚀沟内植被物种多样性与各流域的生态环境密切相关，为研究各流域侵蚀沟内植被间的关联，进一步对这4条典型流域植被属、种的相似度进行分析（表5-2、表5-3）。

表5-2 4条典型流域侵蚀沟内植被属类相似性系数

流域	属的相似性系数			
	吉兴流域	光荣流域	久胜流域	五一流域
吉兴流域	1.00	0.60	0.53	0.40
光荣流域	0.60	1.00	0.75	0.60
久胜流域	0.53	0.75	1.00	0.63
五一流域	0.40	0.60	0.63	1.00

表5-3 4条典型流域侵蚀沟内植被种类相似性系数

流域	种的相似性系数			
	吉兴流域	光荣流域	久胜流域	五一流域
吉兴流域	1.00	0.53	0.45	0.32
光荣流域	0.53	1.00	0.67	0.43
久胜流域	0.45	0.67	1.00	0.42
五一流域	0.32	0.43	0.42	1.00

数据分析发现，梅河口吉兴流域、海伦光荣流域、拜泉久胜流域和扎兰屯五一流域侵蚀沟内的植被之间有一定的相似度。其中，从属和种的相似度来看，海伦光荣流域和拜泉久胜流域侵蚀沟内植被相似度最高，梅河口吉兴流域和扎兰屯五一流域侵蚀沟内植被相似度最低，充分体现出植被类型地带性分布的特点。总体来看，这4条典型流域间侵蚀沟内植被属类相似性相对较高，种类的相似性较低，具有明显区别，说明4条典型流域沟内植被间亲缘关系相近，具有较多的共同特点，这与东北黑土区的地理环境及气候变化所形成的限制因子密切相关。

5.3.2 侵蚀沟内植被群落优势种

重要值是反映某个物种在群落中作用和地位的综合指标，也是评估物种多样性的重要指标。通过运用重要值的方法对植被优势种进行判别和筛选。植被优势种对构建群落结构与环境有着明显的控制作用，了解当地植被优势种可为加快改善植被群落结构提供更加有效的依据（贾燕锋，2008）。

从4条典型流域侵蚀沟内统计的草本植被重要值（表5-4至表5-7）可以看出，4条典型流域沟内植被群落均以问荆、鼠掌老鹳草、猪毛蒿、披碱草、野艾蒿、水棘针为绝对优势种。这6种植物中仅有猪毛蒿为一年生植被，其余均为多年生草本。主要由于多年生草本植被地下部分的根、根状茎及鳞茎等能生活多年，根系逐年发育并且会产生分枝，所以其根系粗壮，固土保水效果更加明显。而部分一年生植被在争夺阳光、水分和空间等竞争中被淘汰，因而一年生草本植被绝对优势种占比不高。以上6种植物在东北黑土区侵蚀沟内生存能力最强，适应3种典型土壤，并且没有出现地域性的差异，能较好地生长发育，对抑制侵蚀沟发育起到尤为重要的作用，可以考虑此6种植物作为今后东北黑土区沟内植物措施的备选草本物种，提高侵蚀沟的抗侵蚀能力。

除了以上6种共有的绝对优势物种外，4条典型流域侵蚀沟内各自还生长着具有地带性差异的主要优势伴生植被组成优势群落（表5-4至表5-7）。梅河口吉兴流域侵蚀沟内占优势的主要伴生植被还包括藜、鸭跖草、葎草、水金凤等；海伦光荣流域侵蚀沟内占优势的主要伴生植被还包括龙芽草、蒲公英、蒌蒿、委陵菜和中华苦荬菜；拜泉久胜流域侵蚀沟内占优势的主要伴生植被还包括刺儿菜、长萼鸡眼草、平车前、蒲公英、龙芽草；扎兰屯五一流域侵蚀沟内占优势的主要伴生植被还包括刺儿菜、蒌蒿、龙芽草、齿翅蓼、全叶马兰、藜、白莲蒿和华水苏。

表5-4 吉兴流域侵蚀沟主要物种与重要值

序号	主要物种	重要值								
		M1			M2			M3		
		阳坡	阴坡	沟底	阳坡	阴坡	沟底	阳坡	阴坡	沟底
1	问荆*Equisetum arvense*	0.060	0.063	0.039	0.091	0.100	0.059	0.064	0.106	0.086

（续表）

序号	主要物种	重要值								
		M1			M2			M3		
		阳坡	阴坡	沟底	阳坡	阴坡	沟底	阳坡	阴坡	沟底
2	鼠掌老鹳草*Geranium sibiricum*	0.070	0.079	0.054	0.083	0.067	0.064	0.055	0.043	0.057
3	猪毛蒿*Artemisia scoparia*	0.066	0.061	0.025	0.061	0.089	0.028	0.065	0.054	0.038
4	披碱草*Elymus dahuricus*	0.152	0.141	0.082	0.110	0.157	0.144	0.113	0.109	0.146
5	野艾蒿*Artemisia lavandulaefolia*	0.060	0.078	0.148	0.054	0.042	0.047	0.051	0.165	0.119
6	水棘针*Amethystea caerulea*	0.053	0.055	0.048	0.043	0.063	0.045	0.026	0.039	0.047
7	藜*Chenopodium album*	0.024	0.085	0.017	0.017	0.042	0.027	0.084	0.037	0.035
8	鸭跖草*Commelina communis*	0.074	0.074	0.036	0.077	0.060	0.038	0.093	0.028	0.036
9	葎草*Humulus scandens*	0.018	0.062	0.094	—	0.027	0.031	0.020	0.038	0.008
10	水金凤*Impatiens noli-tangere*	0.040	0.013	0.065	0.034	—	0.030	0.048	0.017	0.021
11	一年蓬*Erigeron annuus*	0.23	0.037	0.031	0.006	0.036	—	0.008	0.005	0.010
12	野青茅*Deyeuxia arundinacea*	0.035	0.014	0.082	—	—	0.049	0.052	0.031	0.028
13	小蓬草*Conyza Canadensis*	—	0.034	0.040	0.019	0.042	0.011	0.013	0.016	—
14	铁苋菜*Acalypha australis*	0.038	—	—	0.039	0.020	0.026	0.017	0.008	—
15	马齿苋*Portulaca oleracea*	—	—	—	0.033	0.034	0.013	0.019	0.015	0.014
16	狗尾草*Setaria faberii*	0.064	—	—	0.071	—	0.070	0.047	0.039	0.038
17	鹅肠菜*Myosoton aquaticum*	—	0.057	0.044	—	—	0.030	0.011	0.009	0.006

（续表）

序号	主要物种	重要值								
		M1			M2			M3		
		阳坡	阴坡	沟底	阳坡	阴坡	沟底	阳坡	阴坡	沟底
18	白屈菜*Chelidonium majus*	0.040	—	—	0.013	—	0.034	—	0.014	0.005
19	泥胡菜*Hemistepta lyrata*	—	0.053	—	—	0.009	0.016	—	0.014	0.015

注：根据《中国植物志》确定植被的科属组成。

表5-5 光荣流域侵蚀沟主要物种与重要值

序号	主要物种	重要值					
		H1			H2		
		阳坡	阴坡	沟底	阳坡	阴坡	沟底
1	问荆*Equisetum arvense*	0.067	0.044	0.082	0.099	0.069	0.050
2	鼠掌老鹳草*Geranium sibiricum*	0.164	0.086	0.159	0.086	0.165	0.116
3	猪毛蒿*Artemisia scoparia*	0.030	0.048	0.066	0.036	0.078	0.013
4	披碱草*Elymus dahuricus*	0.045	0.026	0.010	0.178	0.215	0.174
5	野艾蒿*Artemisia lavandulaefolia*	0.082	0.097	0.007	0.017	0.110	0.052
6	水棘针*Amethystea caerulea*	0.028	0.030	0.066	0.114	0.043	0.014
7	龙芽草*Agrimonia pilosa*	0.041	0.056	0.018	0.046	0.066	0.056
8	蒲公英*Taraxacum mongolicum*	0.051	0.060	0.047	0.017	—	0.045
9	蒌蒿*Artemisia selengensis*	0.070	0.013	0.027	0.057	—	0.071
10	委陵菜*Potentilla chinensis*	0.029	0.030	—	0.035	0.018	0.008
11	中华苦荬菜*Ixeris chinensis*	0.034	0.055	0.010	—	0.010	0.027
12	平车前*Plantago depressa*	0.107	0.098	0.074	—	0.019	0.041
13	菰*Zizania latifolia*	0.115	0.170	0.248	0.010	—	0.074
14	刺儿菜*Cirsium setosum*	0.023	0.018	—	—	0.012	0.020
15	长萼鸡眼草*Kummerowia stipulacea*	—	0.027	0.027	—	0.014	0.015
16	野青茅*Deyeuxia arundinacea*	0.027	0.019	0.025	—	0.025	—
17	藜*Chenopodium album*	0.008	0.014	0.008	—	—	0.025

（续表）

序号	主要物种	重要值					
		H1			H2		
		阳坡	阴坡	沟底	阳坡	阴坡	沟底
18	山野豌豆*Vicia amoena*	0.015	0.071	—	0.020	—	0.019
19	草地风毛菊*Saussurea amara*	0.034	—	0.015	0.017	0.040	—
20	小蓬草*Conyza Canadensis*	0.017	—	—	—	0.009	0.019

注：根据《中国植物志》确定植被的科属组成。

表5-6　久胜流域侵蚀沟主要物种与重要值

序号	主要物种	重要值								
		B1			B2			B3		
		阳坡	阴坡	沟底	阳坡	阴坡	沟底	阳坡	阴坡	沟底
1	问荆*Equisetum arvense*	0.204	0.160	0.155	0.144	0.133	0.061	0.112	0.068	0.147
2	鼠掌老鹳草*Geranium sibiricum*	0.106	0.145	0.096	0.108	0.125	0.098	0.169	0.034	0.113
3	猪毛蒿*Artemisia scoparia*	0.082	0.114	0.009	0.026	0.032	0.015	0.166	0.089	0.044
4	披碱草*Elymus dahuricus*	0.070	0.122	0.146	0.123	0.089	0.053	0.014	0.051	0.057
5	野艾蒿*Artemisia lavandulaefolia*	0.068	0.103	0.050	0.100	0.108	0.060	0.053	0.119	0.095
6	水棘针*Amethystea caerulea*	0.014	0.051	0.25	0.019	0.019	0.013	0.047	0.073	0.029
7	刺儿菜*Cirsium setosum*	0.155	0.081	0.031	0.037	0.052	0.040	0.125	0.032	0.026
8	长萼鸡眼草 *Kummerowia stipulacea*	0.020	0.019	0.040	0.016	0.010	0.022	0.048	0.059	0.022
9	平车前*Plantago depressa*	0.028	0.022	0.082	0.022	0.010	0.041	0.028	0.021	0.101
10	蒲公英*Taraxacum mongolicum*	0.031	0.030	0.024	0.022	0.026	0.004	0.134	0.072	0.117
11	野青茅*Deyeuxia arundinacea*	0.010	0.005	0.014	0.003	0.013	0.021	0.027	0.025	0.047
12	龙芽草*Agrimonia pilosa*	0.042	0.033	0.041	0.052	0.050	0.018	0.025	0.190	0.005
13	藜*Chenopodium album*	0.004	0.005	0.010	0.017	0.010	0.014	—	—	—
14	全叶马兰*Kalimeris integrifolia*	0.047	0.035	0.009	0.015	0.010	0.005	—	—	—
15	小蓬草*Conyza Canadensis*	0.006	—	—	0.008	0.004	0.029	—	0.032	0.033
16	独行菜*L. apetalum*	0.025	0.021	—	0.004	—	0.004	—	0.026	0.022

（续表）

序号	主要物种	重要值								
		B1			B2			B3		
		阳坡	阴坡	沟底	阳坡	阴坡	沟底	阳坡	阴坡	沟底
17	蒌蒿*Artemisia selengensis*	0.013	0.006	0.019	—	—	0.040	—	—	0.068
18	委陵菜*Potentilla chinensis*	—	0.006	0.035	0.014	0.013	0.004	—	—	—
19	中华苦荬菜*Ixeris chinensis*	0.004	0.003	—	—	—	—	0.033	0.020	0.015
20	紫花地丁*Viola yedoensis*	0.020	0.010	—	0.040	0.062	0.023	—	—	—
21	萝藦*Metaplexis japonica*	0.011	0.004	—	0.014	0.007	0.010	—	—	—
22	路边青*Geum aleppicum*	0.016	—	—	0.027	0.032	0.047	—	—	—
23	皱叶酸模*Rumex crispus*	0.004	—	—	0.016	0.016	0.015	—	—	—
24	草地风毛菊*Saussurea amara*	—	0.004	—	0.021	0.006	0.010	—	—	—
25	稗*Echinochloa crusgalli*	—	—	0.047	0.032	0.048	0.040	—	—	—
26	翼果薹草*Carex neurocarpa*	0.011	—	0.027	0.005	—	0.013	—	—	—
27	华水苏*Stachys chinensis*	—	—	—	0.009	0.006	0.010	—	—	—
28	葶苈*Draba nemorosa*	—	0.005	—	—	0.013	0.005	—	—	—

注：根据《中国植物志》确定植被的科属组成。

表5-7　五一流域侵蚀沟主要物种与重要值

序号	主要物种	重要值								
		Z1			Z2			Z3		
		半阳	半阴	底	半阳	半阴	底	半阳	半阴	底
1	问荆*Equisetum arvense*	0.294	0.143	0.135	0.056	0.032	0.055	0.047	0.088	0.049
2	鼠掌老鹳草*Geranium sibiricum*	0.039	0.045	0.079	0.055	0.068	0.100	0.060	0.049	0.054
3	猪毛蒿*Artemisia scoparia*	0.009	0.008	0.028	0.020	0.031	0.030	0.047	0.068	0.006
4	披碱草*Elymus dahuricus*	0.115	0.098	0.181	0.264	0.147	0.221	0.087	0.093	0.186
5	野艾蒿*Artemisia lavandulaefolia*	0.086	0.043	0.060	0.054	0.037	0.072	0.102	0.013	0.026
6	水棘针*Amethystea caerulea*	0.062	0.041	0.055	0.070	0.067	0.055	0.033	0.076	0.040
7	刺儿菜*Cirsium setosum*	0.023	0.016	0.023	0.017	0.036	0.024	0.036	0.008	0.022

（续表）

序号	主要物种	重要值								
		Z1			Z2			Z3		
		半阳	半阴	底	半阳	半阴	底	半阳	半阴	底
8	蒌蒿*Artemisia selengensis*	0.145	0.366	0.116	0.051	0.121	0.130	0.154	0.086	0.164
9	龙芽草*Agrimonia pilosa*	—	0.037	0.043	0.083	0.063	0.043	0.048	0.053	0.039
10	齿翅蓼*Fallopia dentatoalata*	0.016	0.030	0.022	0.012	—	0.003	0.008	0.007	0.003
11	全叶马兰*Kalimeris integrifolia*	0.025	—	0.017	0.005	0.015	0.003	0.038	0.022	0.004
12	藜*Chenopodium album*	0.055	—	0.016	0.012	0.005	0.023	0.034	0.014	0.034
13	白莲蒿*Artemisia sacrorum*	—	0.007	0.021	0.026	0.019	0.012	—	0.025	0.010
14	华水苏*Stachys chinensis*	0.009	—	—	0.019	0.039	0.010	0.008	0.030	0.009
15	大油芒*Spodiopogon sibiricus*	—	—	0.004	0.031	0.043	0.019	0.005	0.019	0.012
16	中华苦荬菜*Ixeris chinensis*	0.007	0.027	—	0.005	0.004	—	0.027	0.029	0.012
17	女娄菜*Silene aprica*	—	—	0.003	0.015	0.004	0.003	0.029	0.024	0.017
18	山野豌豆*Vicia amoena*	0.018	—	0.017	0.014	0.028	—	—	0.029	0.004
19	草地风毛菊*Saussurea amara*	0.044	0.044	0.055	—	—	—	—	0.069	0.083
20	长萼鸡眼草*Kummerowia stipulacea*	—	—	—	—	0.020	0.003	0.008	0.041	0.013
21	委陵菜*Potentilla chinensis*	—	—	0.014	—	0.013	0.006	0.011	0.010	—
22	叉分蓼*Polygonum divaricatum*	—	—	—	0.005	0.004	0.011	0.004	0.023	—
23	紫花地丁*Viola yedoensis*	0.007	0.019	0.003	0.005	0.004	—	—	—	—
24	翅果菊*Pterocypsela indica*	0.007	0.021	0.007	—	—	—	—	0.020	—
25	菵草*Beckmannia syzigachne*	—	—	—	0.042	—	0.005	0.013	0.029	0.003
26	牡蒿*Artemisia japonica*	—	—	—	0.018	—	0.010	0.012	0.019	0.006
27	蒙古堇菜*Viola mongolica*	—	—	—	0.006	0.096	0.008	0.029	0.003	0.013
28	白屈菜*Chelidonium majus*	—	0.012	0.030	—	—	0.007	—	0.015	0.022
29	小花鬼针草*Bidens parviflora*	0.013	—	0.020	—	—	—	0.015	0.017	0.012

注：根据《中国植物志》确定植被的科属组成。

以上主要伴生植被在各自流域侵蚀沟内所占比例较高，不同流域沟内的主要伴生植被存在较大差异，体现出植被地域性分异特征，同时也能说明以上主要伴生植被可以很好地适应当地生态环境条件，并较好地发育，合理搭配植被物种可有效地控制水土流失。绝对优势物种与主要伴生优势物种一同作为该流域侵蚀沟内的重要建群种，可考虑种植以上植被来提高东北黑土区各流域内侵蚀沟抗蚀性。

5.3.3　人工植物措施下自然植被的恢复

侵蚀沟内草本植被处于次生演替的初级阶段，自然植被恢复相对较慢，为加快沟内植被的恢复速度，更好地改善沟内土壤条件，减缓水土流失，需要了解当地侵蚀沟内自然植被生长的规律来采取更加有效的水土保持植物措施对其进行治理。选择侵蚀沟内无人工植物措施和有人工植物措施的两条流域，分别为东北典型黑土区的海伦光荣流域和拜泉久胜流域。这两条流域同属东北漫川漫岗区，土壤类型为黑土，拜泉县毗邻海伦市，气候、地形地貌条件相近。对不同植被保护恢复措施下自然草本植被生长状况进行研究，探讨植被群落特征及物种多样性的差异，为沟内物种多样性保护，尤其是典型黑土区的植被恢复提供基础研究资料，力图寻求植被恢复最佳方式，对今后东北黑土区沟道的治理提供理论支撑（于景金，2009）。

5.3.3.1　人工植被措施

拜泉县水利局分别在2010年、2012年对拜泉久胜流域不同侵蚀沟内采取人工植物措施，本团队协助其观测2013—2018年6年来人工种植乔木生长的株高年际变化情况（图5-15）。人工植物措施是在侵蚀沟的两侧沟坡以及植被很难生长的陡坡、土壤母质上采用根部套土袋的方法栽植乔木保证成活，其中2012年在B1侵蚀沟栽植云杉、糖槭；2010年在B2侵蚀沟栽植杨树、柳树；2012年在B3侵蚀沟栽植樟子松、落叶松，并将柳跌水用于沟头和中上部沟底来有效地抑制侵蚀沟的发育。

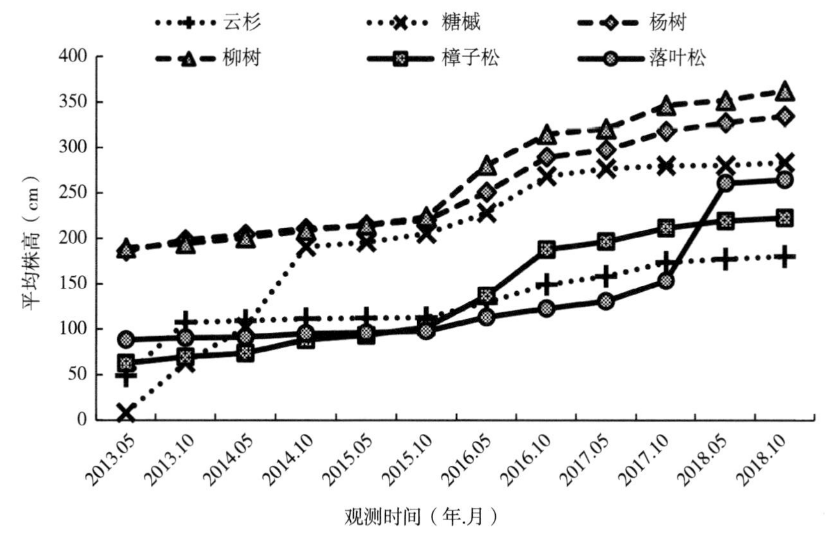

图5-15　人工栽植乔木株高年际变化

通过乔木生长的连续观测数据发现，该流域沟内水土保持人工植物长势较好，所有乔木平均株高均呈现逐年上升趋势。虽然杨树与柳树栽植年限相对较长，但其生长发育速率加快也是从观测的第4年开始的，生长速率较快；云杉生长速率最慢，从2014年10月开始糖槭生长量保持在较高水平；樟子松从第4年开始生长速率加快，落叶松从第6年开始生长速率明显加快。而沟头和中上部沟底的柳跌水阻碍沟内径流前进，分段截流，削减水力侵蚀，同时使径流携带的泥沙淤积，提高沟道侵蚀基准面，控制沟底下切，阻止侵蚀沟的发育。

对比第三章中两条流域侵蚀沟各参数增长率发现，拜泉久胜流域侵蚀沟长度、面积、体积增长率均要小于海伦光荣流域，说明拜泉久胜流域沟内水土保持植物措施已经较好地发挥其蓄水保土功能，并对沟内自然植被恢复起到了重要的影响作用。

5.3.3.2　植被优势种

结合前文（表5-4至表5-7）植被主要物种与重要值可知，拜泉久胜流域侵蚀沟受人工种植乔木的影响，除了生长着与海伦光荣流域侵蚀沟内相同、相似的自然植被外，还出现多种海伦光荣流域沟内未出现的，对水分条件要求较高，喜湿润、耐寒冷的自然植被。但这些植被重要值所占群落比重相对较小，产生这种情况的主要原因是人工栽植乔木至今仅有6年的时间，乔木的生长发育还未达到稳定的阶段，侵蚀沟内自然植被还处于次生演替的初级阶段，所以在草本与乔木混生阶段，新生植被与原生植被存在争夺阳光和空间等竞争关系，因而在较短时间内新生植被在与原生植被的竞争中处于劣势。

拜泉久胜流域不同侵蚀沟内优势物种差异也很显著，主要由于沟内人工植物措施各不相同，不同乔木使得沟内产生生态环境的差异。B1侵蚀沟内独有物种为蒌蒿、中华苦荬菜、翼果薹草；B2侵蚀沟内独有物种为委陵菜、皱叶酸模、草地风毛菊、萝藦、小蓬草、紫花地丁、稗、葶苈、路边青、华水苏；B3侵蚀沟内独有物种为中华苦荬菜。其中B2侵蚀沟出现的独有优势物种最多，B1侵蚀沟其次，B3侵蚀沟出现的独有优势物种最少。对比东北典型黑土区流域侵蚀沟内3种人工植物措施后发现，栽植杨树、柳树的人工植物措施治理方式对自然植被恢复作用都较为显著，对于沟内物种多样性发展更为有利，是现阶段最优的人工植物措施。

5.3.3.3　物种多样性

物种多样性是生物多样性研究的一个重要层次，适应资源与环境可持续发展的要求，对植被恢复和水土保持也有一定的参考价值（罗双等，2011）。物种多样性对研究流域侵蚀沟内植被生长状况和恢复状况乃至整个生态系统的完整性及发展状况的良好与否均有重要度量意义（徐宪立等，2006）。选择植被群落多样性、均匀度、生态优势度和丰富度4种多样性指标，来计算草本植被各项指数值，对比分析多种植被群落内植被生长特征存在的差异，探讨东北典型黑土区在不同植被保护措施下草本物种多样性的变化规律，从科学的角度对沟内自然植被进行多样性保护。

为清晰地反映两条流域沟内群落物种多样性各指数的差异，绘制如下分别代表两条流域侵蚀沟内植被群落各个多样性指标的柱状图5-16。

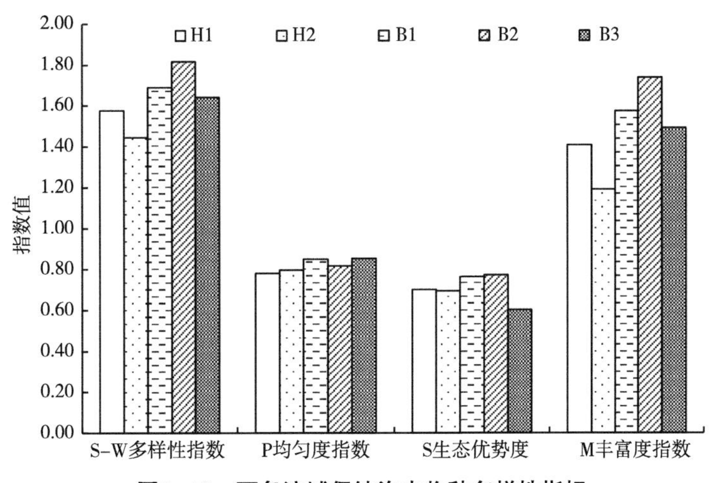

图5-16 两条流域侵蚀沟内物种多样性指标

从图5-16中可以看出，无人工植物措施及有人工植物措施两种不同侵蚀沟生长环境下自然植被物种多样性各指数存在差异。Shannon-Wiener多样性指数、Margalef丰富度指数均呈现出B2＞B1＞B3＞H1＞H2，多样性指数值和丰富度指数值最大的为栽植杨树、柳树的侵蚀沟；Simpson生态优势度指数值呈现出B2＞B1＞H1＞H2＞B3，栽植樟子松、落叶松的侵蚀沟Simpson生态优势度指数为两条流域最小，其他侵蚀沟内植被各指数大小顺序与Shannon-Wiener多样性指数、Margalef丰富度指数值呈现的大小顺序相同；Pielou均匀度指数呈现出B3＞B1＞B2＞H2＞H1，均匀度指数值最大的为栽植樟子松、落叶松的侵蚀沟，各流域侵蚀沟内植被Pielou均匀度指数的大小与Shannon-Wiener多样性指数、Margalef丰富度指数呈现的大小顺序完全相反，但拜泉久胜流域沟内植被多样性指数还是大于光荣流域。

通过植被Shannon-Wiener多样性指数和Margalef丰富度的指数结果可以看出，有人工植物措施的沟内自然植被群落中物种增多，群落的复杂程度增高，在各物种之间，个体分配均匀，几乎每一个体都属于不同的种类。而在没有人工植物措施的侵蚀沟内自然植被属于同一种类的个体较多，其多样性指数最小。同时丰富度指数也反映出沟内植被物种的丰富程度，指一个群落或环境中物种数目的多寡，亦表示出植物措施对于侵蚀沟内植被恢复所起到的积极作用，使得群落内出现更多不同形态结构的植被（马文静等，2013）。

Simpson生态优势度指数的结果反映出植被群落内不同物种种类的数量分布越不均匀，优势种在沟内的地位越是突出，是对多样性的反面即集中性的度量。栽植樟子松、落叶松的侵蚀沟内植被Shannon-Wiener多样性指数和Margalef丰富度指数在拜泉久胜流域最小，而Simpson生态优势度指数则为两条流域最小。出现此现象的原因主要是在

2012年开始栽植乔木、修筑柳跌水这个过程对表层土有较大扰动，造成土壤疏松、空隙增大，抗蚀性减弱，沟内栽植乔木年限短。从前文人工栽植乔木株高年际变化数据上看（图5-15），樟子松、落叶松树龄分别在栽植4年和6年后株高有显著增长，逐渐进入生长旺盛期，在缓慢生长期间对沟内生态环境起到的恢复作用不明显，从而导致自然植被优势种并不明显，Simpson生态优势度指数低。虽然樟子松、落叶松现阶段自然植被恢复作用并不突出，但两种乔木具有耐贫瘠、耐干旱、耐低温、喜光性强、抗寒性强的特点，可以很好地防风固沙、改良土壤、恢复生态环境，最为主要的优势是其四季常青，在东北地区四季分明的独特气候环境下，冬季一样是苍翠的状态，枝叶生长繁茂，能发挥出其独有的特性，相比其他栽植的乔木树种在发展趋势上最具潜力。

Pielou均匀度指数代表群落环境中的全部植被物种的个体数目的分配状况，是对不同物种在数量上接近程度的衡量（李秀华，2007）。优势物种种群如果过大，可能出现排挤其他物种种群的情况，使沟内的物种个体数量相差较大，即物种的丰富度、优势度越高，均匀度越小，反之则越大。因此出现各流域沟内植被Pielou均匀度指数的大小与其他3个指数呈现的大小顺序完全相反的结果。

由以上各多样性指标分析可知，人工植物措施对侵蚀沟的自然植被恢复起到促进作用，在不同植物措施下生长的自然植被物种存在较大差异，优势物种也不尽相同，沟内通过采用多种人工植物措施，可使自然植被物种数量提高，群落多样性改善，生境的稳定有利于侵蚀沟的稳定。

5.3.4 小结

为探究沟内植被生长特征与侵蚀沟发育速率之间的关系，采用样方法对4条典型流域沟内植被进行观测，获得植被物种等信息，分析侵蚀沟内植被的物种组成及群落优势种的地域性差异，根据物种多样性指标对现有水土保持人工植物措施进行评价，结果如下。

（1）梅河口吉兴流域侵蚀沟内共统计到草本植被43种，隶属于24科38属；海伦光荣流域侵蚀沟内共统计到草本植被37种，隶属于17科31属；拜泉久胜流域侵蚀沟内共统计到草本植被55种，隶属于19科45属；扎兰屯五一流域侵蚀沟内共统计到草本植被67种，隶属于19科42属。4条典型流域沟内植被种类多寡呈现为扎兰屯五一流域＞拜泉久胜流域＞梅河口吉兴流域＞海伦光荣流域。4条典型流域沟内植被属类相似性较高，植被间亲缘关系相近，具有较多的共同特点。对各流域沟内植被物种组成上的分析表明其对上章所分析的侵蚀沟发育速率起到了至关重要的作用。

（2）问荆、鼠掌老鹳草、猪毛蒿、披碱草、野艾蒿、水棘针此6种植物为4条典型流域沟内共同的绝对优势种；同时还存在着不同的主要优势伴生物种。其中梅河口吉兴流域沟内为藜、鸭跖草、葎草、水金凤等；海伦光荣流域沟内为龙芽草、蒲公英、蒌蒿、委陵菜和中华苦荬菜；拜泉久胜流域沟内为刺儿菜、长萼鸡眼草、平车前、蒲公英、龙芽草；扎兰屯五一流域沟内为刺儿菜、蒌蒿、龙芽草、齿翅蓼、全叶马兰、藜、白莲蒿和华水苏。绝对优势物种与主要优势伴生物种一同作为该流域沟内的重要建群种，能较好地发育，可考虑在侵蚀沟发育速率较为严重的位置种植以上植被来提高东北黑土区各流域内侵蚀沟的抗蚀性。

（3）对比植被生长期侵蚀沟内无人工植物措施和有人工植物措施的海伦光荣流域与拜泉久胜流域，其自然植被优势种和物种多样性特征均表现为拜泉久胜流域优于海伦光荣流域。对比拜泉久胜流域沟内3种不同植被保护恢复措施时发现，栽植杨树、柳树的侵蚀沟植被恢复的效果最好，其次是栽植云杉、糖槭的侵蚀沟，栽植樟子松、落叶松的侵蚀沟植被恢复的效果暂不明显。不同植被保护恢复措施所带来的新生物种不尽相同，可以通过在沟内采取多种水土保持人工植物措施，来提高沟内自然植被物种种类及数量，改善群落多样性，使沟内生态环境稳定，从而有利于侵蚀沟的稳定。

5.4 侵蚀沟内植被覆盖度与地形关系研究

东北黑土区由于降雨量少，向阳坡蒸发量大，侵蚀沟内及周边的乔木和灌木稀少，地形往往成为影响沟内植被分布格局和地面覆盖空间格局环境变化的重要因素。尤其是在沟壑纵横、地形条件复杂的黑土区，因此研究其地形条件与植被之间的关系是很有必要的。侵蚀沟内的坡向和坡度在不同流域体现出区内相似性、区间差异性的特点。植被覆盖度是体现地表植被群落生长状况的综合性的量化指标，被应用在生态环境研究、气候变化研究以及水土保持研究等方面（孙权等，2011）。植被覆盖度的多寡直接影响土壤受到侵蚀的大小，是判断侵蚀沟发育状态的良好指标。在4条典型流域沟内采集“坡向—主要物种—植被覆盖度”和“坡度—植被覆盖度”的关系数据，运用统计学方法研究以上2种地形条件对东北黑土区侵蚀沟内植被物种及植被覆盖度分布的影响。

5.4.1 不同坡向植被特征分析

将坡向按北（337.5°～360°、0°～22.5°）、北东（22.5°～67.5°）、东（67.5°～112.5°）、南东（112.5°～157.5°）、南（157.5°～202.5°）、南西（202.5°～247.5°）、西（247.5°～292.5°）、北西（292.5°～337.5°）划分。其中将西坡、西北坡、北坡、东北坡定义为阴坡，东坡、东南坡、南坡、西南坡定义为阳坡（崔同琦，2009）。

5.4.1.1 同坡向植被种类差异

由前一节所计算出的主要物种重要值（表5-4至表5-7）可知，侵蚀沟内阴阳两坡面在植被物种组成上具有较高的相似性。主要由于4条典型流域在湿润及半湿润地区，夏季温度相对于南方地区偏低、日照时长较短，虽然太阳照射最强烈的坡面并不是阴坡，但这并不代表其一天都不受阳光的照射。夏季太阳从东北边升起，落于西北边，即使是中午前后，大多数的阴坡也受到阳光的照射，阴坡水分条件又好于阳坡，向阳生的植被不单单生存在阳坡，所以大多植被是阴阳坡面均有分布。

通过比较优势物种生态习性发现，东北黑土区侵蚀沟内喜湿润、耐寒的植被所占比例较大。阴坡相对于阳坡所受光照较少，温度偏低，土壤湿度相对较高，使得阴坡的喜阴性植被出现频次多于阳坡，更有利于泥胡菜、白屈菜、鹅肠菜等一些耐阴、喜湿润的植被在该位置及沟底生长（王广海等，2014）。而对于阳坡而言，东北黑土区夏季盛行风向为东南风，阳坡处于迎风坡，接受降雨量多，但是东北地区降水量小、降雨天数少，日照时间长，蒸发量一般大于降水量，所以造成阳坡土壤瘠薄干旱，少数向阳的植被如中华苦荬菜、大油芒等能适应这一生境条件，所以导致优势物种种类在各流域所有沟内阴坡出现频次略多于阳坡。侵蚀沟的底部由于降雨而产生的径流，有更多的水分积存，使得沟底土壤相对湿润，较沟坡肥沃，有良好的植被生长环境。降雨对沟坡的冲刷，使阴阳两坡的植被会出现随着水土流失被侵蚀的土壤带到侵蚀沟底部继续发育的现象，使得主要植被种类在各流域内所有侵蚀沟的沟底出现频率高于阴阳两坡（表5-8）。

表5-8　主要植被在侵蚀沟内不同方位上重要值未出现次数　　（单位：次）

方位	吉兴流域	光荣流域	久胜流域	五一流域
阳坡	10	8	23	23
阴坡	9	7	23	21
沟底	8	6	23	17

5.4.1.2　不同坡向植被盖度分析

在野外观测时发现，在4条典型流域的各侵蚀沟内，即使是同一断面坡度相同的两侧沟坡上，植被覆盖度大小也不尽相同，说明在东北黑土区侵蚀沟内植被分异特征受到两侧不同坡向沟坡的影响。

采用无人机航拍技术提取整条侵蚀沟内不同坡向上的植被覆盖度，并将各流域侵蚀沟方向角度相同坡向上的植被覆盖度通过进行几何平均计算得到该坡向上的平均植被覆盖度，并用Microsoft Excel软件绘制“坡向—植被覆盖度”的雷达图（罗君等，2012）。求得整条沟内植被覆盖度值见图5-17。

从图5-17中可以看出，4条典型流域侵蚀沟整体植被覆盖度扎兰屯五一流域最高，拜泉久胜流域、海伦光荣流域次之，梅河口吉兴流域最低，呈现出东北黑土区侵蚀沟内植被覆盖度自东向西、自南向北逐渐增大的趋势。

在不同坡向上植被覆盖度的分布特征表现为梅河口吉兴流域沟内西坡植被覆盖最多，东坡和东北坡次之，西南坡最小；海伦光荣流域沟内东坡植被覆盖度最多，西坡最小；拜泉久胜流域沟内西北坡植被覆盖度最多，东坡和西坡次之，东南坡最小；扎兰屯五一流域沟内东坡植被覆盖度最多，西坡和东北坡次之，西南坡和南坡较小，北坡最小。

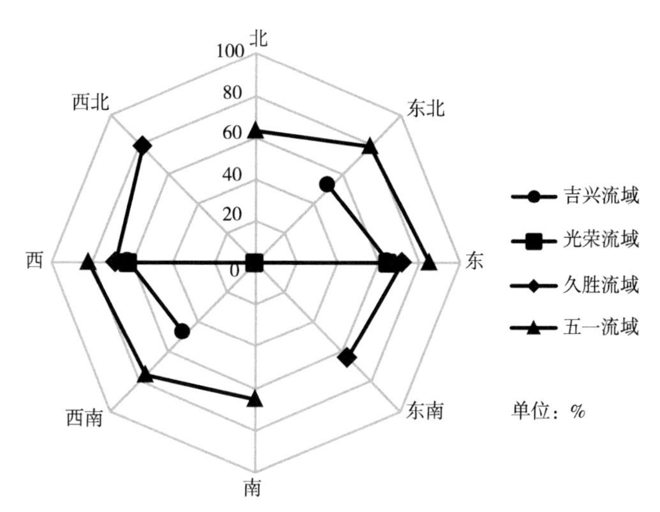

图5-17 各流域内侵蚀沟“坡向—植被覆盖度”关系

梅河口吉兴流域所选侵蚀沟在西北坡和北坡面上发育，西北坡上沟内沟坡植被覆盖度差异性表现为阴坡大于阳坡，北坡上沟内沟坡植被覆盖度差异性表现为阳坡大于阴坡；海伦光荣流域所选侵蚀沟在北坡面和南坡面上发育，北坡上沟内沟坡植被覆盖度差异性表现为阳坡大于阴坡，南坡上沟内沟坡植被覆盖度差异性则表现为阴坡大于阳坡；拜泉久胜流域所选侵蚀沟在北坡、西坡和南坡面上发育，北坡上沟内沟坡植被覆盖度差异性表现为阳坡大于阴坡，西坡上沟内沟坡植被覆盖度差异性表现为阴坡大于阳坡，南坡上沟内沟坡植被覆盖度差异性表现为阴坡大于阳坡；扎兰屯五一流域所选侵蚀沟在西南坡面上发育，沟内沟坡植被覆盖度差异性表现为阳坡大于阴坡。

由此可见，在北坡上的侵蚀沟呈现出的沟内沟坡植被覆盖度均是阳坡大于阴坡，由于北坡面（即为阴坡面）所受阳光较少，而沟内阳坡受到光照会多于阴坡，更有利于植被进行光合作用，枝叶繁茂，并且在沟内阴坡光照对土壤湿度影响不大，更适合植被的生长；在南坡上的侵蚀沟呈现出沟内沟坡的植被覆盖度均是阴坡大于阳坡，由于南坡面（即为阳坡面）太阳辐射量大，沟内阴坡的热量也能满足植被生长的需要，而阳坡所受阳光更强，热量比阴坡更多，受东北黑土区夏季季风气候的影响，阳坡作为迎风坡上的雨滴和山坡之间的角度大于阴坡，因此，雨滴以更大的力量撞击阳坡，导致阳坡更易产生土壤侵蚀，在侵蚀沟与植被、地形的耦合关系作用下，导致植被覆盖度阴坡大于阳坡。在拜泉久胜流域有人工植物措施的北坡面和南坡面上的沟内两侧沟坡植被覆盖度也是同样的规律，可以说明植物措施仅影响物种组成与分布，并未影响植被的发育生长。

但在西北坡、西坡面和在西南坡面上侵蚀沟呈现出的沟内阴阳坡植被覆盖度的结果与北坡面和南坡面完全相反的结果。造成这一现象的原因可能与当地雨季风向、光能热量、水分蒸发、降雨侵蚀力、土壤湿度、土层厚度、侵蚀沟内侵蚀状态和人类活动等因素有关。由于本实验选取的侵蚀沟数量有限，其所在坡面及其发育走向并不全面，坡向对沟内植被分布的影响有待进一步验证，进行更深入地研究。

5.4.2 不同坡度植被盖度分析

将植被覆盖度划分为5种类型，0%～20%划分为低覆盖、20%～40%划分为较低覆盖、40%～60%划分为中覆盖、60%～80%划分为较高覆盖、80%～100%划分为高覆盖（李雄飞，2014）。坡度按照各流域侵蚀沟的沟头、沟末端、沟底及两侧沟坡的发育特点进行区间划分。

采用样方法精准地获取微地形坡度下对应的植被覆盖度信息。为获得植被覆盖度与坡度地形条件间的准确变化趋势，在Microsoft Excel软件中绘制“坡度—植被覆盖度”的关系图，并采用直线进行拟合，结果如图5-18所示。

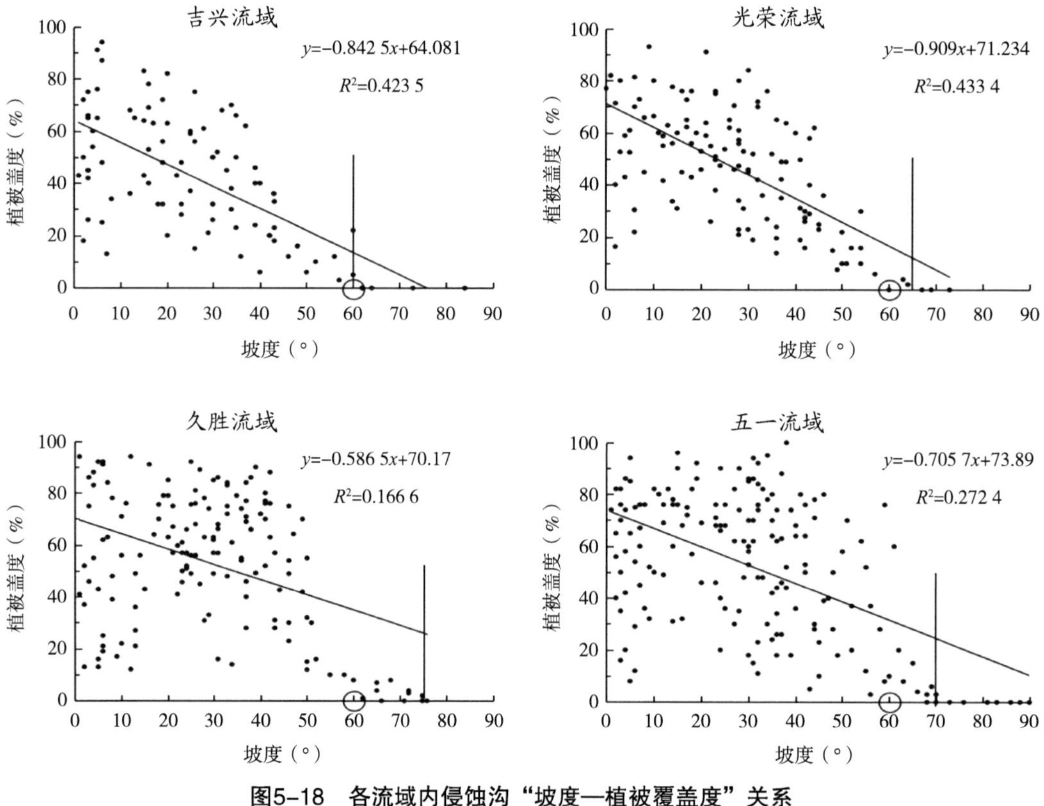

图5-18 各流域内侵蚀沟“坡度—植被覆盖度”关系

由线性拟合后的“坡度—植被覆盖度”关系图5-18可知，东北黑土区侵蚀沟内沟坡植被覆盖度整体呈现出随着坡度增大而减小的负相关趋势，四条典型流域侵蚀沟内坡度与植被覆盖度分布有着不同的特点。将四条典型流域沟内“坡度—植被覆盖度”线性拟合图做对比研究可看出，海伦光荣流域的拟合程度最高；梅河口吉兴流域、扎兰屯五一流域处于中间状态；拜泉久胜流域的拟合程度最低。

通过比较各线性方程的斜率大小，可以在一定程度上判断出该流域侵蚀沟整体的发育程度（罗君等，2012）。拟合直线的斜率越大，即表示该流域侵蚀沟发育越不稳定。由此规律可以看出海伦光荣流域的拟合直线的斜率最大，侵蚀沟发育相对活跃，梅河口吉兴流域、扎兰屯五一流域的拟合直线的斜率介于海伦光荣流域和拜泉久胜流域之间，侵蚀沟发育较海伦光荣流域的侵蚀沟稳定；而拜泉久胜流域拟合直线的斜率最小，侵蚀沟发育相对稳定。这与前面所描述的植被生长期各流域侵蚀沟发育情况相一致，沟内坡度决定着植被的生长状况，而植被的生长也抑制着沟坡的发育，所以可以通过观测坡度与植被覆盖度的响应关系来判断侵蚀沟的发育状态，充分体现出沟内坡度与植被覆盖度的耦合关系。

梅河口吉兴流域沟内植被覆盖度样本中高覆盖最少，其余植被覆盖度样本平均分布在低覆盖、较低覆盖、中覆盖和较高覆盖中。沟内坡度在0°～60°区间均有植被分布。在0°～10°区间，5种植被覆盖度类型均有出现；在10°～18°区间，植被覆盖度以中覆盖、较高覆盖为主；在18°～42°区间，植被覆盖度样本数最多，植被覆盖度达到最高，在此区间植被覆盖度与坡度间呈弱相关关系，以较低覆盖、中覆盖和较高覆盖为主；在42°～60°区间，植被覆盖度下降明显，逐渐趋近于0%，以低覆盖为主。当坡度大于60°时，无植被出现，植被覆盖度为零。

海伦光荣流域沟内植被覆盖度样本中的中覆盖、较高覆盖最多，较低覆盖、低覆盖其次，高覆盖最少。沟内坡度在0°～65°区间均有植被分布。在0°～20°区间，植被覆盖度样本数最少，植被覆盖度类型以中覆盖、较高覆盖为主；在20°～45°区间，植被覆盖度样本数最多，植被覆盖度达到最高，在此区间植被覆盖度与坡度间呈弱相关关系，以较低覆盖、中覆盖和较高覆盖为主；在45°～65°区间，植被覆盖度下降明显，逐渐趋近于0%，以低覆盖为主。当坡度大于65°时，无植被出现，植被覆盖度为零。

拜泉久胜流域沟内植被覆盖度样本中较高覆盖、中覆盖最多，低覆盖、高覆盖其次，较低覆盖最少。沟内坡度在0°～75°区间均有植被分布。在0°～20°区间，5种植被覆盖度类型均有出现；在20°～50°区间，植被覆盖度样本数最多，植被覆盖度达到最高，在此区间植被覆盖度与坡度间呈弱相关关系，以较高覆盖和高覆盖为主；在50°～75°区间，植被覆盖度急速下降，逐渐趋近于0%，以低覆盖为主。当坡度大于75°时，无植被出现，植被覆盖度为零。

扎兰屯五一流域沟内植被覆盖度样本中较高覆盖最多，中覆盖、低覆盖其次，较低覆盖、高覆盖最少。沟内坡度在0°～70°区间均有植被分布。在0°～10°区间，5种植被覆盖度类型均有出现；在10°～25°区间，植被覆盖度以较高覆盖、高覆盖为主；在25°～60°区间，植被覆盖度样本数最多，植被覆盖度达到最高，在此区间植被覆盖度与坡度间呈弱相关关系，5种植被覆盖度类型均有出现；在60°～70°区间，植被覆盖度急速下降，逐渐趋近于0%，以低覆盖为主。当坡度大于70°时，无植被出现，植被覆盖度为零。

分别对以上4条流域侵蚀沟内不同坡度下植被覆盖度的不同类型进行描述，从沟内植被覆盖度类型所占样本的数量可以看出，沟内植被覆盖度呈现为扎兰屯五一流域>拜泉久胜流域>海伦光荣流域>梅河口吉兴流域，该结论与前文通过无人机影像获得侵蚀沟内不同坡向植被覆盖度的结果相一致。虽然4条典型流域沟内沟坡坡度与植被覆盖度总体呈负相关关系，但各坡度区间范围及植被覆盖度类型有所不同。

梅河口吉兴流域和扎兰屯五一流域侵蚀的沟底坡度较小在0°～10°区间，海伦光荣流域和拜泉久胜流域侵蚀沟的沟底坡度相对较大在0°～20°区间。沟底生态环境最有利于沟内植被生长，但受水流冲刷的影响，沟底会形成径流路径，随着水流的流动带动着土壤的流失，使得径流路径上植被稀少，但径流路径外沟底有着良好的水分条件，其植被生长繁茂，有些植被近地面处根部较细弱，受到巨大的水流冲击力倾倒也会增加沟底的植被覆盖度（Dong et al.，2014）。野外观测发现，侵蚀沟底部宽度从沟头至侵蚀沟末端呈现出宽窄不一的现象，且各流域侵蚀沟的沟底均存在径流路径。当样本在径流路径上时其植被覆盖度类型属于低覆盖；当沟底宽大于径流路径时，植被覆盖度类型与样本内径流路径所占面积有关；当样本内无径流路径通过时其植被覆盖度类型属于高覆盖，沟道也增大了土壤水分变异性（张晨成等，2016）。所以该坡度区间下会出5种植被覆盖度类型。由此可知，沟内的植被生长不仅受土壤和地形的影响，沟底径流路径及沟底宽度也是影响沟底植被覆盖度的主要因素。

梅河口吉兴流域侵蚀沟10°～18°的沟坡区间及扎兰屯五一流域侵蚀沟10°～25°的沟坡区间大多为侵蚀沟末端两侧沟坡。以上两个流域侵蚀沟类型均为细长型，沟头来水至沟末端处经历了漫长的距离，随着沟头径流能量的聚集和沿着沟道夹带量的增加，有限的径流能量开始逐渐减小，至沟末端处水流下切侵蚀、来水量被前方沟道中的土壤、植被抵挡、吸收，降到比较小的程度，减少对沟坡的冲刷，径流所携带的泥沙在侵蚀沟末端产生大量堆积，使得沟末端沟坡相对平缓，更适宜植被的生长，所以在此坡度区间以中覆盖、较高覆盖和高覆盖为主。

由植被覆盖度样本的数量，可以看出侵蚀沟内两侧沟坡的主要坡度区间。其中梅河口吉兴流域沟内两侧沟坡的主要坡度区间为18°～42°，海伦光荣流域沟内两侧沟坡的主要坡度区间为20°～45°，拜泉久胜流域沟内两侧沟坡的主要坡度区间为20°～50°，扎兰屯五一流域沟内两侧沟坡的主要坡度区间为25°～60°。除了有人工植物措施的拜泉久胜流域侵蚀沟外，在其他3个流域沟内两侧沟坡的主要坡度区间植被覆盖度均呈现出随坡度增大植被覆盖度变化趋势平缓的规律，植被覆盖度类型均以较低覆盖、中覆盖和较高覆盖为主。出现以上3种植被类型的主要原因与前文所提及的侵蚀沟内坡向不同导致植被覆盖度不同有关，在侵蚀沟同一断面上，即使阴坡阳坡坡度一致也会产生大小不一的植被覆盖度，这与不同坡向光能热量、水分蒸发、降雨侵蚀力及土壤湿度等有着密切的关系。

梅河口吉兴流域侵蚀沟42°～60°的沟坡区间、海伦光荣流域侵蚀沟45°～65°的沟坡区间、拜泉久胜流域侵蚀沟50°～75°的沟坡区间及扎兰屯五一流域侵蚀沟60°～70°的沟坡区间为该流域沟内水土流失严重、植被覆盖率下降迅速的坡段，是土壤侵蚀的源地，也是植被恢复重点治理坡度。

研究表明，60°是梅河口吉兴流域侵蚀沟植被存活的临界坡度；海伦光荣流域侵蚀沟内植被存活的临界坡度为65°；拜泉久胜流域侵蚀沟内植被存活的临界坡度为75°；扎兰屯五一流域侵蚀沟内植被存活的临界坡度为70°。由此可知，不同流域下侵蚀沟的沟坡地形上植被存活的临界坡度，也是生态恢复的理论坡度上限并不相同，这与侵蚀沟发育阶段有关，可以判断出拜泉久胜流域侵蚀沟和扎兰屯五一流域侵蚀沟植被存活的临界坡度值高，其侵蚀沟发育要比海伦光荣流域侵蚀沟和梅河口吉兴流域侵蚀沟发育更加稳定。

从图5-18还可以看出，在4条典型流域沟内大于60°的沟坡上植被随着坡度的继续增加，植被覆盖度急剧减少，受到水流冲击力大，很难扎根生存，即使有植被生长的区域植被覆盖度也在10%以下，最终趋于零。由此可以说明60°是东北黑土区侵蚀沟内适宜植被生长的沟坡坡度阈值。在植被恢复过程中，优先对侵蚀沟内坡度小于60°的沟坡区域进行植被恢复，以点带面，最终实现整条侵蚀沟植被的重建。

东北黑土区侵蚀沟内的沟坡坡度对植被覆盖度产生极大的影响，当沟坡的坡度大于临界坡度值时，缺少植被覆盖的沟坡受到的侵蚀更加强烈；而在植被覆盖度较高的沟坡上，又可通过阻止水流对泥沙的冲刷，减少水土流失等影响侵蚀沟内沟坡地形的发育，由此可见，地形条件与植被覆盖度之间的变化具有耦合关系。日后可以建立东北黑土区侵蚀沟内植被与地形条件的关系，来判定侵蚀沟的发育阶段。

5.4.3 小　结

为探究侵蚀沟发育特征与植被分布之间的耦合关系，选择坡向和坡度两个地形条件分析“坡向—主要物种—植被覆盖度”和“坡度—植被覆盖度”两组数据，结果如下。

（1）通过“坡向—主要物种—植被覆盖度”分析，比较植被生态习性发现，东北黑土区侵蚀沟内喜湿润、耐寒的植被所占比例较大，致使不同坡向上各流域沟内植被种类均表现为阴坡略大于阳坡。4条典型流域侵蚀沟内整体植被覆盖度：扎兰屯五一流域＞拜泉久胜流域＞海伦光荣流域＞梅河口吉兴流域，呈现出东北黑土区沟内植被覆盖度自东向西、自南向北逐渐增大的趋势。在北坡面上侵蚀沟内沟坡植被覆盖度阳坡大于阴坡；在南坡面上侵蚀沟内沟坡植被覆盖度阴坡大于阳坡；在西北坡面和西坡面上侵蚀沟内沟坡植被覆盖度阴坡大于阳坡；在西南坡面上侵蚀沟内沟坡植被覆盖度阳坡大于阴坡。

（2）东北黑土区侵蚀沟内沟坡植被覆盖度整体上呈现出随着坡度增大而减小的负相关趋势。通过4条典型流域沟内“坡度—植被覆盖度”线性拟合可以看出，海伦光荣流域的拟合程度最高，侵蚀沟发育相对活跃；梅河口吉兴流域、扎兰屯五一流域处于中间状态；拜泉久胜流域的拟合程度最低，侵蚀沟发育相对稳定。各流域沟内坡度与植被覆盖度大小的阈值也有所不同，梅河口吉兴流域侵蚀沟内植被存活的临界坡度为60°；海伦光荣流域侵蚀沟内植被存活的临界坡度为65°；拜泉久胜流域侵蚀沟内植被存活的临界坡度为75°；扎兰屯五一流域侵蚀沟内植被存活的临界坡度为70°。60°是东北黑土区侵蚀沟内适宜植被生长的沟坡坡度阈值，可以优先对此坡度进行植被恢复。不同坡度下植被覆盖度类型及阈值也不尽相同，当沟坡的坡度大于临界坡度值时，缺少植被覆盖的沟坡受到的侵蚀更加强烈；而在植被覆盖度较高的沟坡上，又可通过阻止水流对泥沙的冲刷，减少水土流失等影响侵蚀沟内沟坡地形的发育。由此可见，地形条件与植被覆盖度之间的变化具有耦合关系。

5.5 结　论

东北黑土区侵蚀沟的发育具有其独特的形式，侵蚀主导因素具有季节性，在夏季土壤侵蚀主要受降雨侵蚀的影响，在冬季土壤侵蚀主要受融雪侵蚀的影响。一直以来都是水土流失研究及防治的重点。植被作为生态环境的重要组成，可以直接改变降雨再分配和雨滴特性来抑制水土流失。植被物种数量及覆盖度的增加，对侵蚀沟的发育速率起到有效的抑制作用。在同一年内的5月、10月植被主要生长期前后对侵蚀沟进行监测，并对7—8月的沟内植被进行观测，通过各流域侵蚀沟的发育特征、植被的生长特征、人工植物措施恢复效果和地形条件与植被覆盖度之间的响应关系，来研究东北黑土区侵蚀沟发育及沟内植被特征，得出以下主要结论。

（1）梅河口吉兴流域侵蚀沟植被生长期长度、面积和体积发育增长率变化参数分别为1.48%、4.60%、6.52%；海伦光荣流域侵蚀沟植被生长期长度、面积和体积发育增长率变化参数分别为1.87%、4.04%、6.85%；拜泉久胜流域侵蚀沟植被生长期长度、面积和体积发育增长率变化参数分别为0.21%、2.18%、−4.19%；扎兰屯五一流域侵蚀沟植被生长期长度、面积和体积发育增长率变化参数分别为0.23%、6.79%、4.13%。综合以上3种侵蚀沟参数植被生长期的变化率规律，来判定各流域侵蚀沟发育稳定程度为拜泉久胜流域侵蚀沟相对稳定，扎兰屯五一流域和梅河口吉兴流域侵蚀沟次之，海伦光荣流域侵蚀沟较为活跃。

（2）植被主要生长期前后各流域侵蚀沟长度、面积发育位置变化呈现出在沟头处和侵蚀沟末端处有明显的长度增加和沟沿面积扩张，沟道两侧沟沿也存在明显的向外扩张，说明植被生长期侵蚀沟发育主要以沟头前进、沟沿坍塌扩张、侵蚀沟末端后退为主。

（3）梅河口吉兴流域侵蚀沟内共统计到草本植被43种，隶属于24科38属；海伦光荣流域侵蚀沟内共统计到草本植被37种，隶属于17科31属；拜泉久胜流域侵蚀沟内共统计到草本植被55种，隶属于19科45属；扎兰屯五一流域侵蚀沟内共统计到草本植被67种，隶属于19科42属。4条典型流域沟内植被种类多寡呈现：扎兰屯五一流域＞拜泉久胜流域>梅河口吉兴流域>海伦光荣流域。4条典型流域沟内植被属类相似性较高，植被间亲缘关系相近，具有较多的共同特点。对各流域沟内植被物种组成上的分析表明其对侵蚀沟发育速率起到至关重要的作用。问荆、鼠掌老鹳草、猪毛蒿、披碱草、野艾蒿、水棘针此6种植物为4条典型流域沟内共同的绝对优势种；同时还存在着不同的主要优势伴生物种，其中梅河口吉兴流域沟内为藜、鸭跖草、葎草、水金凤等；海伦光荣流域沟内为龙芽草、蒲公英、蒌蒿、委陵菜和中华苦荬菜；拜泉久胜流域沟内为刺儿菜、长萼鸡眼草、平车前、蒲公英、龙芽草；扎兰屯五一流域沟内为刺儿菜、蒌蒿、龙芽草、齿翅蓼、全叶马兰、藜、白莲蒿和华水苏。可考虑在侵蚀沟发育速率较为严重的位置种植以上植被来提高东北黑土区各流域内侵蚀沟的抗蚀性。

（4）对比植被生长期侵蚀沟内无人工植物措施和有人工植物措施的海伦光荣流域与拜泉久胜流域，其自然植被优势种和物种多样性特征均表现为拜泉久胜流域优于海伦光荣流域。对比拜泉久胜流域沟内3种不同植被保护恢复措施时发现，栽植杨树、柳树的侵蚀沟植被恢复的效果最好，其次是栽植云杉、糖槭的侵蚀沟，栽植樟子松、落叶松的侵蚀沟植被恢复的效果暂不明显。不同植被保护恢复措施所带来的新生物种不尽相同，可以通过在沟内采取多种水土保持人工植物措施，来提高沟内自然植被物种种类及数量，从而有利于侵蚀沟的稳定。

（5）通过“坡向—主要物种—植被覆盖度”分析，比较植被生态习性发现，东北黑土区侵蚀沟内喜湿润、耐寒的植被所占比例较大，致使不同坡向上各流域沟内植被种类均表现为阴坡略大于阳坡。4条典型流域侵蚀沟内整体植被覆盖度为扎兰屯五一流域>拜泉久胜流域>海伦光荣流域>梅河口吉兴流域，呈现出东北黑土区沟内植被覆盖度自东向西、自南向北逐渐增大的趋势。在北坡面上侵蚀沟内沟坡植被覆盖度阳坡大于阴坡；在南坡面上侵蚀沟内沟坡植被覆盖度阴坡大于阳坡；在西北坡面和西坡面上侵蚀沟内沟坡植被覆盖度阴坡大于阳坡；在西南坡面上侵蚀沟内沟坡植被覆盖度阳坡大于阴坡。东北黑土区侵蚀沟内沟坡植被覆盖度整体上呈现出随着坡度增大而减小的负相关趋势。

（6）通过4条典型流域沟内“坡度—植被覆盖度”线性拟合可以看出，海伦光荣流域的拟合程度最高，侵蚀沟发育相对活跃，梅河口吉兴流域、扎兰屯五一流域处于中间状态，拜泉久胜流域的拟合程度最低，侵蚀沟发育相对稳定。各流域沟内坡度与植被覆盖度大小的阈值也有所不同，梅河口吉兴流域侵蚀沟内植被存活的临界坡度为60°；海伦光荣流域侵蚀沟内植被存活的临界坡度为65°；拜泉久胜流域侵蚀沟内植被存活的临界坡度为75°；扎兰屯五一流域侵蚀沟内植被存活的临界坡度为70°。60°是东北黑土区侵蚀沟内适宜植被生长的沟坡坡度阈值，可以优先对此坡度进行植被恢复。不同坡度下植被覆盖度类型及阈值也不尽相同，当沟坡的坡度大于临界坡度值时，缺少植被覆盖的沟坡受到的侵蚀更加强烈；而在植被覆盖度较高的沟坡上，又可通过阻止水流对泥沙的冲刷，减少水土流失等影响侵蚀沟内沟坡地形的发育，地形条件与植被覆盖度之间的变化具有耦合关系。

6 降雨期与融雪期侵蚀沟发育特征

地理位置的不同可以决定区域气候特征进而影响外营力的种类与强度，冬季寒冷、漫长，夏季降雨集中是东北黑土区主要气候特征，这种独特的气候特点加剧侵蚀沟的发育，已有研究多关注降雨期沟道发育特征，对于春冬季沟道发育研究较少。陈书等（1989）研究发现，冻融对浅沟、切沟的发育具有很大的作用，主要表现在侵蚀沟的沟岸扩张上，侵蚀沟的宽度增加虽比长度增加慢，但沟岸扩张损失的土地却比沟长增加损失的土地大得多。刘绪军等（1999）研究发现沟壑冻融侵蚀可分为沟岸冻裂、沟岸融滑、沟坡融泻、沟壁融塌4种主要侵蚀类型。沟壑冻融侵蚀是一个缓慢的侵蚀过程，与重力侵蚀交织在一起，是重力侵蚀发生的先决条件。以上研究表明，冻融侵蚀对黑土区侵蚀沟发育影响显著，冻融侵蚀既可以通过反复的冻融作用直接加剧侵蚀沟发育，也可改变土壤性质，降低土壤可蚀性，间接影响侵蚀沟发育。黑土区春季解冻期融雪侵蚀较为严重，而此时土壤经历冻融作用，且基本处于裸地状态，抗蚀性较低，沟道进一步发育的潜在危险性极大。

黑土区四季温差大，冻融作用明显，侵蚀沟的出现使土地由单冷锋冻融转为双冷锋，冻融作用增强（胡刚等，2007）。侵蚀沟一般分布在沟缘线附近坡度较为陡峻的地带，在冻融反复交替下，沟岸土壤容易变得松动，导致重力发生侵蚀。侵蚀沟发展除了沟岸扩张还有沟头前进、沟底下切2种形式，其中沟头前进为其发展主要形式之一（景可等，1997），冻融作用容易导致沟岸和沟头出现裂缝，进一步促进侵蚀沟发育。冻融作用可致使黑土区沟壑扩张10 ~ 20cm（刘绪军，1999）。景国臣将沟壑冻融侵蚀划分为沟岸冻裂、沟岸融滑、沟壁融塌、沟坡融泻4种形式，其指出冻融作用导致克拜黑土区耕地中沟壑每年扩张50 ~ 100cm。Hu（2007）等利用差分GPS对黑龙江鹤山农场中5条具有代表性的侵蚀沟观测，发现其平均的线性沟头侵蚀速率为6.2m/a，溯源侵蚀速率为729.1m^3/a，相比第一时期，在第二和第三观测时期冻融侵蚀作用和融雪侵蚀占有很大比重，春天具有降雨时侵蚀会得到加强。Wu（2005）等利用差分GPS对黄土高原桥沟流域侵蚀沟观测发现，其发育速率为0.16 ~ 2.02m/a。由此可知，黑土区融雪期侵蚀沟沟头前进速率远大于黄土高原全年沟头发育速率，其融雪期侵蚀规律研究应该引起重视。

降雨期降雨和地形是侵蚀沟发育的关键因素，土壤性质对侵蚀沟发育影响有限。东北黑土区侵蚀主要发生在坡耕地上，侵蚀沟上游有较大的集水区，沟头以上区域细沟发育明显，细沟的存在使侵蚀沟沟头容易汇聚较多因降雨而产生的径流，加速沟头前进（范昊明等，2018）；而沟体由于各流域沟道两侧大多为耕地，且来水量比较大，耕地翻作及农机耕作碾压，沟沿土壤受到扰动，坡面上的地表径流冲刷沟沿，因此造成沟沿不断的塌陷和扩张；侵蚀沟末端主要由于强降雨作用，径流能量至侵蚀沟末端还未得到完全的释放，侵蚀沟末端处相对平缓，两侧沟坡小，极易受到径流能量冲刷的影响向后漫延发育。东北黑土区降雨主要集中在7—8月，在野外调查时发现，每次下雨过后侵蚀沟的沟底径流路径都会被地表径流反复冲刷并产生积水，侵蚀沟所在坡面产生的径流从沟两侧沟沿流入沟内，使沟坡产生水力侵蚀，各地区的降雨量大小影响着水力侵蚀的强弱。降雨量越大，侵蚀强度越强，沟底的水土保持措施是影响侵蚀沟内水流速度的关键因素。

以往关于侵蚀沟研究多集中在降雨期暴雨导致的沟蚀发展，融雪期侵蚀沟发育研究相对较少，融雪期侵蚀沟发育与降雨期具有明显差异。本研究选取光荣、吉兴、五一3条小流域为研究区域，3条流域分别位于黑土区东北部、东南部、西北部，土壤、地形、地貌等自然因素具有一定差别，侵蚀沟具有较好的代表性。通过野外测量侵蚀沟并基于GIS平台计算其形态参数，分析形态发育特征及成因，对比分析降雨期与融雪期侵蚀沟发育的差别。

6.1 材料与方法

6.1.1 侵蚀沟观测与数据处理方法

侵蚀沟的观测方法是应用RTK进行野外测量，应用GIS软件进行数据处理。在室内对侵蚀沟以5m为间隔划分成若干梯形断面形式分段侵蚀沟，提取各断面侵蚀沟宽度、深度、面积、体积等指标（图6-1）。梯形断面侵蚀沟宽度通过使用GIS裁剪功能，以对应5m间隔的分割图层剪切侵蚀沟沿线生成横断面，提取横断面上、下侧宽度求均值获得；分段侵蚀沟面积通过GIS计算得到，体积通过合并对应分段沟底、沟沿高程点生成DEM，结合GIS空间分析功能提取，深度由对应横断面沟沿及沟底上、下侧对应点连线与侵蚀沟纵向垂直，分别读取沟底处和沟沿处高程，对应点高差的平均值即为其深度。

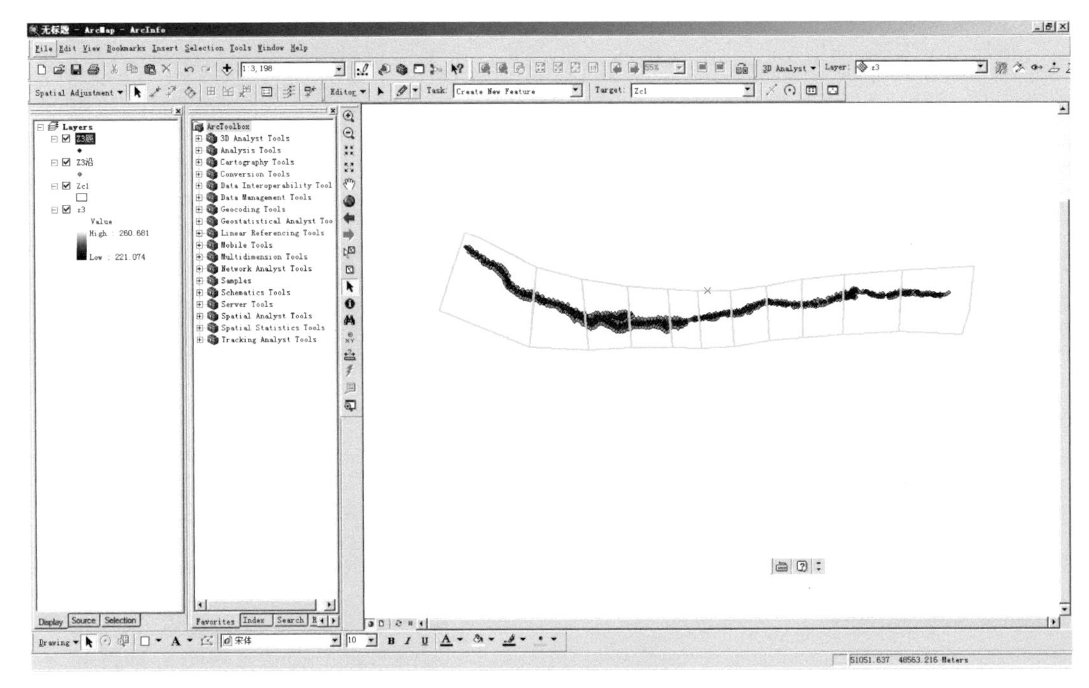

图6–1　GIS侵蚀沟分段处理

6.1.2　降水特征和数据处理方法

6.1.2.1　降水数据获取和处理

降水资料为研究区域2013年5月至2015年5月月降水数值，本研究将其划分为降雨期和融雪期两部分。降雨期降水数据为其降雨量；融雪期降水数据指降雨量和降雪量之和，其中降雪量指温度≤0℃时的降水量。降雨期降水数据可由各市气象站和流域气象站获取，其中市气象站数据通过中国气象数据网获得。各流域气象站距离观测沟道的位置均小于2km，主要进行降雨期气象数据观测；扎兰屯市气象局距五一流域观测沟道11.3km，海伦市气象局距光荣流域观测沟道17.9km，梅河口市气象局距吉兴流域观测沟道35.1km，均对全年气象数据进行观测。各市气象站和相应流域气象站2013—2015年降雨期降水数据均存在显著相关关系（图6–2），海伦市气象站与光荣流域气象站降水量的相关系数最大为0.978，扎兰屯市和五一流域次之为0.860，梅河口市气象站与吉兴流域最小，相关系数为0.825。虽然各流域气象站融雪期降水数据缺测，但各市气象站降雨期降水数据与流域气象站降雨期降水数据显著相关，即气象站数据能很好地反映流域降水情况，而且市气象站与流域气象站间距离相比各观测流域间距离小得多，故文中降水数据均采用各市气象站数据。海伦市、扎兰屯市、梅河口市气象站2013年5月至2015年5月月降水量见图6–3。

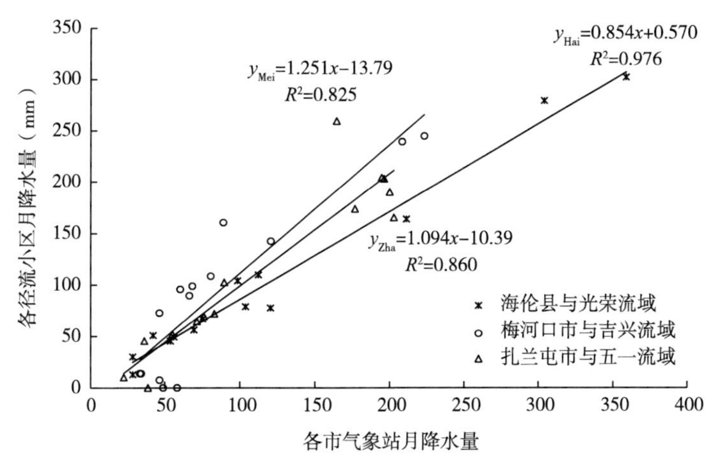

图6-2 各市气象站与径流小区月降水量相关性分析

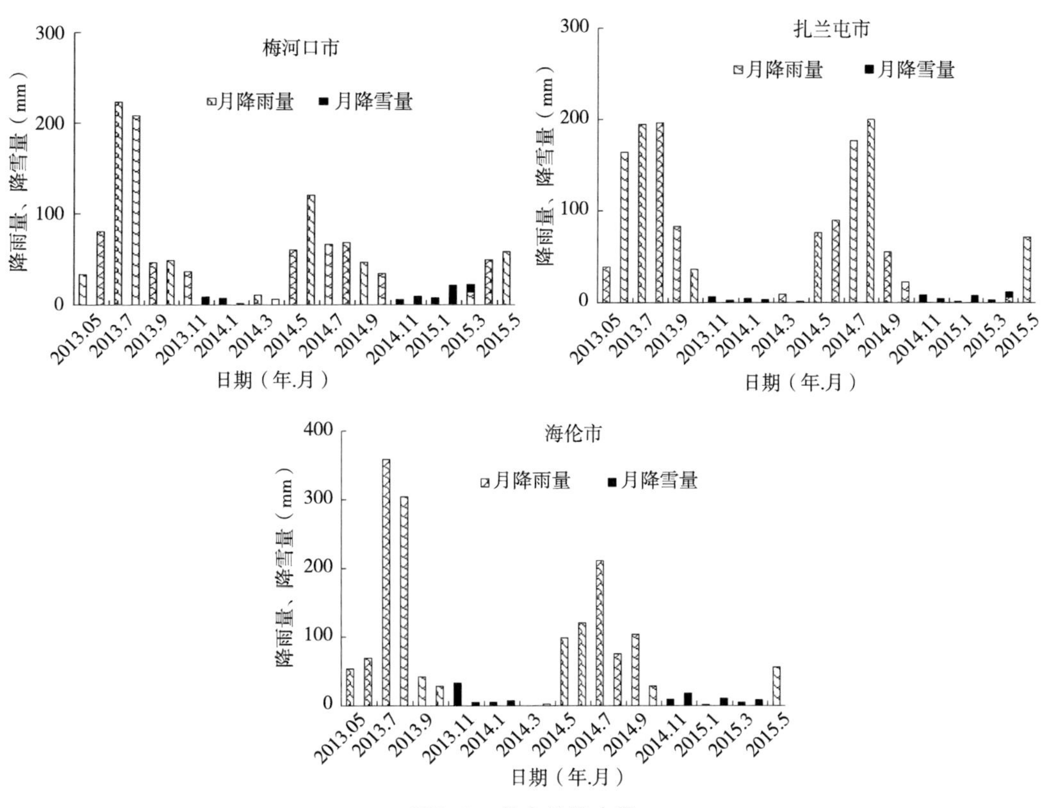

图6-3 各市月降水量

6.1.2.2 积雪特征观测和数据处理

积雪特征观测时段为2013年12月至2014年3月、2014年12月至2015年3月。从降雪开始到积雪完全融化每月中旬进行，观测指标为积雪深度、雪水当量。积雪深度用木尺沿侵蚀沟集水区坡面每隔2m测量，雪水当量通过积雪深度和积雪密度计算得到，积雪密度用Snow Fork每隔2m测量，将其雪叉探头插入雪层剖面，即可获得测量时刻瞬时积雪密度（图6-4）。Snow Fork由芬兰赫尔辛基大学研制，由于其探头体积小，不会压实积雪，特别适合野外原位积雪测量，最低工作温度可达-40℃，其通过测量共振频率、衰减度和3天B带宽参数计算积雪介电常数，并通过半经验公式计算得到积雪密度（张伟等，2014）。

A. 木尺测雪深

B. Snow Fork积雪性质观测

图6-4 积雪观测

6.1.3 地形特征获取和数据处理

研究选取的地形特征为侵蚀沟坡度、侵蚀沟坡长和侵蚀沟集水区面积。侵蚀沟坡度指沿沟沿方向从出水口到分水岭的平均坡度，通过（DGPS）沿沟沿自下而上采点获取，通过两点间高差与距离比值获取各段坡度，最后求均值得到侵蚀沟坡度。侵蚀沟坡长指沿侵蚀沟方向，从分水岭到汇水出口的距离，通过DGPS野外定位获取。侵蚀沟集水区面积指侵蚀沟所在出水口以上的汇水面积，通过分辨率30m的数字高程模型（DEM）结合ArcGIS9.3的水文分析模块中流域分割功能实现（图6-5），DEM从地理空间数据云下载得到。集水区提取过程参阅汤国安（2006）等人介绍的方法。集水区阈值大小依据观测经验设定，多次尝试后发现光荣、吉兴流域阈值设为20（18 000个像元），五一流域阈值为25（22 500个像元）时提取集水区和侵蚀沟叠加最好。野外观测发现集水区防风林带对积雪有拦截作用，尤其侵蚀沟周围林带作用更明显，因此用DGPS定点林带范围，用GIS勾绘获取林带面积及林带长度。

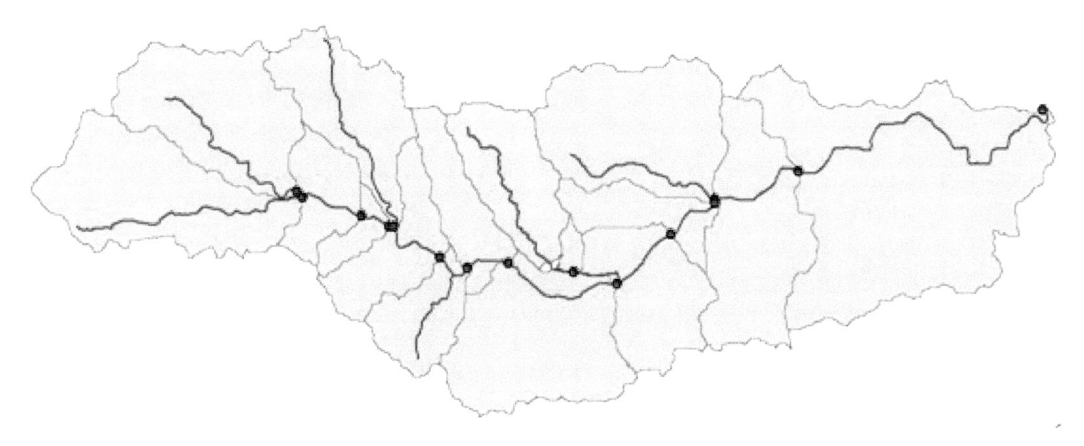

图6-5 集水区提取示意

6.2 侵蚀沟发育特征

通过提取各流域侵蚀沟长度、面积、体积三方面参数，分析其降雨期和融雪期发育特征可知，侵蚀沟发育具有地域分异性和年际差异性。侵蚀沟地域分异性主要表现为各流域降雨期和融雪期侵蚀沟发育特征差异性。侵蚀沟发育年际差异性主要表现为同一流域不同年份降雨期和融雪期侵蚀沟发育特征差异性。相关性分析结果表明，侵蚀沟发育长度（$\triangle L$）和发育面积（$\triangle A$）极显著相关（$p<0.01$，$r=0.755$），这说明降雨期和融雪期侵蚀沟发育主要以沟头前进为主，沟道中部、尾部发育不明显，这是由于沟头上游有较大的集水区，使其更容易汇聚融雪径流，而中部、尾部由于在坡面得到很少的径流，而且在各典型流域侵蚀沟中部、尾部两侧大都有林带，这形成了很好的侵蚀阻隔带，因此中部和尾部侵蚀主要以边坡和沟岸的崩塌为主，崩塌物质被运移到沟床或者边坡，降雨期径流产生的能量和融雪期冻融和融雪产生的有限径流能量主要作用于靠近沟头的位置，并且运输靠近沟头位置侵蚀产物。随着沟头能量的聚集和沿着沟床蚀积物的增加，径流能量开始逐渐减小，所以在沟道中部会产生大量的堆积，堆积物的存在形成暂时的稳定沟坡，限制崩塌作用进一步进行，因此融雪期侵蚀沟发育以沟头前进为主，沟体发育较弱（Hu et al.，2007）。侵蚀沟发育长度（$\triangle L$）和发育体积（$\triangle V$）相关性不明显，这一研究结果进一步佐证了胡刚（2007）等人提出的东北黑土区冻融侵蚀产生沟内堆积的侵蚀沟发育模型。

通过野外数据的采集以及数据的处理之后得到2013—2018年海伦市光荣流域、梅河口市吉兴流域与扎兰屯市五一流域侵蚀沟的参数变化如表6-1所示。2013年无融雪期监测，因此各流域融雪期长度变化数据从2014年起。

表6-1　2013—2018年光荣、吉兴、五一流域侵蚀沟参数变化

时间	参数	光荣流域		吉兴流域		五一流域	
		降雨期	融雪期	降雨期	融雪期	降雨期	融雪期
2013年	长度（m）	6.95	—	4.28	—	9.86	—
	面积（m^2）	221.45	—	51.55	—	584.34	—
	体积（m^3）	636.99	—	44.58	—	318.64	—
2014年	长度（m）	1.43	3.70	2.90	2.07	28.04	17.60
	面积（m^2）	54.12	85.38	69.82	118.77	179.91	155.93
	体积（m^3）	154.14	177.24	100.10	94.27	587.34	192.29
2015年	长度（m）	2.67	3.96	0.55	1.43	21.33	14.87
	面积（m^2）	117.67	94.40	46.25	15.93	366.00	170.54
	体积（m^3）	143.07	57.32	41.21	14.07	442.39	403.98
2016年	长度（m）	3.34	2.41	5.75	2.45	8.00	7.33
	面积（m^2）	202.48	102.25	24.67	199.96	139.84	487.00
	体积（m^3）	83.17	191.90	118.34	88.71	—	56.02
2017年	长度（m）	3.53	2.66	3.75	3.75	36.00	4.67
	面积（m^2）	77.27	113.28	17.43	51.10	91.38	89.75
	体积（m^3）	130.63	214.25	45.62	38.22	336.12	—
2018年	长度（m）	4.06	2.67	1.67	2.79	1.50	9.36
	面积（m^2）	88.87	226.15	36.18	29.54	238.26	256.78
	体积（m^3）	195.38	194.75	46.64	23.80	143.00	400.98

2013—2018年各流域侵蚀沟长度变化方面，降雨期五一流域2017年长度增加最大为36.00m，2018年长度增加最小为1.5m；光荣流域2013年侵蚀沟长度增加最大为6.95m，2014年长度增加最小为1.43m；吉兴流域2016年侵蚀沟长度增长最大为5.75m，2015年长度增加最小为0.55m。融雪期五一流域2014年长度增加最大为17.6m，2017年长度增加最小为4.67m；光荣流域2015年长度增加最大为3.96m，2016年长度增加最小为2.41m；吉兴流域2017年长度增加最大为3.75m，2015年长度增加最小为1.43m。2013—2018年降雨期侵蚀沟长度变化求均值发现，五一流域最大，光荣流域次之，吉兴流域最小，五一流域降雨期侵蚀沟长度增加量为17.46m，光荣流域降雨期侵蚀沟长度增加量为3.66m，吉兴流域降雨期侵蚀沟长度增加量为3.15m。通过对各流域2014—2018年融雪期侵蚀沟长度变化求均值发现，融雪期五一流域侵蚀沟长度增长最快，光荣流域次之，吉兴流域最

慢，融雪期五一流域侵蚀沟长度增加量为8.97m，光荣流域侵蚀沟长度增加量为3.08m，吉兴流域侵蚀沟长度增加量为2.50m。侵蚀沟长度每年增长量存在差距主要受沟头细沟的影响，监测时间为每年5月与10月，5月各流域春耕整地均已结束，沟头细沟在春耕过程中存在着一定量的消失，10月监测降雨期变化时，春耕后作物幼苗期水土保持作用较弱，秋收后地表裸露，加剧细沟形成。

2013—2018年各流域侵蚀沟面积变化方面，降雨期光荣流域2013年侵蚀沟面积增加最大为221.45m^2，2014年面积增加最小为54.12m^2；吉兴流域2014年侵蚀沟面积增加最大为69.82m^2，2017年增加最小为17.43m^2；五一流域侵蚀沟面积2013年面积增加最大为584.34m^2，2017年增加最小为91.38m^2。融雪期光荣流域2018年侵蚀沟面积增加最大为226.15m^2，2014年最小为85.38m^2；吉兴流域2016年侵蚀沟面积增加最大为199.96m^2，2015年最小为15.93m^2；五一流域2016年侵蚀沟面积增加最大为487m^2，2017年最小为89.75m^2。2013—2018年降雨期侵蚀沟面积变化求均值发现，五一流域侵蚀沟面积发育速度最快，光荣流域次之，吉兴流域发育速度最慢，五一流域降雨期侵蚀沟面积增加量为266.62m^2，光荣流域降雨期侵蚀沟面积增加量为126.98m^2，吉兴流域降雨期侵蚀沟面积增加量为40.98m^2。通过对各流域2014—2018年融雪期侵蚀沟面积变化求均值发现，五一流域侵蚀沟面积发育速度最快，光荣流域次之，吉兴流域发育速度最慢，五一流域融雪期侵蚀沟面积增加量为232.00m^2，光荣流域融雪期侵蚀沟面积增加量为124.29m^2，吉兴流域融雪期侵蚀沟面积增加量为90.70m^2。

2013—2018年各流域侵蚀沟体积变化方面，降雨期光荣流域2013年侵蚀沟体积增加最大为636.99m^3，2016年增加最小为83.17m^3；吉兴流域2016年体积增加最大为118.34m^3，2015年增加最小为41.21m^3；五一流域2016年因3条监测侵蚀沟均有回填，因此未对2016年五一流域侵蚀沟体积变化进行统计，2014年侵蚀沟体积增加最大为587.34m^3，2018年增加最小为143.00m^3。融雪期光荣流域2017年侵蚀沟体积增加最大为214.25m^3，2015年增加最小为57.32m^3；吉兴流域2014年侵蚀沟体积增加最大为94.27m^3，2015年增加最小为14.07m^3；五一流域2015年侵蚀沟体积增加最大为403.98m^3，2016年增加最小为56.02m^3。对2013—2018年降雨期侵蚀沟体积变化求均值发现，五一流域侵蚀沟体积发育速度最快，光荣流域次之，吉兴流域发育速度最慢，五一流域降雨期侵蚀沟体积增加量为365.50m^3，光荣流域降雨期侵蚀沟体积增加量为223.90m^3，吉兴流域降雨期侵蚀沟体积增加量为66.08m^3。通过对各流域2014—2018年融雪期侵蚀沟体积变化求均值发现，五一流域侵蚀沟体积发育速度最快，光荣流域次之，吉兴流域发育速度最慢，五一流域融雪期侵蚀沟体积增加量为263.32m^3，光荣流域融雪期侵蚀沟体积增加量为167.09m^3，吉兴流域融雪期侵蚀沟体积增加量为51.81m^3。

侵蚀沟长度、面积每年增长量存在差距主要受沟头细沟的影响，监测时间为每年5月与10月，5月各流域春耕整地均已结束，沟头细沟在春耕过程中存在着一定量的消失，10月监测降雨期变化时，春耕后作物幼苗期水土保持作用较弱，秋收后地表裸露，加剧细沟形成。因侵蚀沟多发生于耕地中，因此每年的耕作以及为满足农民出行会对部分侵蚀沟产生回填作用，此外径流的搬运能力也决定着被侵蚀的土壤是否会在沟道内堆积，在部分侵蚀沟沟底有一定量的草本植物，也具有一定的拦蓄能力。侵蚀沟参数受较多因素影响，各流域侵蚀沟集水区范围内土地利用虽多以耕地为主，但也存在一定差异，五一流域2号沟沟头集水区有耕地和草地，但是在光荣流域则仅为耕地，并且沟道周围的林地树种也不尽相同，五一流域沟道旁林地以栎树为主，光荣流域沟道旁林地以杨树为主，不同树种组成的林地对降雨的截留、地表径流拦蓄和土壤固结能力均存在一定差异，在不同流域每年的降雨量与积雪深也存在差异，因降雨和融雪造成的侵蚀也具有一定差异性，造成侵蚀沟参数的变化存在地域和年际差异。

综合2013—2018年融雪期侵蚀沟发育特征，选取2014—2015年流域内的5条侵蚀沟进行地域分异性和年际差异性分析（表6-2）。

表6-2　2014—2015年侵蚀沟发育特征

沟号	流域	时期	$\triangle L$（m）	$\triangle A$（m^2）	$\triangle V$（m^3）	Em［m^3/（$km^2 \cdot a$）］
G1	光荣流域	2014年融雪期	2.8	29.83	25.92	
		2015年融雪期	6.5	215.36	13.21	
G2	光荣流域	2014年融雪期	1.19	64.65	367.49	5 980.29
		2015年融雪期	3	18.9	127.4	
光荣流域（均值）		2014—2015年融雪期	3.37	82.19	133.51	
W1	五一流域	2014年融雪期	9.92	97.22	364.12	
		2015年融雪期	20.09	192.59	178.4	
W2	五一流域	2014年融雪期	21.25	214.64	20.46	4 681.94
		2015年融雪期	5.67	86.04	782.14	
五一流域（均值）		2014—2015年融雪期	14.23	147.62	336.28	
J1	吉兴流域	2014年融雪期	2.19	96.71	28	
		2015年融雪期	1.69	12.49	9.42	530.03
吉兴流域（均值）		2014—2015年融雪期	1.94	54.6	18.71	

注：$\triangle L$长度发育；$\triangle A$面积发育；$\triangle V$体积发育；Em指土壤侵蚀模数。

（1）地域分异性。五一流域侵蚀沟长度增加14.23m，面积增加147.62m^2，体积增加336.28m^3；光荣流域长度增加3.37m，面积增加82.19m^2，体积增加133.51m^3；吉兴流域长度、面积、体积的增加量分别为1.94m、54.6m^2、18.71m^3。结果表明，五一流域融雪期侵蚀沟发育速率明显大于光荣、吉兴流域，其长度发育速度分别为光荣、吉兴流域的6.33倍、7.34倍；面积发育速率分别为光荣、吉兴流域的1.80倍、2.70倍，体积发育速率分别为光荣、吉兴流域的2.52倍、17.97倍。中国黑土区典型流域侵蚀沟发育特征呈现为从西北至东南，从暗棕壤到白浆土，侵蚀沟发育速率逐渐减小的趋势。土壤侵蚀模数光荣流域最大，吉兴流域最小，五一流域处于中间位置，分别为5 980.29m^3/（km^2·a）、530.03m^3/（km^2·a）、4 681.94m^3/（km^2·a）呈现出从西北至东南，从黑土到白浆土逐渐减小的趋势。

（2）年际差异性。侵蚀沟发育年际差异性五一流域最明显，其次是光荣流域，吉兴流域最微弱。五一流域W1在2015年融雪期长度增加20.09m，面积增加192.59m^2，体积增加178.4m^3，其长度、面积增加量分别比2014年融雪期多10.17m、95.37m^2，而体积增加量反倒减少185.72m^3。光荣流域2014年融雪期长度增加2.0m，面积增加47.24m^2，体积增加196.71m^3，其长度、面积增加量分别比2015年融雪期少2.75m、68.89m^2，体积增加量比2015年融雪期多126.41m^3。吉兴流域侵蚀沟发育年际分异特征并不明显，2014年融雪期侵蚀沟长度增加2.19m，面积增加96.71m^2，体积增加28m^3，其长度、面积、体积增加量分别比2015年融雪期多0.5m、42.11m^2、9.29m^3。

6.3 侵蚀沟沿程发育特征

侵蚀沟发育主要包括沟头前进、沟岸扩张和沟底下切3种形式。为了更细致探究侵蚀沟微观发育特征，选取土壤类型、集水区特征及侵蚀沟发育均比较典型的光荣流域，运用断面法以5m为间距分割侵蚀沟，以2014年10月侵蚀沟沟头位置为坐标原点，侵蚀沟沟长为横坐标，规定从沟头至沟尾为横坐标正方向，远离原点沟头前进方向为横坐标负方向，分析2014年10月至2015年5月融雪期分段侵蚀沟沿程宽度、深度、面积、体积变化特征，探究其融雪期沿程发育特征。

野外观测发现，2014年5月G1长170.26m，G2长190m，分别将其分为34段和38段；2015年5月G1长176.76m，G2长193m，分别将其分为36段和39段。融雪期G1沟头前进6.5m、面积发育215.36m^2、体积发育13.21m^3，G2沟头前进3m、面积发育64.65m^2、体积发育367.49m^3，各侵蚀沟沿程发育特征见图6-6至图6-9。

6.3.1 沟宽发育特征

由图6-6可知，宽度沿程发育特征呈现分异性，沟头至中部发育比较活跃，中部至沟尾发育相对缓慢。沟头至沟中部宽度发育具有较大波动性，G1在2014年融雪期沟头处宽度发育速率最大，然后随着距离沟头位置变远，宽度发育速率逐渐变小，在50～60m处和70～90m处出现急剧增加。野外调查发现，H1右侧有约100m长防风林带，沟坡在崩塌等重力侵蚀作用下，形成不稳定的台阶和竖沟，导致右侧林地被冲刷、切割，树木也随着土壤的蚀离，倾倒在沟道中，进一步加剧沟岸扩张，故其宽度发育速率较大。G2在2014年融雪期沟头处宽度发育速率最大，然后逐渐减小，减缓速率相对G1缓慢，在5～40m附近急剧增加，然后陡降，以较为平缓的速率发育至130m处，130～190m处宽度发育极其微弱。野外调查发现G2在130～190m处左右两侧均有防风林带，形成侵蚀阻隔带，沟坡趋于稳定，故其宽度发育速率较慢。

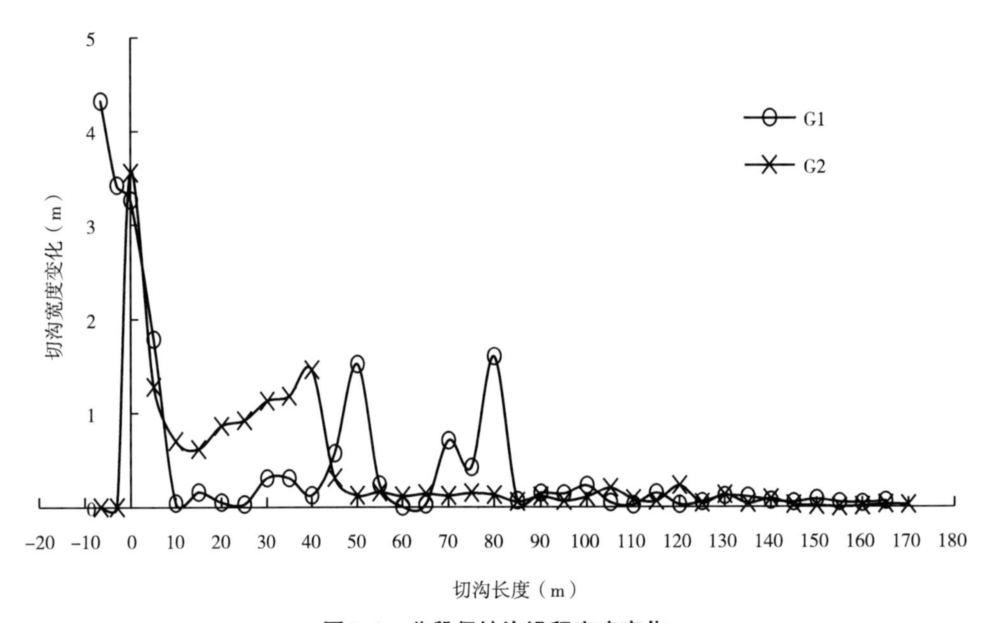

图6-6　分段侵蚀沟沿程宽度变化

6.3.2　沟深发育特征

由图6-7可知，侵蚀物质在距离沟头20m至沟道中部多发生堆积，中部至沟尾以沟底下切为主。G1在5m位置深度发育为负值，然后逐渐增大变为正值之后陡降，在30～40m处负值达到最大，然后在正负值间来回波动，即在堆积和下切之间波动，但数值均较小，至120m处深度发育波动式上升至140m处达到最大，然后波动式下降，120～170m这一范围为深度发育较大位置，野外观测发现，G1形状似蝌蚪，沟头至中部宽深均较大，沟尾细长，以下切为主，这可能与其处在坡面下端，林带积雪融水和坡耕地汇集水分多在这一位置聚集，形成较大径流剪切力有关。G2深度变化相对G1比较平缓，在10～30m深度出现负值，这是沟岸崩塌发生堆积的结果，之后呈波动式变化，但深度发育规模较小，其在120～180m范围内深度发育较沟头至中部明显，说明沟尾发育以沟底下切为主。由此总结出：侵蚀沟沟头至中部以冻融作用下沟岸崩塌为主，沟尾以融雪径流冲刷下沟底下切为主，这可能是漫岗黑土区融雪期侵蚀沟发育的一种主要模式。图6-6和图6-7对这一结果进行了佐证。

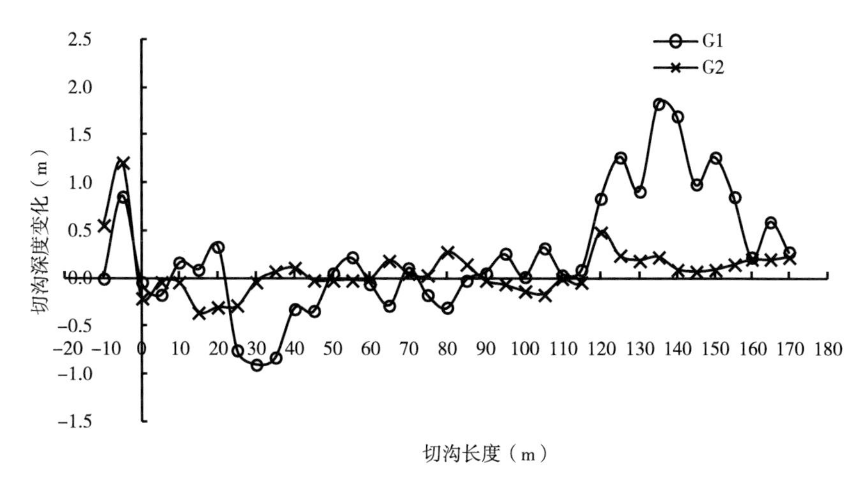

图6-7 分段侵蚀沟沿程深度变化

6.3.3 沟面积发育特征

由图6-8可知，面积发育速度在中部至沟头位置较快，中部至沟尾发育缓慢，G1从沟头至中部发育呈波动式下降趋势，下降趋势较为平缓，G2从沟头至70m处面积发育较为平缓，70～140m处逐渐减小，速度缓慢，140m之后面积增加较小。综合可知，侵蚀沟面积发育主要集中在沟头至沟中部位，沟中至沟尾发育不明显。

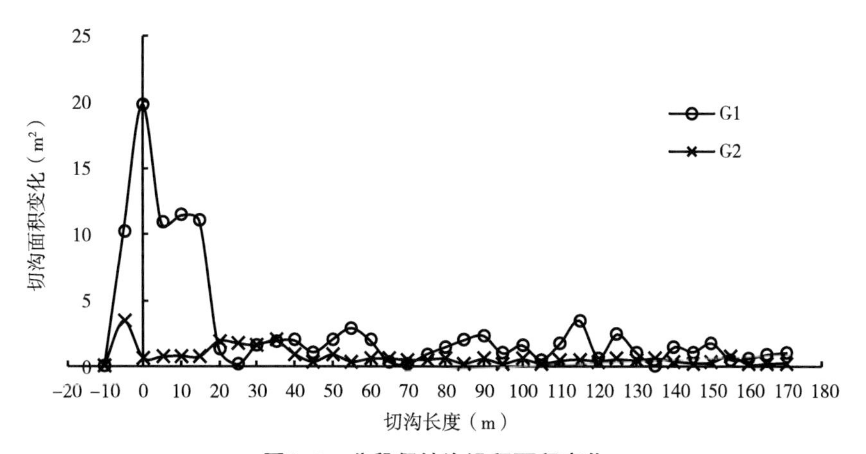

图6-8 分段侵蚀沟沿程面积变化

6.3.4 沟体积发育特征

由图6-9可知，体积发育沿程波动较大，G1在0～10m、20～50m与70～85m处体积发育为负值，这是沟道侵蚀物质沉积的结果，在沟头处以及10～20m、50～70m和85～170m处侵蚀沟体积发育为正值，沟头发育速率尤快。G2沟头体积发育速率较G1快，在10～30m处体积发育为负值，70～170m体积发育为正值，但是相比沟头位置，发育速率慢得多，这可能由于G2处于阳坡，积雪融化速率相对G1快，同时G2沟头上游有道路，道路的存在增大汇水面积，同时道路处于压实状态，入渗速率相对缓慢，故沟头处侵蚀物大量被搬运，但是由于融雪径流有限的运输能力，随着距离沟头位置越远，径流剪切力变弱，无法将沉积物运移出沟道，故体积发育出现负值，在沟道尾部，林地积雪融雪径流汇集至此，在集中径流冲刷作用下，沟底下切，故体积发育速率为正值，但融雪期底层土壤处于冻结状态，径流剪切能力有限，故其体积发育相对较小。

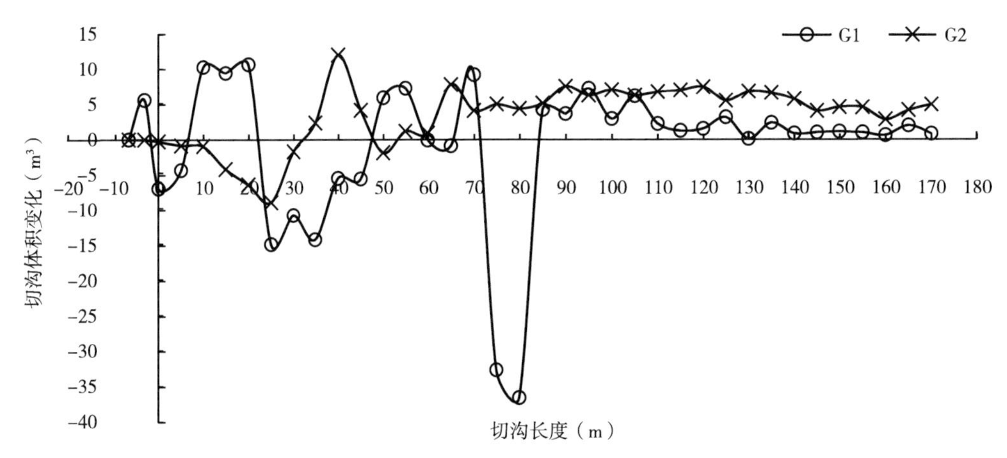

图6-9　融雪期侵蚀沟沿程体积变化

6.3.5　沿程发育特征相关性分析

由表6-3可知，G1沿程深度发育速率和面积发育速率呈显著负相关（$p<0.05$，$r=-0.500$），与体积发育速率呈正相关（$p<0.01$，$r=0.408$），侵蚀沟沿程宽度发育和面积发育呈显著正相关（$p<0.05$，$r=0.572$），由此可知，融雪期G1发育以沟岸扩张为主，且侵蚀物质多在沟道堆积，侵蚀沟横断面呈“V”字形，侵蚀沟发育以沟头前进、沟岸扩张、沟底下切三种形式为主，但是沟岸扩张影响更甚。由表6-4可知，G2沿程宽度发育速率和面积发育速率呈显著正相关（$p<0.05$，$r=0.412$），与体积发育也呈显著正相关（$p<0.05$，$r=0.673$），由此可知，G2发育也以沟岸扩张为主，同时沟体下切较弱，沟道堆积相对较小，沟道深度较大，侵蚀沟横断面呈“U”字形，此阶段侵蚀沟发育主要以沟岸扩张为主。

表6-3　H1发育特征相关性分析

		G1深度	G1宽度	G1面积	G1体积
G1深度	Pearson相关性	1	−0.051	−0.500**	0.408*
	N	37	37	37	37

（续表）

		G1深度	G1宽度	G1面积	G1体积
G1宽度	Pearson相关性	−0.051	1	0.572**	0.321
	N	37	37	37	37
G1面积	Pearson相关性	−0.500**	0.572**	1	−0.064
	N	37	37	37	37
G1体积	Pearson相关性	0.408*	0.321	−0.064	1
	N	37	37	37	37

**相关性在0.01水平显著（双尾）；*相关性在0.05水平显著（双尾）。

表6-4 H2发育特征相关性分析

		G2宽度	G2深度	G2面积	G2体积
G2宽度	Pearson相关性	1	0.285	0.412**	0.673**
	N	40	40	40	40
G2深度	Pearson相关性	0.285	1	−0.311	−0.157
	N	40	40	40	40
G2面积	Pearson相关性	0.412**	−0.311	1	0.269
	N	40	40	40	40
G2体积	Pearson相关性	0.673**	−0.157	0.269	1
	N	40	40	40	40

**相关性在0.01水平显著（双尾）；*相关性在0.05水平显著（双尾）。

6.4 不同季节侵蚀沟发育分析

侵蚀沟是自然和人为因素共同塑造的地貌形态。当气候、地形、土壤和岩性、植被等外营力的作用超过土体抵抗侵蚀能力时，侵蚀沟侵蚀发生（Poesen et al.，2010）。降雨是土壤侵蚀产生的动力来源，通过地表汇聚径流冲刷的形式促使侵蚀沟的发育，同时也会引发重力侵蚀，通过综合作用来影响侵蚀过程。侵蚀沟位置和形态特征取决于地表径流量的大小及产流时间长短（Valcárcel et al.，2003）。东北黑土区位于高纬度寒冷地区，属于季节性积雪区，与黄土高原相比，冬春季土壤冻融作用严重，冻融作用同融雪径流冲刷也是影响其侵蚀沟发育的主要原因（胡刚等，2007），冻融作用会引起土壤颗粒重新排列，破坏土壤物理性质（Kurylyk and Watanabe，2013），影响土壤渗透性（Oztas and Fayetorbay，2003）、土壤稳定性、土壤密度（Ferrick and Gatto，2005），进而导致土壤可蚀性改变，加剧土壤侵蚀；春季表层土壤解冻，下部土壤冻结形成不完全解冻层，限制融雪径流入渗，导致地表径流和土壤含水量增加，从而增大了侵蚀量（Ban et al.，2016；Sharratt et al.，2000），如果有降雨发生，侵蚀过程又会加剧（Oygarden，2003），侵蚀沟发育是各种因素综合作用的结果。

6.4.1 不同季节降水影响

由表6-5可知，五一流域2015年融雪期降水总量只比2014年融雪期大2.96mm，但其降雪量和降雨量较2014年融雪期有较大的差距，2015年融雪期降雨99.79mm比2014年融雪期少20.08mm，但降雪35.02mm是2014年融雪期降雪量的4.38倍，同时其累积积雪深度28.32mm、累积雪水当量为36.87mm，分别为2014年融雪期的2.03倍、1.21倍。每年9—11月黑土区大部分植物已停止生长，作物已经收割或已经到成熟阶段，需水不多，蒸腾减少，降水越多，土壤水分相应越多，这为来年春季解冻期高含水率和强烈冻融作用奠定了基础（范昊明等，2009）。通过图6-3对比该流域（扎兰屯市）2013年与2014年9—11月降水可知，2013年9—11月降水量为125.8mm，2014年9—11月为85.7mm，2014年9—11月降水量远小于2013年。这说明2014年融雪期前期土壤水分大于2015年融雪期，则2014年融雪期冻融作用较2015年强烈。在此情况下，2015年融雪期侵蚀沟长度、面积发育速率反倒大于2014年融雪期，这说明降水作用是影响该流域侵蚀沟发育年际差异性的主要因素。2015年融雪期侵蚀沟体积发育速率明显小于2014年融雪期，这是由于2015年融雪期降雨量较2014年融雪期小。融雪径流相对降雨径流泥沙输移能力有限，冻融作用和融雪径流产生的侵蚀物质多会堆积在沟床，而春季土壤冻层的存在，使降雨径流入渗受阻，不能及时下渗，在有较多降雨情况下，会产生较严重的地表径流，在具有较强剪切力的地表径流作用下，大部分冻融作用和融雪侵蚀产生的堆积物将被运移出沟道（胡刚等，2007），故2014年融雪期侵蚀沟体积发育速率较大。

表6-5 融雪期各侵蚀沟降水特征

沟号	时期	∑Sdp（cm）	∑Swe（mm）	∑R（mm）	∑Rs（mm）	∑R+Rs（mm）
G1	2014年融雪期	64.24	83.63	108.9	44.3	153.2
	2015年融雪期	45.87	70.85	72.7	43.3	116
G2	2014年融雪期	67.94	108.58	108.9	44.3	153.2
	2015年融雪期	44.34	66.68	72.7	43.3	116
W1	2014年融雪期	13.92	30.49	123.87	7.99	131.85
	2015年融雪期	28.32	36.87	99.79	35.02	134.81

（续表）

沟号	时期	∑Sdp（cm）	∑Swe（mm）	∑R（mm）	∑Rs（mm）	∑R+Rs（mm）
W2	2014年融雪期	13.57	36.89	123.87	7.99	131.85
	2015年融雪期	21.68	42.93	99.79	35.02	134.81
J1	2014年融雪期	56.89	88.84	114.3	7.5	121.8
	2015年融雪期	53.19	92.96	129.3	51.2	180.5

注：ΣSdp指累积积雪深度；ΣSwe指累积雪水当量；ΣR指累计降雨量；ΣRs指累计降雪量；ΣR+Rs指累积降水量。

6.4.2 冻融作用影响

冻融作用会改变土壤容重、土壤孔隙度、土壤强度、团聚体水稳性等土壤性质进而影响土壤可蚀性。反复冻融循环作用一般会使土壤容重降低，低容重高含水条件下会使土壤更容易遭受分散和输移使其更容易被侵蚀（Zhang et al.，2006）。由表6-5可知，光荣流域2014年融雪期降水总量为153.2mm比2015年融雪期多37.2mm，在降水条件远高于2015年融雪期的情况下，侵蚀沟长度、面积发育速率反倒远小于2015年融雪期。分析图6-3光荣流域（海伦市）2013年和2014年9—11月累积降水发现：2013年9—11月累积降水量为103.6mm，2014年9—11月为141.5mm，2014年9—11月累积降水量远高于2013年9—11月，这导致前期土壤含水量较高，致使2015年融雪期冻融作用强于2014年融雪期，这说明冻融作用是影响该流域融雪期侵蚀沟年际差异性的主要原因。冻融作用作为一种重要的侵蚀营力会导致沟壁后退、沟头扩展，刘绪军（1999）等人研究发现冻融作用会使沟壑每年扩展0.5～1m，同时侵蚀沟发展到侵蚀沟阶段破坏其原有地表形态促使其由单向冻结变为双向冻结，冻胀作用较大，当冻胀力大于土体内聚力时将在沟沿外侧出现冻胀裂缝，裂缝较易汇集融雪径流和降水，这又会加强冻融作用，在冻融往复循环和重力作用下，沟岸、沟壁将发生崩塌，促使侵蚀沟沟头后退、沟壁扩张（胡刚等，2007）。

降雨期土壤处于解冻状态，融雪期处于冻结状态，冻融作用对侵蚀沟发育影响可通过同一年度融雪期和降雨期侵蚀沟发育特征比较得知。由表6-6可知，2014年融雪期，光荣流域侵蚀沟长度发育2.8m；由表6-7可知，该流域2014年降雨期侵蚀沟长度发育1.42m，融雪期其降水总量为153.2mm（表6-5），降雨期降水总量为504.6mm，降雨期降水量为融雪期的3.29倍，但其侵蚀沟长度发育速率反倒小于融雪期。同一流域融雪期相比降雨期而言除了径流冲刷作用还有冻融作用，由于融雪期降水总量远小于降雨期，在地貌形态一致的情况下，其径流冲刷作用相对较弱，但侵蚀沟长度发育速率反倒大于融雪期，这是冻融作用影响的结果。2015年融雪期该流域侵蚀沟长度发育4.75m，面积发育117.13m^2；2015年降雨期侵蚀沟长度发育2m，面积发育120.5m^2，融雪期降水总量为116mm远小于降雨期的403.4mm，但其侵蚀沟长度发育速率为降雨期的2.38倍，侵蚀沟面积发育速率几乎相等，融雪期黑土区侵蚀沟发育需要引起重视。

表6-6　侵蚀沟发育特征

沟号	流域	时期	$\triangle L$（m）	$\triangle A$（m^2）	$\triangle V$（m^3）	Em [m^3/（km^2·a）]
G1	光荣流域	2014年融雪期	2.8	29.83	25.92	5 980.29
		2015年融雪期	6.5	215.36	13.21	
G2	光荣流域	2014年融雪期	1.19	64.65	367.49	
		2015年融雪期	3	18.9	127.4	
光荣流域（均值）		2014—2015年融雪期	3.37	82.19	133.51	
W1	五一流域	2014年融雪期	9.92	97.22	364.12	4 681.94
		2015年融雪期	20.09	192.59	178.4	
W2	五一流域	2014年融雪期	21.25	214.64	20.46	
		2015年融雪期	5.67	86.04	782.14	
五一流域（均值）		2014—2015年融雪期	14.23	147.62	336.28	
J1	吉兴流域	2014年融雪期	2.19	96.71	28	530.03
		2015年融雪期	1.69	12.49	9.42	
吉兴流域（均值）		2014—2015年融雪期	1.94	54.6	18.71	

表6-7　海伦光荣流域降雨期侵蚀沟发育特征

沟号	流域	时期	$\triangle L$（m）	$\triangle A$（m^2）	$\triangle V$（m^3）	∑R（mm）
G1	光荣流域	2014年降雨期	1.23	20.31	118.4	504.6
		2015年降雨期	1	128	185.19	403.4
G2	光荣流域	2014年降雨期	1.62	87.92	189.88	504.6
		2015年降雨期	3	113	214.71	403.4
光荣流域（均值）		2014年降雨期	1.42	54.12	154.14	504.6
		2015年降雨期	2	120.5	199.95	403.4
		2014—2015年降雨期	1.71	87.31	177.06	454

6.4.3 不同季节植被影响

融雪期植物对侵蚀沟发育影响主要通过影响积雪消融过程和冻融作用实现。植被类型不同，植被盖度、结构的差异均可形成不同的冠层，冠层通过截留降雪和太阳辐射影响积雪分布，进而决定积雪消融时间、土壤温度和含水量等，从而影响土壤冻融过程（Wynn and Mostaghimi，2006）。植被盖度减小，土壤冻结和消融时间提前，冻结持续时间缩短，土壤温度变幅增加，受气温影响更加明显，冻融作用更加强烈（Wang et al.，2010）。

各流域植被主要包括集水区植被和沟岸周围植被。集水区植被主要通过影响集水区积雪累积、消融过程，决定上游产流特征影响侵蚀沟发育，侵蚀沟周围植被主要通过影响沟岸冻融过程及积、融雪进程影响侵蚀沟发育。五一流域集水区植被以蒙古栎和小型灌木为主，W1集水区植被面积为0.017km^2，侵蚀沟周围有蒙古栎零散分布。蒙古栎在12月至翌年2月可以截留降雪，尤其林地和耕地交汇处积雪更多，但其叶子在冬季大多枯落，春季林地接受大范围太阳辐射，积雪短时间完全消融，因集水区面积大、汇流多，故其侵蚀沟发育速率较快。光荣流域土地利用以耕地为主，融雪期耕地除小部分有作物秸秆覆盖，大多处于裸露状态。G1沟体左侧为杨树防风林带，林带位于沟道中下部，长度约占侵蚀沟长度60%左右，林地面积占沟道集水区面积的12%，3月初林地积雪有部分融化，大多为冰晶状态，融雪进程相对缓慢，导致其产流过程较长，由于集水区面积小，坡度平缓，汇流少，径流剪切力相对小，故该流域侵蚀沟发育相对缓慢。吉兴流域集水区大多为耕地，融雪期处于裸露状态，在侵蚀沟尾部右侧有落叶松，约占侵蚀沟长度的5%左右，落叶松郁闭较小，截留积雪较少，其对侵蚀沟发育影响并不明显。

6.5 结　论

东北黑土区侵蚀沟发育具有季节性特征。五一流域和光荣流域降雨期侵蚀发育速率大于融雪期，吉兴流域降雨期侵蚀沟长度和体积发育较快，融雪期侵蚀沟面积发育较快。不同区域由于降水、植被、地形等条件的不同，侵蚀沟在不同季节的发育具有明显的地域差异。东北黑土区典型小流域由于自然环境地域性分异，导致其侵蚀沟形态特征具有一定差别（图6-10），降雨、地质、地形是影响侵蚀沟形态特征差异的主要原因。光荣流域侵蚀沟长度较小，宽度、深度较大。沟头至沟尾处侵蚀沟形态变化较大，沟头处侵蚀沟宽度、深度较大，侵蚀剧烈，随着距沟头距离的增大，侵蚀沟宽度、深度逐渐减小。吉兴流域侵蚀沟长度、宽度、深度较小，沟头至沟尾处侵蚀沟形态变化较小。五一流域侵蚀沟长度、宽度、深度较大，沟头至沟尾处侵蚀沟形态变化较小，侵蚀沟横断面形状近似梯形。

在累积积雪深度较小的流域，待积雪完全融化产生的径流量较小，对沟道的冲刷能力有限，故侵蚀沟发育速率较慢。在累积积雪深度较大的流域，融雪期在冻融反复循环

A. 五一流域

B. 光荣流域

C. 吉兴流域

图6-10　各小流域典型侵蚀沟特征

作用下沟头、沟岸处土壤破裂、解体，作用强烈处土壤产生崩塌，积雪融化产生径流沿着沟头、沟岸冲刷解体土壤，虽然融雪期积雪融化产流过程相对降雨产流过程缓慢，沟头前进速度却相对较快，但融雪径流产生的能量在沟道内部消耗较多，导致冻融作用产生的侵蚀物质主要堆积在沟内，大部分没有输出转移到沟外，故融雪期侵蚀沟面积、体积发育较小。而在降雨期径流汇集较快、绝大部分侵蚀物被转移输出沟道，故侵蚀沟面积、体积变化较大。在融雪期冻融循环作用下，土壤黏结力减小，土壤分散力增大，使得土壤更利于侵蚀。冻融作用过后，沟头、沟岸处土壤崩塌堆积于沟道内部，为降雨期侵蚀沟发育提供条件，等到降雨期汇集径流较大时，侵蚀堆积物被输送出沟道，故降雨期其体积变化较大。

侵蚀沟发育最明显的危害是破坏耕地，切割地表，蚕食土地，冲走沃土，造成土地资源的极大浪费，侵蚀沟的增大，不仅减少了当地可利用土地面积，还使大片的耕地被分割开来，使原有的大型机械耕作设备无法再在上面耕作，从而增大了耕作难度，增加了生产成本，使土地利用率降低。目前，黑土区不同季节侵蚀沟发育均较为强烈，尤其是冻融期侵蚀沟的发育应引起足够重视。

7 黑土区侵蚀沟发育规律研究

7.1 典型侵蚀沟发育速率野外监测分析

东北黑土区37.9%的耕地受到水土流失的影响（孟令钦，2009），并且坡耕地是侵蚀沟主要发生地，相关研究表明，侵蚀沟对坡耕地的破坏最为严重，切沟侵蚀量占总侵蚀量的92.35%（王文娟等，2011）。因此以坡耕地侵蚀沟发育为代表，结合野外观测现象，认为这种现象主要由以下原因造成。首先沟头以上集水区面积相对保持稳定，随着沟头的前进，溯源侵蚀强度逐渐减弱，同时原有沟头上方新产生的细沟或浅沟，随着春耕和秋翻被消除。其次受横垄耕作的影响，每条垄台均会对径流产生拦蓄，从坡顶至沟头，径流的动能被弱化，同时垄沟具有一定的蓄水能力，延长了径流历时，减缓侵蚀的发生。人类活动造成侵蚀沟面积加速扩张，图7-1两幅图片中的侵蚀沟沟体全部位于耕地内，左侧图片中紧邻沟沿部分虽未被耕种，但在耕作时，侵蚀沟阻碍大型机械耕种，迫使其在沟沿处调头，机械在沟沿处反复碾压，造成沟沿处产生裂缝，经冻融、重力、水力等外营力的共同作用，造成侵蚀沟面积的扩张；侵蚀沟沟沿外侧多为耕地和农村交通用地（图7-1右），径流沿垄沟流动，直接汇入侵蚀沟内，每一条垄沟内的径流对沟沿持续冲刷，造成沟沿的外扩，最终造成侵蚀沟面积的明显增长。

图7-1 侵蚀沟发育特征

7.1.1 监测与数据处理

本研究对典型区域数据采集时间为2013年5月至2018年10月，观测每年进行两次，分别在5月、10月展开。由于5—10月，该区降雨为降水的主要形式，10月至翌年5月降雪为降水的主要形式，故将5—10月称为降雨期，10月至翌年5月称为融雪期。侵蚀沟野外测量时，分别对沟缘、沟底以及沟坡采集高程点，在地形变化较大处适当增加采点密度，地形变化较小区域以步长为单位进行距离计量，均匀采点，并增加对沟缘形态变化处的采点量，以获得更准确的侵蚀沟形态特征，对沟坡崩塌、沟底堆积处进行更细致测量，减少体积误差。侵蚀沟观测所使用的仪器为DGPS（图7-2），其动态测量水平精度和垂直精度均为厘米级别。该仪器由基准站和移动站组成，测量时让基准站接收机和移动站接收机保持对4颗以上卫星的同时跟踪，基准站和移动站通过蓝牙形成数据链后，基准站通过数据链实时地把观测数据传送给移动站接收机（顾广贺等，2015）。测量前在基准站附近找3个固定点，记录3点的直角坐标，每次测量前应用已知的3点坐标对移动站进行校正，校正后，运用移动站对切沟测量，测量人员持移动站接收机对切沟地形发生转折，宽度、深度有变化部位进行采点，总体采点间距为1m，对于发生崩塌位置加密测量。所采集的数据通过Office软件预处理转换为GIS可处理数据，通过将测量的沟底和沟沿高程点连成光滑线提取侵蚀沟长度和面积，结合GIS9.3空间分析功能生成DEM提取侵蚀沟体积。降雨期和融雪期切沟发育特征由对应观测时段侵蚀长度、面积、体积参数做差分得到。

5月侵蚀沟观测

10月侵蚀沟观测

图7-2　DGPS侵蚀沟观测

选取光荣、吉兴、五一3条小流域为研究区域，3条流域分别位于黑土区东北部、东南部、西北部，土壤、地形、地貌等自然因素具有一定差别，侵蚀沟形态有较好的代表性。利用差分GPS实地测量侵蚀沟，仪器精度水平精度和垂直精度均为厘米级别，其配置主要包括基准站、移动站。2013年5月对选取的7条侵蚀沟进行测量，测量时，将基准站安置于固定位置，手持移动站沿沟缘及沟底均匀采点，地形变化处，加大采点密度，每条侵蚀沟平均采集高程点4 387个。基于ArcGIS软件对测量数据进行展点处理，建立线图层、面图层，参照高程点分别勾绘沟底线、沟缘线，利用高程点空间差值获取侵蚀沟DEM，提取侵蚀沟长度、宽度、面积、体积等参数。研究区侵蚀沟数量及动态监测中侵蚀沟长度和面积变化量分别见表7-1、表7-2。

表7-1　各流域侵蚀沟位置及数量

小流域	流域位置	侵蚀沟数量（条）
五一流域	内蒙古自治区扎兰屯市	3
光荣流域	黑龙江省海伦市	3
吉兴流域	吉林省梅河口市	4

表7-2　动态监测中侵蚀沟长度和面积变化量

侵蚀沟编号	参数	时间		增长率（%）
		2013年5月	2018年10月	
M1	长度（m）	53.52	79.86	49.22
	面积（m^2）	354.66	912.85	157.39
M2	长度（m）	129.20	190.50	47.45
	面积（m^2）	281.91	696.19	146.95
M3	长度（m）	99.85	117.78	17.96
	面积（m^2）	504.32	942.67	86.92
M4	长度（m）	73.76	88.02	19.33
	面积（m^2）	480.12	1 592.12	231.61
H1	长度（m）	64.74	66.550	2.80
	面积（m^2）	517.60	959.50	85.37
H2	长度（m）	159.98	197.30	23.33
	面积（m^2）	1 152.10	2 409.20	109.11
H3	长度（m）	179.54	215.93	20.27
	面积（m^2）	2 459.04	3 998.40	62.60
B1	长度（m）	42.55	68.12	60.09
	面积（m^2）	166.81	508.13	204.62
B2	长度（m）	696.34	722.25	3.72
	面积（m^2）	13 397.70	15 717.03	17.31
B3	长度（m）	603.03	624.73	3.60
	面积（m^2）	8 133.40	9 446.60	16.15

（续表）

侵蚀沟编号	参数	时间		增长率（%）
		2013年5月	2018年10月	
B4	长度（m）	383.92	387.35	0.89
	面积（m^2）	9 948.40	10 979.96	10.37
Z1	长度（m）	734.96	874.26	18.95
	面积（m^2）	3 527.62	6 120.53	73.50
Z2	长度（m）	350.09	564.73	61.31
	面积（m^2）	911.26	2 751.12	201.90
Z3	长度（m）	525.82	631.60	20.12
	面积（m^2）	3 634.38	5 391.45	48.35

由表7-3可以看出，侵蚀沟长度、面积、体积呈正相关关系，就侵蚀沟长度、面积、体积而言，五一流域侵蚀沟发育规模较大，吉兴流域侵蚀沟发育规模较小，光荣流域侵蚀沟发育规模处于二者之间。就侵蚀沟各项指标均值而言，五一、光荣流域侵蚀沟长度分别为吉兴流域侵蚀沟长度的3.94倍、1.13倍，五一、光荣流域侵蚀沟面积分别为吉兴流域侵蚀沟面积的4倍、1.64倍，五一、光荣流域侵蚀沟体积分别为吉兴流域侵蚀沟体积的37.83倍、11.19倍。

表7-3　各流域侵蚀沟长度、面积、体积

侵蚀沟编号	侵蚀沟长度（m）	侵蚀沟面积（m^2）	侵蚀沟体积（m^3）
光荣1号	159.98	1 152.1	1 627.09
光荣2号	179.54	2 459.04	8 442.13
吉兴1号	53.52	354.66	461.42
吉兴2号	129.2	281.91	220.06
吉兴3号	99.85	504.32	630.73
五一1号	734.96	3 527.62	17 661.73
五一2号	525.82	3 634.38	21 279.67

由表7-4可以看出，侵蚀沟宽度与深度呈正相关关系，侵蚀沟宽度、深度差别较明显，光荣流域侵蚀沟宽度、深度最大，吉兴流域侵蚀沟宽度、深度最小，五一流域侵蚀沟宽度、深度介于二者之间。侵蚀沟宽深比介于3.47 ~ 6.58，光荣流域侵蚀沟横断面形

态特征为宽度较小、深度较大，五一流域侵蚀沟横断面形态特征为宽度较大、深度较小。光荣、吉兴、五一流域侵蚀沟宽度平均值分别为13.12m、3.8m、9.06m，深度平均值分别为2.81m、0.8m、1.82m，断面面积平均值分别为29.34m^2、4.15m^2、15.14m^2，光荣、五一流域侵蚀沟宽度分别为吉兴流域侵蚀沟宽度的1.99倍、2.8倍，侵蚀沟深度分别为吉兴流域侵蚀沟深度的1.73倍、3.53倍，光荣、五一流域断面面积分别为吉兴流域侵蚀沟断面面积的7.06倍、1.93倍。

综合3条流域侵蚀沟宽度、深度、横断面面积可以看出，三者呈正相关关系，侵蚀沟宽度越大、深度越大、横断面面积越大。

表7-4　各流域侵蚀沟宽度、深度、横截面面积

侵蚀沟编号	侵蚀沟宽度（m）	侵蚀沟深度（m）	宽深比	横截面面积（m^2）
光荣1号	8.45	1.28	6.58	12.25
光荣2号	17.80	4.41	4.03	46.44
吉兴1号	3.86	1.11	3.47	5.68
吉兴2号	2.53	0.39	6.53	1.59
吉兴3号	5.00	1.00	5.00	5.17
五一1号	7.50	1.24	6.07	14.24
五一2号	10.63	1.74	6.10	17.73

7.1.2 侵蚀沟发育分析

（1）地形因素。地形是影响切沟发育的主要自然因素之一。由表7-5可知，黑土区典型流域坡长较长，坡度较缓，其中五一流域坡长、地形因子、集水区面积均最大，光荣流域处于中间状态，吉兴流域最小。地形特征与切沟发育特征相关性分析结果表明，切沟长度发育速率与坡长、集水区面积和地形因子均显著相关，相关系数分别为0.761*、0.634*、0.779**；切沟面积及体积发育速率与坡长、集水区面积、地形因子均中度线性相关，相关系数分别为0.465、0.306、0.495；切沟体积发育速率与坡长、集水区面积、地形因子也均中度线性相关，相关系数分别为0.530、0.312、0.533。从地形特征与切沟长度、面积发育关系可知，地形特征是影响切沟发育地域分异性的主要原因，对切沟长度发育的影响尤其明显。坡长较长、坡度较缓、集水区面积较大，增大了沟谷地汇水能量，为融雪期切沟发育创造动力条件，在融雪期融雪和降雨集中时易在洼地形成冲击力很大的地表径流，冲刷表土，促进切沟发育。

表7-5　各流域侵蚀沟地形特征

编号	坡度（%）	坡长（m）	地形因子	集水区（km^2）
H2	7.5	332.36	24.93	0.032 2
H3	6.4	406.42	26.01	0.057 1
Z1	6.12	805.44	49.29	0.193 2
Z3	7.23	714.66	51.67	0.094 1
M1	10.82	195.28	21.13	0.070 6

（2）降水因素。收集各流域监测站降雨数据发现，在2013—2017年降雨期五一流域平均降雨量最大为549.48mm，光荣流域次之为490.10mm，吉兴流域最小为483.37mm，与侵蚀沟发育规律完全一致，这说明降雨期降雨量多寡是影响各流域侵蚀沟发育的主要原因。五一流域土壤主要类型为暗棕壤，其土壤可蚀性值为0.027t·hm^2·h/（hm^2·MJ·mm）；光荣流域主要土壤类型为黑土，其土壤可蚀性值为0.040t·hm^2·h/（hm^2·MJ·mm）；吉兴流域主要土壤类型为白浆土，其土壤可蚀性值为0.039t·hm^2·h/（hm^2·MJ·mm）。土壤可蚀性值光荣流域最大，吉兴流域次之，五一流域最小。五一流域土壤可蚀性值最小，但其侵蚀沟发育速率最快，这是由于五一流域降水量较大，同时其属于沟壑丘陵地貌，沟道上游集水区面积大，地形陡峻，所以汇集径流量大，径流下切势能大，所以当土壤可蚀性K值较小时，其侵蚀沟发育速率反而较快。同时这也说明土壤性质对侵蚀沟发育影响有限。

统计各流域融雪期集水区累积积雪深度发现：光荣流域融雪期累积积雪深度最大，吉兴流域次之，五一流域最小，其累积积雪深度分别为50.28cm、49.34cm、21.57cm。融雪期融雪径流为沟蚀水流来源，融雪径流量多寡与积雪量和融雪速率密切相关，融雪期各小流域温度变化如图7-3至图7-5所示。研究发现，五一流域累积积雪深度最小，但其侵蚀沟发育速率最快，主要是由于该地属于丘陵沟壑地貌，坡度较大，流域集水区面积大，侵蚀沟上方集水区包括耕地上方的草地及山坡，而且集水区植被类型以草本及小乔木为主，融雪期植被覆盖度较低，太阳辐射容易穿透植被，加快积雪融化，积雪融化速率加快的结果便是可以快速汇集径流，而集水区面积大，则汇流量大，对沟道冲刷作用较强，故其发育速率较快。

（3）土壤因素。五一流域主要土壤类型为暗棕壤，饱和含水率在37.89%左右，表层含水量较高，向下剧烈降低，相差达数倍，冻期长，冻层深造成土壤滞水现象比较严重，降低土壤抗蚀性，加剧切沟发育。暗棕壤质地大多为壤质，从表层向下石砾含量逐渐增加，半风化砾石很多，土壤中混有砾石破坏了土壤颗粒之间黏结力，降低土壤整体抗蚀性，冻融作用后沟岸处砾石脱落，造成土壤结构破坏，容易造成沟岸崩塌。故五一流域不仅沟头前进明显，沟岸扩张也比较严重，导致其切沟长度、宽度、深度均较大。

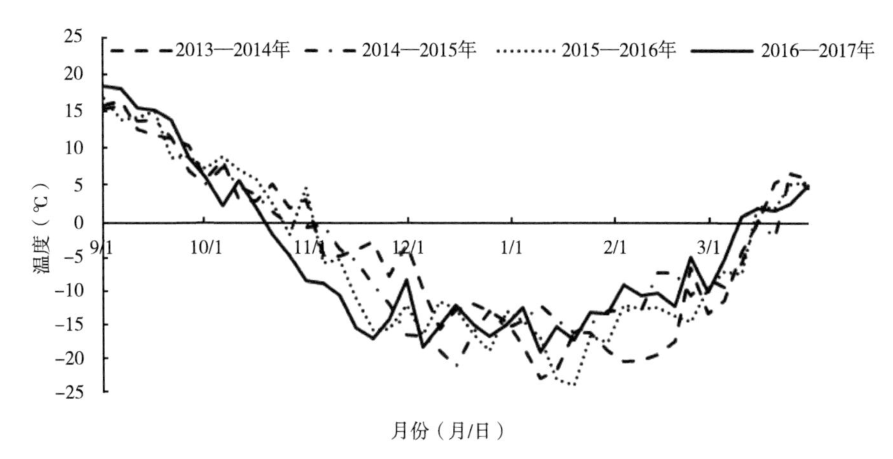

图7-3 2013—2017年融雪期五一流域逐日温度变化

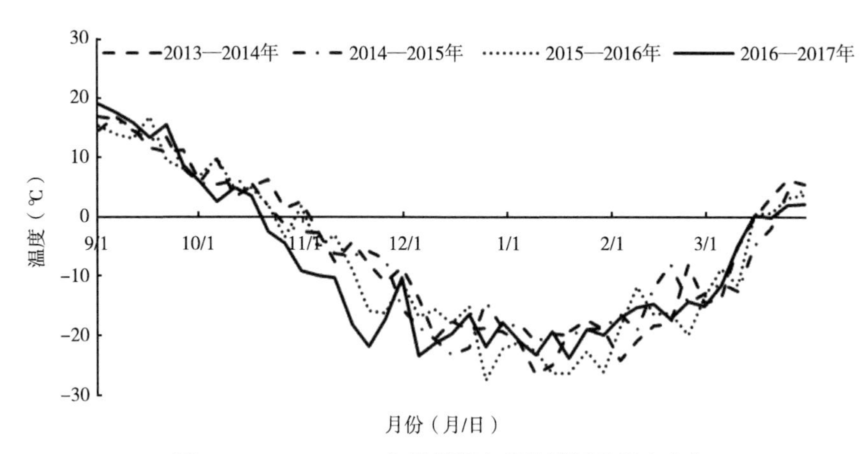

图7-4 2013—2017年融雪期光荣流域逐日温度变化

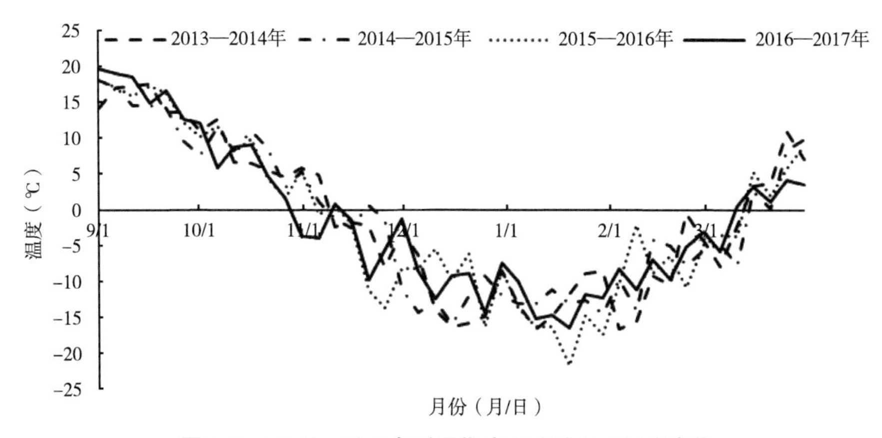

图7-5 2013—2017年融雪期吉兴流域逐日温度变化

光荣流域土壤以黑土为主，下层紧实，透水不良，中厚层黑土在70cm下的土层每小时透水速度小于20mm，薄层黑土从表层起透水性是极弱的，易形成上部滞水层，加剧了土壤的分散和崩解。黑土独特的上层滞水性质易产生地表径流，加剧对沟头的冲刷，较强的持水能力造成黑土冬季含水量较高，高达55.76%。较高含水率加剧冻融作用，致使沟岸崩塌、解体，沟头处侵蚀剧烈，导致光荣流域切沟沟头发育明显，靠近沟头20m范围内，崩塌作用明显，沟体部位发育速率相对缓慢。

吉兴流域土壤为白浆土，成土母质主要是第四纪河湖黏土沉积物，母质和土壤质地都比较黏重，粗粉砂和黏粒含量最多，表层0～10cm透水速度较快，土层较薄，雨季易产生季节性还原条件，土壤表层的铁、锰被还原成可溶性强的低价铁、锰，与黏粒随水向下迁移，形成20～40cm紧实、板结的白浆层，当沟道下切到一定深度后，白浆层削弱了沟道下切与扩张的能力，造成切沟宽度、深度较小，限制切沟发育，故吉兴流域切沟发育速率比较缓慢。

（4）植被因素。各流域植被主要包括集水区植被和沟岸周围植被。集水区植被主要通过影响集水区积雪累积、消融过程，决定上游产流特征影响切沟发育，切沟周围植被主要通过影响沟岸冻融过程及积、融雪进程影响切沟发育。五一流域集水区植被以蒙古栎和小型灌木为主，五一流域1号沟集水区植被面积为0.017km^2，切沟周围有蒙古栎零散分布。蒙古栎在12月至翌年2月可以截留降雪，尤其林地和耕地交汇处积雪更多，但其叶子在冬季大多枯落，春季林地接受大范围太阳辐射，积雪短时间完全消融，因集水区面积大、汇流多，故其切沟发育速率较快。光荣流域土地利用以耕地为主，融雪期耕地除小部分有作物秸秆覆盖，大多处于裸露状态。光荣流域2号沟沟体左侧为杨树防风林带，林带位于沟道中下部，长度约占切沟长度60%，林地面积占沟道集水区面积的12%，3月初林地积雪有部分融化，大多为冰晶状态，融雪进程相对缓慢，导致其产流过程较长，由于集水区面积小，坡度平缓，汇流少，径流剪切力相对小，故该流域切沟发育相对缓慢。吉兴流域集水区大多为耕地，融雪期处于裸露状态，在切沟尾部右侧有落叶松，约占切沟长度的5%，落叶松郁闭较小，截留积雪较少，其对切沟发育影响并不明显。

（5）人为因素。人为因素是切沟侵蚀的起因和催化剂。五一流域的切沟发育和当地群众为烧柴对蒙古栎的过度砍伐以及冬季秸秆焚烧连带烧坏树木有很大关系，过度砍伐植被，导致土地裸露，增大坡面汇流，加速切沟发展。光荣流域采取横垄耕作方式，垄长较长，沟头以上区域细沟发育明显，细沟的存在使切沟沟头容易汇聚较多径流，加速沟头前进。吉兴流域相比其他流域而言，农民自发将玉米秸秆填入沟头，填埋秸秆能够减缓径流流速，降低径流剪切能力，减弱侵蚀。五一流域、光荣流域切沟周围均有道路存在，五一流域道路长度、宽度均较大，且坡度陡，光荣流域道路相对平缓。道路存在会通过改变地貌控制的流路使实际汇水面积增大，同时道路压实后，土壤入渗率变低，径流系数变大，在坡度较大情况下，径流剪切力较强，这也是影响切沟发育地域分异性的重要原因。

人类活动可以在短时间内对侵蚀沟、侵蚀沟周边以及集水区的特征造成较大改变。在监测的4个流域均已基本实现机械化耕作，侵蚀沟分布在耕地中，在机械翻耕过程中会对侵蚀沟沟沿、沟坡造成破坏，甚至在沟底进行耕作。田间道路部分紧邻侵蚀沟沟沿，机械的反复碾压造成田间路地势相对较低，坡面径流汇集于道路，碾压与径流冲刷造成沟沿出现裂缝、沉陷，为侵蚀沟的继续发育埋下伏笔。侵蚀沟体积的缩小也与人类活动有着一定联系，在2017年10月对扎兰屯市五一小流域监测时发现，为了便于农机行进，推土机会对田间道路进行平整，将产下的多余表土直接堆放于侵蚀沟边缘以及侵蚀沟内。

7.2　区域侵蚀沟发育速率遥感监测分析

7.2.1　区域侵蚀沟发育速率

区域侵蚀沟发育速率遥感监测分析使用第一次全国水利普查侵蚀沟专项调查在辽宁省范围内数据（2010年），与辽宁省第五次水土保持普查侵蚀沟数据（2015年）进行分析。2010年侵蚀沟数量47 193条。稳定沟8 099条，占沟道总数的17.16%；发展沟39 094条，占沟道总数的82.84%。2015年研究区侵蚀沟数量为54 477条。稳定沟12 815条，占沟道总数的23.52%；发展沟41 662条，占沟道总数的76.48%。5年间，研究区侵蚀沟总量增加7 284条，平均每年增加1 457条，相当于每天增加4条，稳定沟增加4 716条，发展沟增加2 568条。新增侵蚀沟多为“短小型”，处于发育初期，部分侵蚀沟由发展沟向稳定沟过渡，最终趋于稳定。

根据全国水土保持区划将研究区分区为东北漫川漫岗区、长白山完达山山地丘陵区、辽宁环渤海山地丘陵区。各二级区侵蚀沟数量变化情况见表7-6。由表7-6可知，2010年东北漫川漫岗区沟道总量3 765条，其中发展沟3 128条、稳定沟637条；长白山完达山山地丘陵区沟道总量17 573条，其中发展沟2 968条、稳定沟14 605条；辽宁环渤海山地丘陵区沟道总量25 887条，其中发展沟21 385条、稳定沟4 502条。2015年东北漫川漫岗区沟道总量4 141条，其中发展沟3 406条、稳定沟735条；长白山完达山山地丘陵区沟道总量20 137条，其中发展沟16 387条、稳定沟3 750条；辽宁环渤海山地丘陵区沟道总量30 204条，其中发展沟21 874条、稳定沟8 330条。5年间东北漫川漫岗区沟道总量增加376条，其中发展沟增加278条、稳定沟增加98条。长白山完达山山地丘陵区沟道总量增加2 564条，其中发展沟增加1 782条、稳定沟增加782条。辽宁环渤海山地丘陵区沟

表7-6　二级分区侵蚀沟数量　　（单位：条）

研究区	2010年			2015年		
	发展沟	稳定沟	总量	发展沟	稳定沟	总量
东北漫川漫岗区	3 128	637	3 765	3 406	735	4 141
长白山完达山山地丘陵区	14 605	2 968	17 573	16 387	3 750	20 137
辽宁环渤海山地丘陵区	21 385	4 502	25 887	21 874	8 330	30 204

道总量增加4 317条，其中发展沟增加489条、稳定沟增加3 828条。研究区侵蚀沟大部分处于辽宁环渤海山地丘陵区，此区域存在大量发展沟向稳定沟过渡的情况，大部分侵蚀沟处于发育后期。

由图7-6可知，2010年、2015年铁岭市侵蚀沟总量最大分别为11 600条、12 033条，5年间增加了433条。2010年、2015年营口市侵蚀沟总量最小分别为391条、994条，5年间增加了603条。5年间阜新市侵蚀沟变化最大，增加了2 313条。两次普查数据表明，铁岭市侵蚀沟总量最大，阜新市侵蚀沟发育速率最快，主要是因为铁岭市降雨侵蚀力较大，阜新市干旱少雨，地表开裂严重，应将两地作为典型区域，着重分析两地自然、人为因素对侵蚀沟发育的影响。

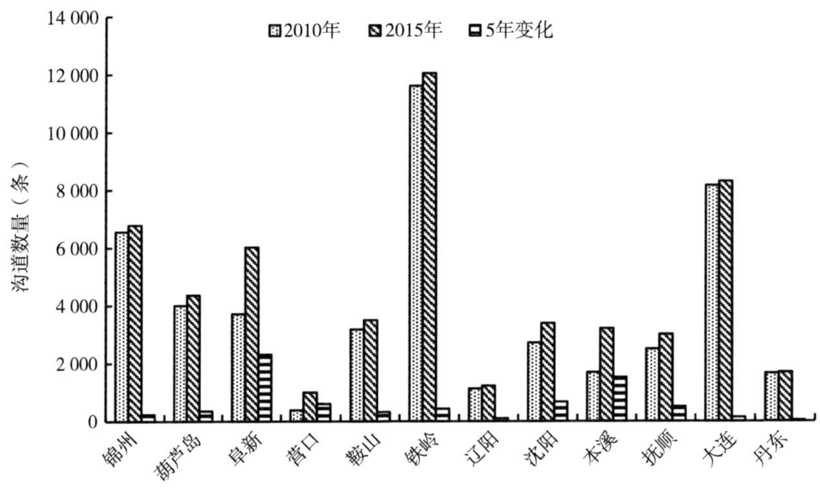

图7-6　各市侵蚀沟数量及变化

由表7-7可知，2010年东北漫川漫岗区侵蚀沟总长度1 833.8km，发展沟总长度1 486.9km、稳定沟总长度346.9km。长白山完达山山地丘陵区侵蚀沟总长度6 384.6km，发展沟总长度4 642.2km、稳定沟总长度1 742.4km。辽宁环渤海山地丘陵区侵蚀沟总长度12 513km，发展沟总长度9 476.1km、稳定沟总长度3 036.9km。2015年东北漫川漫岗区侵蚀沟总长度1 713.1km，发展沟总长度1 396.7km、稳定沟总长度316.4km。长白山完达山山地丘陵区侵蚀沟总长度7 708.1km，发展沟总长度6 044.5km、稳定沟总长度1 663.6km。辽宁环渤海山地丘陵区侵蚀沟总长度14 578.3km，发展沟总长度10 351.2km、稳定沟总长度4 227.1km。5年间东北漫川漫岗区侵蚀沟总长度减少120.7km，发展沟减少90.2km、稳定沟减少30.5km。长白山完达山山地丘陵区侵蚀沟总长度增加1 323.5km，发展沟增加1 402.3km、稳定沟减少78.8km。辽宁环渤海山地丘陵区侵蚀沟总长度增加2 065.3km，发展沟增加875.1km、稳定沟增加1 190.2km。

表7-7　二级分区侵蚀沟长度（km）

研究区	2010年			2015年		
	发展沟	稳定沟	总量	发展沟	稳定沟	总量
东北漫川漫岗区	1 483.9	346.9	1 833.8	1 396.7	316.4	1 713.1
长白山完达山山地丘陵区	4 642.2	1 742.4	6 384.6	6 044.5	1 663.6	7 708.1
辽宁环渤海山地丘陵区	9 476.1	3 036.9	12 513	10 351.2	4 227.1	14 578.3

由图7-7可知，2010年、2015年铁岭市侵蚀沟长度均为最长，分别为4 072.7km、4 523.4km。营口市均为最短，分别为156.8km、289.2km。5年间阜新市侵蚀沟长度变化最大，增加了1 591km，大连市变化最小，减少了1 108.1km。侵蚀沟长度发育方面与数量发育趋势相同，铁岭市、阜新市发育迅猛，而长度变化值为负的区域，主要是因为2010年部分区域侵蚀沟误判所致，但总体判断不会影响侵蚀沟发育规律整体特征。

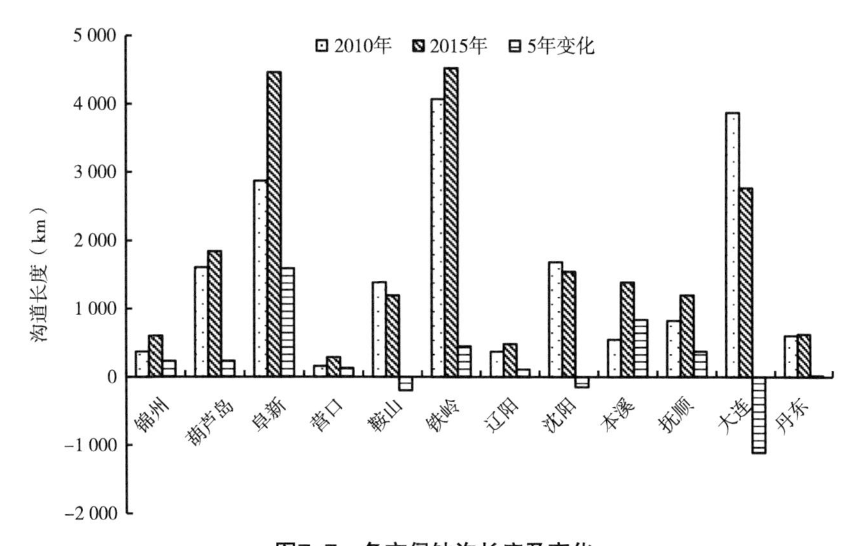

图7-7　各市侵蚀沟长度及变化

2010年辽宁省侵蚀沟总面积198.6km^2，稳定沟48.5km^2，占沟道总面积的24.4%；发展沟150.1km^2，占沟道总面积的75.6%。2015年侵蚀沟面积622.9km^2，稳定沟158.9km^2，占沟道总面积的25.5%；发展沟464km^2，占沟道总面积的74.5%。5年间，研究区侵蚀沟面积增加424.3km^2，稳定沟增加110.4km^2，发展沟增加313.9km^2。

由表7-8可知，2010年东北漫川漫岗区侵蚀沟总面积22.5km^2，其中发展沟18.2km^2、稳定沟4.3km^2；长白山完达山山地丘陵区侵蚀沟总面积37.8km^2，其中发展沟28.3km^2、稳定沟9.6km^2；辽宁环渤海山地丘陵区侵蚀沟总面积138.2km^2，其中发展沟103.7km^2、稳定沟34.5km^2。2015年东北漫川漫岗区侵蚀沟总面积58.2km^2，其中发展沟

48.1km²、稳定沟10.1km²；长白山完达山山地丘陵区侵蚀沟总面积160.9km²，其中发展沟122.4km²、稳定沟38.5km²；辽宁环渤海山地丘陵区侵蚀沟总面积403.7km²，其中发展沟293.4km²、稳定沟110.3km²。5年间，东北漫川漫岗区侵蚀沟面积增加35.7km²，发展沟增加29.9km²、稳定沟增加5.8km²。长白山完达山山地丘陵区侵蚀沟面积增加123.1km²，发展沟增加94.2km²、稳定沟增加28.9km²。辽宁环渤海山地丘陵区侵蚀沟总量增加265.5km²，发展沟增加189.8km²、稳定沟增加75.7km²。

表7–8　二级分区侵蚀沟面积（km²）

研究区	2010年			2015年		
	发展沟	稳定沟	总量	发展沟	稳定沟	总量
东北漫川漫岗区	18.18	4.30	22.49	48.08	10.13	58.22
长白山完达山山地丘陵区	28.25	9.58	37.84	122.43	38.52	160.95
辽宁环渤海山地丘陵区	103.66	34.54	138.19	293.45	110.27	403.72

由图7–8可知，5年间铁岭市侵蚀沟总面积增量、发展沟增量最大，分别为95.5km²、76.6km²，锦州市稳定沟增量最大，为33.2km²。营口市侵蚀沟总面积增量、发展沟增量最小，分别为4.8km²、2.9km²，抚顺市稳定沟增量最小，为0.4km²。从图7–8增长趋势可以发现，侵蚀沟面积的变化主要集中在铁岭市、锦州市、阜新市。

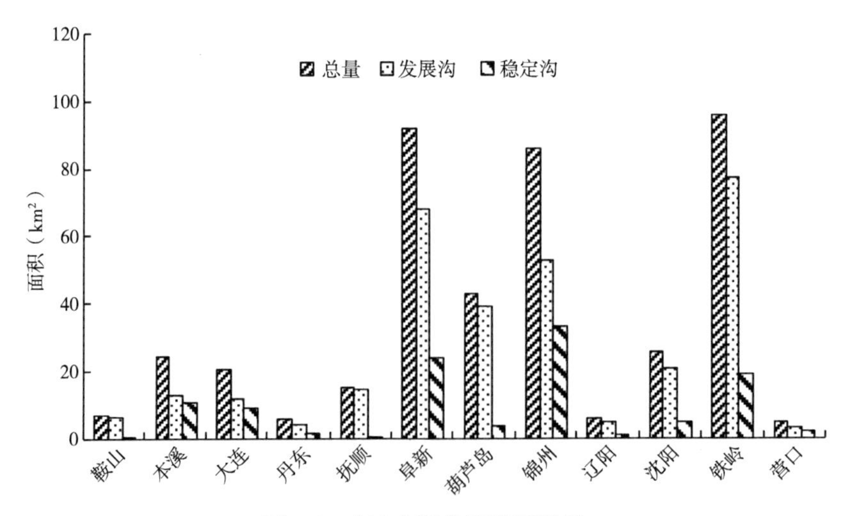

图7–8　各市侵蚀沟面积及性质

侵蚀沟密度为单位面积内侵蚀沟的长度，沟谷的侵蚀主要指地表径流对土壤的冲刷作用，单位面积内侵蚀沟长度越长对土地产生的侵蚀能力越大，故可用侵蚀沟密度作为考量研究区侵蚀沟发展程度的指标。2010年辽宁省侵蚀沟密度0.17km/km²，2015

年侵蚀沟密度0.19km/km²，5年间侵蚀沟密度增加0.02km/km²。2010年东北漫川漫岗区侵蚀沟密度0.2km/km²，长白山完达山山地丘陵区0.14km/km²，辽宁环渤海山地丘陵区0.18km/km²。2015年东北漫川漫岗区侵蚀沟密度为0.19km/km²，长白山完达山山地丘陵区0.17km/km²，辽宁环渤海山地丘陵区0.21km/km²。5年间东北漫川漫岗区侵蚀沟密度增加-0.01km/km²，长白山完达山山地丘陵区增加0.03km/km²，辽宁环渤海山地丘陵区增加0.03km/km²。

由图7-9可知，2010年铁岭市侵蚀沟密度最大为0.31km/km²，营口市侵蚀沟密度最小为0.03km/km²。2015年阜新市侵蚀沟密度最大为0.43km/km²，丹东市侵蚀沟密度最小为0.04km/km²。5年间阜新市侵蚀沟密度变化值最大为0.15km/km²，大连市侵蚀沟密度变化值最小为-0.09km/km²。由此可知侵蚀沟密度变化趋势与沟道数量，沟长变化趋势相同，在阜新市、铁岭市各项指标均为最大，应着重分析两地自然环境与人类活动状况，加大两地水土流失防治措施。而变化值为负的情况，主要因为2010年侵蚀沟误判所致。

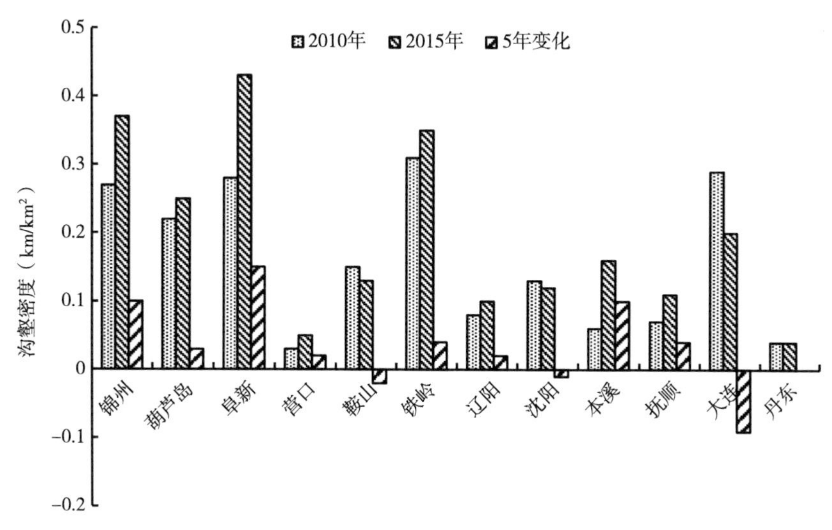

图7-9　各市侵蚀沟密度及变化

沟壑裂度为单位面积内侵蚀沟的面积。2010年辽宁省沟壑裂度0.16hm²/km²，2015年沟壑裂度0.50hm²/km²，5年间沟壑裂度增加0.34hm²/km²。2010年东北漫川漫岗区沟壑裂度0.25hm²/km²，长白山完达山山地丘陵区沟壑裂度0.08hm²/km²，辽宁环渤海山地丘陵区沟壑裂度0.2hm²/km²。2015年东北漫川漫岗区沟壑裂度0.64hm²/km²，长白山完达山山地丘陵区沟壑裂度0.36hm²/km²，辽宁环渤海山地丘陵区沟壑裂度0.57hm²/km²。5年间东北漫川漫岗区沟壑密度增加0.39hm²/km²，长白山完达山山地丘陵区增加0.27hm²/km²，辽宁环渤海山地丘陵区增加0.37hm²/km²。

由图7-10可知，2010年阜新市沟壑裂度最大为0.37hm²/km²，营口市沟壑裂度最小为0.02hm²/km²，2015年阜新市沟壑裂度最大为0.26hm²/km²，丹东市沟壑裂度最小为

0.06hm²/km²。5年间阜新市沟壑裂度变化值最大为0.89hm²/km²，丹东市沟壑裂度变化值最小为0.04hm²/km²。沟壑裂度发育主要集中在阜新市、锦州市、铁岭市，沟壑裂度变化值较大的地区，说明5年间侵蚀沟横向发展趋势严重，沟岸扩张作用加强。

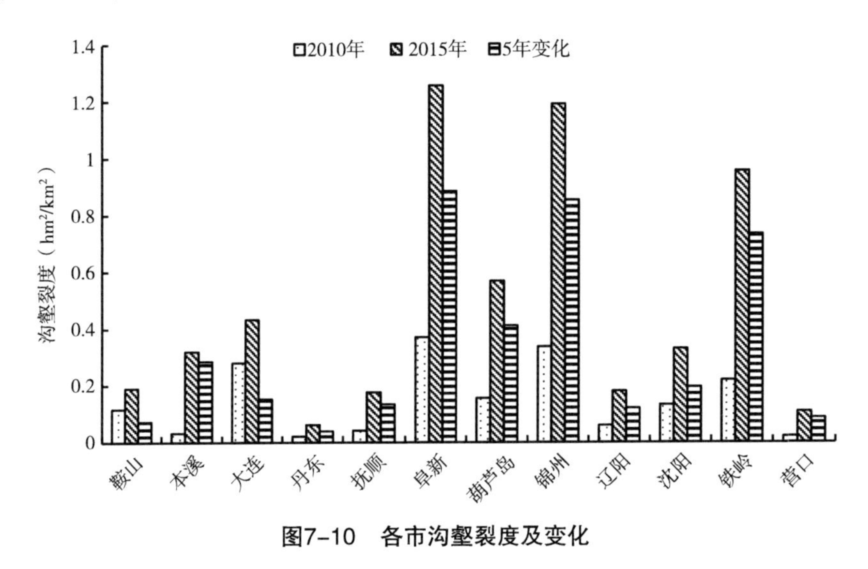

图7-10　各市沟壑裂度及变化

7.2.2　环境差异较大典型县侵蚀沟发育速率对比分析

基于辽宁省侵蚀沟分布与发育特征数据分析可知阜新市侵蚀沟发育速率较快，故选阜新市阜蒙县作为典型区之一。作为辽宁省降雨侵蚀力较大区域之一的宽甸县其降雨侵蚀力为7 275.05MJ·mm/（hm²·h），5年间侵蚀沟密度仅增加0.01km/km²，理论上讲，降雨侵蚀力较大区域侵蚀沟发育较快，而数据显示恰恰相反。故将阜蒙县、宽甸县作为典型区，分析主导两县侵蚀沟发育影响因素的差异。

7.2.2.1　侵蚀沟沟蚀动态分析

根据两次普查可知，阜蒙县、宽甸县侵蚀沟数量分别增加2 323条、9条，长度分别增加1 494.64km、31.8km，面积分别增加76.95km²、2.59km²，侵蚀沟密度分别增加0.24km/km²、0.01km/km²，分布密度分别增加0.37条/km²、0条/km²，沟壑裂度分别增加12 373.1m²/km²、424.54m²/km²，稳定沟占比分别增加12.16%、9.53%。阜蒙县侵蚀沟增长速率、发育能力均高于宽甸县。由表7-9可知，阜蒙县新增侵蚀沟中39.6%（919条）为稳定沟，该部分侵蚀沟面积20.62km²长度243.8km；22.4%（520条）为200～500m发展沟，该部分侵蚀沟面积6.84km²，长度162.3km，此阶段发展沟处于发育初期；14.6%（339条）为1 000～2 500m发展沟，该部分侵蚀沟面积25.47km²长度569km，此阶段侵蚀沟向更长更深程度发展。值得注意的是1 000～2 500m阶段侵蚀沟面积、长度增量最大，应加大此阶段侵蚀沟防治措施。宽甸县100～500m发展沟数量减少123条，稳定沟增加64条，500～1 000m发展沟增加58条，说明该区侵蚀沟数量的变化基本是在现有基础上发展的，发展沟中500～1 000m阶段发育最显著，面积增加0.72km^2，长度增加37.8km，宽甸县发展沟主要处于中前期。

表7-9　5年间侵蚀沟变化

侵蚀沟道类型		沟道数量（条）		沟道面积（km^2）		沟道长度（km）	
		阜蒙县	宽甸县	阜蒙县	宽甸县	阜蒙县	宽甸县
发展沟	100m≤L^*<200m	270	−82	0.94	0.05	42.2	−12.4
	200m≤L<500m	520	−41	6.84	0.65	162.3	−12.5
	500m≤L<1 000m	162	58	10.55	0.72	103.3	37.8
	1 000m≤L<2 500m	339	9	25.47	0.28	569	12.3
	2 500m≤L<5 000m	113	1	12.54	0.07	374	2.7
稳定沟		919	64	20.62	0.82	243.8	3.9
总计		2 323	9	76.96	2.6	1 494.6	31.8

*L为侵蚀沟长度。

7.2.2.2　因子权重分析

侵蚀沟发育受多种因素影响。本章试图采用二元变量分析法，在考虑整个区域侵蚀沟密度的前提下，用各分类下侵蚀沟密度与整个研究区密度的比值来衡量每个因素对沟壑侵蚀所贡献的权重。基本思路是利用每一种因素分类下的侵蚀沟密度与整个区域侵蚀沟密度进行指数标准化运算，标准化后的值作为此类因素对沟壑侵蚀控制的权重。因素主要包括土地利用类型（草地、耕地、林地、建筑用地、水域）、距居民点距离（0～500m、500～1 000m、1 000～1 500m、1 500～2 000m、2 000～2 500m，2 500～3 000m）、降雨侵蚀力等级、土壤类型。表达式为：

$$WI = \ln\left(\frac{\mathrm{Densi}_c}{\mathrm{Densi}_m}\right)$$

式中：WI为某因素对沟壑侵蚀的权重，WI为正说明此因素对侵蚀沟发育具有促进作用，WI为负说明对侵蚀沟发育具有抑制作用；Densi_c为此因素分类下的侵蚀沟密度；Densi_m为整个区域侵蚀沟密度。各因素各分类的权重值见表7-10。

表7-10　各因素各分类权重值

土地利用权重

土地利用		草地	耕地	林地	建筑用地	水域
权重值	阜蒙	−0.148 7	−0.199 0	0.568 9	−1.878 2	−0.595 3
	宽甸	0.046 3	1.357 6	−0.530 4	0.238 8	−0.222 7

距居民点距离权重

距居民点距离（m）		0 ~ 500	500 ~ 1 000	1 000 ~ 1 500	15 00 ~ 2 000	2 000 ~ 2 500	2 500 ~ 3 000
权重值	阜蒙	−0.075 0	0.260 0	−0.053 1	−0.863 8	−5.193 1	
	宽甸	0.537 0	−1.436 7	−3.115 3			

降雨侵蚀力权重

c−1　阜蒙

降雨侵蚀力［MJ・mm/(hm^2・h)］	2 127 ~ 2 300	2 300 ~ 2 400	2 400 ~ 2 500	2 500 ~ 2 600	2 600 ~ 2 700	>2 700
权重值	0.436 1	0.159 2	−0.275 7	−0.739 4	−1.667 3	−2.045 7

c−2　宽甸

降雨侵蚀力［MJ・mm/（hm^2・h）］	3 636 ~ 3 800	3 800 ~ 4 000	4 000 ~ 4 200	4 200 ~ 4 400	>4 400
权重值	−0.323 1	0.730 4	−0.589 0	0.002 6	−0.617 1

土壤权重

d−1　阜蒙

土壤	褐土	红黏土	风沙土	石质土	粗骨土	草甸土	潮土	棕壤
权重值	0.256 7	0.148 5	−0.060 4	−1.841 6	0.242 1	−1.224 6	−0.644 3	−0.609 9

d−2　宽甸

土壤	火山灰土	草甸土	棕壤	暗棕壤
权重值	1.204 3	0.863 4	−0.208 6	

由表7-10可知，不同影响因素中阜蒙县侵蚀沟发育最剧烈的应为林地区（*WI*≈0.57）和降雨侵蚀力2 127 ~ 2 300MJ・mm/（hm^2・h）区（*WI*≈0.44），宽甸县侵蚀沟发育最剧烈的为耕地区（*WI*≈1.36）和火山灰土区（*WI*≈1.2）；阜蒙县侵蚀沟发育最迟缓的为距居民点2 000 ~ 2 500m区（*WI*≈−5.2）和降雨侵蚀力>2 700MJ・mm/（hm^2・h）区（*WI*≈−2.05），宽甸县侵蚀沟发育最迟缓的为距居民点1 000 ~ 1 500m区（*WI*≈−3.12）和距居民点500 ~ 1 000m区（*WI*≈−1.44）。这表明阜蒙县在林地区，降

雨在2 127 ~ 2 300MJ · mm/（hm^2 · h）时侵蚀沟发育剧烈，因为阜蒙县降雨主要集中在2 200MJ · mm/（hm^2 · h）左右，且林地一旦形成侵蚀沟加之自身重力较大的缘故将促进侵蚀沟发育，宽甸县在耕地区和火山灰土区沟蚀发育剧烈，可见不合理耕地和地表土壤可蚀性是宽甸县侵蚀沟发育的主要因素；阜蒙县侵蚀沟在距居民点较远和相对较高的降雨侵蚀力区发育缓慢，同样宽甸县侵蚀沟在距居民点较远地区发育缓慢。

7.2.2.3 典型区遥感影像对比

根据遥感影像可知，阜蒙县土地利用类型以耕地为主，西部有少量林地分布，而宽甸县植被丰富。阜蒙县、宽甸县总土地面积大致相等，阜蒙县土地利用面积从大到小依次为耕地、林地、城镇村、水域、草地、未利用用地，宽甸县土地利用面积从大到小依次为林地、耕地、草地、水域、城镇村、未利用用地。两地耕地面积分别占自身总土地面积的64.8%、10.4%，阜蒙县耕地面积是宽甸县的6倍，说明阜蒙县陡坡开荒，土地人为扰动严重，近几年存在草地、沼泽地等地类的开垦使其转化为耕地，不合理的耕作方式致使水流集中，雨水冲刷地表能力增加，加剧降雨侵蚀力，侵蚀沟发育剧烈。两地林地面积分别占总土地面积的25.3%、74.4%，宽甸县植被覆盖量是阜蒙县的3倍，说明宽甸县植被覆盖情况较好，植被抑制了侵蚀沟的发育。

7.2.2.4 典型区侵蚀沟分布对比

阜蒙县侵蚀沟发育主要集中在西部林草地区，主要因为阜蒙县林地面积较小，林地区一旦有侵蚀沟形成，证明该处水流集中冲刷地表且该处地表覆被较少，抗蚀性较差，侵蚀沟形成后，林地区坡度较大的地形特点，使水流集中冲刷地表作用加剧，短时期内发生沟蚀的地带地表覆被无法恢复，侵蚀沟溯源侵蚀加剧，小范围浅根系植被固结土体的能力相对较弱，使阜蒙县林地侵蚀沟密度较高。因此林地区一旦有侵蚀沟分布，极易引起侵蚀沟的迅速发展；阜蒙县草地面积仅占总面积的0.3%，草地固土保沙拦截上游来水的能力相比林地差很多，加之小范围草地易导致人类开垦，一旦形成侵蚀沟，草地自身较弱的固土能力，极易加速侵蚀沟发育；耕地侵蚀沟密度较高，主要因为人类大肆翻耕，破坏土壤结构，加之不合理的耕作方式致使水流集中，雨水冲刷地表能力增加，加剧降雨侵蚀力，侵蚀沟发育剧烈。

宽甸县侵蚀沟发育迟缓，主要因为宽甸县较阜蒙县植被覆盖情况好，森林面积大，而植被能固结土体，承受、分散和削弱雨滴及雨滴能量，改变雨滴落地的方式，减少雨强和雨量，提高土壤渗透能力、有机质含量、抗蚀性、抗冲性，而且宽甸县土层较厚，雨水充足，植被生长茂盛土地受到保护，侵蚀沟发育被削弱，从而抑制侵蚀沟发育。

7.2.2.5 典型区损毁耕地面积对比

距离侵蚀沟30m以内区域不宜作物耕种，加速侵蚀沟发育。应用ARCGIS10.2软件的buffer功能将侵蚀沟线图层以30m为缓冲单位进行处理得到侵蚀沟扩展图层，再将侵蚀沟面图层与其进行叠加得到侵蚀沟损毁耕地面积图层。由表7-11可知，阜蒙、宽甸县侵蚀沟损毁耕地面积分别为145.77km^2、6.79km^2，分别占自身总耕地面积的3.62%、1.07%，两县指标相差悬殊，主要因为两县地处辽西、辽东，阜蒙县侵蚀沟主要分布在耕地区，气候干旱，一旦形成侵蚀沟，加之耕地区土壤结构破坏，沟蚀发育速率剧增；而宽甸县近年来实行退耕还林还草措施效果显著，植被覆盖情况良好，耕地面积较小，沟蚀发育速率缓慢。气候人为条件的不同，导致两地侵蚀沟发育存在较大差异。

表7-11　2015年阜蒙县、宽甸县侵蚀沟损毁耕地情况

地区	损毁耕地面积（km^2）	耕地面积（km^2）	占比（%）
阜蒙县	145.77	4 032.04	3.62
宽甸县	6.79	632.38	1.07

7.2.2.6　典型区人类活动强度对比

短时间内高强度的垦殖是导致侵蚀沟加速发育的主要原因之一。本研究利用距居民点远近试图探究人类活动对侵蚀沟发育的影响。将距离居民点的距离分为0～500m、500～1 000m、1 000～1 500m、1 500～2 000m、2 000～2 500m、2 500～3 000m 6个等级，将侵蚀沟长度图层与等级图层进行叠加。由表7-12可知，随距居民点距离的增加，所在范围沟长、土地面积、侵蚀沟密度均呈递减趋势，人类活动对侵蚀沟发育的影响逐渐减小。

表7-12　距居民点不同距离侵蚀沟密度

距居民点距离	阜蒙县			宽甸县		
	沟长（m）	土地面积（km^2）	侵蚀沟密度（m/km^2）	沟长（m）	土地面积（km^2）	侵蚀沟密度（m/km^2）
0～500m	2 558 269.1	4 684.10	546.16	223 919.3	3 299.17	67.87
500～1 000m	967 807.7	1 269.31	762.47	16 784.3	1 780.60	9.43
1 000～1 500m	127 296.6	228.04	558.23	1 683.6	958.22	1.76
1 500～2 000m	8 160.7	32.88	248.17	0	289.50	0
2 000～2 500m	16.2	4.95	3.27	0	95.67	0
2 500～3 000m	0	0.58	0	0	36.49	0

将阜蒙、宽甸县侵蚀沟密度进行成图处理。由图7-11可知，阜蒙县侵蚀沟密度在距居民点1～6等级时分别为546.16、762.47、558.23、248.17、3.27、0m/km^2，在距居民点500～1 000m时侵蚀沟密度达到最大值；宽甸县侵蚀沟密度在1～6等级时分别为67.87、

9.43、1.76、0、0、0m/km²，在距居民点0～500m时达到最大值。由两曲线变化趋势可知，在距居民点2 000m以上的区域，两县基本无侵蚀沟分布，人类活动的影响效果较小。阜蒙县侵蚀沟密度在一、二等级之间呈上升趋势，主要因为在此区域人类活动频繁，对土体进行翻耕破坏土地结构，加剧侵蚀沟发育。第二等级后，侵蚀沟密度随距居民点距离的增大而减小，主要因为人类对居民点周围的侵蚀沟采取保护措施一定程度上抑制侵蚀沟的发育；宽甸县侵蚀沟密度与距居民点的距离成反比。因此两县均为距居民点越近侵蚀沟发育越剧烈。宽甸县侵蚀沟发育主要集中在距居民点0～1 000m的区域，阜蒙县主要集中在0～2 000m区域，说明人类活动对宽甸县侵蚀沟发育的影响高于阜蒙县，阜蒙县大型侵蚀沟所造成的溯源侵蚀在距离居民点较远区域缺乏相应的治理和控制。

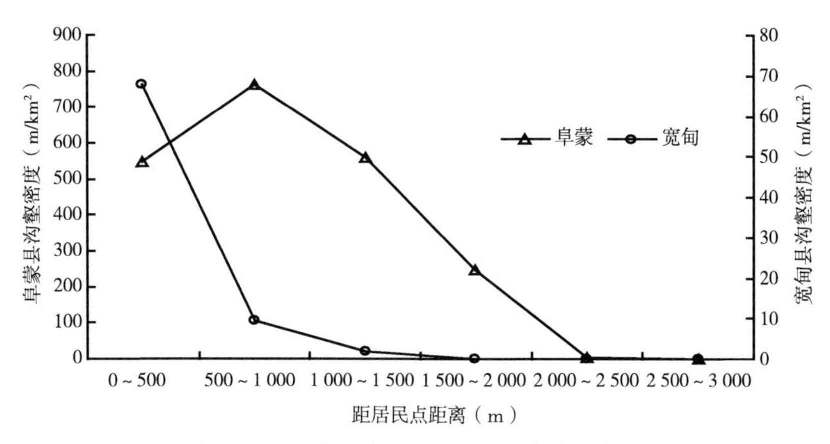

图7-11　距居民点不同距离侵蚀沟密度变化

7.2.2.7　典型区土壤类型对比

分别将两县2010年与2015年侵蚀沟长度图层与土壤图层进行叠加，得到侵蚀沟密度分布图。如图7-12所示，5年间阜蒙县在粗骨土区域侵蚀沟密度变化值达到峰值374.75m/km²，在褐土区达到次级峰值333.93m/km²。根据数据可知，阜蒙县在褐土区侵蚀沟分布与发育都很显著，主要原因是阜蒙褐土面积基数大，而且褐土具有明显的黏化作用和钙化作用，黏化作用以残积黏化作用为主，残积黏化使土壤风化形成的黏土矿物就地累积导致土层黏粒含量增加，土体内形成的黏粒，因降水少缺乏稳定下降水流，易于土壤崩解，加剧侵蚀沟发育。粗骨土细粒物质少砂粒含量多，是一种生产性能不良的土壤，不宜农业，而农民的盲目垦荒加速土体破坏，加速侵蚀沟发育。宽甸县土壤类型单一仅在火山灰土、草甸土、棕壤有侵蚀沟分布，侵蚀沟密度变化曲线趋势大致一致，从火山灰土到暗棕壤逐级递减，暗棕壤区没有侵蚀沟分布，5年间侵蚀沟密度变化值在火山灰土区达到峰值119.36m/km²，棕壤区达到最小值3.39m/km²，主要因为火山灰土土壤孔隙度高质地较粗，易受侵蚀，而草甸土肥力水平较高，生产潜力较大，被人类广为利用，人为侵蚀严重，且在宽甸县降雨频繁条件下极易出现湿害或洪水威胁，加速侵蚀沟发育。

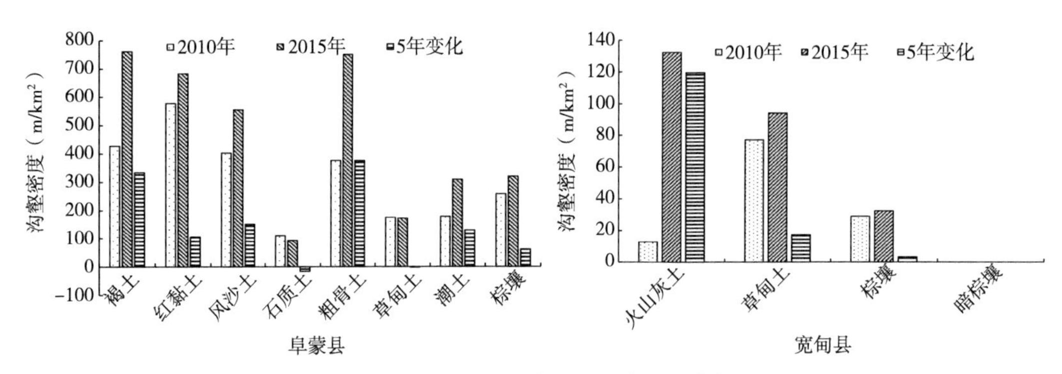

图7-12　不同土壤类型侵蚀沟密度变化

7.3　坡—沟侵蚀分布关系分析

7.3.1　不同侵蚀强度等级上坡—沟侵蚀关系

7.3.1.1　坡—沟侵蚀强度确定

在坡面侵蚀评价中，如果依据国标（SL 190—2007）划分土壤侵蚀强度等级，则无法体现黑土区侵蚀特征。因此，为了更准确地反映典型漫岗黑土区拜泉县土壤侵蚀状况，根据上述计算获取的土壤侵蚀模数（A），按照水利部颁布的黑土区土壤侵蚀分类分级标准（SL 446—2009）（中华人民共和国水利部，2009），依<200t/（km^2·a）、200～1 200t/（km^2·a）、1 200～2 400t/（km^2·a）、2 400～3 600t/（km^2·a）、3 600～4 800t/（km^2·a）和>4 800t/（km^2·a）将坡面土壤侵蚀划分为微度、轻度、中度、强烈、极强烈和剧烈侵蚀6个强度等级，获取坡面土壤侵蚀强度空间分布数据（图7-13）。

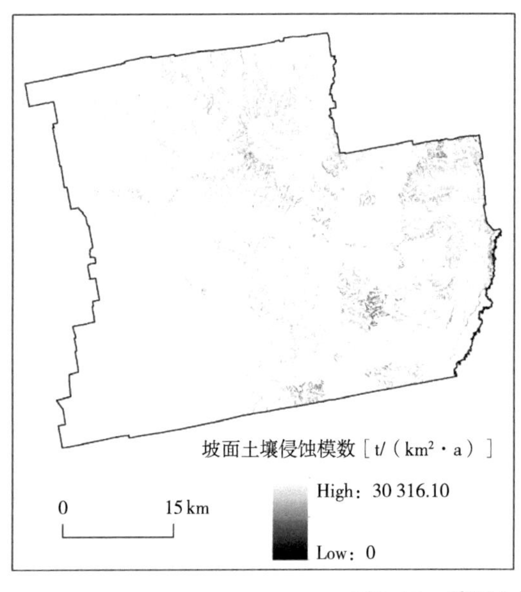

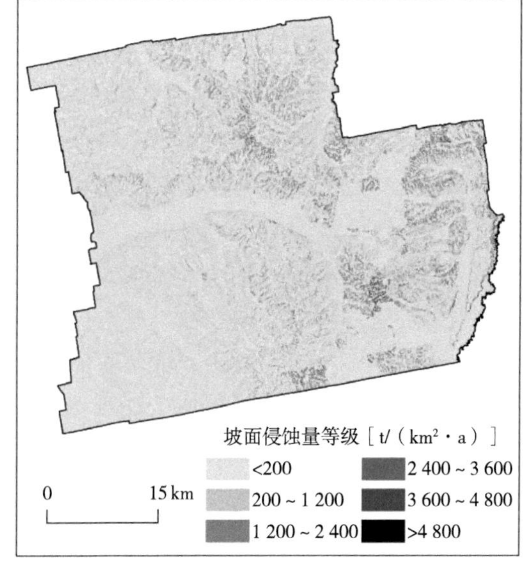

图7-13　坡面土壤侵蚀量空间分布

对于典型漫岗黑土区拜泉县沟蚀而言，由于水利部沟蚀分级评价标准定义<1 000m/km²为微度侵蚀，在此标准下黑土区基本不会发生沟蚀，但黑土区沟蚀状况十分严峻，考虑到黑土区特殊性，简单地套用标准不能反映黑土区沟蚀严重，因此依据闫业超等（2006）研究成果将侵蚀沟密度（密集度）分成<100m/km²（<0.5条/km²）、100～250m/km²（0.5～1.5条/km²）、250～500m/km²（1.5～3.0条/km²）、500～750m/km²（3.0～4.5条/km²）、750～1 000m/km²（4.5～6.0条/km²）和>1 000m/km²（>6.0条/km²）划分为微度、轻度、中度、强烈、极强烈和剧烈侵蚀6个强度等级，获取研究区沟蚀强度空间分布数据（图7-14）。

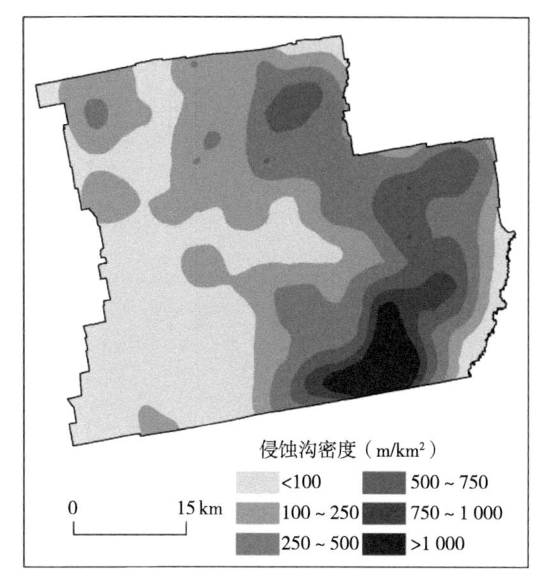

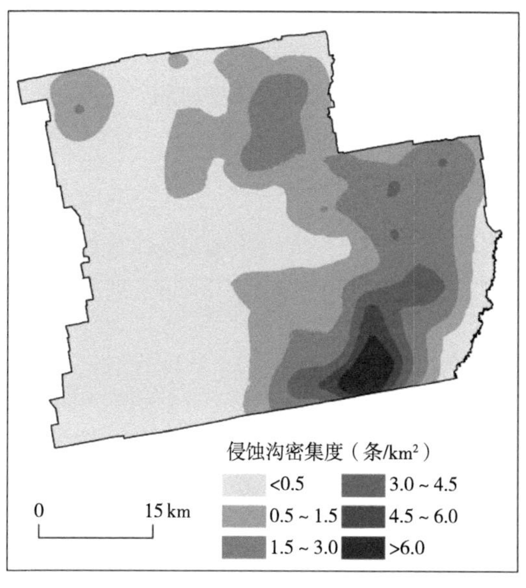

图7-14 侵蚀沟密度和密集度指标空间分布

7.3.1.2 不同侵蚀强度坡—沟侵蚀分布

侵蚀沟密度和密集度体现了区域沟壑化程度，反映了地面的破碎程度。由图7-13和图7-14可以看出，整个研究区东部土壤侵蚀大于西部，对于沟蚀来说，侵蚀沟密度和密集度从西北向东南方向以波浪扩散的形式呈现逐级增大的趋势。主要原因是研究区以坡耕地为主，人为扰动大，且东部耕地坡度更大，地形条件更为复杂，在集中降雨条件下易形成集中地表径流，在一定条件下加剧了侵蚀发生。为了探究研究区不同侵蚀强度坡—沟侵蚀关系，根据坡面土壤侵蚀强度空间分布图和沟蚀强度空间分布图，运用ArcGIS属性查询功能获取研究区不同侵蚀强度等级上坡—沟侵蚀状况（表7-13）。

根据不同强度坡—沟侵蚀统计结果可以得出，对于坡面侵蚀而言，微度侵蚀和轻度侵蚀分别是研究区总面积的72.27%和23.12%，该区坡面侵蚀主要为微度侵蚀和轻度侵蚀，中度及中度以上侵蚀区不足区域总面积的5%。而对于沟蚀而言，不管从侵蚀沟密度还是侵蚀沟密集度看，中度及中度以下面积都较大，分别占研究区总面积的82.86%

和93.08%，强烈及强烈以上侵蚀面积分别占研究区总面积的17.14%和6.92%，微度、轻度及中度侵蚀是研究区沟蚀的主要侵蚀形式。对于研究区整个土壤侵蚀而言，微度侵蚀在研究区坡面侵蚀和沟蚀中占据主要地位，最具发展潜力的轻度、中度和强烈侵蚀面积在该区占有较大的比例，极强烈和剧烈侵蚀甚微。这种空间分布主要有以下几个方面原因：①研究区地处东北黑土区中部，地貌类型多为海拔较小的漫川漫岗和高平原区，且漫川漫岗和高平原区在研究区中占据较大的比例，在这些区域侵蚀—沉积交替进行，土壤侵蚀以微度侵蚀为主。②轻度、中度及强烈侵蚀易发的区域多为坡度较小的低山丘陵区，且大多开垦为坡耕地，土壤侵蚀潜力较大。③极强烈及以上侵蚀多发生在海拔和坡度较大的山地丘陵区，由于该区在研究区中所占比例较小且多为植被覆盖较高的林地，因此不易发生土壤侵蚀。总的来说，研究区沟蚀处于不断发展状态，沟蚀形势较为严重。沟蚀作为坡面侵蚀的极端状（Shit et al.，2014），二者紧密联系，相辅相成，沟蚀的发展促进了坡面侵蚀的发生，如果不加以合理有效的措施预防治理，必将加速坡面侵蚀强度向更高等级发展。

表7-13　不同侵蚀强度等级坡—沟侵蚀状况

侵蚀强度	坡面侵蚀		沟蚀密度		沟蚀密集度	
	面积（km^2）	占比（%）	面积（km^2）	占比（%）	面积（km^2）	占比（%）
微度侵蚀	2 603.05	72.27	1 234.29	34.27	1 776.39	49.33
轻度侵蚀	832.82	23.12	1 028.87	28.57	921.65	25.59
中度侵蚀	144.28	4.01	721.22	20.02	654.23	18.16
强烈侵蚀	13.4	0.37	382.76	10.63	143.04	3.97
极强烈侵蚀	4.63	0.13	110.09	3.06	52.62	1.46
剧烈侵蚀	3.42	0.09	124.37	3.45	53.67	1.49

7.3.2　不同地形特征坡—沟侵蚀关系

7.3.2.1　不同坡度等级上坡—沟侵蚀关系

坡度的起伏变化主要体现在研究区漫川漫岗、高平原和丘陵地形地貌上，进而影响着坡面侵蚀和沟蚀的空间差异性。基于区域DEM，运用ArcGIS分析功能提取地形坡度，并将坡度图划分为＜1°、1°～3°、3°～5°、5°～7°、7°～9°、9°～11°、11°～13°、13°～15°、15°～17°和＞17°共10个坡度等级，然后将坡度图与坡面侵蚀空间分布图和沟蚀空间分布图叠加，分析不同地形坡度等级上的坡—沟侵蚀状况（图7-15）。

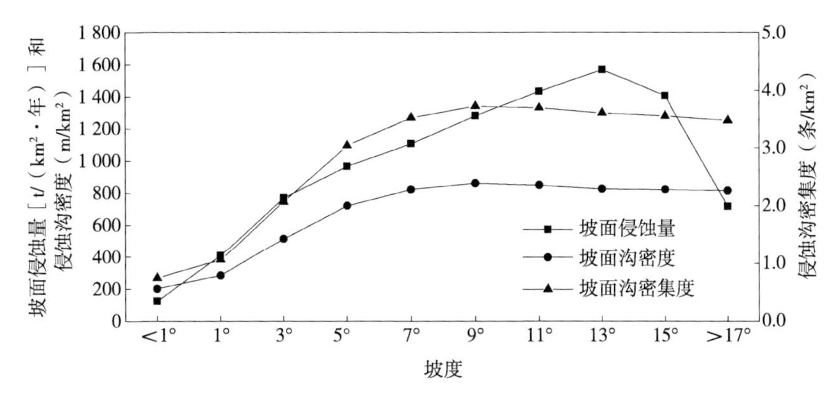

图7-15 不同坡度上坡—沟侵蚀关系

坡面侵蚀量和沟蚀密度（密集度）指标随坡度的增加变化趋势明显，且两种侵蚀方式与坡度之间的关系存在显著差异。就典型漫岗黑土区拜泉县坡面侵蚀而言，坡面侵蚀量的大小受坡度影响显著，随坡度的增大呈现先增加后减小的趋势，即从123.95t/（km^2・a）增加到1 568.05t/（km^2・a）然后降为716.55t/（km^2・a），坡面侵蚀量最大值出现在13°～15°。二者之间近似呈幂函数关系（$y=-39.429x^2+542.201x-486.570$，$R^2=0.889\,7$），与王文娟等（王文娟等，2012；张宪奎等，1992；潘美慧等，2012）对黑土区土壤侵蚀研究成果基本一致。对沟蚀来说，沟蚀密度和密集度随坡度的增大呈现先增大后趋于稳定减小的趋势，二者分别在9°～11°达到最大值859.82m/km^2和3.73条/km^2。同理于研究区坡面侵蚀，沟蚀中侵蚀沟密度和密集度分别与坡度之间也近似呈幂函数关系（$y=-16.940x^2+254.470x-76.896$，$R^2=0.965\,3$；$y=-0.077x^2+1.161x-0.576$，$R^2=0.967\,1$）。

上述分析表明，在坡度小于15°的情况下，随坡度的增加，坡面侵蚀量增大，而在坡度大于15°时，受坡度的影响，坡面汇水面积小，降水在坡面停留时间较短，降雨入渗减小，无法形成集中地地表径流，径流剪切力小，随坡度的增加坡面侵蚀量反而减小。相对于坡面侵蚀，坡度对沟蚀的影响不似坡面侵蚀显著，主要归因于沟蚀发育是各种自然因素（包括坡度及坡长等地形因子、汇水面积、降雨强度和植被盖度等）和人为因素共同作用的结果。当坡度小于11°时，沟蚀密度和密集度指标随坡度的增大而增大，此时坡度是影响侵蚀沟发育的首要因子；而当坡度大于11°时，沟蚀中侵蚀沟密度和密集度指标随坡度的增大而趋于稳定，此时坡度不再是影响沟蚀发育首要因素，沟蚀发育受坡长、集水区、雨强和植被盖度等因素的影响较大。

7.3.2.2 不同坡向等级上坡—沟侵蚀关系

坡向作为坡面侵蚀和沟蚀研究中不可或缺的地形因子，其对土壤侵蚀空间差异性的影响与阴、阳坡热量、土壤水分、降雨侵蚀力和植被覆盖状况有关，二者在不同坡向上呈现显著的不对称性（陈浩等，2006）。以研究区DEM为数据源，运用ArcGIS的Aspect分析功能将研究区坡向图划分为平坡（F）、北坡（N）、东北坡（NE）、东坡

（E）、东南坡（SE）、南坡（S）、西南坡（SW）、西坡（S）和西北坡（NW）9个坡向，并将研究区坡度图与坡面侵蚀空间分布图和沟蚀空间分布图叠加，分析探讨研究区不同地形坡向上坡—沟侵蚀状况（图7-16）。

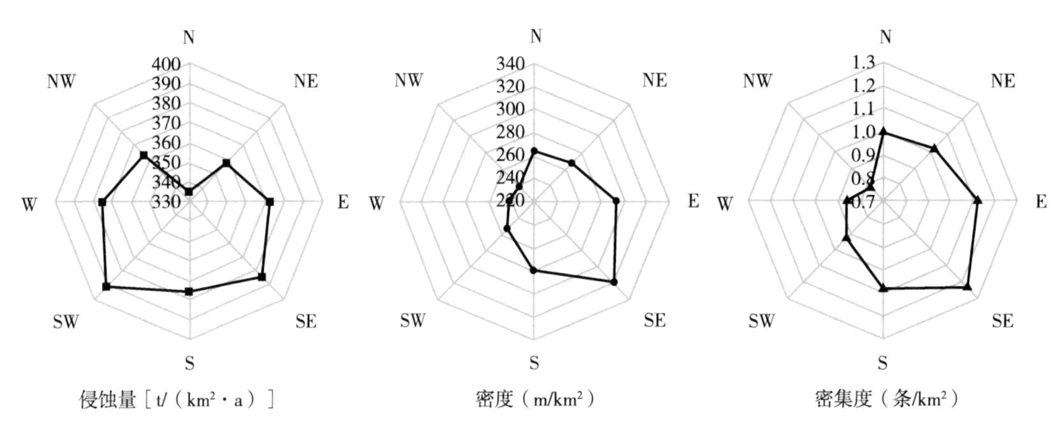

图7-16 不同坡向上坡—沟侵蚀关系

典型漫岗黑土区拜泉县不同坡向上坡面侵蚀量和沟蚀密度和密集度差异不明显，平坡上基本不产生土壤侵蚀。对典型黑土区坡面侵蚀来说，以东南坡、南坡、西南坡为主的阳坡坡面侵蚀量为1 151.06t/（km^2·a），以东北坡、北坡和西北坡为主的阴坡坡面侵蚀量为1 056.12t/（km^2·a），说明阴坡坡面侵蚀量略低于阳坡，此研究结果与韩富伟等（2007）研究的不同坡向下土壤侵蚀结果基本吻合。主要有以下几个方面原因：①阳坡较阴坡日照时间长，接受辐射强度大，冻融循环作用明显，致使表层土壤结构破坏，降低土壤可蚀性。②典型黑土区阳坡春季融雪较快，产生径流快而集中，径流剪切力增强（刘绪军等，1999）。③受夏季风气候影响，黑土区侵蚀性降雨大而集中，且阳坡为迎风坡，雨滴与坡面的夹角大，增大了雨滴打击坡面的角度，对坡面的击溅作用强（闫业超等，2005）。对沟蚀而言，坡向对沟蚀发育状况影响差异不大，各坡向沟蚀密度和密集度范围分别为238.19～320.13m/km^2和0.78～1.23条/km^2，平均值分别为253.59m/km^2和0.93条/km^2，各坡向沟蚀密度和密集度基本保持一致，黑土区沟蚀发育不具有显著的方向性。以上分析表明，坡向不是影响典型漫岗黑土区拜泉县坡面侵蚀和沟蚀的首要因子。

7.3.3 坡面侵蚀量与沟蚀指标间的关系

坡面侵蚀和沟蚀在空间和时间序列上相互作用、相互促进（王文娟，2012）。为探索坡面侵蚀和沟蚀之间的关系，在参考水利部颁布的黑土区土壤侵蚀分类分级标准（中华人民共和国水利部，2009）基础上，按照＜200t/（km^2·a）、200～600t/（km^2·a）、600～900t/（km^2·a）、900～1 200t/（km^2·a）、1 200～1 500t/（km^2·a）、1 500～1 800t/（km^2·a）、1 800～2 100t/（km^2·a）、2 100～2 400t/（km^2·a）、2 400～2 700t/（km^2·a）、2 700～3 000t/（km^2·a）、3 000～3 300t/

（km² · a）、3 300 ~ 3 600t/（km² · a）、3 600 ~ 3 900t/（km² · a）、3 900 ~ 4 200t/（km² · a）、4 200 ~ 4 500t/（km² · a）、4 500 ~ 4 800t/（km² · a）和 > 4 800t/（km² · a）将土壤侵蚀量细分为17个不同等级，并将其与沟蚀密度图和密集度图叠加分析，获取研究区不同坡面侵蚀等级上沟蚀密度和密集度分布情况，分析坡面侵蚀量与沟蚀指标间的关系（图7-17）。

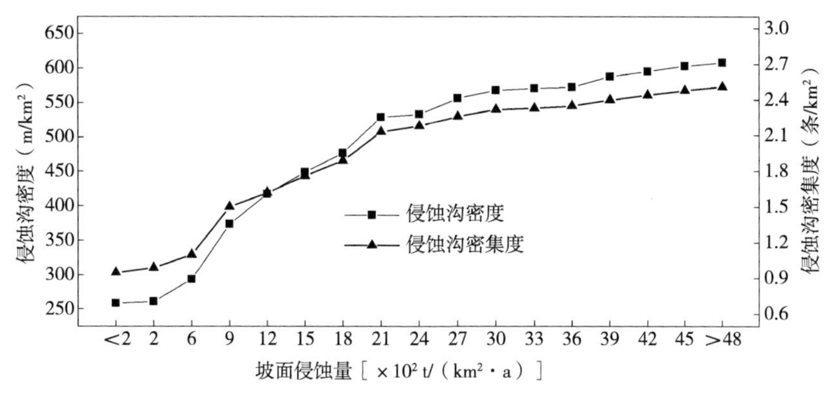

图7-17 侵蚀沟密度和密集度随坡面侵蚀量变化

沟蚀中侵蚀沟密度和密集度指标随着坡面侵蚀量增大而增加，二者呈现显著的幂函数关系（$y=-1.799x^2+55.155x+177.860$，$R^2=0.984\,1$；$y=-0.008x^2+0.238x+0.613$，$R^2=0.984\,9$）。坡面侵蚀量为2 400t/（km² · a）是中度侵蚀和强烈侵蚀分界线，当研究区坡面侵蚀量小于2 400t/（km² · a）时，坡面侵蚀量与沟蚀中侵蚀沟密度（密集度）之间呈显著的线性关系（$y=41.468x+195.310$，$R^2=0.973\,8$；$y=0.177x+0.696$，$R^2=0.971\,4$），随坡面侵蚀量增加，沟蚀中侵蚀沟密度和密集度线性增长；坡面侵蚀量在2 400t/（km² · a）以上时，沟蚀密度和密集度随坡面侵蚀量增加呈稳定性增长趋势。以上分析表明，在中度及中度以下侵蚀区，侵蚀沟发育与坡面侵蚀量极度相关，进行坡面治理可有效防止侵蚀沟的形成与发育；而在强烈及强烈以上侵蚀区，侵蚀沟发育与坡面侵蚀量关系不显著，在该区进行坡面治理的同时，还必须辅以合理的沟蚀治理措施才能有效地预防侵蚀沟的形成和发育。

7.3.4 小结

本节以USLE模型和Kriging空间插值为基础，在GIS和遥感技术的支持下获取典型黑土区拜泉县坡面侵蚀量和侵蚀沟空间分布情况，并通过数据叠加分析了坡—沟侵蚀分布关系，主要结果如下。

（1）微度侵蚀是拜泉县坡面侵蚀和沟蚀的主要形式，侵蚀沟密度和密集度从西北向东南方向以波浪扩散的形式呈现逐级增大的趋势。

（2）拜泉县坡面侵蚀量随坡度的增大呈先增加后减小的趋势，侵蚀沟密度和密集度随坡度的增大先增加后趋于稳定，分别在13° ~ 15°和9° ~ 11°时达到最大值。

（3）拜泉县沟蚀方向性不显著，阳坡坡面侵蚀量［1 151.06t/（km^2·a）］略高于阴坡［1 056.12t/（km^2·a）］，平坡上基本不产生土壤侵蚀，坡向不是影响典型漫岗黑土区拜泉县坡—沟侵蚀的首要因子。

（4）当坡面侵蚀强度小于2 400t/（km^2·a）时，沟蚀中侵蚀沟密度和密集度随坡面侵蚀量增加线性增长，坡面侵蚀量与沟蚀中侵蚀沟密度（密集度）之间呈显著的线性关系（y=41.468x+195.310，R^2=0.973 8；y=0.177x+0.696，R^2=0.971 4）；当坡面侵蚀强度大于2 400t/（km^2·a）时，沟蚀中侵蚀沟密度和密集度随坡面侵蚀量增加稳定性增长。

7.4 侵蚀沟发育影响因素分析

侵蚀沟是地表径流在坡度或高程发生变化而又缺乏植物保护的裂点汇集进而形成的，在水土流失中占有重要地位，对土地资源破坏严重，加剧了水土流失过程，吞噬土地，使得土地破碎，制约农业机械化生产，造成粮食减产，交通不便。国外对侵蚀沟的研究起步较早，我国对于侵蚀沟的研究起源于黄土高原，东北黑土区侵蚀沟研究相对较少。东北黑土区是我国重要的粮食生产基地，由于人为活动的加剧，黑土区水土流失严重，沟蚀现象十分突出。全国第一次水利普查结果显示黑土区共有侵蚀沟295 663条，沟壑密度为0.21km/km^2，88.67%的侵蚀沟为发展沟，侵蚀沟发育潜在危险性极大。侵蚀沟是降雨、土壤、地形等因素综合作用的结果，确定各因素与侵蚀沟发育的关系对于侵蚀沟防治十分重要。降雨是东北地区侵蚀沟发育主要动力因素，坡度是侵蚀沟发育的主要诱因，坡长在很大程度上影响集水区面积、沟道内蚀积、径流状态进而影响侵蚀沟发育。利用3S技术提取侵蚀沟长度、面积等指标，分析侵蚀沟发育特征及降雨侵蚀力、坡度、坡长对侵蚀沟发育影响，探讨侵蚀沟发育规律，研究成果将为黑土区侵蚀沟治理提供一定依据。

7.4.1 土壤对侵蚀沟发育的影响

7.4.1.1 典型侵蚀沟野外监测区土壤分析

梅河口吉兴流域土壤的主要类型为白浆土，其土壤可蚀性值为0.039t·hm^2·h/（hm^2·MJ·mm），成土母质比较黏重，粗粉砂和黏粒含量最多（蒋小娟，2017）。白浆土的成土母质主要是第四纪河湖黏土沉积物，母质和土壤质地都比较黏重，0～20cm土层容重变化范围较大，为0.5～1.6g/cm^3，机械组成以0.05～0.01mm粗粉砂和＜0.001mm黏粒含量最多，表层0～10cm透水速度较快，土层较薄，白浆土雨季易产生季节性还原条件，土壤表层的铁锰被还原成可溶性强的低价铁、锰，与黏粒随水向下迁移，形成20～40cm紧实、板结的白浆层，当沟道下切到一定深度后，白浆层削弱了沟道下切与扩张的能力，造成侵蚀沟宽度、深度较小，限制侵蚀沟形态发育，由于白浆层的存在，侵蚀沟前半段扩张能力受到限制，宽、深发育速率较慢，发育规模较小，后半段侵蚀沟已冲破白浆层，发育规模相对较大。表层土壤透水速度较快，但是由于土层较薄，在降雨后易产生侵蚀。表土下的白浆层不易受到侵蚀影响，可以削弱沟道向下侵蚀的能力，限制侵蚀沟的发育，使得梅河口吉兴流域侵蚀沟发育速率相对缓慢。

海伦光荣流域土壤的主要类型为黑土，黑土机械组成粒级黏重，颗粒均匀一致，质地部分为黏壤质到黏土类，土壤黏粒含量较多，砂粒（＞0.02mm）、粉粒（0.02～0.002mm）、黏粒（小于0.02mm）含量分别为34.46%、25.86%、39.7%，持水能力很强，土层较厚，自然剖面有效土层可达200～300cm，黑土发育在黏重的黄土状亚黏土上，下层紧实，透水不良，中厚层黑土在70cm下的土层每小时透水速度小于20mm，薄层黑土从表层起透水性是极弱的，易形成上部滞水层，加剧了土壤的分散和崩解，加快侵蚀沟形态发育。黑土独特的上层滞水性质易产生地表径流，加剧对沟头的冲刷，较强的持水能力造成黑土冬季含水量较高，加剧冻融作用对沟岸的破坏，造成沟岸崩塌、解体，沟头处侵蚀剧烈。其土壤可蚀性值为0.040t·hm^2·h/（hm^2·MJ·mm），成土母质为黄土，表层黑土及下层土壤透水性都很弱，水流不易产生下渗，在地表形成滞水层，极易产生径流，增加了对沟头的冲刷力，黑土土质可蚀性大，泥沙极易被水流带走，造成严重的土壤侵蚀，使得海伦光荣流域侵蚀沟发育速率较快。

扎兰屯五一流域土壤的主要类型为暗棕壤，其土壤可蚀性值为0.027t·hm^2·h/（hm^2·MJ·mm），表层的壤质土壤具有较高的含水率，而该流域下部的砾石含量增加，使得土层含水量急剧降低，两者的含水率相差高达数倍。暗棕壤表层容重在0.72～0.81g/cm^3，饱和含水率介于83.38%～99.85%，表层含水量较高，向下剧烈降低，相差可达数倍，冻期长，冻层深造成土壤滞水现象比较严重，降低土壤抗蚀性，加剧侵蚀沟形态发育。暗棕壤质地大多为壤质，从表层向下石砾含量逐渐增加，半风化石砾很多，土壤中混有砾石在一定程度上破坏了土壤颗粒之间的黏结力，降低土壤整体抗蚀性，冻融作用后沟岸处砾石脱落，造成土壤结构破坏，加剧沟岸的崩塌。砾石夹杂在暗棕壤内，大大降低了土壤颗粒间的黏结力，强降雨过后，砾石上层土壤被冲刷，带着砾石脱落，致使砾石下层土壤也受到破坏，从而造成沟沿及沟坡的崩塌，故扎兰屯五一流域侵蚀沟面积增长率较大，但侵蚀沟的长度和体积增长率较为缓慢。

各条典型流域侵蚀沟内的土壤类型不同，各土层的土质和土壤透水性等也不尽相同。其中海伦光荣流域黑土的土壤可蚀性值最大，梅河口吉兴流域的白浆土次之，扎兰屯五一流域的暗棕壤的土壤可蚀性值最小。可见表层土壤的厚度及透水性越好，越不易产生地表径流，其抗侵蚀能力越强，使得侵蚀沟发育速率越慢。说明不同的土壤性质与质地对于侵蚀沟内部发育特征变化起着非常重要的作用。

通过以上分析可以发现，土壤组成、土层厚度、土壤持水能力等因素都在一定程度上影响侵蚀沟形态，土壤中黏粒、砾石含量通过影响径流流向、土壤抗蚀性，进而影响侵蚀沟形态，土壤持水能力影响冻融作用强度，土层厚度在一定程度上限制侵蚀沟发育深度。

7.4.1.2 区域侵蚀沟监测区土壤分析

区域侵蚀沟发育速率以辽宁省为例进行了2010年和2015年对比分析。辽宁省土壤类型主要有褐土、红黏土、风沙土、火山灰土、石质土、粗骨土、草甸土、潮土、沼泽土、滨海盐土、水稻土、棕壤、暗棕壤，基于ArcGIS10.2软件提取研究区各类土壤，利用各类土壤图层切割侵蚀沟长度图层，得到研究区侵蚀沟密度与土壤类型关系图。由图7-18可知，2010年与2015年石质土区的侵蚀沟密度最大，分别为0.54km/km^2、0.69km/km^2，褐土区侵蚀沟密度变化值最大为0.24km/km^2。两次普查结果表明，研究区在石质土区侵蚀沟分布较广，在褐土区发育较快。从研究区土壤分布来看，石质土主要分布在地处辽西的阜新、锦州地区。石质土多见于无植被覆盖、侵蚀强烈的山地，质地偏砂含砾石较多，此类土壤将致使地表水土流失严重，因此石质土区侵蚀沟分布较广。2010年侵蚀沟密度在火山灰土区达到最小值0.01km/km^2，从土壤分布来看，火山灰土主要分布于丹东，面积较小仅11.44km^2，因此该区沟蚀发育不明显。2015年侵蚀沟密度、侵蚀沟密度变化值均在滨海盐土区达到最小值分别为0.01km/km^2、−0.09km/km^2，研究区滨海盐土面积1 029.95km^2，主要分布在盘锦、营口、大连部分地区，滨海盐土主要指沉积物在高浓度地下水作用形成的含盐土壤，受部分营养物质及地下水的影响，该土类不易于侵蚀沟的形成。

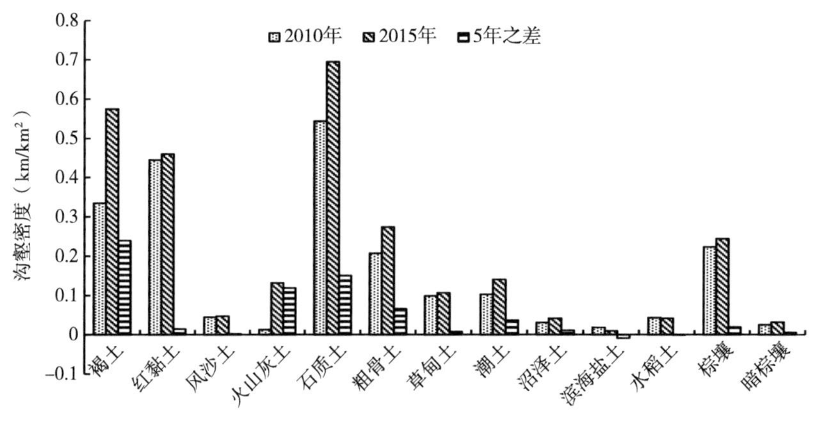

图7-18 土壤类型与侵蚀沟密度及变化

7.4.2 地形对侵蚀沟发育的影响

7.4.2.1 典型侵蚀沟野外监测区地形分析

地形是影响地表水文和土壤侵蚀的主要环境因素，坡度、坡长是反映区域地形特征的主要因素。地形因素既可以决定集水区面积、侵蚀沟发育空间，又可以影响降雨、融雪径流量、流速等条件，对侵蚀沟形态具有重要影响。通过实地调查发现，光荣流域坡长、坡缓的地形特点为侵蚀沟上方创造大面积集水区，加大降雨、融雪汇流量，加剧径流对沟道的冲刷。吉兴流域属于地堑盆地，断裂较多，流域坡陡、坡短，地形较为破碎，限制侵蚀沟发育空间。五一流域构造以断裂构造为主，沟头上方集水区面积较大，雨季可以形成季节性洪水，加剧侵蚀沟的发育，同时坡度、坡长较大，为侵蚀沟提供了发育空间。研究区侵蚀沟所在坡面地形特征见表7-14。

表7-14 侵蚀沟坡面地形特征

侵蚀沟编号	坡度（%）	坡长（m）	集水区面积（hm^2）
光荣1号	7.5	332.36	2.23
光荣2号	6.4	406.42	3.67
吉兴1号	10.82	195.28	2.05
吉兴2号	6.8	179.12	1.68
吉兴3号	9.67	195.03	1.62
五一1号	6.12	805.44	3.03
五一2号	6.8	715.83	4.50

研究选取坡度、坡长乘积作为地形因子，分析其对侵蚀沟形态的影响，由图7-19、图7-20、图7-21可以看出，地形因子与侵蚀沟长度、面积、体积的发育关系密切，随着地形因子的增加，三者增加显著，相关系数分别为0.87、0.88、0.91，这说明地形因子可以作为一个重要因素来衡量侵蚀沟形态。由图7-22可以看出，随着地形因子的增加，侵蚀沟横截面面积先增加后减小，地形因子达到36.75时，横截面面积最大。

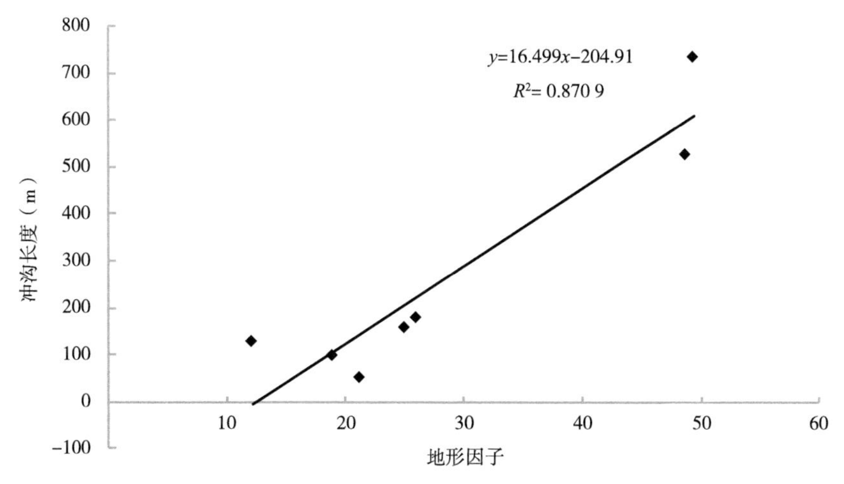

图7-19 侵蚀沟长度与地形因子关系

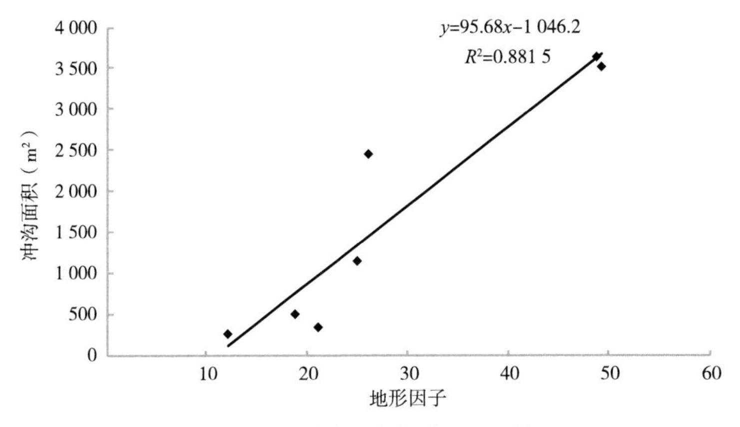

图7-20　侵蚀沟面积与地形因子关系

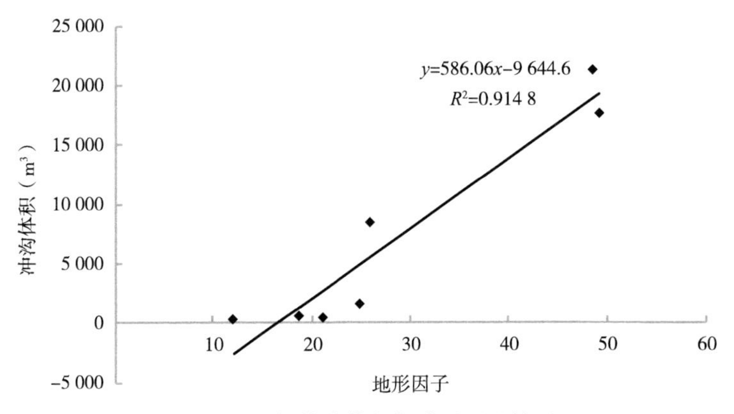

图7-21　侵蚀沟体积与地形因子关系

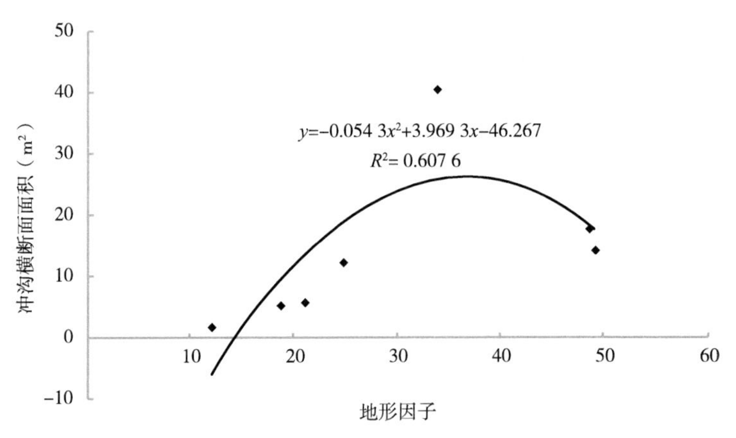

图7-22　侵蚀沟横截面面积与地形因子关系

东北黑土区坡长较长一般为500～2 000m，最长达4 000m；坡度较缓一般在15°以下，海拔梯度较小（隋跃宇等，2002）。通过遥感影像获取坡面数据，计算获得各流域侵蚀沟所在坡面地形特征，见表7-15。各流域侵蚀沟所在坡面平均坡度约为3.5°，其中扎兰屯五一流域侵蚀沟所在坡面平均坡长最大，为784.21m；海伦光荣流域侵蚀沟所在坡面平均坡长处于中间状态，为401.51m；梅河口吉兴流域侵蚀沟所在坡面平均坡长最小，为310.91m。

表7-15 侵蚀沟所在坡面地形特征

沟号	坡度（°）	坡长（m）
M1	3.16	305.49
M2	2.54	330.75
M3	4.47	296.49
H1	2.67	367.44
H2	4.37	435.57
Z1	2.99	939.16
Z2	3.75	830.93
Z3	4.08	582.54

对3条流域内侵蚀沟所在地形特征与侵蚀沟发育特征进行相关性分析，见表7-16。结果表明，仅面积发育速率与坡长呈极显著相关，相关系数为0.856，与前文所描述的沟沿面积扩张与侵蚀沟所在坡面长度及来水量等因素有关的结论相一致。而各侵蚀沟所在坡面的坡度间，最多相差不足2°，但只要侵蚀沟所在坡面足够长，即使坡度很小，超过临界汇流面积后也会因较大的地表径流冲刷导致侵蚀的产生（秦伟等，2014）。

无论是在侵蚀沟的分布还是发育上，小范围、短时间内对少量侵蚀沟进行监测时，坡度、坡长对侵蚀沟影响并不明显，不是制约侵蚀沟发育的主要因素（李飞等，2012；王文娟等，2012），但并不代表二者之间不相关，侵蚀沟的发育是综合因素影响的结果。

表7-16 地形特征与侵蚀沟发育相关性分析

地形特征	沟长发育	面积发育	体积发育
坡度	0.230	0.260	0.223
坡长	0.308	0.856**	0.234

**在0.01水平（双尾）相关性显著。

7.4.2.2 区域侵蚀沟监测区地形分析

以往学者在宏观层面分析过侵蚀沟变化，但大部分研究区域较小，时间周期较长，而针对辽宁地区的研究也主要是对影响因素的宏观概述（方广玲等，2007），或探讨降雨因素对侵蚀沟发育的影响（张旭，2015），缺少地形因素的针对性分析。基于2010年和2015年数据对辽宁省（第一次沟道普查只涉及东北黑土区，故本次研究区朝阳市、葫芦岛市建昌县、大连市长海县除外）侵蚀沟5年间发育情况进行对比分析，尝试将辽宁省侵蚀沟与地形因素、植被盖度、土地利用、土壤因素、降雨侵蚀力之间的关系加以探讨，从而探讨辽宁省不同影响因素对侵蚀沟发育的影响。

（1）侵蚀沟高程分异。将辽宁省高程按25m间距分为＜175m、175～200m、200～225m、225～250m、……、325～350m、＞350m 9个高程带，将侵蚀沟长度图层与高程分级图层进行叠加，得到不同高程带上侵蚀沟密度变化特征。

由图7-23可知，2010年侵蚀沟密度从＜175m高程的168.61m/km^{2}上升到175～200m高程的245.50m/km^2，在200～225m高程的228.84m/km^{2}到300～325m高程的253.30m/km^{2}间侵蚀沟密度曲线先升高再下降再升高，最后下降到高程＞350m的70.83m/km^2。2015年侵蚀沟密度从＜175m高程的180.42m/km^{2}上升到175～200m高程的303.73m/km^2，在200～225m高程的290.27m/km^{2}到300～325m高程的326.46m/km^{2}间侵蚀沟密度曲线随高程增加而增加，最后下降到＞350m的98.64m/km^2。值得注意的是，在高程为250～325m间两年侵蚀沟密度曲线变化趋势有所不同，5年间侵蚀沟在高程为300～325m时发展迅速，说明5年间人类对高海拔不宜耕种的地区进行了开发。2010年侵蚀沟密度在高程为275～300m时出现最大值263.73m/km^2，2015年侵蚀沟密度在高程为300～325m时出现最大值326.45m/km^2，侵蚀沟密度峰值点的上移说明人类活动对侵蚀沟发育的影响是自下而上进行的。高程在300m左右辽宁省易发生沟蚀，此高度可作为沟蚀强弱转折点，为预防沟蚀发育提供参考。曲线变化趋势上呈现两边低中间偏高的规律，主要反映在高程较低的地区地貌主要为低凹地、洼地，这类地貌主要以淤积为主；高程较高的地区地貌主要为低山、台地丘陵，这类地貌坡度平缓，集水区面积小，无明显侵蚀发生；介于两者之间的低平原、山地丘陵区人类活动频繁，是土壤侵蚀主要高程带。在高程＜175m到高程＞350m 9个高程带之间侵蚀沟密度变化值分别为11.82m/km^2、58.23m/km^2、

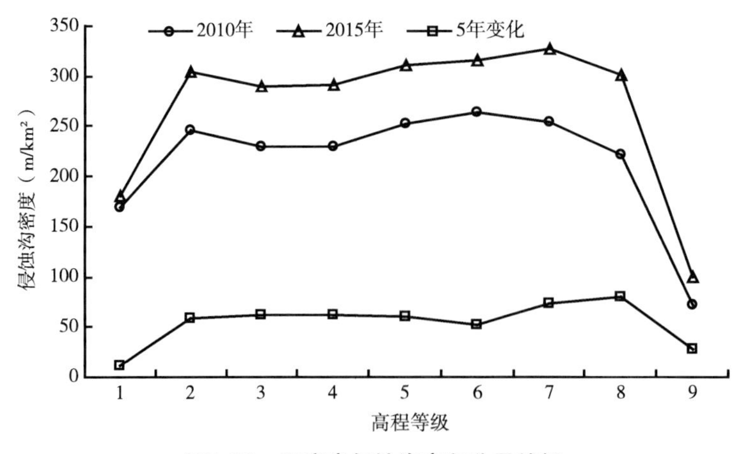

图7-23 辽宁省侵蚀沟高程分异特征

61.43m/km²、61.23m/km²、59.65m/km²、52.32m/km²、73.16m/km²、79.94m/km²、27.81m/km²，高程在175～300m侵蚀沟密度变化曲线差别不大，进一步分析可以发现，在第8高程带（325～350m）侵蚀沟密度变化量达到最大值，说明5年间，人类对于高海拔、难耕作的地区进行了开垦，植被遭到破坏，同时没有采取良好的水保措施，加速侵蚀沟发育。

（2）侵蚀沟空间分异。将研究区均分为300×300个网格，叠加侵蚀沟长度图层，利用含有侵蚀沟密度值的点图层进行空间插值，最终形成侵蚀沟密度分布。将侵蚀沟密度分为<50m/km²、50～150m/km²、150～300m/km²、300～450m/km²、450～600m/km²、600～1 500m/km²、1 500～2 500m/km²、>2 500m/km² 8个等级。分析发现，侵蚀沟密度变化值较大的区域集中在辽西、辽北部分地区，主要是因为辽西地区坡度较陡，常年干旱，土壤侵蚀敏感性高，加之不合理的人类活动，更容易促使侵蚀沟的发育。辽北地区侵蚀沟发育主要集中在铁岭市，该区降雨侵蚀力大、土地过度开垦，加剧侵蚀沟发育。图7-24为各等级侵蚀沟密度变化比例图。由图7-24可知，1～8密度等级变化值分别占总体密度等级的70.47%、18.54%、7.17%、1.91%、0.89%、0.60%、0.39%、0.03%，随密度等级的增加侵蚀沟密度变化区所占比例减小，说明5年间辽宁省空间格局上70%以上的区域侵蚀沟密度变化值<50m/km²，主要是因为监测周期短，加之近年来辽宁省大部分地区水土保持措施取得了一定成效，大部分处于微度增加区。

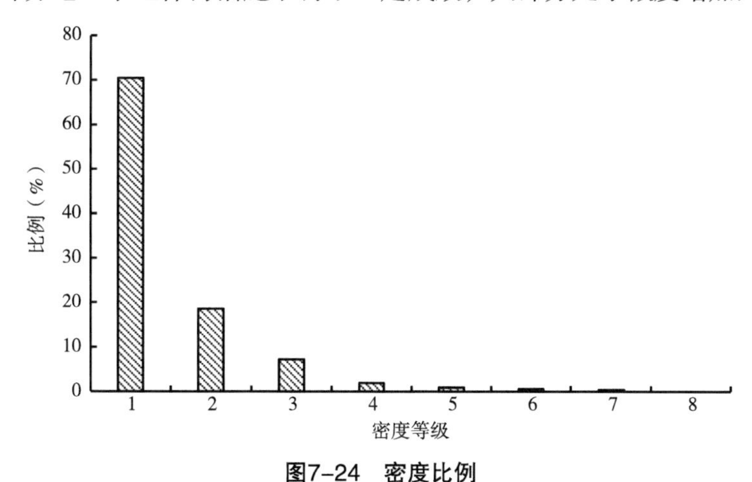

图7-24　密度比例

（3）侵蚀沟坡向分异。地形及下垫面状况是土壤侵蚀主要因素之一，而坡度、坡长与坡向则为重要的地形因子（郑子成等，2015）。不同坡向接受的太阳辐射量有所不同，对水分的吸收能力也会受影响（查轩等，2010），因此坡向是影响侵蚀沟发育的主要因素之一。

将辽宁省坡向分成北、东北、东、东南、南、西南、西、西北8个坡向，分析不同坡向上侵蚀沟的动态变化，明晰研究区坡向对于侵蚀沟发育的影响。由图7-25可知，不同坡向侵蚀沟发育差异较大。2010年、2015年侵蚀沟密度分别为112.49～220.19m/km²、140.64～241.49m/km²，5年间密度变化值介于7.96～51.46m/km²，2010年侵蚀沟密度在东坡、东南坡、南坡较大，分别为206.61m/km²、220.19m/km²、199.83m/km²，而5年间变化值在东坡、东南坡则相对较小，分别为7.96m/km²、16.5m/km²，虽然东坡、东南坡侵蚀沟密度基数大，侵蚀沟发育速率却较小，说明此坡向较其他坡向不适宜侵蚀沟发育，这与研究区风向、太阳辐射、日照时长存在很大关系。密度变化值较大区域主要集中在西南坡、南坡、西坡，分别为51.46m/km²、41.66m/km²、37.14m/km²，主要是因为研究区南坡坡度较陡，西南风较多以及太阳辐射的作用导致南坡降雨动能加大，降雨侵蚀力加剧，促进侵蚀沟发育。曲线变化趋势在各个方向上侵蚀沟密度变化并不一致，说明坡向对研究区侵蚀沟发育具有相对作用。曲线变化趋势另一隐藏因素，2010年侵蚀沟密度在东南坡向达到最大值220.19m/km²，此坡向2015年密度值为236.69m/km²，增值仅16.50m/km²，不排除侵蚀沟解译过程中受解译人员主观因素影响及影像的清晰度影响，侵蚀沟勾画存在一部分误差的可能性。

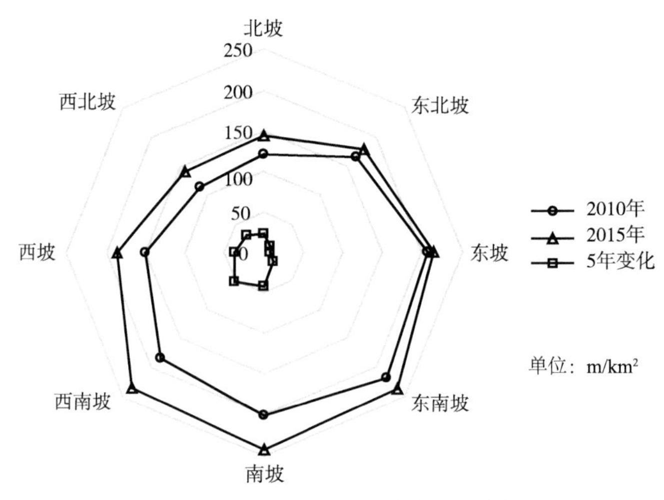

图7-25　辽宁省侵蚀沟坡向分异特征

（4）侵蚀沟坡度分异。查轩等（2010）在对红壤地进行调查研究时发现，在坡度为5°～25°的坡地上，土壤侵蚀分布较广，阴阳坡土壤侵蚀有较大差异，坡度是导致研究区土壤侵蚀的重要原因。在对本研究区进行分析时，此结论同样适用。

辽宁省地貌多为平原，坡度＞25°的地貌极少。因此将辽宁省坡度分成＜1.5°、1.5°～3°、3°～4°、4°～5°、5°～8°、8°～15°、15°～25°、＞25° 8个坡度带，得到不同坡度带侵蚀沟密度分布特征。由图7-26可知，2010年侵蚀沟密度从＜1.5°坡度的47.34m/km²上升到坡度为5°～8°的526.94m/km²，然后降到坡度＞25°的25.38m/km²；2015年侵蚀沟密度从＜1.5°坡度的53.18m/km²上升到坡度为5°～8°的600.02m/km²，然后降到坡度＞25°的40.30m/km²。2010年与2015年侵蚀沟密度在坡度为5°～8°时都达到峰值，分别为526.94m/km²、600.02m/km²，侵蚀沟密度变化值在4°～5°达到最大值89.74m/km²，虽然2015年研究区侵蚀沟在坡度为5°～8°时侵蚀沟密度最大，侵蚀沟变化却没有坡度为4°～5°时剧烈，说明5年间坡度为4°～5°时侵蚀沟发育速率最快，此坡度带植被遭到破坏，沟头溯源侵蚀剧烈，5年间辽宁省陡坡开荒情况加剧。由曲线走势可知，曲线先呈上升趋势主要是因为坡度增加坡面变陡，雨滴破坏力增大，产生大量松散物质，加速侵蚀沟发育；曲线后半程下降主要因为超过一定坡度后，坡面承雨面积增加，降雨产流时间变长，挟沙能力下降，侵蚀沟发育减缓。侵蚀沟密度变化值在坡度＜3º和＞8º时变化很小，说明坡度＜3º和＞8º的坡面，坡度的大小已经不是影响侵蚀沟发育的主要因素，主要因为坡度过小或过大时，侵蚀沟形成所需要的坡长与集水区等因子相对较小，不易于侵蚀沟的发育。

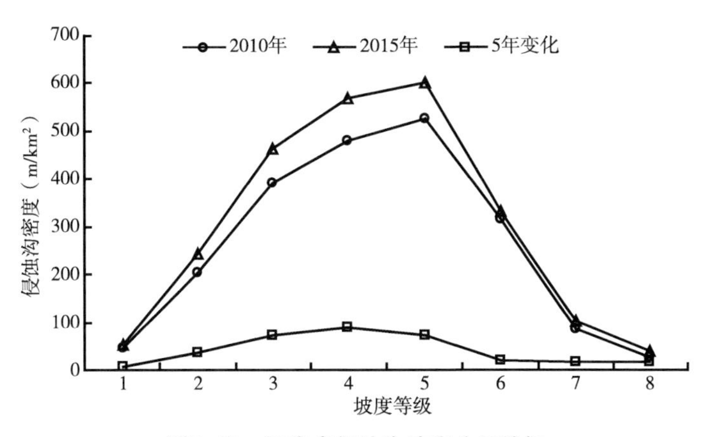

图7-26 辽宁省侵蚀沟坡度分异特征

（5）侵蚀沟坡长分异。坡长作为地形因子中的重要组成部分，当雨水冲刷地表时，坡长不同，坡面水流沿程的能量变化也有所不同（孔亚平等，2008）。因此，分析侵蚀沟在地形因素上的分异性，坡长因子不容忽视。

将研究区坡长按200m间距分为＜200m、200～400m、……、1 400～1 600m、＞1 600m 9个坡长等级，得到不同坡长带侵蚀沟密度分布特征。由图7-27可知，2010年侵蚀沟密度介于9.98～258.87m/km^2，2015年侵蚀沟密度介于19.93～304.57m/km^2。2010年和2015年侵蚀沟密度均在坡长为400～600m时达到峰值，分别为258.87m/km^2、304.57m/km^2，说明研究区在坡长为400～600m的坡面易发生土壤侵蚀。由曲线变化趋势可知，侵蚀沟密度在坡长＜200m的等级上升到200～400m等级，分析曲线前半程上升的原因，首先农耕活动翻耕致使坡面土壤结构遭到破坏，致使土质松散抗蚀性减小，随着坡长增加，坡面可供侵蚀的物质越来越多，侵蚀沟产流产沙路径延长，进而延长雨水沿程挟带物质的进程，导致产沙量增加，在上游来水、降雨的情况下，坡长较长区域延长雨水对地表的冲刷历时，加剧水蚀作用，加剧侵蚀沟的发育。侵蚀沟密度在坡长为200～400m与坡长为400～600m区间趋于稳定，然后急速下降到坡长为800～1 000m等级，下降的原因主要是因为研究区坡长＞800m的地区较少，而且此区域易于植物生长，对土壤起到保护作用不易产生侵蚀沟，另外研究区88%左右的侵蚀沟沟长＜800m，故坡长＞800m区域侵蚀沟分布较少。坡长＞1 000m时侵蚀沟密度曲线趋于稳定，侵蚀沟密度值很小，主要是因为研究区坡长＞1 000m的区域很少，且此区域较少侵蚀沟分布。侵蚀沟密度变化值在坡长600 ~ 800m等级达到峰值为47.05m/km²，坡长在400 ~ 600m等级达到次级峰值为45.71m/km²。坡长在600 ~ 800m时，侵蚀沟密度较小，密度变化值最大，说明侵蚀沟在坡长为600 ~ 800m区间发育速率最快，主要是因为坡长在600 ~ 800m时侵蚀沟多为发展沟，坡长条件适宜侵蚀沟长度的延伸，故坡长在600 ~ 800m时侵蚀沟发育速率快。坡长介于400 ~ 600m时侵蚀沟密度值最大，密度变化值却小于坡长为600 ~ 800m区间，说明坡长在400 ~ 600m时侵蚀沟发育达到末期，稳定沟居多，侵蚀沟发育速率缓慢。坡长＞1 000m，侵蚀沟密度、密度变化值均较小，说明此区间侵蚀沟分布较少且发育速率迟缓，应考虑除坡长以外的其他因素。

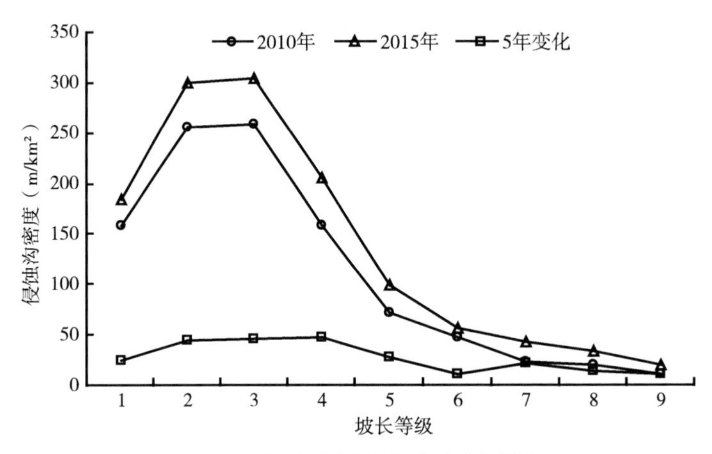

图7-27　辽宁省侵蚀沟坡长分异特征

7.4.3　降水对侵蚀沟发育的影响

7.4.3.1　典型侵蚀沟野外监测区降水分析

降水是影响侵蚀沟发育的关键气候因素，是影响降雨期和融雪期侵蚀沟发育的直接动力，降水对侵蚀沟的侵蚀主要以坡面集水冲刷的形式，并通过决定土壤含水率影响冻融作用，以一种综合的效应来影响侵蚀过程，降水由降雪和降雨组成。降雪量、积雪累积、融雪进程是影响融雪径流多寡的主要因素（范昊明等，2013；Whitford et al.，2010），降雨对积雪融化有重要的加速作用（范昊明等，2013），也直接影响径流量大小。融雪径流对侵蚀沟沟头上溯、基岸掏蚀、冲积物堆积区的继续下切及侵蚀物的输移产生重要影响（于章涛和伍永秋，2003）。降雨是侵蚀沟发育主要动力因素，东北地区夏季降雨集中、多暴雨的气候条件加剧侵蚀沟发育。降雨侵蚀力是降雨强度、降雨历时等因素的综合体现，是衡量降雨侵蚀能力的重要指标，作为水力侵蚀的重要表现形式，侵蚀沟的发育与降雨侵蚀力关系密切。东北黑土区独特的气候条件决定降雨、冻融及融雪作用是侵蚀沟发育的主要动力因素，其中降雨、融雪对侵蚀沟发育影响具有一定相似性，多是通过降雨径流的冲刷造成侵蚀沟的发展，但由于季节性的差异，沟道内土壤性质差别较大，特别是春季解冻期土壤未解冻层的存在加剧融雪径流的冲刷作用，冻融作用可以改变土壤抗蚀性，造成沟岸崩塌，影响侵蚀沟发育。光荣流域、吉兴流域、五一流域分别位于黑土区的东北部、东南部、西北部，地理位置决定外营力的种类及强度，3流域中，吉兴流域多年降雨量较多，光荣流域、五一流域多年平均降雨量相对较少，光荣流域、五一流域冻融作用更为强烈，吉兴流域冻融作用相对较弱。

夏季降雨是导致东北黑土区侵蚀沟产生水土流失的原因之一，降雨所产生的径流是带动侵蚀沟内部水流泥沙运移的关键。从中国气象网站收集的各地区5—10月降雨数据资料如表7-17所示。

表7-17 研究区2018年5—10月降雨情况

地区	总降雨量（mm）	降雨天数（d）	日最大降雨量（mm）
梅河口	653.5	79	95.2
海伦	659.6	78	94.8
扎兰屯	557.5	77	65.6

通过数据对比发现，在2018年5月至10月各地区总降雨量海伦与梅河口相差不大，扎兰屯最小；降雨天数各地区差别不大；梅河口和海伦地区的日最大降雨量均达到95mm左右，扎兰屯6个月的日最大降雨量为65.6mm。东北黑土区独特的坡面地形特点，漫长平缓的坡面增大了汇水能量，使侵蚀沟的沟头上方常有细沟侵蚀的出现，在降雨集中时易在洼地形成冲击力较大的地表径流，冲刷表土，在沟头处产生跌水，水流通过势能和动能促进侵蚀沟发育（于章涛和伍永秋，2003）。7—8月对沟内植被进行观测时发现，每次下雨过后侵蚀沟的沟底径流路径都会被地表径流反复冲刷并产生积水（图7-28），侵蚀沟所在坡面产生的径流从沟两侧沟沿流入沟内，使沟坡产生水力侵蚀（图7-29），各地区的降雨量大小影响着水力侵蚀的强弱。对比前文各流域侵蚀沟的发育速率可以看出，夏季降雨对侵蚀沟发育速率的快慢起到了一定的影响作用，降雨量多寡是影响各流域侵蚀沟发育地域分异性的原因之一。

图7-28 径流路径上的积水

图7-29 沟沿来水

本研究中选取累积积雪深度、累积雪水当量、累积降雨量、累积降雪量、累积降水量为主要气候指标，定量分析融雪期降水特征对侵蚀沟发育地域分异性的影响（表7-19），结果表明，侵蚀沟长度发育与累积积雪深度显著负相关（$p<0.05$，$r=0.747$），与累积雪水当量显著负相关（$p<0.01$，$r=0.779$）。侵蚀沟面积发育与累积积雪深度、累积雪水当量、累积降雨量、降雪量、降水总量均呈中度负线性相关。侵蚀沟体积发育速率与累积积雪深度、累积雪水当量呈中度负线性相关，与其他降水特征相关性不明显。

表7-18　融雪期各侵蚀沟降水特征

沟号	时期	∑Sdp（cm）	∑Swe（mm）	∑R（mm）	∑Rs（mm）	∑R+Rs（mm）
G1	2014年融雪期	64.24	83.63	108.9	44.3	153.2
	2015年融雪期	45.87	70.85	72.7	43.3	116
G2	2014年融雪期	67.94	108.58	108.9	44.3	153.2
	2015年融雪期	44.34	66.68	72.7	43.3	116
W1	2014年融雪期	13.92	30.49	123.87	7.99	131.85
	2015年融雪期	28.32	36.87	99.79	35.02	134.81
W2	2014年融雪期	13.57	36.89	123.87	7.99	131.85
	2015年融雪期	21.68	42.93	99.79	35.02	134.81
J1	2014年融雪期	56.89	88.84	114.3	7.5	121.8
	2015年融雪期	53.19	92.96	129.3	51.2	180.5

注：ΣSdp指累积积雪深度；ΣSwe指累积雪水当量；ΣR指累计降雨量；ΣRs指累计降雪量；ΣR+Rs指累积降水量。

本研究为野外观测试验，融雪期侵蚀沟发育受融雪径流冲刷、冻融作用和坡度、坡长、集水区面积等地形因素综合影响。范昊明（2010）等通过野外模拟融雪水冲刷试验，研究融水量和解冻深度对土壤侵蚀量影响规律，结果表明，在控制变量为降水和冻融作用时，影响土壤侵蚀的主要因素是冻融作用，而不是降水。Zhao（2016）展开研究调查黄土高原侵蚀沟发育时空变化特征影响因素，结果表明，沟壑密度与地形显著相关和降雨侵蚀力无关。由此可知，土壤侵蚀是降水、冻融作用和地形特征综合影响结果，在不同环境条件下，主导因素有所不同。本研究为野外观测试验，实验流域相距较远，气候、地形特征具有明显分异性。前文已发现坡度、坡长、汇水面积等地形特征和侵蚀沟发育显著相关，由研究区概况可知，典型流域年降水、日照时数、积温等气候特征及土壤类型具有分异性，前期降水特征、日照时数、土壤类型差异会导致各流域冻融作用（范昊明和蔡强国，2004）存在较大差异，这可能是造成降水特征与侵蚀沟发育负相关的原因所在。

表7-19 融雪期侵蚀沟发育与降水特征相关性分析

		∑Sdp	∑Swe	∑R	∑Rs	∑R+Rs（mm）
△L	Pearson相关性	−0.747	−0.779	0.145	−0.460	−0.254
	显著性（双侧）	0.013	0.008	0.690	0.181	0.478
	N	10	10	10	10	10
△A	Pearson相关性	−0.514	−0.526	−0.141	−0.405	−0.492
	显著性（双侧）	0.129	0.119	0.697	0.246	0.149
	N	10	10	10	10	10
△V	Pearson相关性	−0.355	−0.311	−0.024	−0.010	−0.032
	显著性（双侧）	0.314	0.381	0.948	0.978	0.929
	N	10	10	10	10	10

7.4.3.2 区域侵蚀沟监测区降水分析

首先以辽宁省为例进行降雨侵蚀力分析，根据辽宁省1961—2015年气象站降雨数据，利用公式计算出各个站点多年平均降雨侵蚀力，对这些数据进行克里格空间插值，可得到基于栅格数据结构的研究区降雨侵蚀力空间分布示意图，研究区降雨侵蚀力介于1 694.6～7 274.6MJ·mm/（hm^2·h）。将降雨侵蚀力等级分为1 600～2 000、2 000～3 000、3 000～4 000、4 000～5 000、5 000～6 000、6 000～7 000、7 000～8 000MJ·mm/（hm^2·h）7个等级，叠加侵蚀沟长度图层，最终得到分级后的侵蚀沟密度，结果见表7-20。

表7-20 各降雨侵蚀力等级下侵蚀沟密度

年降雨侵蚀力［MJ·mm/（hm^2·h）］	分类面积（km^2）	侵蚀沟长度（km）		侵蚀沟密度（km/km^2）		5年之差（km/km^2）
		2010年	2015年	2010年	2015年	
1 600～2 000	4 349.59	1 216.60	2 170.66	0.28	0.50	0.22
2 000～3 000	38 700.06	9 499.41	11 386.44	0.25	0.29	0.05
3 000～4 000	47 989.70	6 227.72	7 065.94	0.13	0.15	0.02
4 000～5 000	17 474.61	2 459.35	2 251.62	0.14	0.13	−0.01
5 000～6 000	10 071.23	1 072.66	887.18	0.11	0.09	−0.02
6 000～7 000	5 657.67	162.11	140.87	0.03	0.02	0.00
7 000～8 000	775.02	14.29	16.46	0.02	0.02	0.00

辽宁省降雨侵蚀力从东到西递减，东部降雨侵蚀力大于西部，而西部侵蚀沟密度高于东部，说明研究区侵蚀沟发育是一个复杂的过程，降雨侵蚀力不是影响侵蚀沟发育的主导因素，侵蚀沟发育后期随着溯源侵蚀的发展，侵蚀沟汇流坡长不断降低，径流能量减小，沟头下切减弱，沟头前进缓慢，即使有大量雨水的存在，侵蚀沟发育已达到后期，其发育速率迟缓，而辽西地区干旱少雨，地表开裂严重加之辽西地区多暴雨发生，雨水集中冲刷地表加强侵蚀作用，致使侵蚀沟发育速率加快。因此，研究区侵蚀沟发育是多种因素共同作用的结果，降雨不是影响研究区发育的唯一因素。

图7-30可知，研究区侵蚀沟密度、侵蚀沟密度变化值与降雨等级成反比，降雨侵蚀力介于1 600～2 000MJ·mm/（hm^2·h）时，2010年、2015年侵蚀沟密度、侵蚀沟密度变化值均最大，分别为0.28km/km^2、0.5km/km^2、0.22km/km^2；降雨侵蚀力介于7 000～8 000MJ·mm/（hm^2·h）时，2010年和2015年侵蚀沟密度均最小为0.02km/km^2，降雨侵蚀力介于5 000～6 000MJ·mm/（hm^2·h）时，侵蚀沟密度变化值最小为-0.02MJ·mm/（hm^2·h），变化值为负主要是因为5年间侵蚀沟发育达到末期，沟底有植物生长，解译过程中将此类地类误判为林地致使2015年侵蚀沟密度变小。

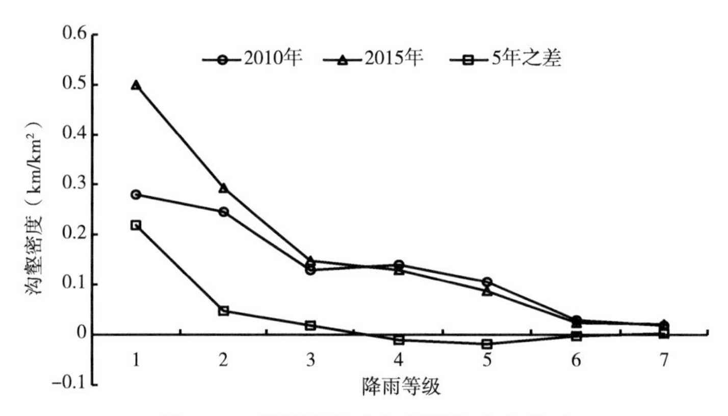

图7-30　降雨侵蚀力与侵蚀沟密度关系

7.4.4　植被对侵蚀沟发育的影响

作为地球生态系统主体的植被，是地貌、土壤和水分相互作用的天然联系，易受气候和人类活动的影响（牛建明与呼和，2000），呈现出不同的地域性特征。东北黑土区植被在不同季节主要的控制因素不同，夏季降水量发挥主导作用（刘家福等，2018）。影响着侵蚀沟发育的因素同时也是影响植被生长的因素（国志兴等，2008），掌握东北黑土区沟内植被生长特征对研究侵蚀沟的发育及其治理极为必要（范昊明等，2007）。

在对侵蚀沟监测时也发现各流域沟内不同类型的土壤上生长着不同种类植被，沟内的植被覆盖度也不尽相同。降雨时雨滴击落到草本植被叶片上，又从低矮的草本植被叶片流到地表，有效地减轻了雨滴对地表土壤的冲击。侵蚀沟内植被生长旺盛的部位地表产生的径流相对较少，径流中的泥沙含量也是极少的。由此可以看出植被作为沟内的一部分，是联系侵蚀沟发育与各影响因素之间的纽带（张昌顺等，2012），了解沟内植被的生长特性及其与侵蚀沟之间的耦合关系对于沟道的综合治理十分必要。

植被覆盖作为影响土壤侵蚀的重要因素，对侵蚀沟发育的影响同样不容忽视。植被覆盖度指植物群落个体或总体垂直投影在地表上的面积与样本面积之比。

将研究区植被覆盖度分为5个等级，分别为低覆盖（0%～30%）、中低覆盖（30%～45%）、中覆盖（45%～60%）、中高覆盖（60%～75%）、高覆盖（75%～100%），将2015年侵蚀沟长度图层与植被覆盖度进行叠加分析。由表7-21可知，研究区侵蚀沟密度在中低覆盖区达到最大值0.33km/km²，在高覆盖区达到最小值0.09km/km²。当植被覆盖度小于45%，侵蚀沟密度与植被覆盖度成正比；当植被覆盖度大于45%，侵蚀沟密度与植被覆盖度成反比。当植被覆盖度<45%时，侵蚀沟密度随植被覆盖度的增加呈增大趋势，主要是因为虽然部分植被对土壤流失、上游来水起到拦挡作用，但此植被覆盖度下，稀疏的植被对暴雨及洪水的冲刷未能起到阻拦作用，反而会因自身的重力作用，加剧植被连根拔起的危险，加速侵蚀沟发育；当植被覆盖度>45%后，侵蚀沟密度随着植被覆盖度的增加呈减小趋势，植被较多区域根系固结土体的能力增大，不易被连根拔起，对上游来水的拦阻能力大大增加，抑制侵蚀沟的发育。

表7-21 植被覆盖度与侵蚀沟密度关系

植被覆盖度	面积（km²）	沟长（km）	侵蚀沟密度（km/km²）
低覆盖	52 517.64	10 934.70	0.21
中低覆盖	12 541.84	4 078.40	0.33
中覆盖	13 200.77	3 323.55	0.25
中高覆盖	15 083.44	2 696.90	0.18
高覆盖	31 709.07	2 963.59	0.09

7.4.5 人类活动对侵蚀沟发育的影响

人类活动可以在短时间内对侵蚀沟内部、周边以及集水区的特征等生态环境造成较大改变。所观测的侵蚀沟均分布在耕地中，并且当地都已基本实现机械化耕作。在农用机械翻耕、施肥过程中会对侵蚀沟的沟沿及沟坡造成极大的破坏，部分田间道路紧邻侵蚀沟的沟沿，农用机械在翻地及行进经过田间道路时反复碾压田间道路及沟沿（图7-31），造成田间道路地势相对较低，坡面径流汇集于此，碾压与径流冲刷造成沟沿出现裂缝、沉陷和扩张。这是4条流域侵蚀沟普遍存在的人为因素干扰，各个流域还各自受到当地不同程度的人类活动影响。

梅河口吉兴流域侵蚀沟的沟头出现玉米秸秆填埋（图7-32），填埋的秸秆能够有效地减缓径流流速，降低径流剪切能力，减弱沟内所受到的侵蚀力。在植被观测时偶有遇到当地农民砍伐沟内植被用作喂养牲畜的饲料。由于该流域内侵蚀沟的沟坡较缓，当地农民在大多数沟坡种植农作物甚至在少数沟底进行耕作，这极大地加速了该流域侵蚀沟的发育。

图7-31　农用机械碾压沟沿

图7-32　玉米秸秆填埋

海伦光荣流域在植被观测时每天都会出现当地村民在沟内放牧的现象（图7-33），羊群每日在沟内以草本植被为食物，草本生长速率不及羊群啃食的速率，并且羊群在踩踏侵蚀沟时会有沟壁发生坍塌的情况出现。侵蚀沟体积的缩小也与人类活动有着一定联系，观测时发现，为便于农用机械行进，推土机会对田间道路及侵蚀沟末端处进行平整，所经之处地表已经板结。平整时将铲出的多余表土直接堆放于侵蚀沟边缘以及内部，使得研究团队对目标侵蚀沟的两次监测结果显示其体积变化存在减少的情况。

扎兰屯五一流域存在为烧柴而过度砍伐蒙古栎等乔木植被，导致土地裸露的现象。观测了解到，该地已经进行封山育林，保护力度较大，当地群众上山放牧、开垦等现象已经逐渐杜绝，使得该流域侵蚀沟受到人为破坏因素影响较小。沟内还发现人为回填来恢复地块完整，控制侵蚀沟发育的情况（图7-34），这极大地降低了该流域侵蚀沟的发育。

图7-33　侵蚀沟内放牧

图7-34　人为回填

从各流域受到人类活动不同的影响可以看出，当人类活动对侵蚀沟发育起到保护作用时，则能有效减缓该流域侵蚀沟的发育速率；当人类活动对侵蚀沟起到破坏作用时，则明显加速了侵蚀沟的发育速率。可见人为因素也是影响侵蚀沟发育地域性分异特征的重要原因。

研究通过分析典型流域对应省（自治区）2010年人类活动强度值结合同年全国第一次水利普查东北黑土区侵蚀沟调查数据，定量分析人类活动对东北黑土区侵蚀沟发育的影响。人类活动强度数值的计算采用人类活动强度定量模型，此模型计算人类活动强度大多经过4个步骤，即指标选取、指标无量纲化处理、指标权重确定、人类活动强度值计算。在人类活动强度值计算过程中使用min-max标准化法对其进行无量纲化处理，指标权重确定运用变异系数法，最后用权重加权法计算出人类活动强度值。

7.4.5.1 指标选取

人类活动对侵蚀沟发育影响具有交互性、持续性、主动性、双向性等特点。因此，根据人类活动特点及其对侵蚀沟发育影响，从社会、经济、文化三个方面建立人类活动指标体系，在遵循科学性、系统性、可比性和动态性原则下共选取以下7个指标来表征人类活动强度。

（1）社会因子。

①人口密度。是表示人口密集程度的指标。唐克丽（1994）等人指出人类开荒会加速侵蚀时空特征，人口增长是造成这一现象的主要原因，而人口密度增加是人口增长的直接结果。

②人口结构。所选用的人口结构是农业人口占总人口的比重。钟祥浩（2000）指出长期的农业、牧业、樵采、采矿等人类活动会使植被遭到严重破坏，水土保持功能严重下降。而植被生态系统的退化会导致区域干旱程度加剧、河流泥沙含量增加、侵蚀劣地面积扩大。

③垦殖指数。一国或一地区已开垦种植的耕地面积占土地总面积的百分比。垦殖指数高，说明该地区的耕地开发利用程度较高。李勇（2000）等人指出任何形式的耕作均会发生耕作侵蚀，耕作次数越多，耕作侵蚀的严重性和危害性也就越大。

④道路密度（道路是指公路）。公路建设期或营运期因扰动地表或岩石层、堆置弃渣等造成的水土资源破坏及损失，是一种典型的人为加速侵蚀（何延兵，2015）。公路修建工程会造成边坡的不稳定，产生坍塌、面蚀、沟蚀等各种侵蚀作用，还会对地表产生剧烈扰动，破坏大量的植被和水土资源，甚至对原有的水土保持设施和功能造成破坏。

（2）经济因子。

①耕地产出率。反映的是耕地利用效率，以及农业科技发展程度。农业科技发展程度和耕作方式息息相关，粗放式耕作会加快沟道发育。耕作侵蚀具有对水蚀输送物质的作用机制，将土壤输送到地表径流汇聚的区域，即细沟和集水地带（Govers et al.,

2015；Oost et al.，2000）。

②农牧民年人均纯收入。该指标反映农村居民收入、消费、生产、积累和社会活动情况。许志信等人研究认为过度放牧是土壤侵蚀过程中的主要人为因素，特别是我国传统牧区由于长期过度放牧，土壤侵蚀作用日益加强，导致草原退化引起的风蚀和沙漠化危害尤为严重（许志信和赵萌莉，2001）。

（3）文化因子。

单位面积水土保持机构数量。该指标反映了人类活动在侵蚀沟发育过程中所起的抑制作用相对大小。水土保持机构负责全区水土保持远景规划和年度计划的编制和实施，单位面积水土保持机构数量间接反映其水土流失治理情况。

7.4.5.2 指标无量纲化处理

min-max标准化法是消除量纲（单位）影响和变异大小因素影响的最简单方法，而且经过处理各指标值范围都将在0～1之间，方便后续计算，故选择此方法对数据进行无量纲化处理，其转换公式如下：

$$f_{ij}=\frac{x_{ij}-x_{\min}}{x_{\max}-x_{\min}}$$

式中：f_{ij}指第i个指标第j个原始数据标准化处理数据，又称单项指数。x_{ij}为第i个指标第j个原始数据值。$i=1$，2，3…m；$j=1$，2，3…n。m为指标个数，n为第i个指标的原始数据个数。$x_{\min}$和$x_{\max}$分别为第i个指标的最大值和最小值。

7.4.5.3 指标权重确定

由于人类活动中各指标对侵蚀沟发育影响程度大小不同，所以需要确定每个指标的权重W_i来表示各指标相对重要性。变异系数法是一种客观赋权的方法，不依赖于人的主观判断，计算简单，能更好地反映被评价区域的差距，故选择变异系数法确定各指标权重，其计算公式如下：

$$V_i=\frac{Q_i}{X_i}$$

$$W_i=\frac{V_i}{\sum_{i=1}^{m}V_i}$$

式中：V_i是第i项指标的变异系数；Q_i是第i项指标的标准差；X_i是第i项指标的平均值；W_i是第i项指标的权重。

7.4.5.4 人类活动强度计算

采用权重加权法对社会、经济和文化三方面的指标进行综合评价得到最终东北黑土区人类活动强度定量化指数。其计算公式如下：

$$F_j = \sum_{i=1}^{m} w_i f_{ij}$$

式中：F_j是人类活动强度定量化指数。i=1，2，3……m，m为指标个数。W_i是各指标相对重要性。f_{ij}是指第i个指标第j个原始数据标准化处理数据，又称单项指数。

五一流域的切沟发育和当地群众为烧柴对蒙古栎的过度砍伐以及冬季秸秆焚烧连带烧坏树木有很大关系（图7-35A），过度砍伐植被，导致土地裸露，增大坡面汇流，加速切沟发展。光荣流域采取横垄耕作方式，垄长较长，沟头以上区域细沟发育明显（图7-35B），细沟的存在使切沟沟头容易汇聚较多径流，加速沟头前进。吉兴流域相比其他流域而言，农民自发将玉米秸秆填入沟头（图7-35C），填埋秸秆能够减缓径流流速，降低径流剪切能力，减弱侵蚀（温磊磊等，2014）。五一流域、光荣流域切沟周围均有道路存在，五一流域道路长度、宽度均较大，且坡度陡，光荣流域道路相对平缓。道路存在会通过改变地貌控制的流路使实际汇水面积增大，同时道路压实后，土壤入渗率变低，径流系数变大，在坡度较大情况下，径流剪切力较强（Nyssen et al., 2002），这也是影响切沟发育地域分异性的重要原因。

A. 五一流域焚烧后的迹地

B. 光荣流域细沟

C. 吉兴流域秸秆

图7-35 人类活动对切沟发育影响

人类活动是具有一定社会职能的各种动作的总和，包括人口、技术、政治经济和文化等方面，因此全面了解人类活动对切沟发育影响，规范该区人类活动类型和方式，对其可持续发展意义深远。人类活动量化多采用人类活动强度模型（胡志斌等，2007；李香云等，2004；王金哲等，2009；徐志刚等，2009；张翠云和王昭，2004），该模型将反映生态系统人类活动的多个指标，根据实际情况选择相应方法赋权，然后按不同指标所占的权重进行加权，综合成一个指数，即人类活动强度值，其值大小定量表征人类活动强弱。切沟发育状况是人类活动长期作用的结果，为了定量探究人类活动对其影响规律，研究结合典型小流域所在省（自治区）全国第一次水利普查侵蚀沟调查数据及其对应年份统计年鉴资料展开。根据黑土区人类活动特点及其对切沟发育影响特点，从社会、经济、文化3个方面共选取7个指标来表征人类活动强度，用min-max标准化法（马立平，2000）对其进行无量纲化处理，然后用变异系数法确定各指标权重，最后用权重加权法计算出人类活动强度值，探讨其对切沟发育影响规律。

（1）人类活动强度值。人类活动强度指标值见表7-22，表中数据均来源于各省（自治区）2010年统计年鉴。人类活动强度指标无量纲化处理值见表7-23，无量纲化处理将所有指标转化为0～1的标准值。用变异系数法计算各指标权重值见表7-24，由此表可知，在人类活动强度各指标中人口结构对切沟发育影响最大，所占权重为0.21，耕地产出率次之为0.17，垦殖指数和农牧民年人均纯收入对切沟发育影响最小，所占权重为0.11，人口密度、单位面积水土保持机构个数、道路密度对其影响处于中间水平，所占权重均为0.13。人类活动强度值见表7-25，由表可知人类活动强度值，内蒙古东四盟最小为0.38，黑龙江省居中为0.40，吉林省最大为0.66，吉林省人类活动强度值分别为黑龙江省、内蒙古东四盟的1.65倍、1.74倍。

表7-22　调查区域人类活动强度指标

区域	内蒙古东四盟	黑龙江省	吉林省
人口密度（人/km^2）	25.10	84.5	145.5
人口结构（%）	70.0	51.5	52.3
垦殖指数（%）	8.7	26.1	29.6
道路密度（km/km^2）	0.15	0.34	0.49
耕地产出率（元/亩）	1 214	1 012	1 055
农牧民年人均纯收入（元）	6 398	7 591	7 649
单位面积水土保持机构个数（个/10^{4}km^2）	0.84	1.65	2.61

表7-23　调查区域人类活动强度指标无量纲化处理值

区域	内蒙古东四盟	黑龙江省	吉林省
人口密度	0.00	0.49	1.00
人口结构	1.00	0.00	0.04
垦殖指数	0.00	0.83	1.00
道路密度	0.00	0.56	1.00
耕地产出率	1.00	0.00	0.21
农牧民年人均纯收入	0.00	0.95	1.00
单位面积水土保持机构个数	0.00	0.46	1.00

表7-24 人类活动强度指标权重

指标	人口密度	人口结构	垦殖指数	道路密度	耕地产出率	农牧民年人均纯收入	单位面积水土保持机构个数
变异系数	1	1.62	0.88	0.96	1.30	0.86	1.03
权重	0.13	0.21	0.11	0.13	0.17	0.11	0.13

表7-25 调查区域人类活动强度值

区域	内蒙古东四盟	黑龙江省	吉林省
人类活动强度	0.38	0.40	0.66

（2）人类活动对切沟发育影响分析。由表7-26可知，全国第一次水利普查侵蚀沟调查结果表明，切沟长度、面积均表现为内蒙古东四盟最大，吉林省最小，黑龙江省居中，这与各省（自治区）所选典型流域切沟发育状况一致。由表7-27可知，人类活动与单位面积切沟发育数量显著正相关（r=0.937，p<0.05），与切沟面积（r=−0.783）和切沟长度（r=−0.762）中度负相关。由于人类活动既可以加速侵蚀过程的发展，促进切沟发育，也可以控制水土流失，抑制切沟发育所以其与切沟数量和面积发展呈现不同关系。而人类活动对切沟发育起抑制或促进作用，是与其社会经济发展状况息息相关的。经济发展的不同阶段，对土壤侵蚀的影响各有不同（王红兵等，2011；李冰和唐亚，2012；庞国伟，2012；许炯心等，2011；王红兵等，2011）。人类活动强度相对较小的时候，经济发展水平也相对较低，人民收入也相应较低，为了增加收入，满足生产生活需要，大量坡地被开垦，森林被砍伐转化为耕地，不合理的土地利用和地表植被覆盖的减少对土壤侵蚀具有放大效应，会加快切沟的发展，而且由于经济发展水平有限，农业技术还不发达，水土保持意识比较薄弱，受经济利益驱使，经济落后地区为解决生计问题，民众大多采用粗放经营、种地不养地的破坏性土地开发模式（范昊明等，2005），进一步促进切沟发育，这就是切沟发育数量和人类活动呈正相关的原因所在。随着经济发展水平提高，虽然人类活动强度也增加，但民众的水保意识也在逐渐提高，人地资源矛盾逐渐为大众所关注，致使有利于改良土地资源的制度被颁布，从而促使更多集约化的农业耕作措施的实施以及技术和制度的创新，提高土地的生产率和环境质量，还会促进大规模的生态建设和退耕还林还草工程的实施、水土保持工作的加强、植被自然封育的开展，使水土资源进一步得到保护，在这一时期人类活动对切沟发育的抑制作用占据主导地位，因此人类活动强度与切沟长度和面积发育中度负相关。

表7-26 全国第一次水利普查东北黑土区各省（自治区）侵蚀沟普查数据

省（自治区）	单位面积切沟数量（条/km^2）	切沟面积（km^2）	切沟长度（km）
黑龙江省	0.31	928.99	45 244.34
吉林省	0.41	373.71	19 767.7
内蒙古东四盟	0.24	2 147.11	109 762.03

表7-27　人类活动与侵蚀沟发育特征相关性分析

		人类活动	单位面积切沟数量	切沟面积	切沟长度
人类活动	Pearson相关性	1	0.937*	−0.783	−0.762
	显著性（双侧）	0	0.228	0.428	0.449
	N	3	3	3	3

7.4.6　小结

本研究利用差分GPS实地测量侵蚀沟形态，基于ARCGIS平台计算其形态参数，通过不同区域侵蚀沟形态对比以及各种因素对侵蚀沟形态影响分析发现如下。

（1）自然环境地域性分异造成侵蚀沟形态具有一定差别，就侵蚀沟长度、面积、体积而言，五一流域＞光荣流域＞吉兴流域；就侵蚀沟宽度、深度、横截面面积而言，光荣流域＞五一流域＞吉兴流域。侵蚀沟长度、面积、体积呈正相关关系，侵蚀沟深度、宽度、横截面面积呈正相关关系。

（2）土壤组成、土层厚度、土壤持水能力等因素都在一定程度上影响侵蚀沟形态，土壤中黏粒、砾石含量影响径流流向及土壤抗蚀性，进而影响侵蚀沟形态，土壤持水能力影响冻融作用强度，土层厚度在一定程度上限制侵蚀沟发育深度。

（3）地形因子与侵蚀沟长度、面积、体积的发育关系密切，随着地形因子的增加，三者增加显著，相关系数分别为0.87、0.88、0.91，随着地形因子的增加，侵蚀沟横截面面积先增加后减小，地形因子达到36.75时，横截面面积最大。

（4）降雨、冻融及融雪是黑土区侵蚀沟发育的主要动力因素，侵蚀沟形态是多因素长时间综合作用的结果，降雨因素对于侵蚀沟形态的影响有限，土壤、地形因素对其形态影响具有决定性作用。

7.5　东北黑土区沟蚀发展潜力及潜在危险性评估

侵蚀沟是水力侵蚀发展的极端状态，不断切割农田、吞噬耕地，造成了十分严重的水土流失。黑土区特有的侵蚀方式和土地利用方式致使区域土壤侵蚀潜在危险性极大。侵蚀沟密度、密集度和土地损失比指标在一定程度上反映了地区沟壑化程度，侵蚀沟的活跃程度体现在侵蚀过程中其长度、面积、深度和体积等的发育速率。沟壑网发展潜力评估模型综合考虑了自然因素和人类活动方式对侵蚀沟形成—发展—衰退的活跃度关系，依据潜在沟壑化指标和现状指标之间的差距提出了沟蚀潜在危险性概念，即未来侵蚀沟长度和数量增加态势。综合各种自然特性和侵蚀沟形成发育规律确定线性侵蚀发展过程中可能达到的极限沟壑化程度，分析评估侵蚀沟发展潜力，揭示黑土区不同地区侵蚀沟发展潜在危险性等级。

7.5.1 基础数据获取

侵蚀沟基础数据获取与前一节中侵蚀沟获取方式相同，这里不再赘述。

7.5.1.1 分析方法与数据处理

在侵蚀沟普查数据基础上，系统分析了研究区的295 663条侵蚀沟的长度、数量、面积等成果数据，通过回归分析，建立了侵蚀沟长度与面积的回归方程（图7-36）。几种回归模型拟合效果较好（$p<0.01$），侵蚀沟长度与面积间存在良好的相关性，校正决定系数均在0.80～0.90，拟合最好的为幂函数关系（$R^2=0.897$），表明侵蚀沟长度可解释其面积89.70%的变异，为侵蚀沟发展潜力模型建立提供基础。

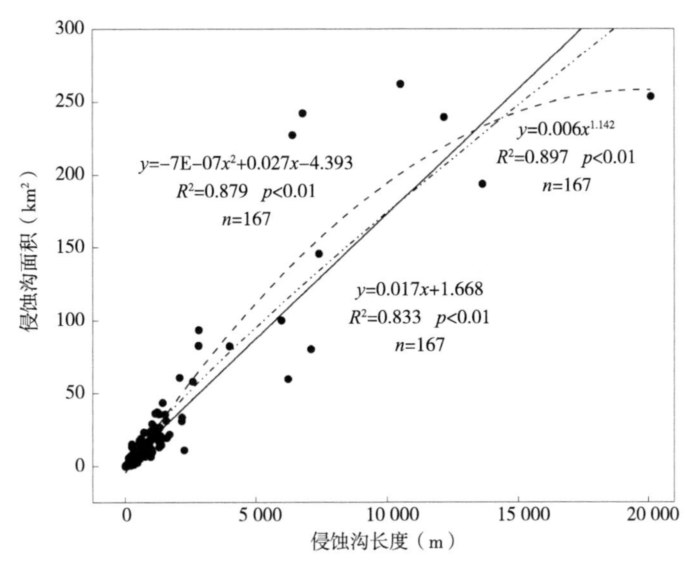

图7-36 侵蚀沟现状长度与面积相关性

7.5.1.2 模型建立与指标提取

（1）沟壑网潜力模型中沟蚀发展的闭合断面比降、侵蚀基准面深度和平衡断面等因素在一定程度上影响侵蚀沟达到极限状态的速度。沟壑网发展潜力评估模型综合考虑了闭合断面比降、侵蚀基准面深度、平衡断面、坡面集水区、试验资料和现场实测资料等自然因素以及人类活动方式对侵蚀沟形成—发展—衰退的活跃度关系，系统分析侵蚀沟长度、面积和数量的潜在增长情况和侵蚀过程的活跃性，指出了侵蚀沟发育的极限程度。

本研究依据沟壑网潜力评估模型建立密度、密集度和土地损失比指标（卓利娜与王基柱，2008），探讨侵蚀沟发展的潜在极限程度。假定侵蚀沟发育达到极限状态时，侵蚀沟指标的变化体现在长度的增加，确定侵蚀沟潜在发展长度，通过单位面积侵蚀沟长度获取密度发展潜力指标；将侵蚀沟现状密度和现状密集度的比值定义为区域侵蚀沟的平均长度，假定侵蚀沟发育达到极限状态时，侵蚀沟指标的变化体现在数量的增多，确定侵蚀沟潜在发展数量，通过单位面积上侵蚀沟数量获取密集度发展潜力指标；结合侵蚀沟现状长度与现状面积的显著相关性（图7-36）求得侵蚀沟发展潜在面积，获取土地损失比发展潜力指标。侵蚀沟密度、密集度和土地损失比发展空间反映了现状指标与潜力指标之间的差距。模型公式如下：

$$H_0 = \frac{L}{J^x}\int_L^{(J^x/J_0)} \frac{(J^x / J_0)}{x} dx$$

$$L_q = \frac{H_0}{J_0 \ln(J^x / J_0)}$$

式中：H_0为坡面侵蚀基准面深度，m；L_q为侵蚀沟发展的极限长度，km；J^x为坡面坡度因子，经验值为$J^x = 0.6 \sim 0.7$；J_0为流域集水区闭合断面比降，经验值为J_0=0.017 ~ 0.053（1° ~ 3°）；x为沟口到计算断面的距离，m。

$$\Phi = \frac{S}{L} \times \rho \times 100\%$$

式中：Φ为土地损失比，%；S为侵蚀沟面积，km^2；L为侵蚀沟长度，km；S/L为侵蚀沟单位长度损失土地面积，km^2/km；ρ为区域侵蚀沟密度，km/km^2。

（2）沟壑网潜力模型中涉及的俄罗斯中部地区和中国东北黑土区地域差异性明显，且就东北黑土区而言，地貌类型多样致使区域差异性大，考虑到模型在东北黑土区的适用性，本研究没有直接采用模型中的经验值，而是在应用前将模型中的坡面坡度因子J^x和流域集水区闭合断面比降J_0进行校正。坡面坡度因子校正选用McCool等（1987）和Liu等（1994）研究的LS因子模型程序，在ArcGIS中应用黑土区1：500 00DEM提取坡度因子J^x和坡长因子L^p，在坡度和坡长因子基础上计算坡长λ；流域集水区闭合断面比降是在流域DEM基础上，借助ArcGIS技术提取流域集水区，通过流域集水区上游和下游的高程差与坡长λ的比值求得闭合断面比降J_0，最后将J^x和J_0的计算成果应用到沟壑网潜力模型中，提高模型在黑土区的适用性。数学公式如下：

$$J^x = \begin{cases} 10.8\sin\theta + 0.03 & \theta < 5° \\ 16.8\sin\theta - 0.50 & 5° \leqslant \theta < 10° \\ 21.9\sin\theta - 0.96 & \theta \geqslant 10° \end{cases}$$

$$L^p = \left(\lambda / 22.1\right)^m, m = \begin{cases} 0.2 & \theta \leqslant 1° \\ 0.3 & 1° < \theta \leqslant 3° \\ 0.4 & 3° < \theta \leqslant 5° \\ 0.5 & \theta > 5° \end{cases}$$

式中：J^x为坡度因子；θ为坡度值，（°）；L^p为坡长因子；λ为坡长，m。

（3）确定侵蚀沟发展潜力及危险性等级。依据以上所得侵蚀沟密度、密集度和土地损失比潜在指标与现状指标的差值建立沟蚀潜在危险性评价指标，确定东北黑土区沟蚀发展潜力及潜在危险性等级（表7-28）。

表7-28 沟蚀发展潜力及危险性等级

等级	微度危险（Ⅰ）	轻度危险（Ⅱ）	中度危险（Ⅲ）	强烈危险（Ⅳ）	极强烈危险（Ⅴ）	剧烈危险（Ⅵ）
密度潜力/空间（km/km^2）	<0.1	0.11～0.5	0.51～1.1	1.11～1.5	1.51～2.0	>2.0
密集度潜力空间（条/km^2）	<0.1	0.11～0.5	0.51～2.1	2.11～5.1	5.11～10.0	>10.0
土地损失比潜力/空间（%）	<0.1	0.11～0.6	0.61～1.3	1.31～2.6	2.61～4.0	>4.0

注：沟壑密度是指区域单位面积上沟壑总长度；沟壑密集度是指区域单位面积上沟壑总数量；耕地损失比（%）=沟壑单位长度损失土地面积×沟壑密度×100。

7.5.2 坡面侵蚀和沟蚀评价方法

7.5.2.1 坡面侵蚀强度评价方法

坡面侵蚀估算采用数据主要分为两大部分：一是反映地表动态变化的遥感影像（分辨率为2.5m）；二是用于估算坡面侵蚀量因子的空间数据，包括研究区及周边18个气象站点近30年的降雨资料、土壤资料及比例尺为1：500 00数字高程模型（DEM）等信息。

Wischmeier等（1971）提出的通用土壤流失方程（USLE），其基本形式：$A=(R \cdot K \cdot LS \cdot C \cdot P)$，该模型因考虑的因素全面、形式简单、所需参数容易获取且实用性强，成为目前众多坡面土壤侵蚀量估算模型中最成熟且使用最为广泛的方法。试验收集研究区及周边18个气象站点近30年（1980—2009年）降雨观测资料，通过Fournier指数求算出平均降雨侵蚀力点数据，并在ArcGIS中做Kriging插值得到降雨侵蚀力面数据（R）；采用Williams等（1996）在EPIC模型方法求得研究区土壤可蚀性因子（K）；基于研究区1：50 000的DEM，采用Van Remortel等（2001）研究编写的语言程序提取研究区地形因子（LS）；通过遥感影像数据解译得到研究区土地利用和水土保持措施，采用蔡崇法等（2000）研究成果对数据进行相应的编码并赋予数值求得植被覆盖度因子（C）和水土保持措施因子（P）。最后对各侵蚀因子栅格化，根据模型方程将各因子相乘，获取土壤侵蚀模数（A），具体计算流程如图7-37所示。

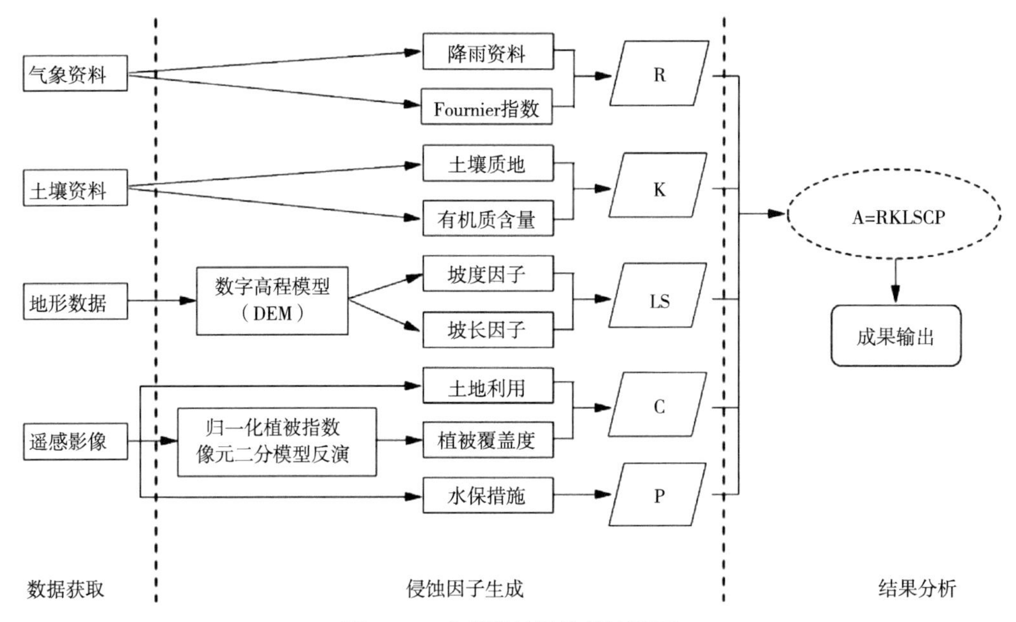

图7-37　土壤侵蚀量估算流程图

7.5.2.2　沟蚀强度评价方法

沟蚀强度评价采用侵蚀沟密度和密集度作为评价指标，二者反映了研究区地表的切割破碎程度和沟蚀的剧烈程度。本研究采用遥感影像预判和人机交互的方式将区域侵蚀沟数据矢量化，并通过实地调查建立解译标志对矢量数据进行核查，最终获取研究区侵蚀沟矢量数据。在进行沟蚀强度评价时，首先在ArcGIS中根据侵蚀沟矢量数据建立4km×4km网格将研究区网格化（李晓燕等，2007），接着将二者矢量数据叠加求取各网格内沟蚀密度和密集度，最后将各网格中侵蚀沟矢量数据进行Kriging空间插值，生成研究区侵蚀沟密度（密集度）空间分布图，沟蚀评价流程如图7-38所示。

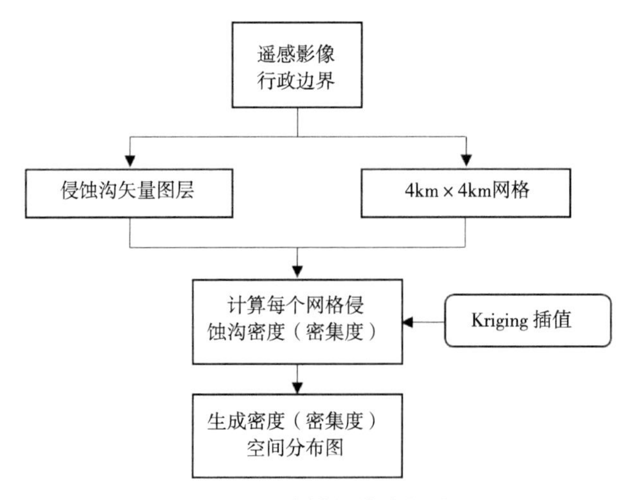

图7-38　沟蚀评价流程图

7.5.3 沟蚀发展潜力分析

7.5.3.1 沟蚀空间格局发育分析

研究区普查出295 663条侵蚀沟，总长度达195 512.64km，破坏土地面积为3 648.42km^2，其中发展沟262 177条、稳定沟33 486条（表7-29），分别占黑土区侵蚀沟总数的89%和11%。发展沟数量是稳定沟的7.8倍，发展沟长度为100～500m的有190 911条，占发展沟总数的73%，黑土区内绝大多数侵蚀沟处在发育初期，沟蚀发展可能性极大。

表7-29 侵蚀沟参数统计信息

类型		数量（条）	面积（km^2）	长度（km）
发展沟	100m≤L<200m	59 762	100.95	9 269.12
	200m≤L<500m	131 149	622.84	42 937.63
	500m≤L<1 000m	46 662	613.67	36 398.04
	1 000m≤L<2 500m	20 552	926.22	48 130.23
	2 500m≤L<5 000m	4 052	772.39	31 647.34
稳定沟		33 486	612.36	27 130.28
合计		295 663	3 648.42	195 512.64

侵蚀沟密度、密集度作为直接量化某一地区沟壑化程度的属性，反映了地表切割程度，而土地损失比可明确反映某一地区因侵蚀沟发展造成的耕地面积损失情况。线性增长是侵蚀沟动态变化最显著的特点，其长度的变化基本上决定了侵蚀沟的发展，并因此引起整个侵蚀网结构的变化。侵蚀沟现状密度、密集度和土地损失比分别为0～1.30km/km^2、0～2.21条/km^{2}和0～1.87%，潜力指标为0～2.96km/km^2、0～17.77条/km^{2}和0～5.92%（图7-39），可见经过长时间的侵蚀，侵蚀沟密度、密集度和土地损失比剧增。结合图7-39和图7-40可以得出，侵蚀沟现状密度、密集度和土地损失比小于0.5km/km^2、0.5条/km^{2}和0.6%的地区高达82.28%。然而，沟蚀发育到极限状态时，潜力指标低于0.5km/km^2、0.5条/km^{2}和0.6%地区降低到24.37%，不足研究区面积的1/3，这一现象说明这些地区57%以上的侵蚀沟密度、密集度和土地损失比在今后某个时期可能超过0.5km/km^2、0.5条/km^{2}和0.6%。由图7-39和图7-40还可以看出，整个研究区侵蚀沟现状密度、密集度和土地损失比均低于1.5km/km^2、5.1条/km^{2}和2.6%，潜力指标低于1.5km/km^2、5.1条/km^{2}和2.6%地区降到71.26%，表明侵蚀沟发展到一定阶段，密度、密集度和土地损失比高于1.5km/km^2、5.1条/km^2、2.6%的区域将实现从无到有的变化，且

各等级侵蚀沟密度、密集度和土地损失比均出现从低一级向更高一级发展的趋势，沟蚀发展趋势严重。

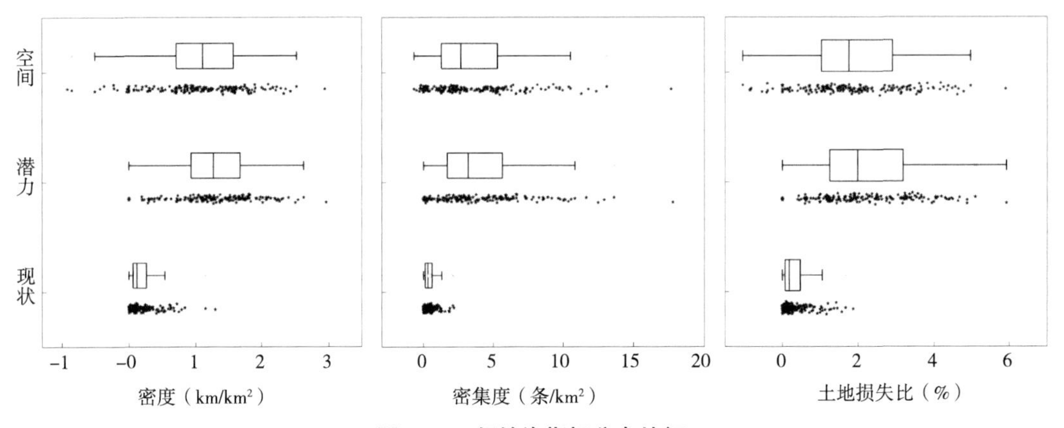

图7-39　侵蚀沟指标分布特征

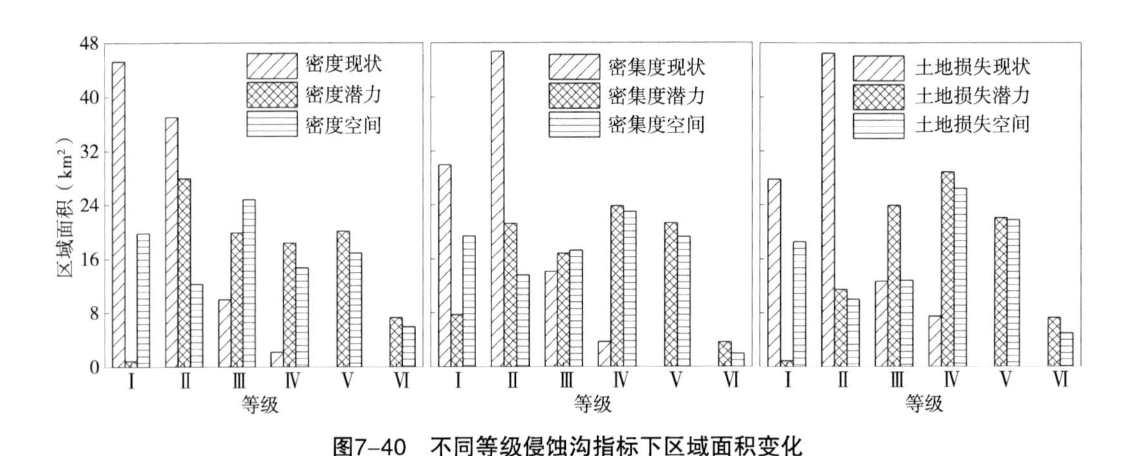

图7-40　不同等级侵蚀沟指标下区域面积变化

7.5.3.2　沟蚀发展的地域分异规律

侵蚀沟现状图反映研究区目前的沟壑化状态，发展潜力图能够直观地反映该地区侵蚀沟今后发展状况。黑土区侵蚀方式呈现显著的南北、东西递变的地带性分异特征，自北而南，侵蚀方式由冻融侵蚀向水力侵蚀过渡；由西而东，侵蚀方式由风蚀向水力侵蚀转变，侵蚀沟发展以水力侵蚀为主。与侵蚀沟现状分布情况相比，侵蚀沟潜力分布更具有地区性规律。研究区侵蚀沟发展潜力东西分布差异明显，沟蚀潜在严重区由西向东转移，总体发展结果为东部较西部发展潜力大；相比于沟蚀潜力东西分布规律，南北分布差异不明显，但就发展潜力较为严重的东部地区而言，长白山完达山山地丘陵区和东北漫川漫岗区为主的中部地区潜在沟壑化程度显著。以上分析表明，侵蚀沟发育后期沟壑化程度有明显增加趋势，存在较高的地表侵蚀切割可能性，沟蚀发展不容忽视。

侵蚀沟形成过程表明，侵蚀沟发展不存在所谓的制约侵蚀沟发展的“主导因素”（卓利娜和王基柱，2008）。侵蚀沟发展达到极限状态时，密度、密集度和土地损失比均出现明显的升高趋势。其中微度和轻度沟蚀区仅占研究区总面积的24.73%，土地损失比发展潜力通常小于0.6%，且主要分布在大小兴安岭山地区、呼伦贝尔高平原区以及大兴安岭东坡丘陵沟壑区。该区地形坡度小、植被状况良好，大面积植被覆盖可削弱降雨冲击力，部分地区侵蚀沟在人类高强度活动影响下已发展到当地自然条件所允许的最大值，沟蚀发展趋势相对较小。然而，这些地区也存在一些面积不大的区域具有强烈沟壑化潜力的现象。侵蚀潜力较大的中度和强烈沟蚀区面积比例达46.43%，该地区土地损失比发展潜力介于0.6%～2.6%，具备良好的侵蚀沟发育条件，如果及时加以措施预防保护，未来极有可能发展到沟蚀剧烈区。强烈、极强烈以及剧烈沟蚀区主要分布在东北漫川漫岗区、长白山完达山山地丘陵区以及辽宁环渤海山地丘陵区，占研究区的50.93%，该区土地利用方式变化频繁，土地损失比发展潜力一般高于1.3%，部分地区超过4.0%。东北漫川漫岗区汇水面积大，植被覆盖率较低，在严重的人类扰动下地表被切割得支离破碎，沟蚀发展十分严重。

7.5.4 沟蚀发展潜在危险性评估

7.5.4.1 沟蚀潜在发展空间分析

通过对沟蚀发展潜力的预测，明确侵蚀沟未来发展空间。侵蚀沟发展空间是指现状指标与潜力指标之间的差距，反映了侵蚀沟未来发展状况，即尚未实现的侵蚀网结构状态。东北黑土区侵蚀沟现状密度、密集度和土地损失比现状最大值分别为1.30km/km^2、2.21条/km^{2}和1.87%，潜力指标最大值为2.96km/km^2、17.77条/km^{2}和5.92%，以上数据表明，现状指标和潜力指标存在明显差异，该差异决定了黑土区沟蚀存在很大的发展空间。密度、密集度和土地损失比现状指标平均值分别为0.20km/km^2、0.45条/km^{2}和0.34%，而沟蚀发展空间指标平均值分别高达1.08km/km^2、3.59条/km^{2}和1.87%，分别为现状指标的5.40倍、7.98倍和5.50倍，侵蚀沟密集度增加倍数明显高于密度增加倍数，即同一地区侵蚀沟数量的增加比长度的增加快。以上数据表明，侵蚀沟在未来发展过程中，密度、密集度以及土地损失比发展增加值出现成倍上升的趋势，且在未来沟蚀发展中新生侵蚀沟速度比原有侵蚀沟发展速度快，尚未实现的侵蚀网结构很大，沟蚀潜在危险性极高。

东北黑土区侵蚀沟密度、密集度和土地损失比发展空间分布范围分别是-0.92～2.94km/km^2、-0.70～17.65条/km^{2}和-1.03%～5.90%，说明在沟蚀发展达到潜力所允许的极限时，还可能增加该沟蚀指标范围的侵蚀沟，完成潜力范围内尚未实现的部分。此外，沟蚀发展空间中存在一部分小于0的指标，这一现象表明，部分地区侵蚀沟已发育到自然条件所允许的最大值，在侵蚀发育过程中，受到人为作用和各种自然因素的影响（措施治理或人为、自然塌方填充等），伴随着漫长的自然演变，恢复为初始状态。在沟蚀发育末期，50%的侵蚀沟密度、密集度和土地损失比发展空间分别分布在0.71～1.58km/km^2、1.31～5.29条/km^{2}和1.02%～2.90%，分布于研究区中强烈侵蚀区，该范围侵蚀沟在自然状态下很难达到稳定状态，将进一步向极限状态发育，加剧黑土地的流失，区域生态环境进一步恶化。

7.5.4.2 沟蚀潜在危险性分级评估

自然环境、人类活动以及土壤侵蚀方式的不同致使黑土区沟蚀潜在危险性区域性分布差异明显。自然地理环境（包括气候、地质地貌、土壤和植被等）是土壤侵蚀发生和发展的潜在条件（李钜章等，1999；王占礼，2009），是侵蚀沟潜在发展到极限状态所应具备的基本因素，而人类活动作为沟蚀发生发展的主要诱发因素，决定了侵蚀沟发展达到极限状态时的速度。以上对侵蚀沟现状和潜力指标分析表明，黑土区侵蚀沟潜力指标在多数情况下远大于实际的沟壑化指标，侵蚀沟发展仍在继续，这种潜力指标和实际指标的对比结果指出了沟蚀潜在危险性，反映了东北黑土区侵蚀沟长度、面积和数量增加的前景。为提高沟蚀危险性评估效果，在侵蚀沟发展潜力基础上，依据潜力指标和实际指标的差异将研究区划分为微度危险区、轻度危险区、中度危险区、强烈危险区、极强烈危险区以及剧烈危险区6个级别（表7-30）。土地损失比发展空间以1.3为分界值划分研究区为高危区和低危区，侵蚀沟密度、密集度和土地损失比分别大于1.0km/km^2、2.0条/km^{2}和1.3%的地区面积为44.96万km^2，是区域总面积的47.58%，表明研究区47%以上的地区处于沟蚀高危区；而当土地损失比发展空间以0.6为分界值时，侵蚀沟密度、密集度和土地损失比分别不低于0.5km/km^2、0.5条/km^{2}和0.6%的地区面积为63.27万km^2，高达研究区面积的66.96%，结果表明研究区66%以上的地区处于沟蚀高危区。

从总体来看，研究区沟蚀发展空间和发展潜力分布情况基本一致，但部分地区也存在细微的差别，主要体现在一些沟蚀发展潜力较高的地区，其发展空间反而较小。主要原因是这些区域现有侵蚀沟大多已处于发育后期，完成了线性增长，几乎无沟蚀发育条件，它们的平均长度已接近或达到侵蚀网坡面的平均长度，基本趋于稳定，正逐步向自然状态演变。微度危险区主要分布在研究区西部的呼伦贝尔高平原区和大兴安岭东坡丘陵沟壑区等地，多为以灌草为主的平原和低山丘陵区，面积为19.25万km^2，占研究区面积的20.37%，土地损失比发展空间不足0.1%。轻度和中度危险区面积为30.28万km^2，占研究区总面积的32.05%，土地损失比发展空间为0.11%～1.3%，主要分布在大小兴安岭山地区以及辽宁环渤海山地丘陵区，该区植被覆盖良好，沟蚀发育条件差，潜在危险性较小。强烈及以上危险区主要分布在研究区东部和中部的长白山完达山山地丘陵区和东北漫川漫岗区，面积为44.96万km^2，占研究区总面积的47.58%，土地损失比发展空间多为1.3%以上，部分沟蚀发育严重的地方高达4.0%以上。该地区人类活动历史悠久、农业开垦普遍，沟蚀发育条件良好，轻微的扰动都会促使侵蚀沟快速增长，使该区域多处于沟蚀高危区，严重影响农业耕作。

表7-30　沟蚀发展潜在危险性分级评估

危险级别	面积（万km^2）	土地损失比空间（%）	评估特征
微度危险区	19.25	小于0.1	无沟蚀发育条件，土地损失比极小，几乎不可能形成侵蚀沟，属沟蚀不易发生区
轻度危险区	11.97	0.11 ~ 0.6	几乎无沟蚀发育条件，土地损失比较小，极端条件干扰下可能产生侵蚀沟，属沟蚀较难发生区
中度危险区	18.31	0.61 ~ 1.3	具备沟蚀发育基本条件，土地损失比居中，一定强度人为干扰将诱发沟蚀发生，属沟蚀较易发生区
强烈危险区	21.36	1.31 ~ 2.6	沟蚀发育条件良好，土地损失比较大，较强的人为干扰侵蚀沟就能形成，属沟蚀易发生区
极强烈危险区	19.31	2.61 ~ 4.0	地形坡度较大，具有一定的集水面积，土地损失比大，人为干扰致使地面植被盖度降低，侵蚀沟将形成，属沟蚀极易发生区
剧烈危险区	4.29	大于4.0	地形坡度大，积水面积大，土地损失比极大，轻微的地面扰动，侵蚀沟立即产生，属侵蚀沟极易发生区

以上分析结果表明，无论从沟蚀发展潜力指标还是发展空间指标看，东北漫川漫岗区、长白山完达山山地丘陵区独特的自然地理环境和人类活动方式使其成为黑土区侵蚀沟未来发展形势最为严峻地区，是今后预防保护和治理的重点，上述评估结果与根据东北黑土区不同坡度坡向下沟蚀发展潜力预测结果基本一致（Wang et al.，2017）。地表沟蚀在自然状态下发育缓慢，但黑土地人类频繁而无节制地利用，沟蚀加速发展也随之发生（范昊明等，2004），土壤退化、土地生产力降低、环境恶化等一系列生态问题凸显出来（Tang et al.，2013），未来研究中沟蚀发生发展带来的生态学问题显得越来越重要。总之，黑土区沟蚀发展潜在危险性不容乐观，如果不科学合理地防治黑土区沟蚀的发生，将严重影响当地经济社会的可持续发展，黑土地危机迫在眉睫。

7.5.5　小结

东北黑土区沟蚀已引起社会各界的广泛关注，其侵蚀沟的不断发展，致使有限的黑土资源不断流失，侵蚀破坏十分严重，预测未来发展趋势尤为重要。借助于遥感和GIS技术，建立预测模型，分析评估东北黑土区侵蚀沟发展潜在危险性，结果如下。

（1）黑土区沟壑密度为0.21km/km^2，破坏土地面积3 648.42km^2，其中发展沟占89%，73%的发展沟处于发育初期。

（2）沟蚀潜在严重区由西向东转移，且各等级密度、密集度和土地损失比均出现从低一级向更高一级发展的趋势；土地损失比空间以0.6为分界值时，黑土区66%以上的地区处于沟蚀高危区。

（3）沟蚀发育以水力侵蚀为主，东北漫川漫岗区、长白山完达山山地丘陵区沟蚀潜在危险性最大，是今后治理的重点。

（4）沟蚀潜力指标和现状指标对比发现，在大多数情况下沟壑化潜力指标要远大于现状指标，存在足够的沟蚀发展空间，沟蚀潜在危险性极大。

8 东北黑土区侵蚀沟治理模式

8.1 秸秆填埋侵蚀沟复垦

8.1.1 引言

东北黑土区是我国沟蚀最为严重的区域之一，据最新公布的第一次全国水利普查水土保持情况公报（2013年），东北黑土区侵蚀沟道共计295 663条，绝大部分生成于耕地中，造成耕地支离破碎，减少耕地面积，区域整体毁地0.5%，阻碍机械行走。耕地中的侵蚀沟危害最大，治理需求最为迫切。东北黑土区50%的侵蚀沟长和面积分别小于329.1m和0.42hm^2，易于治理。黑龙江省农垦系统在耕地侵蚀沟填埋实践中逐步形成了利用秸秆填埋侵蚀沟的方法，在水利部松辽水利委员会科技专项的支持下，中国科学院东北地理与农业生态研究所协同地方院所和农场，对秸秆填埋侵蚀沟加以总结、提炼，并加入了暗管、截留埂和渗井措施。该措施适用于黑龙江省土层厚区域中小型侵蚀沟复垦，同时可在吉林省、辽宁省和内蒙古自治区东北区域应用，在我国其他区域可参照实施。本节基于已有工作积累，在东北4省区典型县、市、旗、国营农场详查和广泛调研的基础上，对东北黑土区历史已有的侵蚀沟秸秆填埋治理单项措施和模式进行了梳理，分析其适用立地条件和规格，总结成功的和不足的治理经验及教训，并有针对性地对关键功能性指标开展试验测试，提出技术完善方案，通过试验示范，提炼出适用于东北黑土区侵蚀沟秸秆填埋复垦技术规程，指出实施过程中注意事项，以供侵蚀沟治理相关部门、工程技术人员查阅，旨在为国家正在东北黑土区实施的侵蚀沟治理专项工程提供技术参考和指导。

8.1.1.1 技术背景

分布于我国东北三省和内蒙古东四盟的黑土区，由于拥有肥沃的黑土、适宜的气候、多平原和丘陵、集中连片的土地、高度机械化、较小密度的人口等优势，已成为我国重要的粮食和生态安全保障基地，是当前我国最大的商品粮基地，对保障国家安全起到举足轻重的作用。

然而，高垦殖率加之近百年的高强度开发利用，掠夺式经营，黑土发生了严重退化，占耕地总面积60%以上的坡耕地发生不同程度的水土流失，表土剥蚀，黑土层变薄；同时发生了作为土地退化最严重表现的沟道侵蚀。据全国第一次水利普查东北黑土区侵蚀专项普查（2013年），东北黑土区现有长100m以上的侵蚀沟29万余条，绝大部分为近几十年新成沟，60%以上发育形成于耕地中，仍在不断的发生发展。侵蚀沟切割损毁坡地、耕地，沟道面积已达3 648.4km^2，约占区域面积的0.5%，造成土地支离破碎，既不利于农业机械作业，也不利于土地管理，是东北农区生态恶化的重要表现。沟道侵蚀不仅造成水土流失加剧，还会严重影响农业生产，引起一系列社会问题。黑土区每年因侵蚀沟发育而损失的粮食就高达36.2亿kg，约占到其向国家提供商品粮的1/10。

东北黑土区水土流失问题得到各级政府尤其是国家的充分重视，2003年东北黑土区被国家纳入水土流失综合治理重大工程，2017年国家又将东北黑土区侵蚀沟治理列为重大专项工程，在东北三省和内蒙古东四盟同步开展侵蚀沟生态治理。根据规划，近期（到2020年）计划治理侵蚀沟2.9万条以上。东北黑土区水土流失综合防治已有近60年的历史，为东北黑土区侵蚀沟的治理摸索出一系列成功技术模式以及管理经验。在长期的侵蚀沟治理实践中，已经形成了较为成熟的独具东北特色的侵蚀沟治理技术体系，其中秸秆打捆填埋侵蚀沟就是一项针对耕地中损毁农田阻碍机械行走而通过填埋沟毁耕地再造的创新技术，并在农垦系统率先应用。本项创新技术可应用性强，通过侵蚀沟复垦，优点具体体现在以下几个方面。

（1）实现了耕地整理，增加了耕地面积，增加产粮。

（2）平整了土地，解决了农机行走问题，提高了农机效率。

（3）实现了秸秆还田，创建了秸秆还田新模式，保护了环境，减少碳排放和雾霾的形成。

（4）修复了耕地，避免了用地矛盾，有利于社会和谐。

（5）实现了坡耕地水保高效种植，保障了现代农业发展。

因此，侵蚀沟复垦技术是一项东北黑土区独具特色的涵盖水保、农田生态修复、土地整理、粮食产能建设、资源高效利用及新农村建设的创新技术，且应用前景广，通过对引龙河农场、共青农场和八五五农场3个农场侵蚀沟详查，在已生成的近千条侵蚀沟中，70%可复垦，可修复耕地156hm^2，年增加粮食产量100万kg以上，增收150万元以上。

然而要想使之成为一项成熟的推广应用技术，尚有一些科学问题需明确，技术尚需完善。一是复垦后的侵蚀沟仍是地表水汇集水线区，水垂直入渗能力和秸秆中地下水流能力必须明确，成为技术实施成败的关键；二是填埋后的秸秆尽管处于厌氧状态，但毕竟要腐烂，腐烂后的坍塌又导致沟道形成的问题必须解决；三是通过技术完善，建立复垦后侵蚀沟地表水快速入渗，地下水快速排出的侵蚀沟复垦技术体系。此外侵蚀沟复垦技术有其发挥最佳作用的应用条件，比如地形地貌、土壤特性、土地管理体制（农民种植和农场种植模式）、降雨量、径流量以及当地可以利用资源，该技术还存在需完善的地方，需系统全面的凝练。本技术是国家重点研发计划“典型脆弱生态修复与保护研究”专项“东北黑土区侵蚀沟生态修复关键技术研发与集成示范”项目，基于东北黑土区已开展的复垦沟现场调查，在广泛征求各方意见的基础上，针对上述问题，通过试验示范，总结完善提出的侵蚀沟秸秆填埋技术体系，以期为国家正在开展的东北黑土区侵蚀沟治理专项工程提供技术指导。

8.1.1.2 参照规范

下列文件对于本节的应用是必不可少的。凡是注日期的引用文件，仅所注日期的版本适用于本标准。凡是不注日期的引用文件，其最新版本（包括所有的修改单）适用于本标准。

《水土保持术语》GB/T 20465；

《水土保持工程设计规范》GB 51018；

《水土保持综合治理技术规范　坡耕地治理技术》GB/T 16453.1；

《水土保持综合治理技术规范　小型蓄排引水工程》GB/T 16453.4；

《水土保持综合治理技术规范　荒地治理技术》GB/T 16453.4；

《水利水电工程水文计算标准》SL 278；

《水土保持工程运行技术管理规程》SL 312；

《黑土区水土流失综合防治技术标准》SL 446；

《土地复垦质量控制标准》TD/T 1036—2013；

《一种侵蚀沟复垦技术》ZL 201310652348.4；

《东北黑土区侵蚀沟治理专项规划（2016—2030年）》；

《水土流失综合治理成效》ISBN 978-7-5170-3702-6；

《侵蚀沟道水土流失防治技术》ISBN 978-7-5170-2728-0。

8.1.2 技术概述

8.1.2.1 技术原理

针对东北黑土区侵蚀沟多生成于已垦坡耕地上，耕地中侵蚀沟最突出的危害表现为形态大小各异，损毁农田粮食减收的同时，造成土地支离破碎，阻挡机械行走，降低农作效率，阻碍现代农业的发展。因此耕地中侵蚀沟是目前东北黑土区危害最大且农民治理最迫切的要求，故填埋抚平耕地是农民迫切希望的侵蚀沟治理最佳选择。同时现代农业发展的必然趋势，也急需解决侵蚀沟填平，以利于大型机械作业，实现规模化经营。然而处于股流线上的侵蚀沟抚平后如何不再生成新沟成为技术的关键，确保处于汇水线上的侵蚀沟填平后不再形成新沟，故基于变地表流为地下流是沟毁耕地填埋再造的复垦关键技术。

增设渗井实现股流垂直入渗，布设暗管实现地下导排水系统，是削减或消除地表汇流冲刷力阻止再次成沟的关键技术，在沟道整形、沟底中间铺设暗管后，秸秆压实打捆填埋，上层覆半米土，一是为了增加入渗，二是保证作物生长；再沿沟线横向修筑拦水土埂，埂前铺设渗井于地面，挡土埂挡住暴雨时股流，沿渗井垂直入渗，以此变侵蚀沟道地表径流为地下暗流，削减水力冲力，不再打沟，修复沟毁农田。兼顾粮食产能建设、水保生态建设、现代农业发展和土地整理的侵蚀沟复垦创新技术体系，实现沟毁耕地侵蚀沟填埋再造复垦关键技术突破。

8.1.2.2 技术组成

侵蚀沟秸秆填埋复垦技术主要包括沟底整形、暗管铺设、秸秆填埋、表层覆土、渗井布设等技术环节。

（1）沟道整形工程。即对侵蚀沟形状修整成规整的长方体，其作用一是为秸秆捆紧实铺设创造条件，二是为表层覆土准备土壤。

（2）暗管铺设工程。在整形后的沟底铺设暗管，沟底需有一定的比降，以利于排水。

（3）秸秆打捆工程。实践证明，秸秆无论粉碎与否直接填埋于沟中，上层覆土后疏松，土壤随水流渗入秸秆中，极易塌陷，易再次成沟。故秸秆需粉碎压实打成捆后，再行填埋。目前市场上有秸秆粉碎一次性打捆机械，也有能将粉碎后的秸秆直接打成捆，秸秆捆的紧实度可调节，可满足工程要求。

（4）秸秆铺设工程。即将秸秆铺设于整形后的侵蚀沟，为了保证紧密排列，秸秆捆需打成长方体，从底层开始铺设，且秸秆捆交错排列，减少空隙。

（5）表层覆土工程。即将沟道整形堆放在沟道两侧的土覆于秸秆捆上方，生土在下，熟土在上。

（6）截留埂和渗井修筑工程。在沟线中部，暗管上方利用秸秆捆叠成中空的方形井，内部用碎石填充，表层用粗砂填充，渗井下方横向修筑缓弧形土埂，机械可行走并耕种；渗井沿沟线间隔布设，数量以能够将股流及时导入沟中为准。

8.1.2.3 适用范围

侵蚀沟填埋复垦的关键是复垦后能否及时有效地将汇于地表沟线股流通过地下导排，即该导排能力决定着是否填埋后再次成沟，关乎复垦成败，沟道汇水量是技术是否适用的关键衡量指标。自然形成的侵蚀沟大小与侵蚀沟股流量极其相关，基于多年的实践经验，小型沟能够满足排水量要求，故侵蚀沟秸秆填埋复垦技术需满足如下条件。

（1）水土流失严重地区的浅沟和中小型切沟，包括坡耕地中、耕地边、道路边等股流较小的侵蚀沟或支沟，不宜在大型沟应用。

（2）侵蚀沟深度不超过2m。

（3）侵蚀沟所在地土层厚度不少于1m。

8.1.3 技术操作

8.1.3.1 一般规定

（1）根据当地自然条件和社会经济情况，全面规划，统筹安排。

（2）优先在面积较大、集中连片的坡耕地中或其边缘中小型侵蚀沟上布设。

（3）复垦应与坡面水土流失综合治理相结合。

（4）排水以土壤垂直入渗地下暗管排水为主，汇水股流大的，应辅以截留埂和渗井垂直导水于暗管排水。

（5）秸秆就近原则，附近应有富余的秸秆资源。

（6）机械作业原则，全程除暗管和秸秆铺设，均应采用机械操作。

（7）设计标准，防御标准抵御10年一遇3～6h最大暴雨。

8.1.3.2 设计

（1）适用沟的选取。东北黑土区侵蚀沟的显著特征是近代新成沟、小型沟、发展沟主要发育形成于耕地中，危害最大的是形成于耕地中的侵蚀沟。治理的措施主要有通过工程措施或植物措施稳固沟道后，再人工建植，逐渐恢复生态，故可选择的治理模式可多种，从服务于粮食生产和区域生态安全，以及兼顾农民经济收入，注重治理实效和农民的认可度，能够填埋复垦的应优先选取。侵蚀沟治理要求治理区侵蚀沟全面治理，因此治理工程设计时应先将可复垦的沟道划出，选取的原则如下。

①形成于耕地中或耕地边的侵蚀沟。

②单条侵蚀沟，最深的沟深不超过2m。

③支沟，同时需满足沟深不超过2m，最好在沟头上游复垦，在沟头处修筑跌水措施，复垦暗管排水至跌水下端。

（2）基本原则。

①变侵蚀沟道地表股流为地下秸秆层和暗管排水。

②暗管铺设于整形后沟底中部，秸秆层下，暗管直径20cm，应依据洪峰股流量增大或缩小暗管直径。

③秸秆填埋后上层留出50cm空间覆土掩埋。

④表层覆土来自沟道整形从沟道中挖出的土，挖土量应以满足上层覆土50cm土量要求。

⑤沟道整形宽度应随整形前沟道自然宽度变化，应分成若干宽度断面。

⑥沟道整形后的沟道深度应以满足“④”挖土量，结合宽度确定。

⑦拦截埂和渗井的布设应依据复垦沟洪峰股流量和复垦后沟道区域入渗能力测算。

⑧复垦沟附近有富余的秸秆资源。

⑨最好已实施坡面水土保持工程。

（3）基本资料。侵蚀沟所在坡面汇水区基本资料包括以下几项。

①1：10 000地形图和（1：10 000）～（1：5 000）土地利用现状图。

②水文资料、气象资料和土壤资料。

③社会经济情况。

④交通条件与施工条件等。

⑤水土流失情况应包括侵蚀强度、侵蚀危害。

⑥治理现状情况应包括侵蚀沟所在坡面汇水区作物种植状况、采用的治理措施种类和数量及保存率。

（4）复垦沟测量。

①汇水区面积和坡度测量。在条件允许的情况下，应对复垦的侵蚀沟采用无人机航拍测量，绘制1：2 000地形图和坡度图，计算沟道所在汇水区面积。

对欲复垦的侵蚀沟进行勘测，是设计的重要前提。现代科技的发展为侵蚀沟勘测提供快速、便捷、高精度测量手段。有条件的建议采用无人机和RTK组合的天地一体化测量。具体为2 000万像素以上的无人机航拍，飞行高度100m，照片重叠率控制在60%以上，地面控制点5个，采用RTK地面控制点精准测量，航测精度可达30cm以内，绘制的地形图1：2 000以上。由于侵蚀沟易受植被覆盖影响，野外调查时间选在4—6月；此外无人机航测易受春季大风影响，无人机航拍时间选在每天早晨5～8点。无人机航测获取的是带有空间信息的照片，应用无人机和RTK获取调查侵蚀沟航拍影像及全貌图，并应用立体摄影测量软件PIX4D，结合RTK控制点高精度数据的校对和配准，生成汇水区及沟道的面积、坡度、土地利用等信息。应用无人机和RTK测量数据，建立调查侵蚀沟及汇水区的三维模型，后期在室内应用ARCGIS等地理信息系统软件，从三维模型上获取侵蚀沟的三维信息，开展治理措施的大小尺寸及空间分布等设计，绘制三维数字化侵蚀沟治理模式图。

②沟道形状测量。采用米尺或激光测距仪，沿沟道每隔20m测量沟道横断面宽、深，并绘制基本形状。

③土壤剖面调查。利用沟坡自然断面，调查并记录土壤剖面分层信息，包括黑土层、过渡层厚度，土壤质地等。

（5）水文计算。

①水文资料。当有降雨实测资料时，应根据实测资料，计算设计洪水；当降雨资料缺乏时，采用就近气象站降雨历史资料计算设计。

②侵蚀沟填埋工程设计标准。10年一遇6h最大降水强度计算。

③侵蚀沟复垦后排水流量按《水土保持工程设计规范》GB 51018—2014永久截（排）水沟设计排水流量计算公式A.4.1-1计算。

采用公式法计算设计排水流量可按下式计算：

$$Q_m = 16.67\phi qF$$

式中：Q_m——设计洪峰流量（m^3/s）；ϕ——径流系数，复垦沟集水区均为坡耕地单一土地利用方式时，取值0.4～0.6，有两种或两种以上不同地表种类时，应按不同地表种类面积加权求得平均径流系数，具体取值见《水土保持工程设计规范》GB 51018—2014表A4.1-1；q——设计重现期和降雨历时内的平均降雨强度（mm/min），有10年以上自记雨量计资料时，应利用实测资料整理分析得到设计重现期的降雨强度，当缺乏自记雨量计资料时，依据中国降雨强度等值图，黑龙江省取值范围为1.5～2.0。

F——集水面积（km^2）。

（6）侵蚀沟秸秆填埋复垦设计。

1）沟道整形设计。整形沟道线基于大弯就势小弯取直的原则，沟线设置见图8-1。

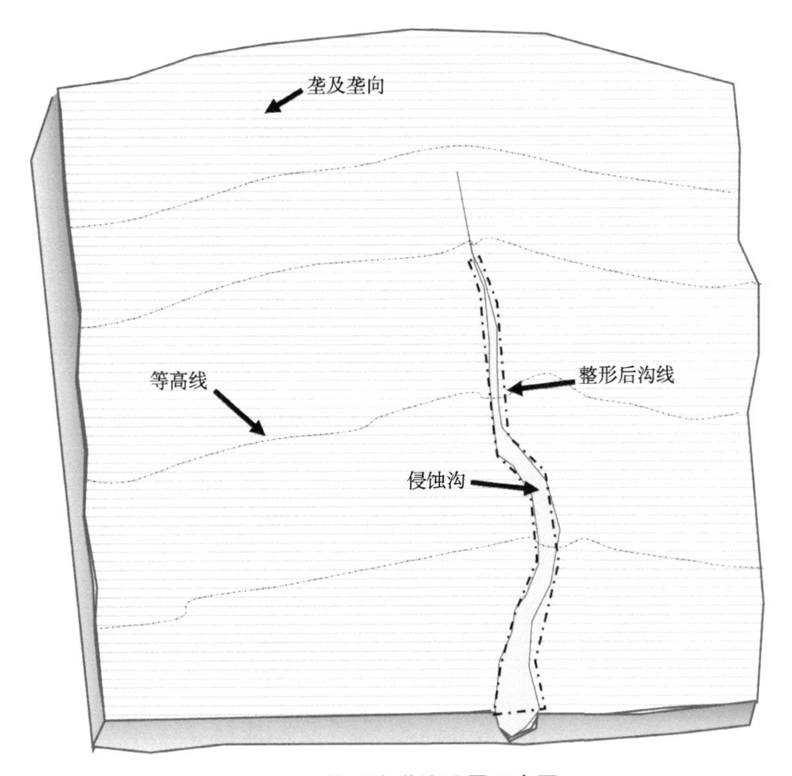

图8-1 整形沟道线设置示意图

整形后的沟道沟壁垂直于地表，横截面为长方形，沟宽依随整形前的侵蚀沟宽度而变化，沟深应结合整形沟道宽度以满足上层50cm的覆土量确定，整形挖出的土置于沟道两侧或一侧，沟道整形示意图见图8-2。

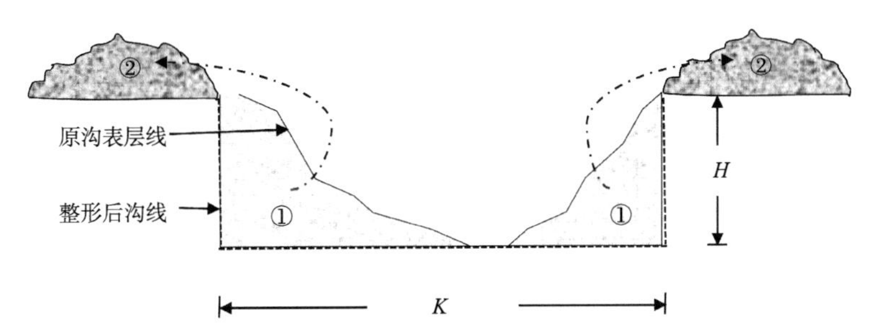

①整形前沟坡土体；②整形后土体堆放位置；H整形后侵蚀沟深；K整形后侵蚀沟宽度

图8-2 沟道整形横截面示意图

2）暗管布设设计。暗管布设应满足下列要求。

①暗管应选取塑料材质抗压耐腐的螺纹管和盲管。

②对无孔的螺纹管，应在中上部间隔5cm钻直径为0.5～1.0cm孔，铺设前必须包透水阻土等杂质进入的土工布。

③暗管管径应满足设计洪峰流量Q_m排渍流量要求，且不应形成满管出流，宜取100～200mm，排渍流量要求不能满足时，增加管径，也可通过增加暗管数量来满足排水要求。

④暗管铺设于整形后沟道底部中央位置，沟底比降不应小于2%，暗管间用带皮金属线连接，并用土工布包封。

3）秸秆打捆设计。秸秆打捆应满足下列要求。

①秸秆应选木质素和纤维素含量高的麦秸和玉米秸，也可用水稻和大豆秸秆，推荐采用玉米秸秆。

②打捆前需先经机械粉碎，目前收割机收获时粉碎秸秆能够达到打捆要求，粉碎后和未粉碎秸秆打捆机目前市场上均有售。

③秸秆捆需为紧实的方形捆，单秸秆捆应控制在总重量不超过50kg，密度不小于230kg/m^3。

④捆绑绳采用耐腐烂的抗拉强度不低于50kg的塑料材质绳。

4）秸秆铺设设计。秸秆铺设应满足下列要求。

①秸秆铺设于暗管上方，覆土层的下方。

②秸秆层厚度应为整形后沟道深度H减去50cm，并为秸秆捆高度的倍数，该倍数即为秸秆层数。

③参照基建砌砖原则，同层秸秆捆横竖兼顾，不同层秸秆错位布设，码放紧凑。

暗管布设和秸秆铺设示意图见图8-3。

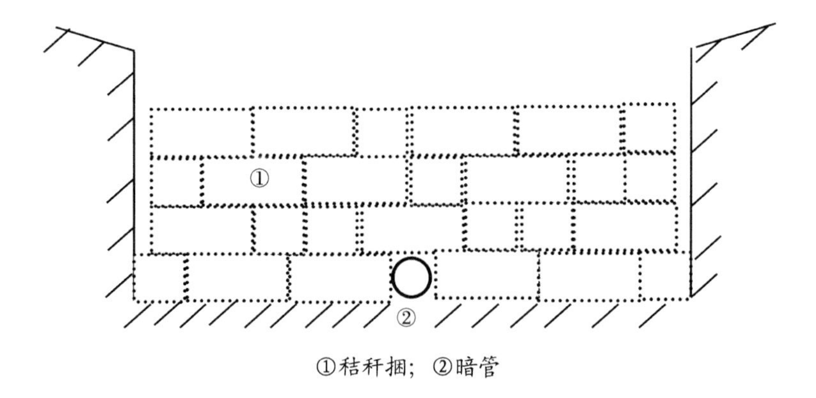

①秸秆捆；②暗管

图8-3　暗管布设和秸秆铺设示意图

5）表层覆土设计。表层覆土应遵循下列要求。

①逐层回填，先回填下层生土，最后回填原表土。

②回填后表土略高于两侧10～20cm。

表层覆土示意图见图8-4。

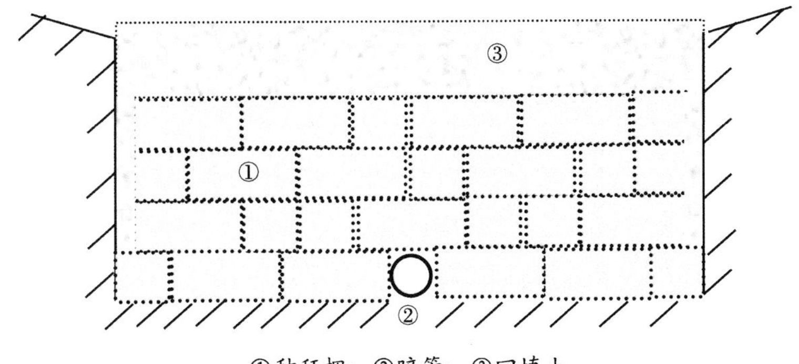

①秸秆捆；②暗管；③回填土

图8-4　表层覆土示意图

6）截留埂和渗井设计。当复垦后沟道区降雨渗透速率小于洪峰流量Q_m，需设计修筑截留埂和渗井，应遵循下列原则。

①截留埂和渗井是让股流垂直入渗的组合系统，截留埂将截断股流，渗井将股流快速向下导入秸秆层和暗管。

②沿沟线间隔修筑多道截留埂和渗井组合系统，截流埂垂直于沟线，上侧修筑渗井。

③为了便于机械通过和作物种植，沿沟线横向用土修筑弧形截留埂，宽2～5m，埂最高处距地表50～100cm。

④渗井紧邻截留埂上侧布设，秸秆铺设成中空横截面不少于1m^{2}的竖井，用碎石或大粒沙填至距地表20cm处，上铺设20cm沙层，构成渗井。

⑤渗井宽不宜超过沟宽，长不宜超过1m。

⑥截留埂和渗井组合系统基于沟道落差布设，在每段落差较大处布设一道，总数量以满足洪峰流量Q_m入渗速率为准。

截留埂和渗井组合系统布设示意图见图8-5。

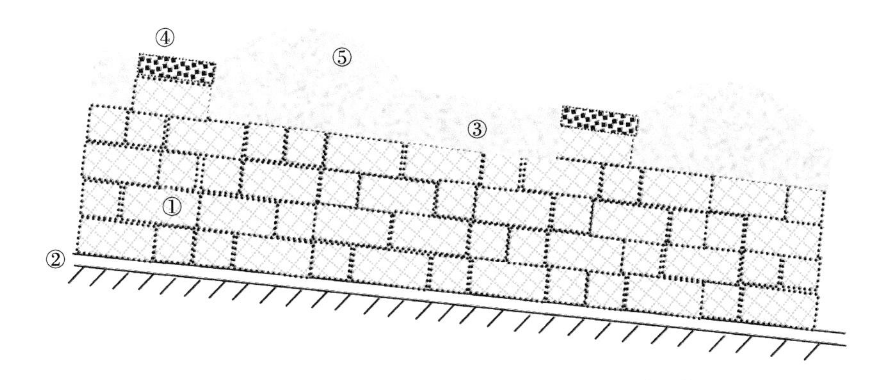

①秸秆捆；②暗管；③回填土；④沙层；⑤截留埂

图8-5　截留埂和渗井组合系统布设示意图

8.1.3.3 施工

（1）施工组织。

①施工期应安排在秋收后，表土冻结20cm前完工。

②侵蚀沟秸秆填埋复垦宜采用机械施工为主，人工为辅。

③需要的机械包括盘式搂草机、秸秆打捆机、挖掘机和运输车辆。

④秸秆易就近打包，减少运输，节约成本，提高效率。

（2）施工内容。沟道整形放线和宽深确定；整形挖土；暗管铺设；秸秆打捆；秸秆铺设；表土填埋；截留埂和渗井布设；沟尾出口防护。

（3）施工方法。

①沟道整形放线应遵循“小弯取直，大弯就势”的设计原则，沿复垦前的沟道自然线确定整形沟道线；依据表层覆土50cm所需土量和沟道截面设计特征，分段确定整形后的沟深和沟宽，并在相应位置沟岸间隔打标志桩，参见图8-1。

②整形挖土。采用挖掘机沿线并按标志桩规定深度和宽度将侵蚀沟道修整成长方体沟道，沟壁笔直；挖掘出的土壤应分层次堆放沟岸两侧，表土在下，底土在上，参见图8-2。

③暗管铺设于整形后的侵蚀沟道底部中央，河底不应小于2%的比降，暗管表面应用一层土工布包裹，暗管间用带表皮的金属线连接，连接处用土工布包封，暗管可选盲管、螺纹管、PE管等，推荐盲管和螺纹管，可在中部布设一根，也可布设多根，总体要求暗管连贯并成一定比降，外包土工布，防止泥土进入。

④秸秆打捆是将机械收获粉碎的秸秆打成紧实的方形捆，应利用盘式搂草机先将收获后粉碎覆于地表的秸秆搂成条带状，再用秸秆打包机打成方形紧实的达到设计要求的秸秆捆，总体要求为紧实的方形捆，用耐腐烂的塑料绳捆实。

⑤秸秆捆沿侵蚀沟道的一端开始铺设，从底层向上逐层铺设，最底层先横向紧挨暗管铺设，第二层先在暗管正上方横向铺设一个秸秆捆，此后依次铺设，应遵循同层秸秆捆横竖兼顾，不同层秸秆错位布设，码放紧凑的设计要求，总体要求为紧实错位码放，尽量不留空隙。

⑥表土填埋仍利用挖掘机按底土至表土逐层还土填埋的设计要求，填埋后表土应高出地面10～20cm，总体要求为生土在下，熟土在上，厚度不超过50cm。

⑦截留埂和渗井布设应依据设计的位置，先行在下端修筑高50～100cm，宽不小于2m的横向弧形土埂；再在紧连截留埂的上端铺设横截面不小于1m^{2}秸秆捆竖井，下达暗管，上至地面，宽不超过沟宽，长度控制在1m左右，竖井内部墙体置放土工布后，填入碎石或大粒沙，最后上铺设约20cm左右厚的沙层（图8-5）。

⑧沟尾出口应连接至排水沟，需修筑简易防护措施，有条件的可修筑浆砌石护墙，暗管在底部漏出，防止新的沟头在最下端生成（图8-6）。

侵蚀沟总体技术操作流程见图8-7。

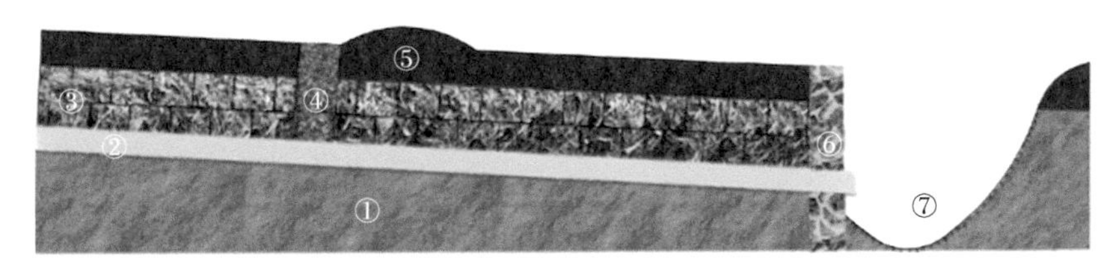

①底土；②暗管；③秸秆层；④渗井；⑤拦截埂；⑥防护墙；⑦排水沟

图8-6　沟尾防护墙修筑位置

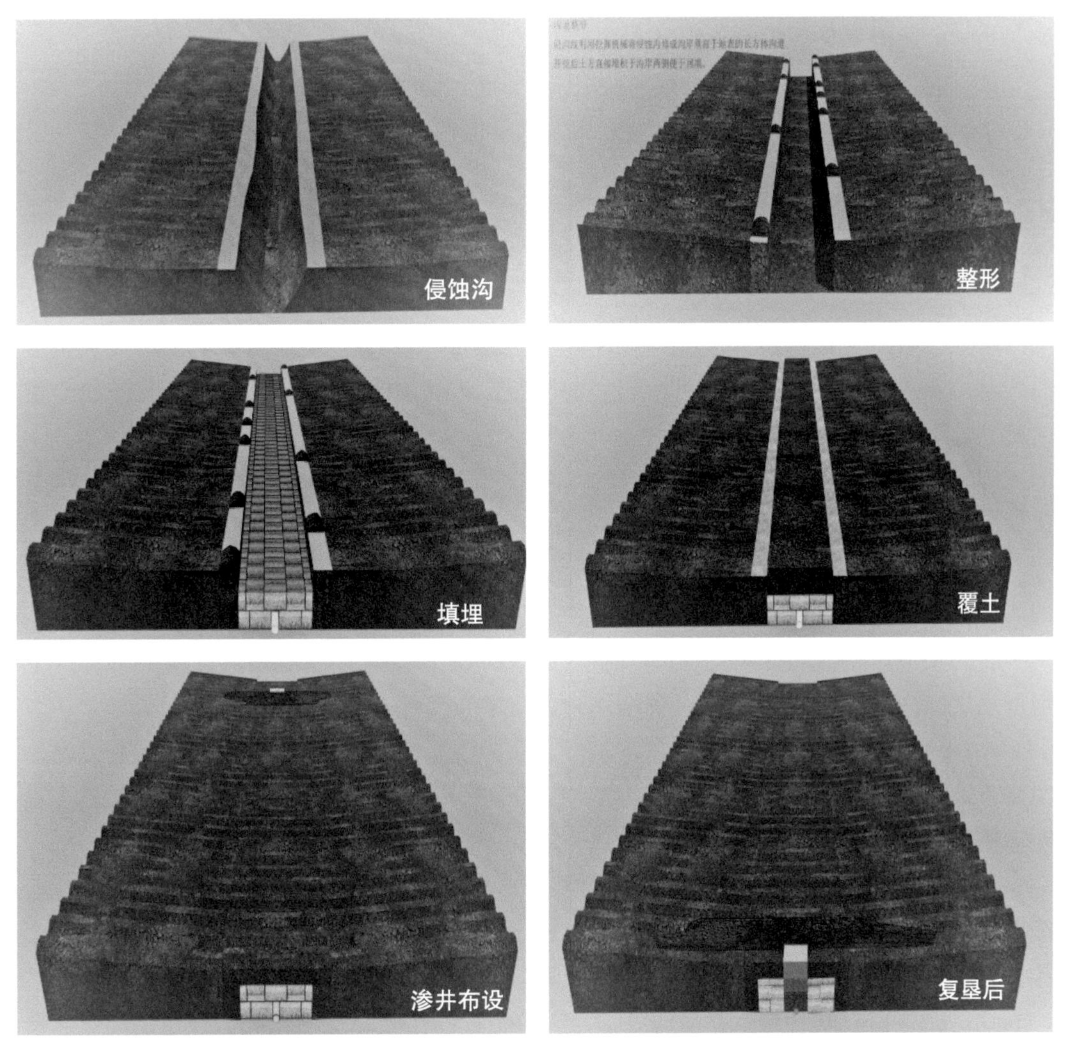

图8-7　复垦实施过程示意图

8.1.3.4　管护

（1）复垦沟维修管护。每年秋收后，应对复垦后的原侵蚀沟道区域检查，发现打出浅沟或切沟的地方，应覆土修复。

（2）截留埂和渗井维修管护。

①每年秋收后，应对修筑的截留埂检查，发现贯穿或变矮的，应修整达到设计要求。

②每年秋收后，应对渗井清淤，将截留沉积的杂质和淤泥清理堆放到截留埂上，对于有塌陷的，应补充填沙抚平。

（3）工程管理。

①验收后及时交付管护单位（人），落实工程管护责任。

②管护单位（人）应对工程进行管护，保证安全运行。

③应划定管护范围，明确管护权限。

④应做好保护和宣传教育工作，制止一切破坏行为。

8.1.4 典型案例

8.1.4.1 实施地点

黑龙江省海伦市前进乡光荣村（N47°21′22.52″，E126°49′56.71″），典型黑土带的中部，漫川漫岗黑土区核心地带，为松嫩平原粮食核心产区，也是沟道侵蚀严重区域。

8.1.4.2 示范建设

侵蚀沟位于海伦水保站东南300m处，为处于耕地中的小型沟，沟下端与横向交叉的一条大型沟连接，切沟长280m，宽约3m，深1.5m，上端与两条分叉的浅沟相连，浅沟长各约100m，达分水岭处。土壤属典型黑土，黑土层厚度约30cm，过渡层40cm，下为母质层，深约8m。横坡垄作，种植作物为玉米和大豆。

（1）秸秆打捆。填埋秸秆为玉米秸秆，联合收割机收获后，玉米秸秆被粉碎后均匀抛撒于地表，利用秸秆打捆机收集打捆，打捆绳采用耐腐烂的塑料绳，尽量打成最为紧实，秸秆捆规格随打捆机定，设为40cm、50cm、60cm，紧实度控制在不小于230kg/m^3。

（2）侵蚀沟道整形。为了紧实填埋秸秆，构筑通畅的地下水道，同时为表层覆盖准备表土，挖掘出土壤存放于沟道两侧，表土在下，底土在上堆放；依据沟道自然形状，将整形后的沟宽设定为3.5m和2m两个宽度，前者120m长、2.0m深；后者160m长、1.5m深。此外适当取直沟道并使沟底呈与沟道相近的比降，除便于操作外也是构建通畅水道所需。为了提高效率和质量，降低成本，采用挖掘机施工。

（3）暗管布设。暗管是地下排水的主通道，水及时导入管中，并排出地块。采用盲沟暗管（图8-8），将暗管用透水性较好的土工布包裹后布设于沟底中部，直至沟底出水口，沟底比降3%～5%。

图8-8 盲管

（4）秸秆填埋。将秸秆捆自下而上整体排列，尽量不留空隙，直至距地表50cm处，下端宽体段秸秆铺设3层，上端窄体段秸秆铺设2层。

（5）表土抚平。利用挖掘机，将两侧土填入沟中，生土置于下层，熟土置于上层，略高于地表20cm。

（6）拦截埂及竖井。上游来水较大的侵蚀沟，在复垦后共修筑2道拦截埂和渗井，分别修筑于沟头和下端宽体段的上部，并在埂上中部区域利用秸秆捆修筑横向2m、纵向1m的渗井，覆土工布后内填直径约2cm的毛石，上层覆20cm厚筛出的粗砂。施工过程如图8-9。

秸秆收集及打捆

秸秆捆装运

沟道整形

暗管布设

秸秆铺设

渗井

复垦后

出口墙

图8-9　施工过程图

8.1.4.3　复垦效果及工程量

通过秸秆填埋措施对侵蚀沟进行治理，工程共投资2.53万元（表8-1），总计修复沟毁再造耕地740m^2，每再造1平方米耕地34元，接近国家基本农田占用补偿每平方米30元的标准。

表8-1　工程量及成本

工程种类	数量	单价（元）	支出（元）
土方挖掘	370m^3	6.0	2 220
秸秆打包	6 400包	1.25	8 000
运输	5台·d	300.0	1 500
暗管	300m	19.8	5 940
出口墙	2.88m^3	500.0	1 440

（续表）

工程种类	数量	单价（元）	支出（元）
覆土	370m^3	6.0	2 220
人工	25人·d	120.0	3 000
耕地修整	2 800m^2		1 000
合计			25 320

8.2 防护翼墙镶嵌式石笼谷坊

8.2.1 引言

东北黑土区作为全世界仅有的三大黑土区之一，以其有机质含量高、土壤肥沃、土质疏松、适宜耕作而闻名于世，粮食总产量约占全国粮食产量的1/5。由于多年来的自然侵蚀和垦殖指数过高，东北黑土区水土流失问题日趋严重，黑土层正以每年0.1 ~ 1cm的速度流失。当前，由于侵蚀沟的快速发展，耕地面积不断减少，土地生产力下降，据推算，侵蚀沟正以每年7.39km^{2}的速度蚕食耕地。据最新水利普查数据统计，东北黑土区现有100 ~ 5 000m长的侵蚀沟29.57万条，其中发展沟占侵蚀沟总数的88.67%。谷坊是治理侵蚀沟最为有效的措施，应用最为普遍。本技术是在大量现场调查基础上，总结经验与不足，在传统谷坊设计基础上加入了迎水面与背水面防护翼墙。本项防护翼墙镶嵌式石笼谷坊技术操作手册是在进一步中试和示范验证的基础上提出的，适用于黑土区各类侵蚀沟道治理中，其他地区可参照实施。

8.2.1.1 技术背景

谷坊是侵蚀沟治理最为有效的技术措施之一，按建筑材料可分为土谷坊、石谷坊以及植物谷坊等。土谷坊由填土夯实而成，适用于土质丘陵区，但受坝顶不能溢流限制，其应用较少；植物谷坊由柳桩和编柳篱内填土或填石而成，其高度不超过1.5m，仅适用于流量较小的支毛沟治理；石谷坊分为浆砌石谷坊、干砌石谷坊和石笼谷坊，适用于沟底比降及径流泥沙量较大的侵蚀沟，其中以石笼谷坊稳定性较高，因此其应用最为广泛。

目前石笼谷坊均由长方体石笼网箱逐层呈台阶式垒砌而成，各嵌入两侧沟岸0.5 ~ 1.0m，其仍然存在水毁问题，主要原因是迎水面两侧土质沟岸受水力冲掏作用横向扩张，造成谷坊坝肩外露后，沟岸坝肩处土体发生渗透变形，水流沿坝肩绕流后冲刷下游坡脚，最终导致谷坊坝基掏空，坝体坍塌。因此如何解决石笼谷坊坝体易因坝肩绕流而坍塌的问题，是本领域技术人员目前需要解决的技术问题。本项创新技术可应用性强，在传统谷坊设计基础之上，增加了谷坊迎水面和背水面两侧沟岸的防护翼墙，优点具体体现在以下几个方面。

（1）稳固谷坊迎水与背水面两侧沟岸，防止受水流冲淘作用发生坍塌。

（2）迎水面防护翼墙兼具导流作用，能够减少水流绕渗。

（3）背水面防护翼墙具有降低填方浸润线的作用，能够防止背水面两侧沟岸遭受渗透和冲刷破坏。

8.2.1.2 参照规范

下列文件在本节中的应用是必不可少的。凡是注日期的引用文件，仅所注日期的版本适用于本手册。凡是不注日期的引用文件，其最新版本（包括所有的修改单）适用于本措施标准。

《水土保持术语》GB/T 204565；

《水土保持工程设计规范》GB 51018；

《水土保持综合治理技术规范化沟壑治理技术》GB/T 16453.3—2008；

《黑土区水土流失综合防治技术标准》SL 446。

8.2.2 技术概述

8.2.2.1 技术原理

防护翼墙镶嵌式石笼谷坊技术是在传统石笼谷坊设计基础之上，增加了谷坊迎水面与背水面两侧沟岸的防护翼墙设计。其中迎水面防护翼墙上游端部向沟岸内弯折，下游与谷坊坝体迎水面相接；在谷坊坝体迎水面一侧增设防护翼墙后，避免了谷坊坝体因迎水面受水力冲淘两侧沟岸造成坝体坍塌问题，而防护翼墙上游端部向沟岸内弯折，伸入沟岸内，能够有效防止水流从墙后渗流。谷坊背水面防护翼墙设计与迎水面一致，在起到稳定沟岸的同时，能够有效防止渗透变形的发生。

8.2.2.2 技术组成

防护翼墙镶嵌式石笼谷坊技术包括定线、清基、挖结合槽、砌石、回填夯实等环节。

（1）定线、清基、挖结合槽、沟岸整形。根据规划测定的谷坊位置，按设计的谷坊及防护翼墙尺寸在地面划出坝基轮廓线、防护翼墙基础沟槽；将基础以内的浮土、草皮、乱石及树根等全部清除，并开挖结合槽。在谷坊迎水侧与背水侧一定范围内进行沟岸整形。

（2）砌石。根据设计的尺寸、先施工谷坊坝体，再依次施工防护翼墙及海漫段。谷坊坝体施工完成后，沿防护翼墙基槽先布设基础，在基础之上沿整形后的沟岸逐层向上垒砌，直至达到设计高度。防护翼墙施工结束后在谷坊背水面沟底铺砌海漫段，长度不小于2.5m，宽度延伸至沟岸两侧防护翼墙基础。

（3）回填夯实。谷坊坝体及防护翼墙施工完成后，在迎水面及背水面填土夯实。

8.2.2.3 适用范围

经实践证实，在东北黑土区应用的石笼谷坊具有较高的整体稳定性，但存在普遍的问题是径流在谷坊坝体两侧发生绕渗现象造成侧蚀，以及在背水面坝体与土基接触处发生接触冲刷与流失。鉴于以上问题，防护翼墙镶嵌式石笼谷坊的适用条件如下。

（1）坝基为黏性土或砂石母质覆盖的各类侵蚀沟道。

（2）沟底比降不大于15%的侵蚀沟。

8.2.3 技术操作

8.2.3.1 一般规定

（1）根据当地自然条件和社会经济情况，结合材料运输及供应情况全面规划、统筹安排。

（2）汛后和较大暴雨后，应及时管护。

（3）设计标准，防御标准抵御10年一遇3～6h最大暴雨。

8.2.3.2 设计

（1）适用沟的选取。石笼谷坊具有透水性强、抗变形能力强以及稳定性高等优点，有效解决了东北黑土区侵蚀沟治理工程因冻胀作用导致工程损毁的问题，在吉林省山地丘陵区应用广泛。其适用沟的选取原则如下。

①沟底下切严重的发展型侵蚀沟。

②坡面水土保持措施相对完善，沟岸相对稳定的侵蚀沟。

（2）基本原则。

①谷坊坝肩嵌入沟岸深度视沟岸地质情况确定。

②谷坊设计坝高应低于坝址处两侧沟岸最低高程。

③谷坊坝址处建筑材料来源丰富且能够运输到施工现场。

（3）基本资料。侵蚀沟所在坡面汇水区基本资料包括以下几项。

①1：10 000地形图和（1：10 000）～（1：5 000）土地利用现状图。

②水文资料、气象资料和土壤资料。

③社会经济效益情况。

④水土流失情况（侵蚀强度与侵蚀危害）。

⑤治理现状情况（侵蚀沟所在坡面汇水区土地利用情况与采用的治理措施种类、数量及保存率）。

（4）治理沟测量。

①汇水区面积和坡度测量。在条件允许情况下，应对治理的侵蚀沟采用无人机航拍测量，绘制1：2 000地形图和坡度图，建立调查侵蚀沟及汇水区的三维模型，后期在室内应用ArcGIS等地理信息软件，从三维模型上获取侵蚀沟的三维信息，大小尺寸及空间分布等设计，绘制三维数字化侵蚀沟治理模式图。

②沟道形状测量。采用米尺或激光测距仪，沿沟道每隔20m测量沟道横断面宽、深，并绘制基本形状。

③土壤剖面调查。利用沟岸自然断面，调查并记录土壤剖面分层信息，包括黑土层、过渡层厚度，土壤质地等。

（5）水文计算。

①水文资料。当有降雨实测资料时，应根据实测资料，计算设计洪水；当降雨资料缺乏时，采用就近气象站降雨历史资料计算。

②防护翼墙镶嵌式石笼谷坊工程设计标准。10年一遇6h最大降水强度计算。

③沟道洪峰流量确定。侵蚀沟洪峰流量计算如下：

$$Q_m = 0.278(\frac{S_p}{\tau^n} - \mu)F$$

式中：Q_m——设计洪峰流量，m^3/s；F——汇水面积，km^2；S_p——设计雨力，即重现期（频率）为p的最大1h降雨强度，mm/h；τ——流域汇流历时，h；n——暴雨衰减指数，反映暴雨在里程分配上集中程度指标；μ——损失参数（mm/h），即平均稳定入渗率。

④溢洪口尺寸。石质谷坊溢洪口一般设在坝顶，采用矩形宽顶堰，公式如下：

$$Q = Mbh^{\frac{3}{2}}$$

式中：Q——设计流量，m^3/s；b——溢洪口底宽，m；h——溢洪口水深，m；M——流量系数，一般采用1.55。

（6）防护翼墙镶嵌式石笼谷坊技术设计。

①谷坊坝体设计。谷坊高度不宜大于3m，顶宽1.0～1.5m，上游边坡宜取1：（0.8～1.0），下游边坡宜取1：（1.0～1.2），石笼可用铁丝编成网格，格眼尺寸100～120mm，石笼体横断面为矩形，长0.6～0.8m，高和宽各0.4～0.6m。石笼基础埋深0.4～0.6m，基础垫层依次铺设土工布与0.10m厚碎石垫层。两侧坝肩嵌入沟岸不小于0.5m，沟岸与谷坊坝肩结合处均铺设土工布（图8-10）。

②防护翼墙设计。谷坊坝体建设完成后，对背水面及迎水面两侧沟岸进行修整并夯实，使沟道横断面形成倒梯形。沿坡脚线开挖防护翼墙基础沟槽，长度取1～2m为宜，宽深各0.6m，基础从下向上依次铺设土工布，0.10m厚碎石及0.50m厚石笼，在基础之

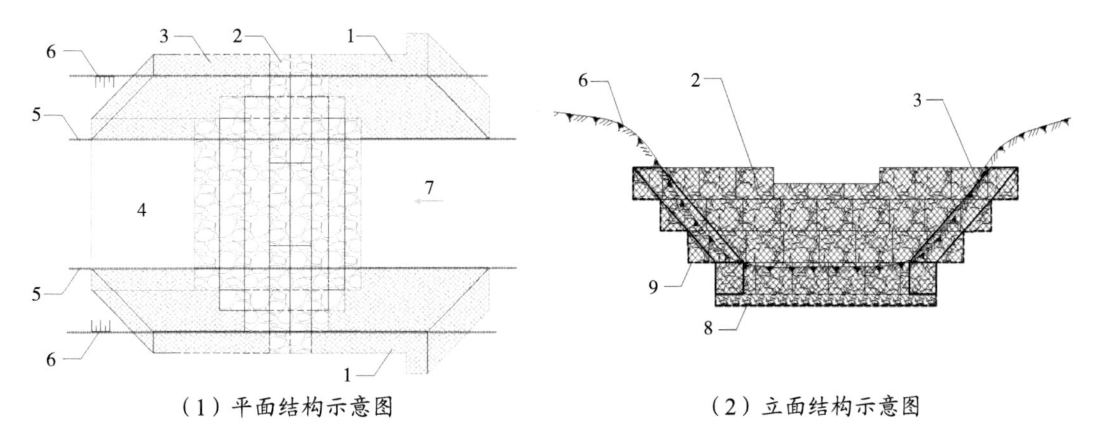

（1）平面结构示意图　　　　（2）立面结构示意图

1. 迎水面防护翼墙；2. 谷坊坝体；3. 背水面防护翼墙；4. 海漫段；5. 坡脚线；
6. 沟缘线；7. 来水方向线；8. 碎石垫层；9. 土工布

图8–10　防护翼墙镶嵌式石笼谷坊示意图

上沿沟岸向上逐层砌石形成防护翼墙，直至达到设计高度。防护翼墙与土质沟岸之间利用土工布进行防护。

③海漫设计。谷坊下游沟底布设海漫，与谷坊成为整体结构。长度不小于2.5m，宽度根据谷坊下游沟道宽度确定，厚度0.3～0.5m，下铺0.10m厚碎石垫层与土工布。海漫段纵向比降保持与沟道比降一致，出水末端与沟底平缓连接。

8.2.3.3　施工

（1）施工组织。

①施工期应安排在秋季。

②防护翼墙镶嵌式石笼谷坊应以人工施工为主，机械施工为辅。

③施工中所需机械主要为挖掘机和运输车辆。

（2）施工内容。主要有以下几个方面。

①定线、清基、挖结合槽。

②铺设垫层。

③砌石。

④基础回填夯实。

（3）施工方法。

①根据规划测定的谷坊位置，按设计的谷坊尺寸在地面划出坝基轮廓线；将基础以内的浮土、草皮、乱石及树根等全部清除，并开挖结合槽。对于岩基沟床，应清除表面的强风化层。基岩面应凿成向上游倾斜的锯齿状，两岸沟壁凿成竖向结合槽。

②根据设计的尺寸，先施工谷坊坝体，再依次施工防护翼墙及海漫段。谷坊基础采用石笼结构，深度0.50m，底部铺设土工布及0.1m厚碎石垫层，坝体从下向上分层

垒砌，逐层向内收坡，块石应首尾相接，错缝砌筑，大石压顶。要求块石厚度不小于30cm，接缝宽度不大于2.5cm，应做到平、稳、紧、满。谷坊坝体施工完成后，对迎水面与背水面两侧沟岸整形，使沟道横断面形成倒梯形，沿坡脚线开挖防护翼墙基槽，宽、深各0.6m，采用石笼结构，底部铺设土工布与碎石垫层，沿基础垫层从下向上沿整形后的沟岸逐层向上垒砌，直至达到设计高度。防护翼墙施工结束后在谷坊背水面沟底铺砌海漫，长度不小于2.5m，宽度延伸至沟岸两侧防护翼墙基础。

③谷坊坝体及防护翼墙施工完成后，在迎水面及背水面填土夯实。填土前先将坚实土层深松3～5cm，以利结合，每层填土厚0.25～0.30m，夯实一次；将夯实土表面刨松3～5cm，再上新土夯实，要求干容重为1.4～1.5t/m^3。

8.2.3.4 管护

（1）谷坊管护。

①汛后和较大暴雨后，及时到谷坊现场检查，发现损毁等情况，及时补修。

②坝后淤满成地，应及时种植喜湿、耐淹和经济价格较高的用材林、果树或其他经济作物。

（2）工程管理。

①验收后及时交付管护单位（人），落实工程管护责任。

②管护单位（人）应对工程进行管护，保证安全运行。

③应划定管理范围，明确管护权限。

④应做好保护和宣传教育工作，制止一切破坏行为。

8.2.4 典型案例

8.2.4.1 实施地点

技术实施地点位于吉林省东辽县金州乡德志村（沟头：E125°15′0.30″，N43°3′55.23″；沟尾：E125°14′51.44″，N43°3′57.50″），处于东北黑土区核心位置，区域沟道侵蚀严重。

8.2.4.2 示范建设

侵蚀沟位于吉林省东辽县金州乡德志村内，为处于耕地中的小型沟道，沟道呈直线型分布，总长度320m，沟道平均宽度6.1m，最大深度达3.0m，沟道比降9.4%，沟道内为沙土覆盖，立地条件相对较差。沟头距分水岭约20m，侵蚀沟两侧为耕地，种植作物为玉米。

（1）定线、清基、挖结合槽。按设计谷坊尺寸，在地面规划坝基轮廓线，清除轮廓线内的浮土、草皮、乱石及树根等杂物，沿坝轴线中心从沟底至沟岸开挖结合槽，结合槽深度0.5～1.0m。

（2）根据设计的尺寸，先施工谷坊坝体。基础底部铺设土工布及0.1m厚碎石垫层，基础采用石笼结构。坝体从下向上分层垒砌，逐层向内收坡，块石厚度约30cm。谷坊坝体施工完成后，沿防护翼墙基槽先布设基础，沿基础垫层从下向上沿整形后的沟岸逐层向上垒砌，直至达到设计高度。

（3）谷坊坝体及防护翼墙施工完成后，在迎水面及背水面填土夯实。填土前先将坚实土层深松3～5cm，以利结合，每层填土厚0.25～0.30m，夯实一次；将夯实土表面刨松3～5cm，再上新土夯实，要求干容重为1.4～1.5t/m^3。

8.2.4.3　实施效果及工程量

与传统谷坊相比，防护翼墙镶嵌式石笼谷坊有效避免了坝肩绕渗及坝下游的接触冲刷与流失，实施过程及效果见图8-11，工程量及成本见表8-2。

定线、清基、挖结合槽

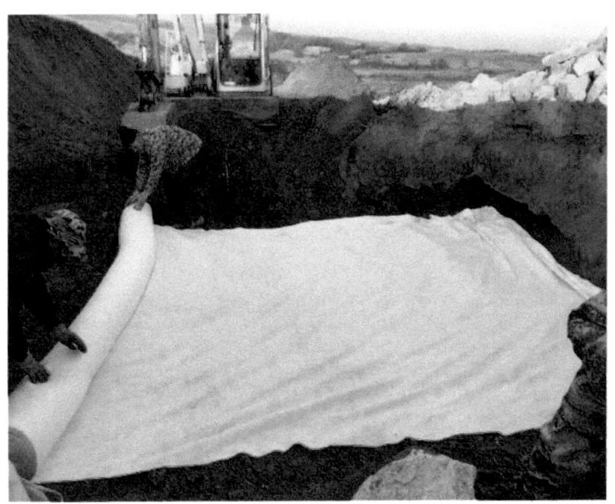

铺土工布

碎石垫层

砌石

防护翼墙基础

防护翼墙砌石

效果图1

效果图2

图8-11　实施过程及效果图

表8-2　工程量及成本

工程或费用名称	单位	数量	单价（元）	合计（万元）
土方开挖	m^3	66.00	10.56	0.07
人工夯实土方	m^3	11.52	16.79	0.02
土工布	m^2	124.74	10.92	0.14
石笼工程	m^3	87.00	277.35	2.41
碎石垫层	m^3	17.40	190.70	0.33
				2.97

8.3 植桩生态护坡

8.3.1 引言

东北黑土区黑土资源以土壤肥沃、有机质含量高、土质疏松、适宜耕作而闻名于世，号称“北大仓”，是我国重要的商品粮基地之一，区域面积103万km^2。长期以来，由于人类的过度垦殖和不合理耕作，造成该区大规模的水土流失，侵蚀沟不断切割地表，蚕食耕地，冲走沃土，降低了大型机械的耕作效率。据调查统计，黑土区内有侵蚀沟29万多条，侵蚀耕地59万hm^2以上，每年因侵蚀沟发育而损失的粮食就高达36.23×10^8kg。沟岸扩张侵蚀在其中扮演重要角色。在沟岸治理中需将稳固沟坡、立地改良与植被相结合，才能达到沟坡治理的目的。本技术是在进一步的中试和示范验证的基础上提出的，适用于吉林省土层较薄区域中小型侵蚀沟沟坡植被恢复，同时可在黑龙江省、辽宁省和内蒙古自治区东北区域应用，在我国其他区域可参照实施。

8.3.1.1 技术背景

侵蚀沟是沟蚀所造成的侵蚀地形，受冻胀作用及沟底径流冲刷坡脚的影响，侵蚀沟沟坡极易出现沟岸坍塌和土质流失，导致侵蚀沟道横向扩张，且植被难以存活。侵蚀沟切割损毁坡地、耕地，造成土地支离破碎，既不利于农业机械作业，也不利于土地管理，是东北农区生态恶化的重要表现。沟坡治理是侵蚀沟防治的关键，目前，针对侵蚀沟沟坡的生态防护技术鲜有报道，已有的研究多集中于公路路基边坡、河岸边坡的治理，其中应用较为广泛的生态治理技术包括生态混凝土砌块护坡技术、生态袋护坡技术、植物护坡技术以及工程与植物相结合的护坡技术，但由于侵蚀沟分布零散、单沟工程量少但跨度大以及交通不便、植被难以恢复等问题，上述护坡技术多不适用于侵蚀沟。因此提供一种适用于侵蚀沟道的护坡技术是本领域技术人员目前需要解决的技术问题。本项创新技术可应用性强，优点具体体现在以下几方面。

（1）稳定了沟坡，实现了沟坡快速植被恢复。

（2）改善了沟坡土壤理化性状，提高了沟坡土壤抗蚀性。

（3）消耗农作物秸秆库存量，减少碳排放和雾霾的形成。

（4）施工简单，材料来源广泛，可操作性强。

8.3.1.2 参照标准

下列文件在本节中的应用是必不可少的。凡是注日期的引用文件，仅所注日期的版本适用于本节。凡是不注日期的引用文件，其最新版本（包括所有的修改单）适用于本节。

《水土保持术语》GB/T 204565；

《水土保持工程设计规范》GB 51018；

《水土保持综合治理技术规范　坡耕地治理技术》GB/T 16453.1；

《黑土区水土流失综合防治技术标准》SL 446。

8.3.2　技术概述

8.3.2.1　技术原理

针对受坡脚径流冲刷后，沟岸持续坍塌与扩张形成的母质裸露、植被难以恢复的破碎沟坡，提出了一种植桩生态护坡技术。该技术以杂木桩、农作物干秸秆为主体材料，对破碎沟坡整形成自然稳定的沟坡后，沿沟坡平行布设多排木桩，并相继进行栽植柳苗、撒播草籽与铺秸秆等施工工序。沿沟坡平行布设的木桩一方面可减少表土的整体滑移，另一方面可起到固定沟坡秸秆的目的。沿沟坡撒播的草籽在秸秆覆盖的庇护作用下，减少了因击溅侵蚀与沟坡径流冲刷作用下的流失，铺设秸秆在发挥上述作用的同时，能够有效拦截与淤积坡上部径流中泥沙，减缓沟坡比降，并在表层形成土——秸秆复合体，增加抗蚀性，改善土壤理化性状。

8.3.2.2　技术组成

植桩生态护坡技术主要包括沟坡整形、杂木桩与树苗定植、撒播草籽、铺设秸秆、秸秆固定等环节。

（1）沟坡整形工程。即对陡立或杂物覆盖的沟坡修整成规整的坡面，保证修整后的沟坡具有一定厚度的土层并刨毛。其作用一是使沟坡土体达到自然稳定；二是为沟坡撒播草籽与铺设秸秆创造条件。

（2）杂木桩与树苗定植工程。以沟坡整形后的坡角线为基准线，平行于基准线沿坡面向上间隔一定距离分别划出第2、第3……排规划线，沿基准线与各排规划线定植杂木桩，在杂木桩间定植树苗，并平茬。

（3）撒播草籽。在沟坡撒播草籽，之后人工利用铁锹拍实撒播草籽的坡面。

（4）铺设秸秆。沿沟坡从下向上，在各排定植的杂木桩之间铺设秸秆，秸秆可采用绑绳或固定于杂木桩间的檩条固定。

8.3.2.3　适用范围

植桩生态护坡技术以杂木桩、秸秆为主要材料，应用的前提条件是坡脚有防护措施以保证坡面的相对稳定以及沟坡具有一定厚度覆盖的土层能够恢复植被。因此沟道汇水量与坡面土壤覆盖厚度是适用的关键衡量指标，该技术的适用条件如下。

（1）沟底径流量较小的中小型侵蚀沟道。

（2）沟坡土层覆盖厚度不小于30cm。

（3）侵蚀沟沟坡高度不超过3m。

8.3.3 技术操作

8.3.3.1 一般规定

（1）植桩生态护坡技术应与固坡工程相结合，全面规划、统筹安排。

（2）不宜在高度超过3m的沟坡布设。

（3）不宜在洪水位线以下的沟坡布设。

（4）设计标准，防御标准抵御10年一遇3～6h最大暴雨。

8.3.3.2 设计

（1）适用沟的选取。植桩生态护坡技术是以杂木桩与农作物干秸秆为主体材料的一项侵蚀沟沟坡稳固与植被恢复技术，具有材料环境友好、施工简单易行、技术易于推广的优点。但其以生态修复功能为主，技术所应用材料决定了其强度较低，特别是对径流冲击力的抵抗能力较弱，因此适用的侵蚀沟选取原则应具备以下条件。

①沟内洪水位低于沟坡高度1/3的中小型侵蚀沟道。

②沟坡高度不小于1m，不超过3m，且土层厚度不小于30cm的侵蚀沟。

③侵蚀沟沟坡坡脚采取了必要的防护，或侵蚀沟沟底已下切至岩石母质停止下切。

（2）基本原则。

①与坡脚稳固、固坡工程同步开展。

②秸秆铺设厚度不宜超过5cm，且应留有一定空隙。

③杂木桩所选用的木桩可就地取材，干鲜皆可。

（3）基本资料。侵蚀沟所在坡面汇水区基本资料包括以下几项。

①1：10 000地形图和（1：10 000）～（1：5 000）土地利用现状图。

②水文资料、气象资料和土壤资料。

③社会经济效益情况。

④水土流失情况（侵蚀强度与侵蚀危害）。

⑤治理现状情况（侵蚀沟所在坡面汇水区土地利用情况与采用的治理措施种类、数量及保存率）。

（4）治理沟测量。

①汇水区面积和坡度测量。在条件允许情况下，应对治理的侵蚀沟采用无人机航拍测量，绘制1：2 000地形图和坡度图，建立调查侵蚀沟及汇水区的三维模型，后期在室内应用ArcGIS等地理信息软件，从三维模型上获取侵蚀沟的三维信息、大小尺寸及空间分布等设计，绘制三维数字化侵蚀沟治理模式图。

②沟道形状测量。采用米尺或激光测距仪，沿沟道每隔20m测量沟道横断面宽、深，并绘制基本形状。

③土壤剖面调查。利用沟坡自然断面，调查并记录土壤剖面分层信息，包括黑土

层、过渡层厚度，土壤质地等。

（5）水文计算。

①水文资料。当有降雨实测资料时，应根据实测资料，计算设计洪水；当降雨资料缺乏时，采用就近气象站降雨历史资料计算。

②植桩生态护坡工程设计标准。10年一遇6h最大降水强度计算。

③侵蚀沟洪峰流量计算。

$$Q_m = 0.278(\frac{S_p}{\tau^n} - \mu)F$$

式中：Q_m——设计洪峰流量，m^3/s；F——汇水面积，km^2；S_p——设计雨力，即重现期（频率）为p的最大1h降雨强度，mm/h；τ——流域汇流历时，h；n——暴雨衰减指数，反映暴雨在里程分配上的集中程度指标；μ——损失参数，mm/h，即平均稳定入渗率。

（6）植桩生态护坡技术设计。

①沟坡整形设计。在原坡脚线和沟缘线各向外延伸约一定距离，约为沟坡高度的1/2，作为沟坡整治线，采用削坡反压方式，实现挖填平衡，尽量减少挖方，并保证了整形后的沟坡土层覆盖，整治线的划定应遵循大弯就势小弯取直的原则（图8-12）。

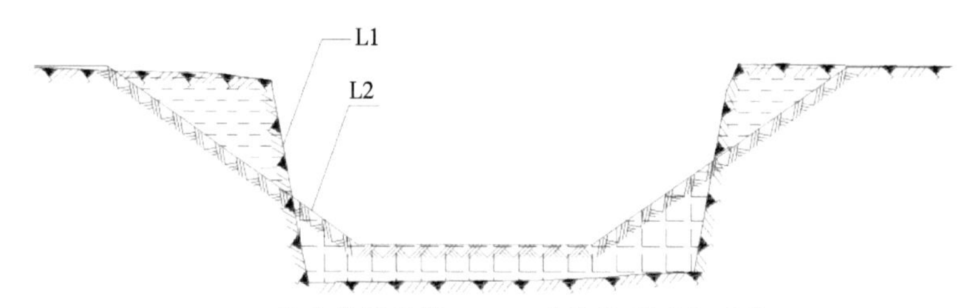

图8-12　沟坡整形示意图

②杂木桩与柳苗定植。以沟坡整形后的坡角线为基准线，平行于基准线沿坡面向上间隔1m距离分别划出第2、第3……排规划线，沿基准线与各排规划线定植杂木桩，木桩沿坡面垂直打入，桩距为0.50m，长度不小于0.50m，打入坡面不小于0.30m，露出地面约0.20m，在木桩间缝植1年生当地适生树苗，栽植深度以超过苗木根颈3～5cm为准。

③撒播草籽。在沟坡撒播草籽，按60kg/hm^{2}播种量播种，播种完成后利用铁锹拍实表层土。

④铺设秸秆。秸秆优选干玉米秸秆，沿坡脚至坡顶依次平铺，秸秆长度方向顺沟道走向铺设，铺设厚度以单层玉米秸秆为准，并保持秸秆间存在一定缝隙，坡面上下相邻秸秆间利用绑绳依次固定，防止秸秆堆积。

⑤檩条固定。为进一步防止秸秆在大风及坡面径流作用下发生位移，在上下两排相邻木桩之间设置用于压实秸秆的檩条，檩条沿坡面竖向布置，分别固定于上下两排木桩之上，采用绑绳加以固定（图8-13）。

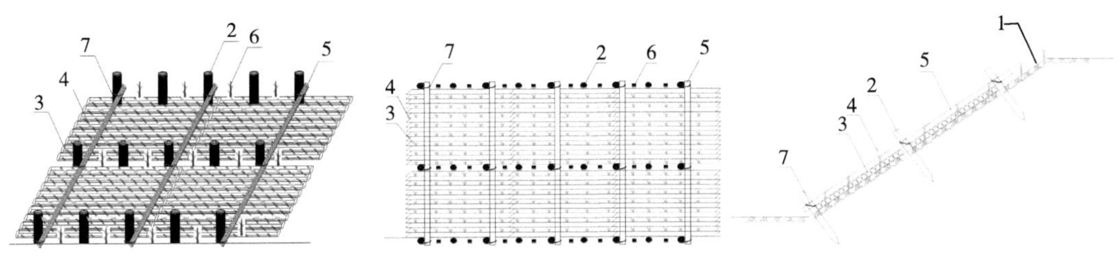

（A）植桩生态护坡立面结构　（B）植桩生态护坡平面结构　（C）植桩生态护坡剖面结构

1. 坡面；2. 杂木桩；3. 秸秆；4. 草；5. 檩条；6. 柳苗；7. 绑绳

图8-13　植桩生态护坡结构示意图

8.3.3.3　施工

（1）施工组织。

①施工期应安排在春季播种前。

②植桩生态护坡技术应以人工施工为主，机械施工为辅。

③施工中所需机械主要为挖掘机。

④所选秸秆及杂木桩应就地取材，以减少运输，节约成本。

⑤树苗及草籽应选用抗性强、耐干旱贫瘠的当地先锋品种。

（2）施工内容。植桩生态护坡有以下内容：沟坡整治线确定；沟坡整形；定植木桩与树苗；撒播草籽；表土拍实；铺设秸秆；秸秆固定。

（3）施工方法。

①对侵蚀沟沟坡进行整形，使沟坡角度不大于45°，并尽量达到土的自然安息角，然后清除坡面表层杂物，并刨毛坡面。

②在侵蚀沟沟坡上打入多排木桩，各排木桩沿坡面垂直方向间隔设置，每排木桩均沿坡面长度方向延伸，相邻排木桩之间的排距可以设置为1.0m，每排木桩内相邻木桩间的桩距可以设置为0.5m，保证木桩对秸秆的固定作用，在各排木桩内的相邻木桩之间栽植柳树或扦插柳条，植苗后可进行平茬处理，保留2～3个芽眼即可。

③在沟坡上撒播草籽并拍实沟坡表面的表层土。

④在各排木桩之间裸露的沟坡上沿坡面长度方向平铺秸秆。

⑤在相邻排木桩之间设置檩条，檩条沿沟坡垂直方向延伸，且檩条的两端分别固定在两个木桩上，以压实秸秆。檩条具体可以通过绑绳固定在木桩上，就地取材，且固定简单可靠。

8.3.3.4 管护

（1）植桩生态护坡管护。

①定期对植桩生态护坡技术进行检查，发现坡面秸秆有堆积的地方，应及时修整。

②检查坡面树苗成活率及草生长情况，进行及时补植。

（2）植桩生态护坡管护。

①验收后及时交付管护单位（人），落实工程管护责任。

②管护单位（人）应对工程进行管护，保证安全运行。

③应划定管理范围，明确管护权限。

④应做好保护和宣传教育工作，制止一切破坏行为。

8.3.4 典型案例

8.3.4.1 示范建设

侵蚀沟位于吉林省杏木国家水土保持科技示范园区内，为处于林地中的小型沟道，沟道呈直线形分布，总长度234m，沟道平均宽度8m，最大深度达4.5m，沟道比降5.8%，沟道内为沙土覆盖，立地条件相对较差。

（1）沟坡整形。该沟道较为顺直，沟坡整形处沟道深度约4m，沟道顶宽度约14m，两侧沟岸陡立，坡度大于70°，在原坡脚线和沟缘线各向外延伸约2m，作为沟坡整治线，采用削坡反压方式，实现挖填平衡，尽量减少挖方，并保证了整形后的坡面土层覆盖。

（2）打木桩与柳苗定植。以沟坡整形后的坡角线为基准线，平行于基准线沿坡面向上间隔1m距离分别划出第2、第3排规划线，沿基准线与各排规划线定植杂木桩，木桩沿坡面垂直打入，桩距为0.50m，长度不小于0.50m，打入坡面不小于0.30m，露出地面约0.20m，在木桩间缝植1年生柳苗，栽植深度以超过苗木根颈3～5cm为准。

（3）撒播草籽。草籽选用紫花苜蓿，按60kg/hm^{2}播种量播种，播种完成后利用铁锹拍实表层土。

（4）铺设秸秆。秸秆选用干玉米秸秆，沿坡脚至坡顶依次平铺，秸秆长度方向顺沟道走向铺设，铺设厚度以单层玉米秸秆为准，并保持秸秆间存在一定缝隙，坡面上下相邻秸秆间利用绑绳依次固定，防止秸秆堆积。

（5）檩条固定。为进一步防止秸秆在大风及坡面径流作用下发生位移，在上下两排相邻木桩之间设置用于压实秸秆的檩条，檩条沿坡面竖向布置，分别固定于上下两排木桩之上，采用绑绳加以固定。

8.3.4.2 实施效果及工程量

措施布设后，沟岸不再扩张，每年因此减少侵蚀耕地30m²，沟坡稳定，植被生长良好。施工过程及效果见图8-14，工程量见表8-3。

沟坡整形、打木桩　　撒播草籽

定植柳苗　　铺设秸秆

效果图1　　效果图2

图8-14 施工过程及效果图

表8-3　工程量及价格

工程或费用名称	单位	数量	单价（元）	合计（元）
土方开挖	m^3	50.00	10.56	527.81
土方夯实	m^3	50.00	16.79	839.34
铺秸秆（5cm厚）	m^2	110.00	7.41	814.92
缝植1年生柳苗	株	253.00	4.88	1 235.28
木桩栅栏	m	155.00	47.11	7 302.19
撒播草籽	m^2	110.00	0.57	62.69
合计				10 782.22

8.3.4.3　实施地点

本措施实施地点选择在位于吉林省东辽县安石镇杏木村（沟头：E125°24′44.14″，N43°0′47.13″；沟尾：E125°24′54.20″，N43°0′47.61″），处于东北黑土区核心位置，区域沟道侵蚀严重。

8.4　漫川漫岗黑土区侵蚀沟生态修复模式

8.4.1　引言

东北黑土区是我国主要的粮食生产区和重要的商品粮生产基地，对维护国家粮食生产安全具有举足轻重的作用。长期以来，人类的过度开垦及不合理的耕作方式导致黑土区发生了非常严重的水土流失。东北黑土区侵蚀沟分布广泛，造成的水土流失损失巨大。侵蚀沟的发展不仅吞噬耕地，剥蚀表土，而且降低土壤肥力，影响粮食产量。

当前，黑土区遭受着严重的土壤侵蚀。据统计资料显示，整个东北地区有16%的面积是耕地，多数土地的耕作历史都在50年以上，有的可以达到100年。这近百年的演变历史中经历了数次高强度、大规模掠夺式的开垦，破坏了土地系统的平衡，产生严重的水土流失现象。

本节基于东北漫川漫岗典型黑土区侵蚀沟特性及侵蚀沟发展的现状，基于已有工作积累，在东北漫川漫岗典型黑土区详查和广泛调研的基础上，对当地历史已有的侵蚀沟治理单项措施和模式进行了梳理，总结成功和失败的治理经验及教训，提炼出适用于东北漫川漫岗黑土区侵蚀沟治理措施和模式，指出实施过程中注意事项，提出的侵蚀沟防治技术体系，为当地侵蚀沟治理工程提供了技术指导。

8.4.1.1 技术背景

（1）区域概况。漫川漫岗区地形比较复杂，起伏较大，坡长多在500～1 000m，气候属于寒温带大陆性半湿润气候，春季多风，气温寒暑相差悬殊，气温平均为0℃，平均日照时数2 740h，无霜期110～120d。年总降水量500～550mm，年平均降水自西南向东北递增，降雨年际变化大，分布不均，7—9月降水占全年降水的70%。土壤主要由黑土、黑钙土和草甸土组成。垦前的自然植被为森林或草甸植被，这些自然植被大部分已相继垦为农田。漫川漫岗区汇水面积较大，土壤团粒结构差，因此面蚀严重。一旦遇到大雨或暴雨时，常发生沟蚀，沟壑冲刷严重。该区土壤质地较疏松、抗蚀性较差，加上降雨集中，每年春季土壤还会受到冻融作用，因此使侵蚀沟在已有的沟蚀切割土地形成的沟道，很难达到稳定的状态，使该区易形成规模较大的侵蚀沟。

土壤侵蚀产生的原因主要有自然因素和人为因素。前者是导致土壤侵蚀的基础和先决条件，后者则对土壤侵蚀起着显著的促进和加速作用。

（2）技术背景。东北黑土区水土流失综合防治已有近60年的历史，为东北黑土区侵蚀沟的治理摸索出一系列成功技术模式以及管理经验。在长期的侵蚀沟治理实践中，虽然已经形成了较为成熟的独具东北特色的侵蚀沟治理技术体系，但也存在各种破坏与损毁现象，导致侵蚀沟治理工程的水土保持功能没有充分发挥。本节是国家重点研发计划“东北黑土区侵蚀沟生态修复关键技术研发与集成示范”项目，基于侵蚀沟治理情况现场调查，广泛征求各方意见的基础上，梳理了可应用于东北漫川漫岗黑土区的实用技术，以期为国家正在开展的东北黑土区侵蚀沟治理专项工程提供技术指导。

8.4.1.2 参照规范

《水土保持综合治理技术规范沟壑治理技术》GB/T 16453.3—2008；

《黑土区水土流失综合防治技术标准》SL 446—2009；

《水土保持工程设计规范》GB 51018—2014；

《水土保持术语》GB/T 20465—2006；

《水土保持综合治理技术规范小型蓄排引水工程》GB/T 16453.4；

《水利水电工程水文计算标准》SL 278；

《水土保持工程运行技术管理规程》SL 312；

《黑土区水土流失综合防治技术标准》SL 446—2009。

《黑土区水土流失综合防治技术标准》SL 446—2009是国家颁布的第一个区域水土流失防治技术的行业标准，其中关于东北黑土区侵蚀沟治理的内容，需重点参照执行。

《水土保持工程设计规范》GB 51018—2014为国家标准，其中有关于侵蚀沟治理工程设计的规范，可供东北黑土区参照执行。

《水土保持综合治理技术规范沟壑治理技术》GB/T 16453.3—2008是国家针对侵蚀沟治理颁布的国家技术规范，其中有适用东北黑土区侵蚀沟治理的内容。

8.4.2 技术概述

东北黑土区侵蚀沟生态修复模式技术涉及沟道削坡整形、谷坊、跌水及适宜植物栽植技术等。

（1）沟道削坡整形。通过降低坡度防止不稳定坡面发生滑坡等重力侵蚀的沟坡防护工程。要用于防止中小规模的土质滑坡和岩质斜坡崩塌。削坡可减缓坡度，减小滑坡体体积，减少下滑力。削坡的对象是滑动部分，当高而陡的岩质斜坡受节理缝隙切割，比较破碎，有可能崩塌坠石时，可剥除危岩，削缓坡顶部。

（2）谷坊。在易受侵蚀的沟道中，为了固定沟床而修筑以不同建筑材料构筑的建筑物。谷坊横卧在沟道中，高度一般为1～3m，最高5m。主要作用为抬高侵蚀基准，防止沟底下切；抬高沟床，稳定山坡坡脚，防止沟岸扩张；减缓沟道纵坡，减小山洪流速，减轻山洪或泥石流危害；拦蓄泥沙，使沟底逐渐台阶化，为利用沟道土地发展生产创造条件。

（3）跌水。修筑于沟头或沟中部，使上游沟道水流自由跌落到下游沟道的落差建筑物。跌水主要用于缓解高处落水的冲力。本技术包括浆砌石跌水和连续式柳编跌水。

（4）适宜植物栽植技术等。树苗从苗圃移植到侵蚀沟的作业技术，本技术规程包括灌木柳、胡枝子、锦鸡和榆树栽植技术。

8.4.3 技术操作

8.4.3.1 一般规定

本节提及的技术适用于漫川漫岗黑土区。据不同立地条件因地制宜地配置各项治理措施。沟道治理应本着从沟头到沟尾、处处设防的原则，形成完整的沟壑防护体系。

8.4.3.2 设计

（1）沟道削坡整形（图8-15）。侵蚀沟沟坡陡峭的部分，均需采取直线修坡整形，削坡土方直接平铺沟底，削坡角为25º～35º。

①削坡宽（单侧）。单侧削坡宽度（简称削坡单宽）计算公式如下：

$$d = H \times \left(\mathrm{ctg}\beta - \mathrm{ctg}\alpha\right)$$

$$\mathrm{ctg}\alpha = \frac{(M - N)}{2H}$$

式中：d——削坡单宽，m；H——原沟深，m；α——原坡角，°；β——削坡后坡角，°；M——上口宽，m；N——底宽，m。

②削坡断面。左侧削坡断面计算公式如下：

$$A_{左}=S_1-S_2$$

式中：$A_{左}$——削坡面积，m^2；S_1——梯形面积（ABCD合围阴影面积），m^2；S_2——三角形面积（ABC合围阴影面积），m^2。

同理可计算出右侧削坡断面面积$A_{右}$，则削坡面积按如下公式计算：

$$A=A_{左}+A_{右}$$

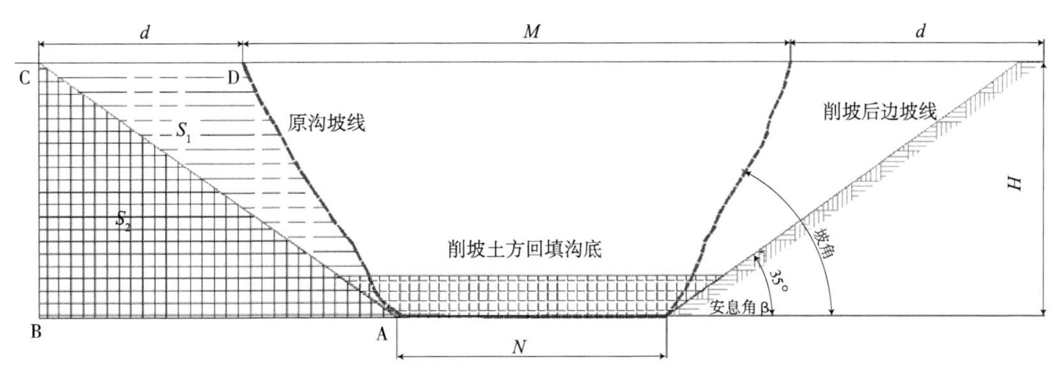

图8-15　削坡示意图（单位：m）

③沟深。削坡后沟深按下式计算：

$$H'=H\times\frac{\sqrt{4\times \text{tg}\beta\times(A_{左}+A_{右})+N^2}}{2\times \text{tg}\beta}\times\lambda$$

式中：H'——削坡整形后沟深，m；H——原沟深，m；β——削坡后坡脚，°；$A_{左}$——左侧削坡断面面积，m^2；$A_{右}$——右侧削坡断面面积，m^2；N——底宽，m；λ——系数，取值范围0.2～0.6。

④工程量。

$$V=A\cdot L$$

式中：V——削坡土方，m^3；A——削坡断面面积，m^2；L——削坡长，m。

（2）浆砌石跌水。由于侵蚀沟沟头前进速度较快，威胁农田道路和两边耕地安全，在侵蚀沟沟头修整后，布设浆砌石跌水措施，既可作为排水通道，使坡面来水安全进入侵蚀沟道，也可以起到稳定沟床的作用。本次设计以4号中型沟为例进行典型设计。

1）适用范围。侵蚀沟上游集水面积较大，来水量亦大，沟头土质较差，总落差3m以下的沟头或排水沟落差较大的地段。

2）设计频率洪峰流量计算。

①设计频率水量计算。

$$Q_m = \frac{K_p}{K_{5\%}} C_p F^{0.67}$$

式中：Q_m——设计频率洪峰流量（m^3/s）；K_p——设计频率模比系数，$K_p=2.15$；$K_{5\%}$——20年一遇模比系数$K_{5\%}=3.28$；C_p——20年一遇最大径流模数，$C_p=5.1m^3/(km^2 \cdot s)$；$F$——集雨面积（$km^2$）。

$$Q_m=2.15 \div 3.28 \times 5.1 \times 0.2^{0.67}=1.14m^3/s$$

②水力计算。

水力宽度 $b=b_c\varepsilon$。取$\varepsilon=0.9$，则$b=3 \times 0.9=2.7m$

式中：b_c——溢水口宽度（m）；ε——系数。

进水口槛上水头计算：

$$H_0=\left(\frac{Q_m}{mb\sqrt{2g}}\right)^{\frac{2}{3}}$$

式中：H_0——进水口槛上水头，m；Q_m——设计频率洪峰流量（m^3/s）；b——水力宽度，m；m——流量系数；g——重力系数；取m=0.35，$H_0=0.27m$，按$H_0<0.4m$，满足要求。

3）陡坡断面尺寸计算。

①消力池长度（L）计算。

$$L=2(p+d)$$

②陡坡长度（l）计算：

$$l=p/\sin\alpha$$

式中：p——沟头落差，m；d——消力池深度，m；α——陡坡角度，°；l——陡坡长度，m。

4）浆砌石跌水断面示意图（图8-16至图8-18）。

（3）连续式柳编跌水。连续式柳编跌水是为防止沟头前进、沟底下切和沟岸扩张，以柳条为主要材料，在侵蚀沟沟头修建的斜坡式消能建筑物。

布设原则：连续式柳编跌水应结合当地侵蚀沟治理经验，因地制宜，综合布设；并根据侵蚀沟沟头形状和参数确定连续式柳编跌水数量和规格。

适用条件：适用于沟头前进、沟底下切、沟头落差大于2m的侵蚀沟。

工程设计：连续式柳编跌水工程包括削坡工程、编柳工程和围埂工程。

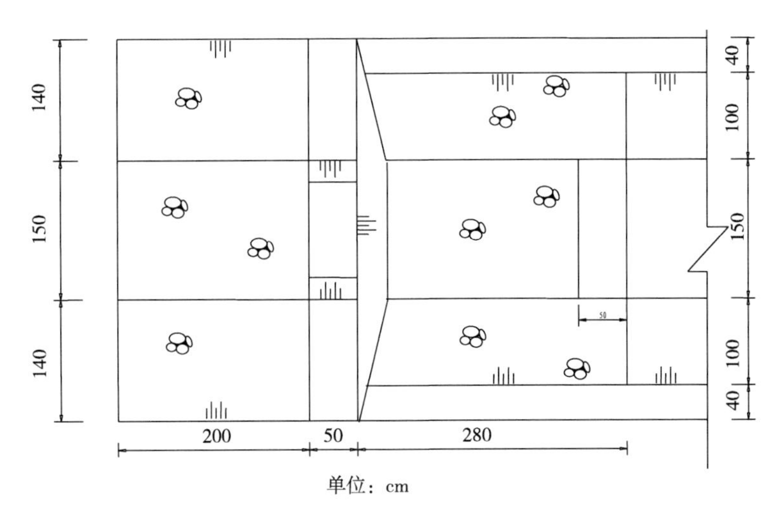

图8-16 沟头防护平面图

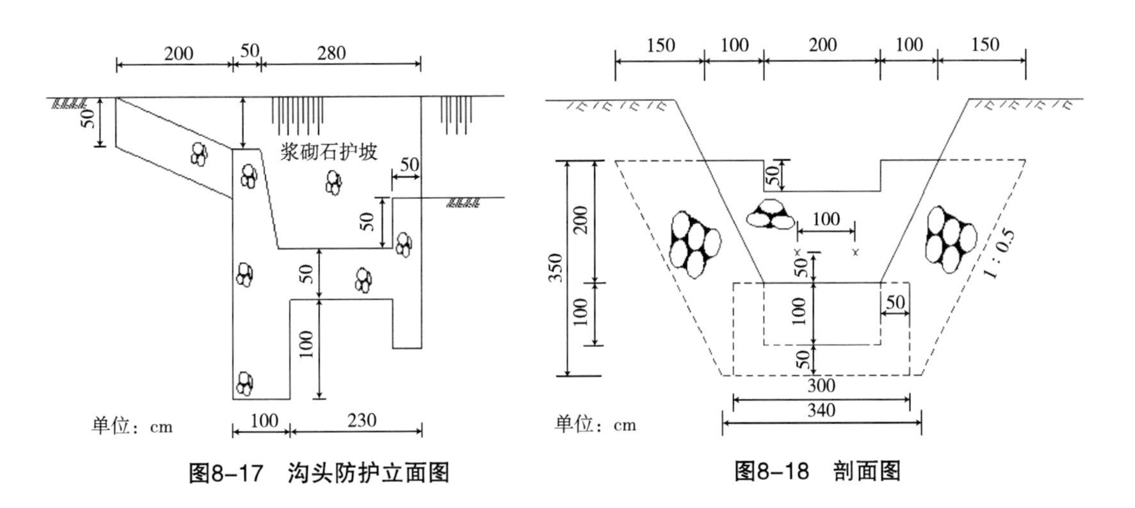

图8-17 沟头防护立面图

图8-18 剖面图

1）削坡工程设计。

①削坡断面面积计算。

$$A=S_1-S_2$$

式中：A——削坡断面面积（m^2）；S_1——削坡后梯形或近似梯形面积（m^2）；S_2——削坡前沟道三角形或近似三角形面积（m^2）。

②削坡宽度计算。

$$d=H\left(\cot\beta-\cot\alpha\right)$$

式中：d——削坡宽度（m）；H——原沟深（m）；α——原坡角（°）；β——削坡后坡角（°）。

2）柳编工程设计。连续式柳编跌水工程的防御标准是10年一遇1h最大暴雨，布设采用开敞式，由进口段、陡坡段和消能段三部分组成。

①设计流量Q计算。

$$Q=0.278KIF$$

式中：Q——设计流量（m^3/s）；K——径流系数；I——10年一遇1h最大降雨强度（mm/h）；F——沟头以上集水面积（km^2）。

②柳编跌水底宽B计算。

$$B=\frac{Q}{HC\sqrt{Ri}}$$

式中：B——柳编跌水底宽（m）；Q——设计流量（m^3/s）；H——柳编跌水高度（m），取0.2m；C——谢才系数；R——水力半径（m）；i——水面坡降。

③消能段长度L计算。连续式柳编跌水消能段一般采用加长柳条铺设距离的方式消能，不设置坑状消力池消能段，采用与过水段等宽的矩形断面，其水力设计主要是确定柳条铺设长，消能段长度L按下式计算：

$$L=(3\sim5)\,l$$

式中：L——消能段长（m）；l——柳条平均长度（m）。

3）围埂工程设计。围埂断面与位置：围埂为土质梯形断面，顶宽为300～500mm，高为500～600mm，内外坡比均为1∶1，外坡脚线距离沟缘线2m，如图8-19所示。

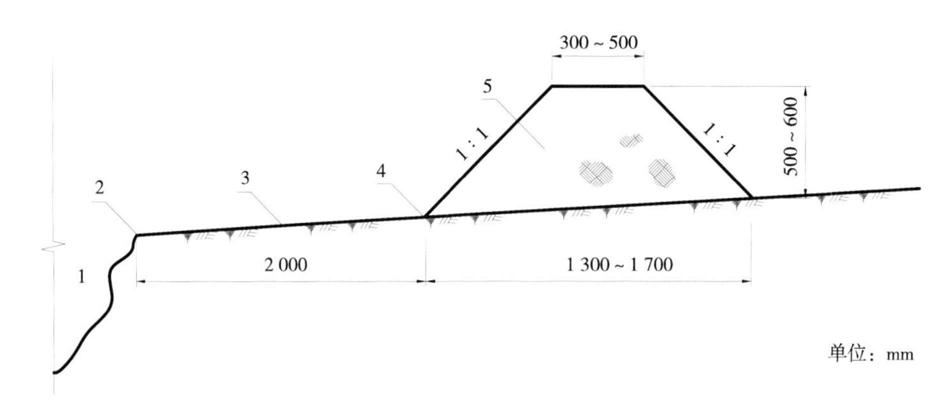

图8-19　围埂横断面图

（4）浆砌石谷坊。浆砌石谷坊是利用浆砌石横向修筑于沟底的谷坊。它的主要作用是巩固并抬高沟床，制止沟底下切，同时，也稳定沟坡，制止沟岸扩张。用粗石料砌筑，如为土或沙质沟床，坝后需作护底，长度一般为坝高的2～3倍，厚50cm，溢洪道设在坝体中部。

结构：通常由梯形坝体、护岸墙、消力池组成，坝体高2～5m，谷坊坝体尺寸应根据谷坊所在沟位置的地形条件先确定坝体高度，再相应确定顶高、底宽、迎水坡比和背水坡比，可参照GB/T 16453.3中“4”执行；溢流口形状有倒梯形、矩形、阶梯形等，断面尺寸应满足洪峰流量，总体从沟头至沟底溢流口逐渐加大；护岸墙主要是修筑坝体两侧，保护沟岸的浆砌石墙体，宜沿沟向在坝体与沟岸交汇处耳状修筑，墙体厚度0.3～0.5m；消力池是修筑于坝体下方沟底的方形槽，槽浆砌石垫底（图8-20、图8-21）。

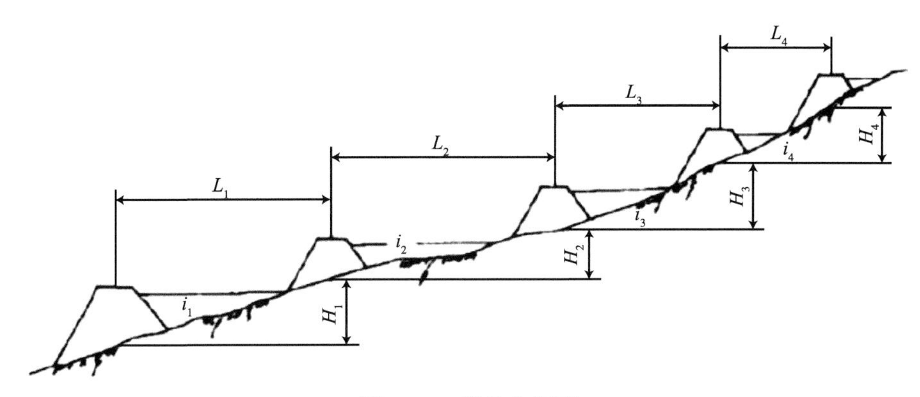

图8-20　谷坊布设图

溢流口尺寸按以下步骤计算。

①设计流量计算。

$$Q=0.278KIF$$

式中：Q——设计流量，m^3/s；F——沟头以上集水面积，km^2；I——10年一遇1h最大降雨强度；K——径流系数。$Q=0.48m^3/s$。

②矩形断面流量按宽顶堰公式计算。

$$Q=Mbh^{\frac{3}{2}}$$

式中：Q——设计流量，m^3/s；b——溢流口底宽，m；h——溢流口水深，m；M——流量系数，取1.55。

③消力池长度计算（经验公式）。

$$L=3\times(H_0\times H')^{\frac{1}{2}}$$

式中：L——消力池长度（m）；H_0——跌水溢水口水深（m）；H'——跌差（m）。

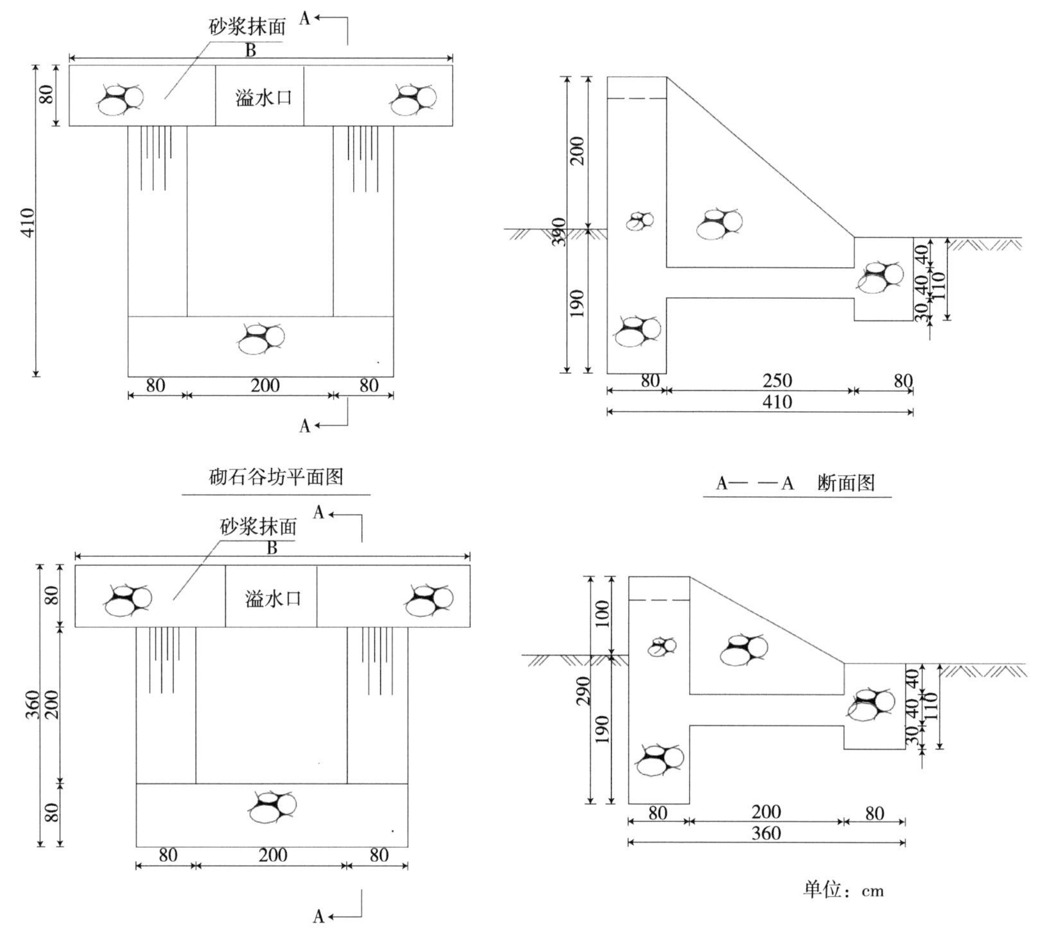

图8-21　浆砌石谷坊示意图

④谷坊的间距计算。

$$L=\frac{H}{i-i'}$$

式中：L——谷坊间距，m；H——谷坊底到溢洪口底高，m；i——原沟床比降，%；i'——谷坊淤满后的比降，%。

（5）土柳谷坊。在沟底比降较大、沟底下切剧烈发展的沟段修建土柳谷坊，其主要作用是巩固并抬高沟床、防止沟底下切，同时，也稳定沟坡、制止沟岸扩张。

①防御标准。10年一遇6h最大降雨强度。

②侵蚀沟断面测量。侵蚀沟断面测量包括上口宽、下口宽、平均深、沟底比降、沟边高程、沟底高程（表8-4）。

表8-4 侵蚀沟参数表

侵蚀沟编号	序号	桩号	上口宽（m）	下口宽（m）	沟平均深（m）	沟边高程（m）	沟底高程（m）
	1						
	2						

③谷坊间距。谷坊间距根据测量所得的数据：侵蚀沟平面、纵断面、沟底比降等确定，在侵蚀沟横断和纵断变化明显处布设谷坊。

$$L=\frac{H}{\left(i-i'\right)}$$

式中：L——谷坊间距，m；H——谷坊底到溢水口底高度，m；i——原沟床比降，平均值；i'——谷坊淤满后比降，平均值。

④谷坊数量。

$$n=\frac{L'}{L-1}$$

式中：n——谷坊数量，座；L'——侵蚀沟长，m。

⑤谷坊尺寸。迎水坡坡比1∶1，背水坡坡比1∶1。

⑥溢洪口设计。

$$Q_1=C_P F^{0.67}$$

$$Q_2=\frac{M(b+a)}{2h^{\frac{3}{2}}}$$

式中：Q——设计流量，设计时取10年一遇最大洪峰流量，m^3/s；C_P——最大流量参数；F——集水面积，km^2；a——溢洪口上口宽，m；b——溢洪口底宽，m；h——溢洪口水深，m；M——流量系数，采用1.55。

（6）植物措施。结合侵蚀沟治理工程措施，在侵蚀沟沟底营造水土保持林，进行全面植物防护，沟底防冲林栽植灌木柳，沟坡防蚀林栽植榛子。

1）沟坡防护林。

①造林图示见图8-22。

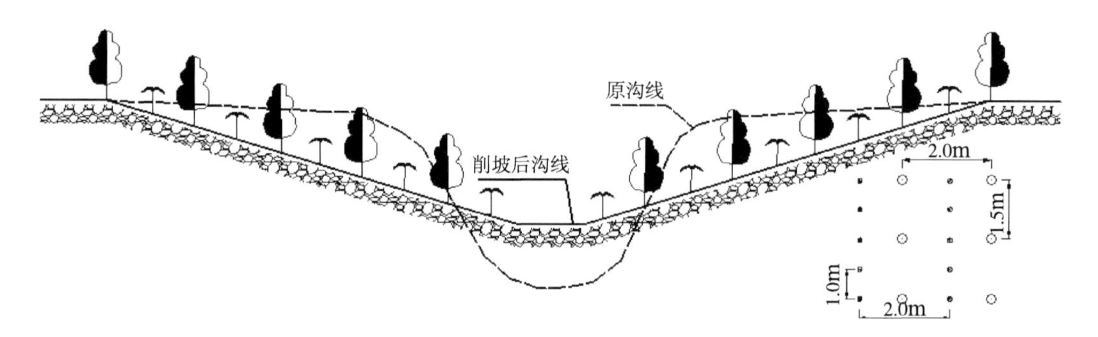

图8-22　沟坡防蚀林造林示意图

②树种。榛子、榆树、胡枝子、锦鸡，采用1年生苗木。

③造林技术措施。在每年的春季4—5月进行穴状栽植造林。栽植规格：株距0.5m，行距1.0m，每穴1株。栽植好后经人工抚育，除草、松土、苗间定株；如出现缺苗的情况，用大一年苗龄的同种树苗进行补植，补植时间最好选择在秋季。

2）沟底防蚀林。

①造林图示如图8-23。

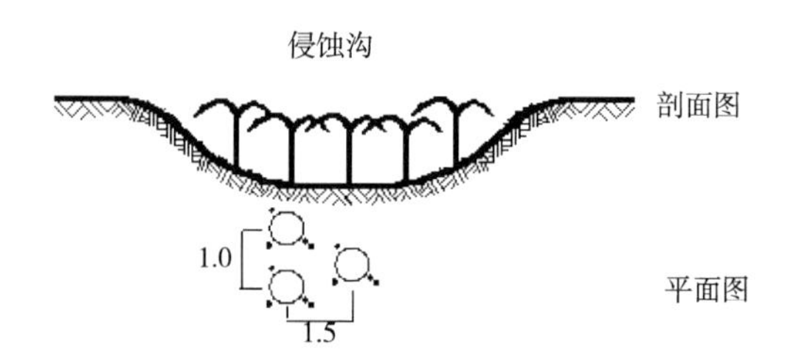

图8-23　沟底防冲林造林示意图

②树种。榛子、榆树、胡枝子、锦鸡，灌木柳，采用1年生苗木。

③造林技术措施。春季灌木扦插造林，株距0.5m，行距0.5m。汇水面积不大、水流较缓的地方，采用栅状造林；汇水面积大、水流急的地方，沟底中留出水路。栅状林由沟头开始，沿水流方向到沟口，与流向垂直密插柳条，为避免新造幼林被水淹没或冲走，根据通常水位，地上可留0.3～0.5m，插入地下0.3～0.4m。如需补植则应用大一年苗龄的同种树苗进行补植，补植时间最好选择在秋季。

8.4.4　施工

8.4.4.1　削坡整形

直线削坡整形挖掘机将侵蚀沟边坡整形成小于35°的边坡。

8.4.4.2 浆砌石跌水

片石砌筑采用挤浆法分层、分段砌筑。分段位置设在沉降缝或伸缩缝处，分层水平砌缝大致水平。各砌块的砌缝相互错开，砌缝饱满。各砌层先砌外圈定位砌块，并与里层砌块连成一体。定位砌块选用表面较平整且尺寸较大的石料，定位砌缝满铺砂浆，不得镶嵌小石块。

定位砌块砌完后，先在圈内底部铺一层砂浆，其厚度使石料在挤压安砌时能紧密连接，且砌缝砂浆密实、饱满。砌筑腹石时，石料间的砌缝互相交错、咬搭，砂浆密实。石料不得无砂浆直接接触，也不得干填石料后铺灌砂浆；石料大小搭配，较大的石料以大面为底，较宽的砌缝可用小石块挤塞，挤浆时用小锤敲打石料，将砌缝挤紧，不得留有孔隙。定位砌块表面砌缝的宽度不大于4cm。砌体表面三块相邻石料相切的内切圆直径不大于7cm，两层间的错缝不小于8cm。 填腹部分的砌缝减小，在较宽的砌缝中用小石块塞填。

砌体表面的勾缝符合设计要求，并在砌体砌筑时，留出2cm深的空缝。勾缝采用凹缝或平缝，勾缝所用砂浆强度不得小于砌体所用砂浆强度。当设计不要求勾缝时，随砌随用灰刀刮平砌缝。砌体砌筑完毕及时覆盖，并经常洒水保持湿润，常温下养护期不得少于7d。

8.4.4.3 连续式柳编跌水

（1）施工条件。

①施工应在秋季进行，土壤冻结前完工。

②柳条应为2～3年生活立木，宜采集后3d内铺设。

③侵蚀沟周边道路、供水应满足施工要求。

④施工布局应少占地，减少对原有植被破坏。

（2）削坡工程。

①削坡的重点在沟岸坍塌的部位，实施削坡的沟段与未削坡的沟段连接应自然顺接、平整，不应出现急剧变陡的情况。

②采用机械修整沟坡前应剥离表层土，并集中堆放在附近料场。

③削坡时沟坡削下的土方，应就近填压至沟底，整平夯实，压实度应达到设计要求。

④削坡后的坡面应平整，坡比应达到设计要求。

⑤坡面平整后，测量放线，开挖铺柳沟槽，挖方应堆放于铺柳沟槽两侧的边坡并摊平。

（3）编柳工程。

①铺设厩粪层。在铺柳沟槽内铺10cm厚厩粪或熟化土。从铺柳沟槽尾部向上逐级铺设；柳条捆之间应用厩粪或熟化土填实。

②定桩。垂直铺柳沟槽中心线方向距铺柳沟槽末端10cm开始打桩，铺柳沟槽两边预留50cm，桩间距宜40 ~ 60cm，均匀布设；行间距宜150cm。

③铺柳条枕、铺柳条。在铺柳沟槽末端沿垂直水流方向铺柳条枕，柳条枕长度与铺柳沟槽宽度相等，用铁线将柳条枕固定于木桩上，覆盖土；在柳条枕上铺设一层柳条，柳条根部顺水流方向，紧靠铺柳沟槽末端；在柳条上对应的木桩位置再铺柳条枕，用铁线将柳条枕固定于木桩上。依此类推，逐级铺设到铺柳沟槽封头处。

④封头。铺柳末端做封头处理，距铺柳沟槽顶端10cm，垂直水流中心线方向，开挖宽度20cm、深20cm的凹槽，长度与铺柳沟槽宽度相等；凹槽内放入直径20cm的柳条捆，木桩固定，桩距同上级；在上面铺一层10cm厚柳条，铺柳根部紧靠铺柳沟槽顶端，在相应位置再铺直径20cm的柳条捆，铁线固定。最末两级间柳条做切梢处理，长度应为最末两级桩距加20cm。

⑤铺设柳条龙。封头后，在铺柳沟槽内两侧铺设柳条龙，长度同铺柳沟槽；打桩钉牢柳条龙，桩间距75cm，用铁线把柳条龙固定在木桩上，之后全面覆盖10 ~ 15cm表土，并踏实。

⑥覆土。柳条龙铺设后，采用剥离的表土进行覆土，人工整平踏实。

⑦浇水。覆土后应浇一遍透水。

⑧用铁线固定铺柳时，不宜过紧，以人工踩踏不发生位移为宜。

⑨杨树桩亦可代替木桩，钉桩时应将杨树根部端向下。

（4）边坡防护。整形的边坡上应栽植适宜的乔灌木。

（5）围埂修筑。围埂施工技术应参照GB/T 16453.3—2008中有关要求执行。

（6）质量要求。工程质量要求应包括以下几方面。

①削坡工程边坡系数为1.5 ~ 2.0。

②围埂埂体均匀压实，无冻块缝隙，干密度为1.4 ~ 1.5t/m^3。

③当年施工的，做到修建位置恰当，规格尺寸与施工质量符合设计要求。

④桩深不应小于50cm，桩间距、行距、数量满足设计要求。

⑤边坡植被栽植成活率达到80%以上。

8.4.4.4　浆砌石谷坊

浆砌石谷坊施工包括清基、放线、砌石及勾缝过程。浆砌石工程的地基在施工前就做清理及处理，在非岩基上应该除去淤泥、腐殖土，直至坚实土壤。砌石之前就进行施工放线，定出基础范围、伸缩缝的位置以及砌石时必需的样板、准绳等。

根据规划测定的谷坊位置（坝轴线），按设计的谷坊尺寸，在地面上划出坝基的轮廓线；将轮廓线以内的浮土、草皮、乱石、树根等全部清除；沿坝轴线中心，从沟底至两岸沟坡开挖结合槽，宽深为0.5 ~ 1.0m；根据设计尺寸，从下向上分层垒砌，逐层向内收坡，块石应该首尾相接，错缝砌筑；石料厚度不小于30cm，接缝宽度不大于

2.5cm；同时应该做到“平、稳、紧、满”（砌石顶部要平，每层铺砌要稳，相邻石料要靠紧，缝间砂浆要灌饱满）。

在工程中常用挤浆法砌面石，以保证砌体的形状，然后填砌。挤浆法是边铺浆边砌石的一种方法，其施工步骤是先将石块干摆试放，然后移开、铺浆、再进行砌石，并用小石填紧卡稳，将灰浆挤满。此法砌石质量较高，用灰少，工效随石块加大而提高，一般低于灌浆法，常用于重要的砌体，以及灌浆砌体边缘的成形砌石，为了保证石块能与砂浆结合牢固，在砌石前就用钢刷将块石上的泥污刷净。另外，块石刷净后，在砌筑前应该淋水浸湿，在炎热气候施工更易被忽视。

对砌筑好的坡面用高压水冲洗块石表面及缝隙，清除杂物及污泥。然后对于砌石缝隙灌注强度等级为C20的一级配混凝土，混凝土的抗冻标号为D20，最大骨料粒径为20mm，砂的细度模数不小于3.0。

浆砌石谷坊修好后，要在每次有较大降雨后，及时进行检查，如发现谷坊四周发生侵蚀要及时覆土踏实，如发现谷坊损坏时要及时给予修复，以保证谷坊的正常使用。

按照“顶底相照”的原则布设，每条沟至少要修建2座以上谷坊，不单设一座谷坊，末级谷坊应配套消能措施，消解水流动能，防止冲刷；谷坊要插入两岸，切入沟底，深度≥0.5m，保证其稳固；谷坊在顶部要留有溢洪口；谷坊布设既要考虑间距，又要考虑最佳位置，如沟两岸狭窄处、最浅处，应根据实际情况具体确定；在谷坊墙体设置排水孔，径流量大时使水能尽快泄出，保证谷坊的稳定性；谷坊布设在沟底和岸坡地形、地质（土质）状况良好，无孔洞或破碎地层，没有不易清除的乱石和杂物。在谷坊嵌入沟边的位置上部压土，土方厚度以年冲刷量为宜。

8.4.4.5 土柳谷坊

结构：主要以柳编或柳桩为主体。多条等间距柳编中间填土或碎石块，柳编用木桩和木杆固定，用铁丝牵连。

建材：2～3年生柳条、直径大于3cm柳干、木杆、碎石、铁丝。

功能：具有谷坊拦截和导排水功能。

适用性：水土资源较好的中小型侵蚀沟或沟道下端平缓水土条件好的侵蚀沟。

辅助说明：利用植物资源修筑的活体谷坊，施工简单，造价低，是工程措施和植物措施的有机组合。

实施部位：支沟沟底比降较大、沟底下切剧烈发展的沟段。

施工及管护方法如下。

定线：根据规划测定的谷坊位置（坝轴线），按设计的谷坊尺寸，在地面划出坝基轮廓线。

清基：将轮廓线以内的浮土、草皮、乱石、树根等全部清除。

挖结合槽：沿坝轴线中心，从沟底至两岸沟坡开挖结合槽，宽深各0.5～1.0m。

定桩：每隔2～4m钉入木桩，呈品字形排列，桩高1.5～2m，钉深1m，敷土夯实（每座谷坊钉两层木桩，第一层打入沟底，第二层打入谷坊1.0m高的中部）。

铺柳：按设计要求，用铁线将柳条捆扎成直径20～30cm的柳捆，根向外（迎水面）梢向里，依次平铺，铺满即为第一层，铺一层柳条捆压一层土，迎水面压土夯实。

捆扎：用8#铁线将各柳捆串连并与木桩捆绑固定。

覆土踏实：在每层柳捆上覆盖30cm厚土，踏实，按上述工序依次堆高谷坊，相邻两层柳捆交错放置。

谷坊竣工后需要在侧坡覆盖30cm表土，利于柳条成活。

8.4.4.6 灌木柳栽植和抚育管理

（1）春秋两季均可进行植苗造林。穴状或鱼鳞坑整地，使用1～2年生苗，栽前个剪伤根、截干、留干长5～6cm，埋土超过原土印4～5cm，栽后踏实。可1～3株丛植，多带根系，也可带干或截干栽植。覆土超原土印3～5cm。

（2）插干较长，一般在2～3.5m以上，因易于失水而应深插，特别在干旱地区，以达到地下水位为宜。秋季和春季扦插均可。造林地也须细致整地，以便为插干生根创造有利条件。

（3）栽培管理播种造林要及时间苗、定苗，每穴留2～3株，缺苗补植，栽2年后进行平茬，每年或隔年平茬1次。3年后即可采种，采种后进行割条。

8.4.4.7 胡枝子栽植和抚育管理

（1）春秋两季均可进行植苗造林。穴状或鱼鳞坑整地，使用1～2年生苗，栽前需剪截干、留干长5～6cm，埋土超过原土印4～5cm，栽后踏实。直播造林需雨季进行。可1～3株丛植，多带根系，也可带干或截干栽植。覆土超原土印3～5cm。

（2）栽培管理播种造林要及时间苗、定苗，每穴留2～3株，缺苗补植，栽2年后进行平茬，每年或隔年平茬1次。3年后即可采种，采种后进行割条。

8.4.4.8 锦鸡栽植和抚育管理

（1）锦鸡儿在春秋两季均可进行栽植。春季栽植时间为3月下旬至4月中旬，秋季应在11月中旬至12月上旬进行。栽植前应按要求挖好种植穴，种植穴规格一般为0.8m×0.8m，深度不低于0.8m。挖土时应将表土与底土分开堆放。栽植时用经腐熟发酵的牛马肥作基肥，基肥应与栽植土充分拌匀，以防止散发热量过大而烧根。栽植深度应深浅适宜，一般来说裸根栽植深度高于原土痕2～3cm即可，回填土时应先回填表土，后回填底土，并要分层踩实。栽植后应立即浇头水，5d后浇第二水，10d后浇第三水，此后可视土壤墒情浇水，始终使土壤保持在大半墒状态即可。

（2）锦鸡儿较耐粗放管理，第二年即可进入正常养护期，浇水管理应注意浇好返青水和封冻水，其他时间如果不是过于干旱，一般不用特意浇水，可靠自然降水生长，但要注意雨季应及时排除积水，防止因积水而烂根。每年春季施用一次农家肥即可。

（3）锦鸡儿管理相对粗放，一般不需特殊修剪，在日常养护中主要以保持树冠通风透光即可，可随时剪去枯死枝、病虫枝、过密枝、交叉枝、重叠枝和徒长枝。

8.4.4.9 榆树栽植和抚育管理

（1）植苗，春秋两季均可进行，春季应在土壤解冻后苗木展开前，秋季应在苗木落叶后，土壤封冻前。

（2）选用1～2年的苗木进行穴植，穴的直径为20cm，深度20～30cm。一般采用行距1～2m，株距1～1.5m。

（3）幼林期应进行松土、除草、培土，以增加土壤的蓄水能力，促进幼林的生长。当造林后树高达1m时，再剪掉顶部，以控制生长高度，促使其产生分枝。

（4）榆树的夏季浇水原则应该是干透湿透，稍干无妨，不可过湿。

8.4.5 典型案例

8.4.5.1 浆砌石设计

选择克山县侵蚀沟治理中1号侵蚀沟浆砌石谷坊设计。

（1）适宜范围及设计标准。浆砌石谷坊主要布设在汇水面积较大、沟底比降大、侵蚀较严重的侵蚀沟上。按照顶底相照的原则，在沟底下切严重的地方布设浆砌石谷坊。沟底沿纵坡布设谷坊群，巩固并抬高沟床，制止沟底下切。设计标准为10年一遇6h最大降雨量。

（2）定型设计。侵蚀沟G-1，长475m，平均沟上宽3.7m，底宽2.1m，深1.9m，边坡70°，比降8.7%。谷坊设计按削坡后参数进行设计。

谷坊设计尺寸：地上部分高1.0m、1.5m、2.0m 3种规格，地下部分高1.9m，顶宽0.8m。溢流口宽1.0m，深0.5m。消力池长2.0m、2.5m，宽2.0m，深0.4m。设计示意图见图8-24。

（3）设计流量计算。

$$Q=0.278KIF$$

式中：Q——设计流量，m^3/s；F——沟头以上集水面积，km^2；I——10年一遇1h最大降雨强度；K——径流系数。$Q=0.48m^3/s$。

（4）矩形断面流量按宽顶堰公式计算。

$$Q = Mbh^{\frac{3}{2}}$$

式中：Q——设计流量，m^3/s；b——溢流口底宽，m；h——溢流口水深，m；M——流量系数，取1.55。取$h=0.50$m，试算得$b=0.90$m，本设计b取1.0m。

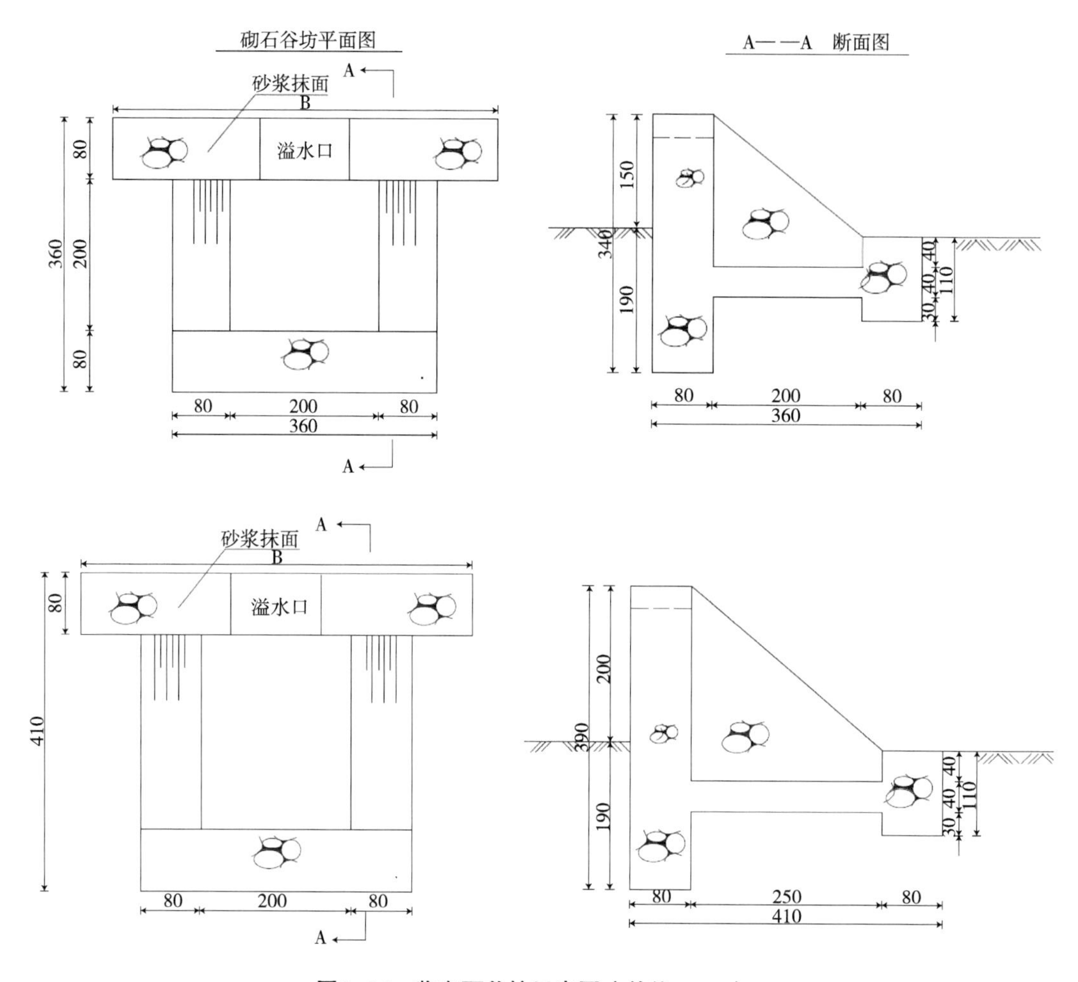

图8-24 浆砌石谷坊示意图（单位：cm）

（5）消力池长度计算（经验公式）。

$$L = 3(H_0 H')^{\frac{1}{2}}$$

式中：L——消力池长度（m）；H_0——跌水溢水口水深（m）；H'——跌差（m）。经计算：消力池长2.0m，深0.40m。

（6）谷坊间距及座数的确定。

$$L=\frac{H}{i-i'}$$

式中：L——谷坊间距，m；H——谷坊底到溢洪口底高，m；i——原沟床比降，%；i'——谷坊淤满后的比降，%。

经计算：L=12m，该沟需修谷坊的长度为245m，结合侵蚀沟实际情况，该沟修建浆砌石谷坊8座。

8.4.5.2 土柳谷坊

本设计以新生乡8号沟道为典型进行设计。

（1）设计标准。10年一遇6h降雨。

（2）适用范围。适用于汇水面积较小、坡缓、沟底淤泥沙多的沟中修筑。

（3）土柳谷坊断面设计。压柳谷坊由于材料受水压力时，可以发生弹动且有透水性，根据有关资料，按沟底比降$i=1/50$，沟宽$B=10\text{m}$计算，规划设计压柳谷坊顶宽$b=2\text{m}$，$H=1.0\text{m}$上游坡比$m_1=1:1.7$，下游坡比$m_2=1:1.3$。

则单座谷坊容积Q按下式计算：

$$
\begin{aligned}
Q &= \frac{1}{2i}H^2 B \\
&= 1/(2\times 1/50)\times 1^2 \times 10 \\
&= 250\text{m}^3
\end{aligned}
$$

式中：Q——单座谷坊容积；i——沟底比降1：50；H——谷坊高1.0m；B——沟宽10m。

（4）谷坊间距及座数确定。按照顶底相照的原则，谷坊间距L为：

$$
L = \frac{H}{I} = 1.0/(2/100) = 50\text{m}
$$

谷坊座数：$N=512/50=11$（座）

8.5 大小兴安岭山前台地农林交错区侵蚀沟生态修复模式

8.5.1 引言

新中国成立以后，特别是自20世纪90年代以来，东北黑土区大规模开垦，逐渐形成了大小兴安岭山前台地农林交错区，随着耕地面积增加和林缘后退，导致水土流失日益严重，侵蚀沟迅速发育，影响农业机械化。耕地中的侵蚀沟危害最大，治理需求最为迫切。本节针对大小兴安岭山前台地农林交错区由于过度采伐，林缘后退、沟壑纵横的现状，利用石料资源距离近的优势，建造浆砌石为主的侵蚀沟生态修复防护工程，形成拦蓄排一体的防护工程体系，提出相应治理技术；利用拦蓄的水土资源开展侵蚀沟生态修复，建造以乔灌混交林为主的植被群落生态修复模式，提出相应造林技术。为大小兴安岭山前台地农林交错区提供侵蚀沟治理专项工程技术参考和指导。

8.5.1.1 技术背景

大小兴安岭山前台地农林交错区地处北纬的中纬度地带，具有明显的大陆性气候特征，属中温带大陆性季风气候区。年平均气温大部分地区为2～5℃，最高38℃，最低-45℃，无霜期110～130d，全年日照时数2 200～2 700h，＞10℃年有效积温2 300～2 670℃。太阳辐射和日照时数均是我国比较高的地区之一，但由于高温季节短，秋季降温快，限制了光能的有效利用，目前光能利用率仅为0.15%～0.3%。年降水量350～700mm，60%～70%集中在6—9月，光、热、水在时间上的配合大部分地区同步，有利于农业生产。春季多风少雨，降水量只占全年的10%左右，而同期蒸发量却占全年的1/3，所以十年九春旱、春季不仅少雨，而且多风，年＞4级以上风天有120～150d，＞6级以上的65～80d，＞8级以上的30～40d。

其地貌分两种主要类型，即山前冲积洪积台地（高平原、俗称漫岗地）和冲积平原（低平原，为松花江一级阶地及漫滩）。台地区海拔180～300m，相对高度20～40m，地面坡度绝大部分3°～5°，坡长在500～800m，呈波状起伏，岗凹相间，被坳谷分割；冲积平原区海拔110～180m，相对高度5～10m。大地形平坦开阔，微地形复杂，地面坡降为1/7 000。该区的土壤母质以冲积、湖积物为主，洪积物和风积物次之，表层大部分为第四系黄土状亚黏土覆盖，黑土是该区的主要耕作土壤。

大小兴安岭山前台地农林交错区呈带状分布，涉及望奎县、海伦市、明水县、拜泉县、克东县、克山县、依安县、讷河市、嫩江县、北安市、五大连池市、绥棱县、庆安县、巴彦县、宾县等15个市县的农林交错地带。

该区域以水力侵蚀为主。轻度侵蚀主要分布在缓倾斜平坦台地区域。中度侵蚀主要分布在大、小兴安岭向松嫩平原过渡的山前倾斜台地区域（黑龙江省中部漫川漫岗地区）。强烈侵蚀主要分布在丘陵状台地区域。

土壤侵蚀产生的原因主要有自然原因和人为原因。前者是导致土壤侵蚀的基础和先决条件，后者则对土壤侵蚀起着显著的促进和加速作用。

8.5.1.2 参照规范

《水土保持综合治理技术规范沟壑治理技术》GB/T 16453.3—2008；
《黑土区水土流失综合防治技术标准》SL 446—2009；
《水土保持工程设计规范》GB 51018—2014；
《水土保持术语》GB/T 20465—2006；
《水土保持综合治理技术规范小型蓄排引水工程》GB/T 16453.4；
《水利水电工程水文计算标准》SL 278；
《水土保持工程运行技术管理规程》SL 312；
《黑土区水土流失综合防治技术标准》SL 446。

8.5.2 技术概述

大小兴安岭山前台地农林交错区生态修复模式技术涉及沟道削坡整形、石笼谷坊、浆砌石跌水、钢筋混凝土跌水、桥涵谷坊及适宜植物栽植技术等。

（1）沟道削坡整形。通过降低坡度防止不稳定坡面发生滑坡等重力侵蚀的沟坡防护工程。要用于防止中小规模的土质滑坡和岩质斜坡崩塌。削坡可减缓坡度，减小滑坡体体积，减少下滑力。削坡的对象是滑动部分，当高而陡的岩质斜坡受节理缝隙切割，比较破碎，有可能崩塌坠石时，可剥除危岩，削缓坡顶部。

（2）石笼谷坊。在易受侵蚀的沟道中，为了固定沟床而修筑以石笼构筑的建筑物。谷坊横卧在沟道中，高度一般为1～3m，最高5m。主要作用为抬高侵蚀基准，防止沟底下切；抬高沟床，稳定山坡坡脚，防止沟岸扩张；减缓沟道纵坡，减小山洪流速，减轻山洪或泥石流危害；拦蓄泥沙，使沟底逐渐台阶化，为利用沟道土地发展生产创造条件。

（3）跌水。以浆砌石修筑于沟头或沟中部，使上游沟道水流自由跌落到下游沟道的落差建筑物。跌水主要用于缓解高处落水的冲力。本技术包括浆砌石跌水和钢筋混凝土跌水。

（4）桥涵谷坊。在沟道与田间路相交的地方，为了不妨碍交通，修筑于沟道上的过路涵洞，由钢筋混凝土等材料筑成。

（5）适宜植物栽植技术等。树苗从苗圃移植到侵蚀沟的作业技术，本技术规程包括灌木柳、胡枝子、锦鸡和榆树栽植技术。

8.5.3 技术操作

8.5.3.1 一般规定

（1）本节所提及的技术适用于大小兴安岭山前台地农林交错区。

（2）据不同立地条件因地制宜地配置各项治理措施。

（3）沟道治理应本着从沟头到沟尾、处处设防的原则，形成完整的沟壑防护体系。

8.5.3.2 设计

（1）沟道削坡整形。侵蚀沟沟坡陡峭的部分，均需采取直线修坡整形，削坡土方直接平铺沟底，削坡角为25°～35°（图8-15）。

①削坡宽（单侧）。单侧削坡宽度（简称削坡单宽）计算公式如下：

$$d = H \times (\mathrm{ctg}\beta - \mathrm{ctg}\alpha)$$

$$\mathrm{ctg}\alpha = \frac{(M - N)}{2H}$$

式中：d——削坡单宽，m；H——原沟深，m；α——原坡角，°；β——削坡后坡角，°；M——上口宽，m；N——底宽，m。

②削坡断面。左侧削坡断面计算公式如下：

$$A_{左}=S_1-S_2$$

式中：$A_{左}$——削坡面积，m^2；S_1——梯形面积（ABCD合围阴影面积），m^2；S_2——三角形面积（ABC合围阴影面积），m^2。

同理可计算出右侧削坡断面面积$A_{右}$，则削坡面积按如下公式计算：

$$A=A_{左}+A_{右}$$

③沟深。削坡后沟深按下式计算：

$$H'=H\times\frac{\sqrt{4\times \mathrm{tg}\beta(A_{左}+A_{右})+N^2}}{2\times \mathrm{tg}\beta}\times\lambda$$

式中：H'——削坡整形后沟深，m；λ——系数，取值范围0.2 ~ 0.6。

④工程量。

$$V=AL$$

式中：V——削坡土方，m^3；L——削坡长，m。

（2）石笼谷坊。在沟底比降较大、沟底下切剧烈发展的沟段修建石笼干砌石谷坊，其主要作用是巩固并抬高沟床、防止沟底下切，同时，也稳定沟坡、制止沟岸扩张。

①防御标准。石笼谷坊建设标准为10年一遇6h最大降雨强度。

②侵蚀沟断面测量。侵蚀沟断面测量包括上口宽、下口宽、平均深、沟底比降、沟边高程、沟底高程。

③谷坊间距。本工程谷坊间距根据测量所得的数据：侵蚀沟平面、纵断面、沟底比降等确定，在侵蚀沟横断和纵断变化明显处布设谷坊。

$$L=\frac{H}{i-i'}$$

式中：L——谷坊间距，m；H——谷坊底到溢水口底高度，m；i——原沟床比降，平均值；i'——谷坊淤满后比降，平均值。

④谷坊座数。

$$n=\frac{L}{L'}-1$$

式中：n——谷坊数量，座；L'——侵蚀沟长，m。

⑤谷坊尺寸。谷坊要嵌入沟边1.0m，沟底嵌入0.5m，迎水坡坡比1：1，背水坡坡比1：1。

⑥溢洪口设计。

$$Q_1 = C_P F^{0.67}$$

$$Q_2 = \frac{M(b+a)}{2h^{\frac{3}{2}}}$$

式中：Q——设计流量，设计时取10年一遇最大洪峰流量，m^3/s；C_P——最大流量参数；F——集水面积，km^2；a——溢洪口上口宽，m；b——溢洪口底宽，m；h——溢洪口水深，m；M——流量系数，采用1.55。

⑦消能设计。为了防止溢流的洪水冲淘坝基下游沟床，按需要在坝下设置消能措施。各级谷坊出口处配有消能措施，共3处，上游护坡护底3m，下游护坡护底6m（包括消力池），护坡护底从上到下依次为石笼护坡、垫层、土工布，护坡（底）长3m。

石笼谷坊结构示意图见图8-25至图8-27。

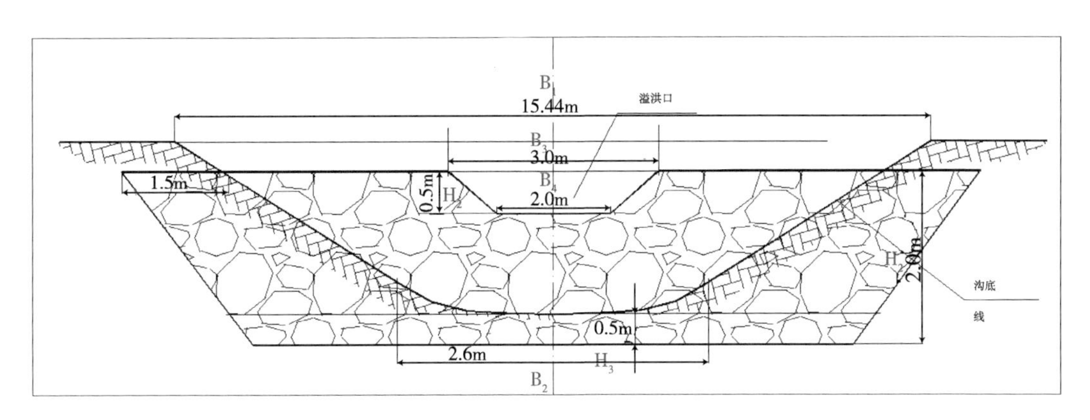

图8-25　谷坊横断面示意图

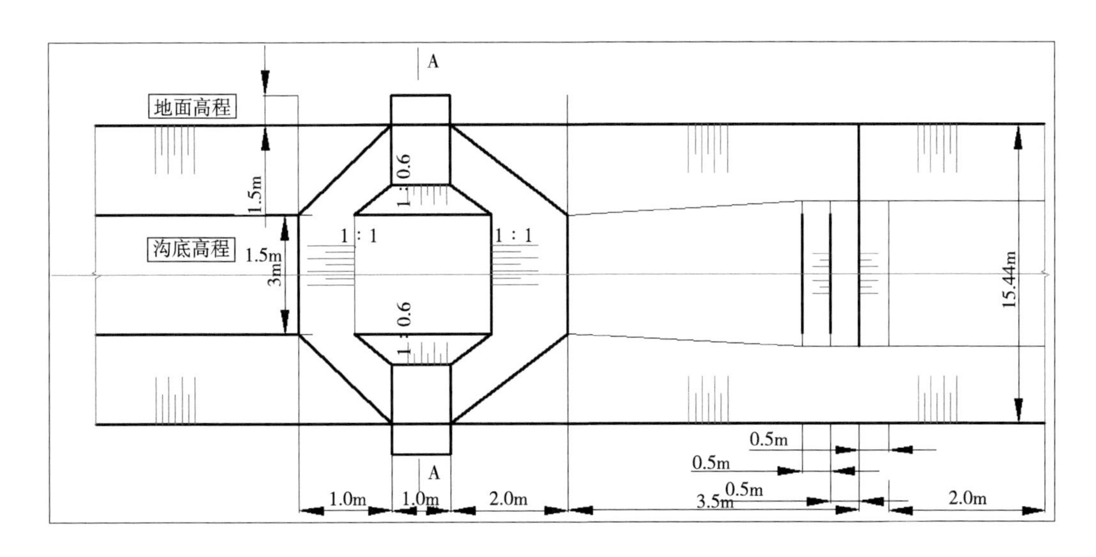

图8-26　谷坊俯视示意图

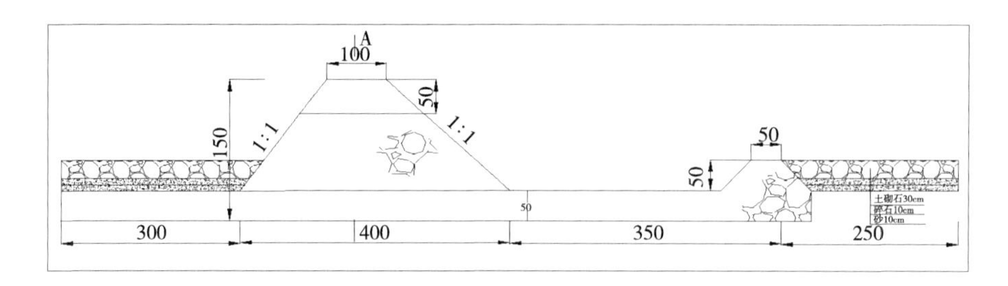

图8-27　谷坊和消能措施纵断面示意图（单位：mm）

（3）浆砌石跌水。由于侵蚀沟沟头前进速度较快，威胁农田道路和两边耕地安全，在侵蚀沟沟头修整后，布设浆砌石跌水措施，既可作为排水通道，使坡面来水安全进入侵蚀沟道，也可以起到稳定沟床的作用。本次设计以4号中型沟为例进行典型设计。

1）适用范围。侵蚀沟上游集水面积较大，来水量亦大，沟头土质较差，总落差3m以下的沟头或排水沟落差较大的地段。

2）设计频率洪峰流量计算。假设沟头落差p=2.5m，溢水口宽度3.0m，集雨面积F=0.2km^2。

设计频率水量计算：

$$Q_m = \frac{K_p}{K_{5\%}} C_p F^{0.67}$$

式中：Q_m——设计频率洪峰流量（m^3/s）；K_p——设计频率模比系数，K_p=2.15；$K_{5\%}$——20年一遇模比系数，$K_{5\%}$=3.28；C_p——20年一遇最大径流模数，C_p取5.1m^3/（km^2·s）；F——集雨面积（km^2）；Q_m=2.15÷3.28×5.1×0.20.67=1.14（m^3/s）。

3）水力计算。

水力宽度$b=b_c\varepsilon$

式中：b_c——溢水口宽度（m）；ε——系数。

取ε=0.9，则b=3×0.9=2.7m。

进水口槛上水头计算：

$$H_0 = \left(\frac{Q_m}{mb\sqrt{2g}} \right)^{\frac{2}{3}}$$

取m=0.35；H_0=0.27m，按H_0<0.4m，满足要求。

4）陡坡断面尺寸计算。

①消力池长度（L）计算。

$$L=2（p+d）$$

取d=0；则有$L=2\times2.5=5.0$m。

②陡坡长度（l）计算。

$$l=\frac{p}{\sin\alpha}$$

式中：p——沟头落差，m。α——陡坡角度，°。取$\alpha=65°$；则有$l=2.5\div\sin65°=2.8$m

浆砌石跌水断面见图8-16至图8-18。

（4）钢筋混凝土跌水。钢筋混凝土二级跌水适用于上游来水量大、沟头落差大于3m的大型侵蚀沟沟头。

1）跌水设计。

①设计标准及级别。钢筋混凝土跌水设计标准为10年一遇设计。

②结构设计。跌水由跌水式消力池、海漫段及挡土墙组成。跌水式消力池采用分离式结构，两侧为挡土墙，中间为底板结构。海漫底护砌形式为0.3m雷诺护垫，下设0.15m砂砾石及无纺布一层。

③水力计算。

$$L=l_1+l_2$$

$$l_1=\varphi\sqrt{H_0(2p+h_{上})}$$

$$H_0=h_{上}+\frac{v_{上}^2}{2g}$$

式中：L——消力池长度，m；l_1——射流距离，m；l_2——池内水跌长度，m；φ——流速系数；P——跌差，m；H_0——上游总水头，m；$h_{上}$——上游沟道水深，m；$v_{上}$——上游水溢速，m/s；g为重力加速度，一般取9.8。

上式中，φ一般取1m^3/s。

对于高坎跌水的水舌跌落距离可按下式计算：

$$\frac{l_1}{p}=4.30D^{0.27}=4.30\left(\frac{h_k}{p}\right)^{0.81}$$

式中：l_1——射流距离，m；p——跌差，m；D——跌落指数；h_k——跌后水深，m。

消力池池深计算：

$$C_1=(1.05-1.10)h_2-H_{01}$$

式中：C_1为第一级消力池的槛高度；h_2为第二共轭水水深；H_{01}为计入行近流速的槛上水头，m。

$$P_2=S_2+C_1$$

式中：P_2——第二级坎高，m；S_2——第二级消力池深度，m；C_1——第一级消力池的槛高度，m。

④抗冻胀设计。防冻措施采取加设保温板措施。根据《水工建筑物抗冰冻设计规范》（SL 211—2006）公式9.4.2计算保温板厚度：

$$\delta_\chi=\lambda_\chi\left(R_0-\frac{\delta_C}{\lambda_C}\right)\psi_d k$$

式中：δ_x、δ_c——分别为保温板和底板的厚度；R_0——设计热阻（m^2・℃/W）；λ_x、λ_c——分别为保温板和底板的热导率［W/（m・℃）］；ψ_d——日照及遮阴程度影响系数；k——安全系数。

2）挡土墙设计（图8-28）。

①设计标准及级别。由于跌水为5级建筑物，则挡土墙也为5级建筑物。

②结构设计。挡土墙为悬臂式钢筋混凝土挡土墙；墙厚由0.4m渐变到1m，加设0.4m倒角，底板厚度为1m，混凝土标号均采用C25F300。

③结构稳定计算。挡土墙类型：悬臂式（非抗震挡土墙）。

断面尺寸参数：H——墙面上部高度；B_1——墙顶宽度；B_2——前趾宽度；B_3——后踵宽度；H_1——后踵端部高度；H_2——前趾端部高度；H_3——后踵根部高度；H_4——前趾根部高度。

a. 抗滑稳定验算。抗滑稳定安全系数计算公式为：

$$K_c=f\frac{\sum G}{\sum F_H}$$

式中：K_c——按抗剪强度计算的容许抗滑稳定安全系数；f——挡土墙底面与地基土之间的抗剪摩擦系数；$\sum G$——作用于挡土墙基底全部竖向荷载之和；$\sum H$——作用于挡土墙全部水平向荷载之和。

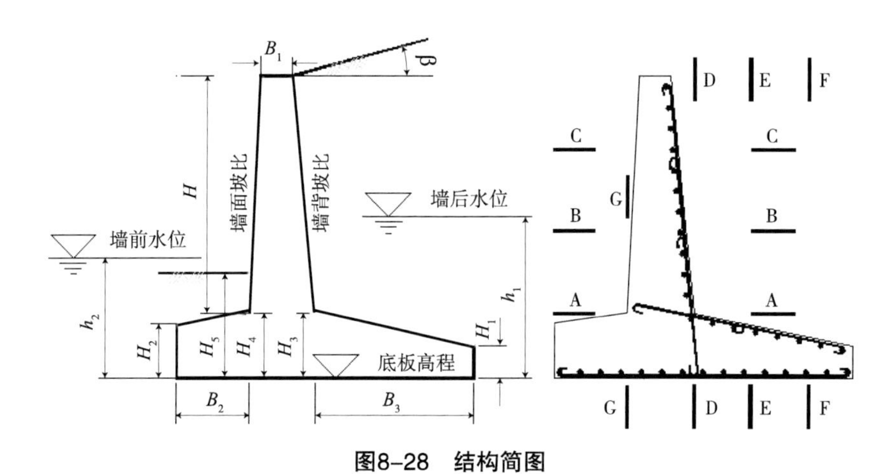

图8-28　结构简图

b. 抗倾覆稳定验算。抗倾覆稳定安全系数计算公式为：

$$K_o = f\frac{\sum M_V}{\sum M_H}$$

式中：K_o——抗倾稳定安全系数；f——挡土墙底面与地基土之间的抗剪摩擦系数；$\sum M_V$——作用于墙体的荷载对墙前趾产生的稳定力矩；$\sum M_H$——作用于墙体的荷载对墙前趾产生的倾覆力矩。

c. 地基承载力验算。地基承载力按《规范》中第6.3.1、第6.3.2条进行校核。

基底应力计算公式为：

$$P_{max} = \frac{\sum G}{B}(1+6\frac{e}{B})$$

$$P_{min} = \frac{\sum G}{B}(1-6\frac{e}{B})$$

$$偏心距\ e = \frac{B}{2} - \frac{\sum M}{\sum G}$$

式中：e——偏心距；B——基础底面宽度；$\sum M$——作用于挡土墙基底全部横向核载之和；$\sum G$——作用于挡土墙基底全部竖向荷载之和。

3）桥涵谷坊。桥涵谷坊适用于上游来水量大，沟宽小于3m的狭长形沟道。

涵洞身采用镀锌螺纹钢管，断面为圆形，内径为1.0m。洞身下设置0.2m素砼管座，下设1.2m水撼砂。洞身后设置净宽1.5m，跌差为1m的跌水。跌水底板厚0.6m，消力池长5m，跌水出口处护砌长度为10m，采用雷诺护垫。

涵洞上游、下游采用雷诺护垫护坡护底，护砌长度为上游、下游各5m。

（5）植物措施。结合侵蚀沟治理工程措施，在侵蚀沟QS-2沟坡、沟底营造水土保持林，进行全面植物防护，沟底防冲林栽植灌木柳，沟坡防蚀林栽植榛子，其中沟坡防蚀林0.03hm^2，沟底防冲林0.01hm^2，共营造水土保持林0.04hm^2。

1）沟坡防护林。

①造林图示见图8-29。

②树种。榛子、榆树、锦鸡儿，采用1年生苗木。

③造林技术措施。

整地规格：穴状整地。

造林方法及季节：春季4—5月穴状栽植造林，株距0.5m，行距1.0m，每穴1株。

幼林抚育：抚育方法为人工抚育，除草、松土、苗间定株。

补植：用大一年苗龄的同种树苗进行补植；补植时间最好在秋季。

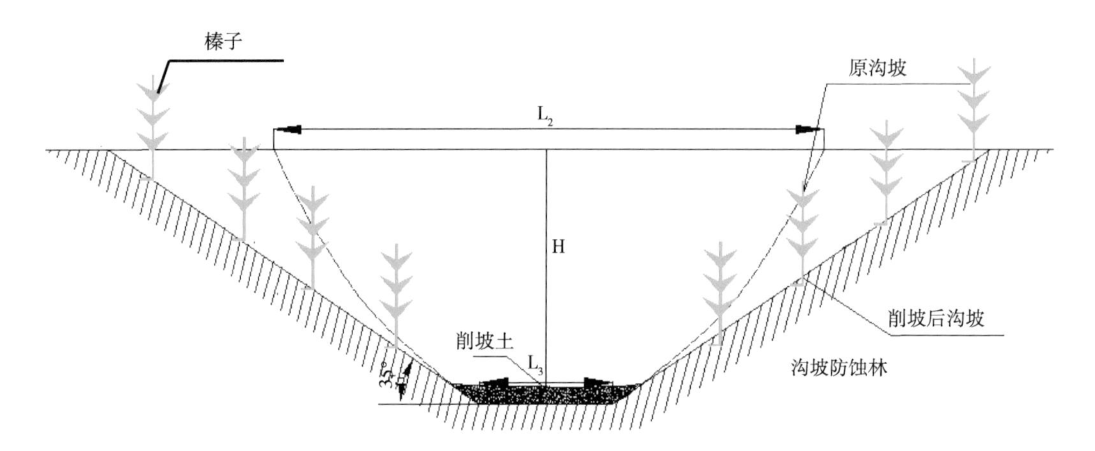

图8-29　沟坡防蚀林造林图示

2）沟底防冲林。

①造林图示见图8-30。

②灌木柳（柳条）。

③造林技术措施。春季灌木扦插造林，株距0.5m，行距0.5m。汇水面积不大、水流较缓的地方，采用栅状造林；汇水面积大、水流急的地方，沟底中留出水路。栅状林由沟头开始，沿水流方向到沟口，与流向垂直密插柳条，为避免新造幼林被水淹没或冲走，根据通常水位，地上可留0.3～0.5m，插入地下0.3～0.4m。如果发现植物死亡的情况，则用大一年苗龄的同种树苗进行补植，补植时间最好在秋季。

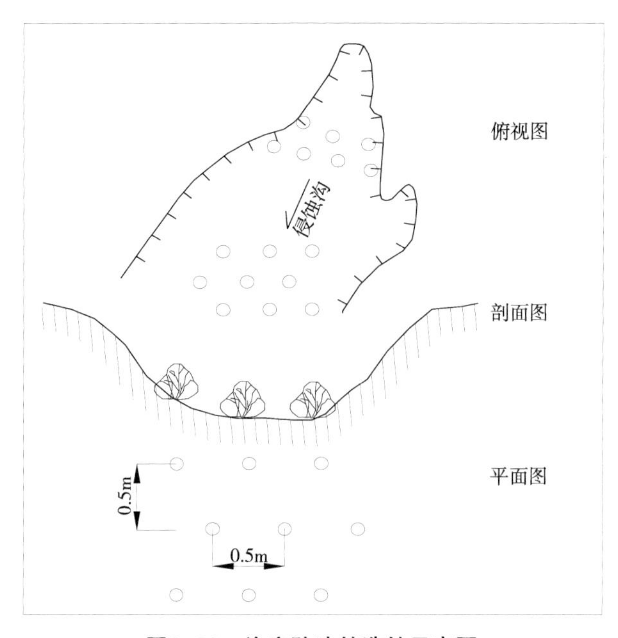

图8-30　沟底防冲林造林示意图

8.5.4 施工

8.5.4.1 削坡整形

直线削坡整形挖掘机将侵蚀沟边坡整形成小于35°的边坡，垂直削坡整形将侵蚀沟边坡整形成接近于90°的边坡。

8.5.4.2 沟头柳跌水、连续式柳跌水、柳编护沟

（1）桩料选择。按设计要求的长度和桩径，选生长能力强的活立木（柳、杨树桩，以下简称柳桩），单个平均长1.5m左右，沟头柳跌水、连续式柳跌水所用柳桩直径7～10cm，柳编护沟所用柳桩直径3～7cm。

（2）埋桩。侵蚀沟经削坡整形处理后，在侵蚀沟坡沟底放线埋入柳桩，埋深0.5m左右，柳桩间距0.5m×0.5m，注意桩身与地面垂直纵横呈一线，打桩时勿伤树桩外皮，牙眼向上。

（3）编篱。先横向铺一层柳条，再纵（顺沟方向为纵）向铺一层柳条，每层约10cm，然后压实柳条以树桩为径纵横向编篱柳条，用铅丝把柳条固定在柳桩上，最后进行上面及两边覆土并压实，柳桩外露约20cm。

8.5.4.3 石笼干砌石谷坊

按设计的谷坊尺寸，在地面划出坝基轮廓线；岩基沟床应清除表面的强风化层，基岩面应凿成向上游倾斜的锯齿状，两岸沟壁凿成竖向结合槽；根据设计尺寸，从下向上分层垒砌，逐层向内收坡，块石应首尾相接，错缝砌筑；石料厚度不小于30cm，接缝宽不大于2.5cm；同时应做到“平、稳、紧、满”（砌石顶部要平，每层铺砌要稳，相邻石料要靠紧，缝间砂浆要灌饱满）。下暴雨时应有专人到谷坊现场巡视，遇有险情，及时组织抢修。每年汛后和每次较大暴雨后，及时到现场检查，发现损毁及时补修。坝后淤满成地，应及时种植喜湿、耐涝、经济价值较高的用材林、果树或其他经济作物。

按照“顶底相照”的原则布设，每条沟至少要修建2座以上谷坊，不单设一座谷坊，末级谷坊应配套消能措施，消解水流动能，防止冲刷；谷坊要插入两岸，切入沟底，深度≥0.5m，保证其稳固；谷坊在顶部要留有溢洪口；谷坊布设既要考虑间距，又要考虑最佳位置，如沟两岸狭窄处、最浅处，应根据实际情况具体确定；在谷坊墙体设置排水孔，径流量大时使水能尽快泄出，保证谷坊的稳定性；谷坊布设在沟底和岸坡地形、地质（土质）状况良好，无孔洞或破碎地层，没有不易清除的乱石和杂物。在谷坊嵌入沟边的位置上部压土，土方厚度以等于年冲刷量为宜。

8.5.4.4 雷诺护垫

（1）土石方开挖。削坡应按照设计坡比修整坡面，整坡后的坡比与设计坡比偏差

不得大于3%，削坡产生的弃土运至指定弃土场，不得随意乱弃。坡面上的树木应尽量给予保留。

（2）土工布铺设。

①护坡铺设土工布时，宜将土工合成材料铺设在底层表面或换填层的底面。

②土工布的上面应铺设砂垫层，且材料下填土质量应满足设计要求。

③土工布应全断面铺设，当铺设在基床表面时，无纺布不得暴露于道床之外；用于膨胀土、湿陷性黄土地区时，土工布横向铺设宽度应适当加宽。

④土工布横向排水坡度不宜小于4%，基面及砂垫层中不得含有尖锐杂物及碎石，铺设的土工布应平整无褶。

⑤土工布宜采用粘接或焊接方式；采用粘接或焊接方式时，接缝宽度不应小于10cm，连接处的各项技术性能指标不应低于设计要求；采用搭接方式时，搭接宽度不应小于30cm。

⑥土工布纵向连接时，如线路有纵坡，应使高端压在低端上；当线路为平坡时，可将新铺的一端垫在相邻已铺好的一端之下。

⑦土工布铺设后，应及时铺垫层覆盖并夯拍密实，避免长时间的暴晒和暴露，使材性劣化。

（3）垫层铺设（碎石）。铺设厚度20cm，垫层要求颗粒尺寸在5～40mm，其中25～40mm含量不小于50%。配合自卸汽运至现场卸料，铺设时土工布一定要拉紧，配合工具固定，注意其平整度，碎石垫层铺设范围及厚度不小于设计值，采用装载机初平，人工配合机械精平。

（4）石笼铺设。

1）雷诺护垫组装。此步骤需安排在一块平整坚硬的场地上开展作业，选择场地时请注意既要方便雷诺护垫的组装、搬运，又要不影响现场其他作业的实施。

①打开成捆包装的雷诺护垫，取出一个完整的雷诺护垫，用钳子或人工脚踩的方式校正弯曲、变形的部分。需注意：雷诺护垫面板之间的折痕弯曲；搬运过程中由于操作不当所产生的弯曲变形。

②用木板沿切口压住底网，用手翻起端板，要确保端板底线在同一直线上，且高度统一并准确。

③翻起边板，用点扎的形式固定隔板与边板以及边板与端板，共计14处。单隔板由于边缘钢丝延长段可用，每处只绞合一个点；双隔板每处绞合2个点。

④用于转弯段的雷诺护垫，可以通过裁剪雷诺护垫单元进行套接处理。

⑤组装雷诺护垫的原则。形状规则、绞合点牢固、所有竖直面板上边缘在同一水平面上。

2）雷诺护垫的摆放、连接。

①进行雷诺护垫摆放操作前，先检验坡比是否符合设计要求，再放线确定出雷诺护垫摆放的位置。将组装好的雷诺护垫按照一定的要求紧密整齐地摆放在恰当的位置上。

②坡面较陡或者坡面较为光滑容易引起施工过程中雷诺护垫下滑的情况，建议在坡顶加木桩固定。

③用点扎的方式将相邻雷诺护垫单元进行连接，防止单元之间留有缝隙给后面的装填、封闭盖板造成不必要的麻烦。

④雷诺护垫摆放原则。摆放好的雷诺护垫外轮廓线应该整齐划一，紧密靠拢。

3）石料装填。

①石料根据当地实际情况，可选择卵石、片石或块石，石料的粒径需符合设计要求。装填方式可以采用人工装填，也可采用半人工半机械化进行装填作业。

②在坡面上施工时，为防止施工过程中石料受重力影响或人工踩踏下滑而造成隔板弯曲，石料必须从坡脚往坡顶方向进行装填；同时相邻隔板、边板两侧的石料也宜同时进行装填。

③表面部分是关系到整个雷诺护垫护坡外观效果的关键所在，宜选择粒径较大、表面较为光滑的石料进行摆放，且摆放得平整、密实。

④考虑到石头的沉降，装填时应有2.5～4cm的超高，最好呈鱼背形，而且雷诺护垫内装填的石头需用人工摆放，尽量减少空隙率。

⑤石料装填原则。石料的装填要求密实，坡面平整。

4）闭合盖板作业。

①绞合盖子之前，检查石料是否装填饱满、密实，上表面是否平整；对雷诺护垫外轮廓进行检查，对一些弯曲变形、隔板上边缘下埋、表面不平整等不符合施工要求的地方进行校正，可用钢签进行纠正。

②用一定长度的绞合钢丝将盖板与边板、端板的上边缘连接在一起。绞合严格按照间隔10～15cm单圈—双圈—单圈进行绞合，每绞合1m长的边缘采用1.3～1.4m长的绞合钢丝，且每根长钢丝连续绞合边缘的长度不超过1m；相邻雷诺护垫的端板或边板上边缘钢丝必须与盖板边缘钢丝紧密地绞合在一起。

③盖板绞合作业原则。所有的边缘需绞合到位，所有被绞合边缘应呈一条直线，而且绞合点的几根边缘钢丝紧密靠拢。

5）装填石料要求。填充物采用卵石、块石或片石。要求石料粒径D80～160mm为宜，空隙率不超过30%。要求石料质地坚硬，强度等级MU30遇水不易崩解和水解，抗风化。薄片、条状等形状的石料不宜采用。风化岩石、泥岩等亦不得用作充填石料。

8.5.4.5 雷诺跌水

（1）土工布铺设。铺设前清除场地上的杂物，要先将窄幅缝接，并应裁剪成要求的尺寸，铺放应平顺，松紧适度，并应与铺设面密贴；有损坏处，应修补或更换；相邻片（块）可搭接300mm，对可能发生位移处应缝接；不平地、软土上和水下铺设时搭接宽度应适当加大；坡面上铺设宜自下而上进行，在顶部和底部应予固定；坡面上应设防滑钉，并应随铺随压重。

（2）垫层铺设（碎石）。铺设厚度20cm，碎石材料采用1～4cm碎石，配合自卸汽运至现场卸料，铺设时土工布一定要拉紧，配合工具固定，注意其平整度，碎石垫层铺设范围及厚度不小于设计值，采用装载机初平，人工配合机械精平。

（3）石笼铺设。石笼所用的铅丝直径为4mm（8#铅丝），铅丝笼的网格大小视块石大小而定，以块石不漏出网格为准，一般控制在18cm×18cm以内，采用人工编织铅丝网。

8.5.4.6 浆砌石跌水

片石砌筑采用挤浆法分层、分段砌筑。分段位置设在沉降缝或伸缩缝处，分层水平砌缝大致水平。各砌块的砌缝相互错开，砌缝饱满。各砌层先砌外圈定位砌块，并与里层砌块连成一体。定位砌块选用表面较平整且尺寸较大的石料，定位砌缝满铺砂浆，不得镶嵌小石块。

定位砌块砌完后，先在圈内底部铺一层砂浆，其厚度使石料在挤压安砌时能紧密连接，且砌缝砂浆密实、饱满。砌筑腹石时，石料间的砌缝互相交错、咬搭，砂浆密实。石料不得无砂浆直接接触，也不得干填石料后铺灌砂浆；石料大小搭配，较大的石料以大面为底，较宽的砌缝可用小石块挤塞，挤浆时用小锤敲打石料，将砌缝挤紧，不得留有孔隙。定位砌块表面砌缝的宽度不大于4cm。砌体表面三块相邻石料相切的内切圆直径不大于7cm，两层间的错缝不小于8cm。 填腹部分的砌缝减小，在较宽的砌缝中用小石块塞填。

砌体表面的勾缝符合设计要求，并在砌体砌筑时，留出2cm深的空缝。勾缝采用凹缝或平缝，勾缝所用砂浆强度不得小于砌体所用砂浆强度。当设计不要求勾缝时，随砌随用灰刀刮平砌缝。砌体砌筑完毕及时覆盖，并经常洒水保持湿润，常温下养护期不得少于7d。

8.5.4.7 桥涵谷坊

（1）平整场地及沟槽开挖。平整场地，涵洞两侧经过低洼积水时，需先设置围堰、抽排积水，必要时清除换填部分淤泥。

（2）基础工程。基坑开挖采用人工配合机械开挖，基坑检查合格后，铺筑砾石垫层，小型振动压路机分层压实，压实度达到95%以上，及时进行养护。

（3）涵身施工。涵管由定点厂家预制，检验合格后运至工地，管节装卸、运输、安装过程中采取防碰撞措施，避免管节损坏或产生裂纹；涵管装卸、安装机具及存放场地必须得到监理工程师的许可，安装时严格按规范规定操作。

（4）台背、涵顶填土。涵洞完成后，当涵洞砌体砂浆或混凝土强度达到设计强度的70%时，方可进行回填土，回填土要符合质量要求，涵洞处路堤缺口填土从涵身两侧不小于2倍孔径范围内，同时水平分层、对称地填筑、夯（压）实。用机械填土时，除按照上述规定办理外，涵洞顶上填土厚度必须大于1m时，才允许机械通过，且在使用震动压路机碾压时，禁止开动震动源。

严格控制分层厚度和密实度，设专人负责监督检查，检查频率每50m²检验1点，不足50m²时至少检验1点，每点都要合格，采用小型机械压实。回填土的分层厚度为0.1～0.2m。压实度全部要达到95%。

8.5.4.8　灌木柳栽植和抚育管理

（1）春秋两季均可进行植苗造林。穴状或鱼鳞坑整地，使用1～2年生苗，栽前剪去有伤根，截干，留干长5～6cm，埋土超过原土印4～5cm，栽后踏实。可1～3株丛植，多带根系，也可带干或截干栽植。覆土超原土印3～5cm。

（2）插干较长，一般在2m以上，因易于失水而应深插，特别在干旱地区，以达到地下水位为宜。秋季和春季扦插均可。造林地也须细致整地，以便为插干生根创造有利条件。

（3）栽培管理播种造林要及时间苗、定苗，每穴留2～3株，缺苗补植，栽2年后进行平茬，每年或隔年平茬1次。3年后即可采种，采种后进行割条。

8.5.4.9　胡枝子栽植和管理

（1）春秋两季均可进行植苗造林。穴状或鱼鳞坑整地，使用1～2年生苗，栽前需剪截干、留干长5～6cm，埋土超过原土印4～5cm，栽后踏实。直播造林需雨季进行。可1～3株丛植，多带根系，也可带干或截干栽植。覆土超原土印3～5cm。

（2）栽培管理播种造林要及时间苗、定苗，每穴留2～3株，缺苗补植，栽2年后进行平茬，每年或隔年平茬1次。3年后即可采种，采种后进行割条。

8.5.4.10　锦鸡儿栽植和抚育管理

（1）锦鸡儿在春秋两季均可进行栽植。春季栽植时间为3月下旬至4月中旬，秋季应在11月中旬至12月上旬进行。栽植前应按要求挖好种植穴，种植穴规格一般为0.8m×0.8m，深度不低于0.8m。挖土时应将表土与底土分开堆放。栽植时用经腐熟发酵的牛马肥作基肥，基肥应与栽植土充分拌匀，以防止散发热量过大而烧根。栽植深度应深浅适宜，一般来说裸根栽植深度高于原土痕2～3cm即可，回填土时应先回填表土，后回填底土，并要分层踩实。栽植后应立即浇头水，5d后浇二水，10d后浇三水，此后可视土壤墒情浇水，始终使土壤保持在大半墒状态即可。

（2）锦鸡儿较耐粗放管理，第二年即可进入正常养护期，浇水管理应注意浇好返青水和封冻水，其他时间如果不是过于干旱，一般不用特意浇水，可靠自然降水生长，但要注意雨季应及时排除积水，防止因积水而烂根。每年春季施用一次农家肥即可。

（3）锦鸡儿管理相对粗放，一般不需特殊修剪，在日常养护中主要以保持树冠通风透光即可，可随时剪去枯死枝、病虫枝、过密枝、交叉枝、重叠枝和徒长枝。

8.5.4.11　榆树栽植和抚育管理

（1）植苗，春秋两季均可进行，春季应在土壤解冻后苗木展开前，秋季应在苗木落叶后，土壤封冻前。

（2）选用1～2年的苗木进行穴植，穴的直径为20cm，深度20～30cm。一般采用行距1～2m，株距1～1.5m。

（3）幼林期应进行松土、除草、培土，以增加土壤的蓄水能力，促进幼林的生长。当造林后树高达lm时，再剪掉顶部，以控制生长高度，促使其产生分枝。

（4）榆树的夏季浇水原则应该是干透湿透，稍干无妨，不可过湿。

8.5.5　典型案例

以绥棱农场12作业队QS-4号侵蚀沟为例。

QS-4号侵蚀沟沟头处上口宽2m，沟底宽0.7m，深3.99m；经削坡整形后，上口宽12.1m，沟底宽0.8m，深3.94m。修建钢筋混凝土二级跌水。

（1）跌水设计。

①设计标准及级别。跌水为5年一遇设计，为5级建筑物。

②结构设计。跌水由跌水式消力池、海漫段及挡土墙组成。跌水式消力池采用分离式结构，两侧为挡土墙中间为底板结构。第一级消力池跌差2m，消力池深0.5m，底板厚度0.8m，池长5m；第二级消力池跌差2m，消力池深0.5m，底板厚度0.8m，池长5m。第一级消力池段挡土墙高4.3m，底板厚0.8m，长3.5m，两侧挡土墙之间底板厚0.8m；第二级消力池段挡土墙高6.5m，底板厚1m，长5.2m，两侧挡土墙之间底板厚0.8m。出口海漫底板宽度由4.8m渐变到3.9m。海漫底高程为233.28m，护砌形式为0.3m雷诺护垫，下设0.15m砂砾石及无纺布一层。

③水力计算。本次设计二级跌水，消力池池长计算：

$$L = l_1 + l_2$$

$$l_1 = \varphi\sqrt{H_0(2p + h_{上})}$$

$$H_0 = h_{上} + \frac{v_{上}^2}{2g}$$

式中：L——消力池长度，m；l_1——射流距离，m；l_2——池内水跃长度，m；Φ——流速系数，通常选取0.95～1.0；H_0——上游总水头，m；p——跌差；$h_{上}$——上游渠道水深，m；$v_{上}$——上游水流速，m/s；g——为重力加速度，一般取9.8。

对于高坎跌水的水舌跌落距离可按下式计算：

$$\frac{l_1}{p} = 4.30D^{0.27} = 4.30\left(\frac{h_k}{p}\right)^{0.81}$$

式中：l_1——射流距离，m；p——跌差。D——跌落指数；h_k——跌后水深，m。

消力池池深计算：

$$C_1 = (1.05 - 1.10)h_2 - H_{01}$$

式中：C_1为第一级消力池的槛高度；h_2为第二共轭水水深；H_{01}为计入行近流速的槛上水头，m。

$$P_2 = S_2 + C_1$$

式中：P_2——第二级坎高，m；S_2——第二级消力池深度，m；C_1——第一级消力池的槛高度，m。

经计算第一级消力池槛高C_1=0.13～0.16m，池长为3.67m；经计算第二级消力池槛高C_2=−0.16～0.14m（可以没有消力坎），池长为3.29m。

④抗冻胀设计。防冻措施采取加设保温板措施。根据《水工建筑物抗冰冻设计规范》（SL 211—2006）公式9.4.2计算保温板厚度：

$$\delta_\chi = \lambda_\chi \left(R_0 - \frac{\delta_C}{\lambda_C} \right) \psi_d k$$

式中：δ_x、δ_c——分别为保温板和底板的厚度；δ_c = 0.6m；R_0——设计热阻（m^2·℃/W），按规范表6.4.2-1取3.07；λ_x、λ_c——分别为保温板和底板的热导率［W/（m·℃）］，分别取0.05和0.3；ψ_d——日照及遮阴程度影响系数，根据规范B.1.1-2：$\psi_d=\alpha+(1-\alpha)\psi_i$计算，其中$\alpha$系数取−3.13，$\psi_i$经查表得1.1；$k$——安全系数，取1.1。

经计算，δ_x=0.081m。本次设计保温板厚度取0.1m，采用聚苯乙烯（XPS）保温板，容重30kg/m^3。

（2）挡土墙设计（图8-28）。

1）设计标准及级别。由于跌水为5级建筑物，则挡土墙也为5级建筑物。

2）结构设计。挡土墙为悬臂式钢筋混凝土挡土墙；墙厚由0.4m渐变到1m，加设0.4m倒角，底板厚度为1m，混凝土标号均采用C25F300。

3）结构、稳定计算。

挡土墙类型：悬臂式（非抗震挡土墙）。

断面尺寸参数：墙顶宽度B_1 = 0.40m；墙面上部高度H = 5.50m；前趾宽度B_2=1.00m；后踵宽度B_3=3.20m；前趾端部高度H_2=1.00m；前趾根部高度H_4=1.00m；后踵端部高度H_1=1.00m；后踵根部高度H_3=1.00m；墙背坡比=1：0.109；墙面坡比=1：0.000。

①抗滑稳定性验算。抗滑稳定安全系数计算公式为：

$$K_c = f \frac{\sum G}{\sum F_H}$$

从《规范》中表3.2.7查得，抗滑稳定安全系数$[K_c]=1.20$

$K_c=0.300\times502.913/100.605=1.50$

$K_c=1.50\geqslant[K_c]=1.20$，故抗滑稳定安全系数满足要求。

②抗倾覆稳定验算。从《规范》中表3.2.12、3.2.13条查得，抗倾覆稳定安全系数$[K_o]=1.40$。

抗倾覆稳定安全系数计算公式为：

$$K_o = f\frac{\sum M_V}{\sum M_H}$$

$K_o=1\,683.298/430.428=3.91$

$K_o=3.91\geqslant[K_o]=1.40$，故抗倾覆稳定安全系数满足要求。

③地基承载力。地基承载力按《规范》中6.3.1、6.3.2进行校核。

基底应力计算公式为：

$$P_{max} = \frac{\sum G}{B}(1+6\frac{e}{B})$$

$$p_{min} = \frac{\sum G}{B}(1-6\frac{e}{B})$$

$$偏心距\ e=\frac{B}{2}-\frac{\Sigma M}{\Sigma G}$$

偏心距$e=5.20/2-1\,252.87/502.91=0.109$m

$P_{max}=502.91/5.20\times(1+6\times0.109/5.20)=108.84$kPa

$P_{min}=502.91/5.20\times(1-6\times0.109/5.20)=84.61$kPa

$P_{max}=108.84\leqslant1.2[\sigma_o]=1.2\times170.00=204.00$，满足要求。

$(P_{min}+P_{max})/2=96.72\leqslant[\sigma_o]=170.00$，满足要求。

$\eta=P_{max}/P_{min}=108.84/84.61=1.29<2.0$，满足要求。

表8-5　沟头跌水工程量表

工程名称	单位	数量
建筑物土方开挖	m^3	1 346.54
建筑物土方回填	m^3	1 049.37
挡土墙砼	m^3	129.22
消力池砼	m^3	39.85
下游雷诺护垫	m^3	41.98
砂砾石	m^3	18.33

（续表）

工程名称	单位	数量
无纺布	m^2	125.44
水撼砂	m^3	83.26
保温板	m^2	554.89
止水	m	61.23
钢筋制安	t	8.76
模板	m^2	507.21

9　研究总结与建议

中国东北黑土区位于高纬度寒冷地区，属于季节性积雪区，不仅夏季暴雨导致侵蚀比较严重，冬春季土壤冻融作用强烈，部分地区冻融作用同融雪径流等外营力所造成的土壤侵蚀已不亚于暴雨造成的侵蚀强度。目前，黑土区由水土流失带来的危害较大，已经严重威胁到了国家粮食安全。尤其是东北黑土区侵蚀沟发展迅速，侵蚀沟愈演愈烈的发展造就了支离破碎、沟壑纵横的地表形态，黑土资源严重流失。基于第一次全国水利普查东北黑土区侵蚀沟普查数据、辽宁省侵蚀沟专项调查数据、典型侵蚀沟多年连续监测数据，以及其他相关研究数据等，对东北黑土区侵蚀沟的分布特征、地形与侵蚀沟发育的关系、植被对侵蚀沟发育的影响、不同时期（降雨期、融雪期）侵蚀沟发育情况、侵蚀沟发育的影响因素等进行了分析，总结提出了黑土区几种侵蚀沟的治理模式。

9.1　东北黑土区侵蚀沟分布特征

东北黑土区共有侵蚀沟295 663条，其中发展沟为侵蚀沟总数的88.67%，稳定沟为侵蚀沟总数的11.33%。侵蚀沟总长度为195 512.64km、总面积为3 648.42km^2，沟壑密度为0.21km/km^2，沟道纵比为8.43%。黑龙江省侵蚀沟数量最多，为115 535条，辽宁省侵蚀沟数量最少，为47 193条；内蒙古自治区与吉林省侵蚀沟数量分别为69 957条、62 978条；内蒙古自治区沟壑密度最大，为0.38km/km^2，黑龙江省沟壑密度最小，为0.12km/km^2，辽宁省和吉林省沟壑密度分别为0.17km/km^2、0.13km/km^2；内蒙古自治区侵蚀沟面积最大，为2 147.11km^2，辽宁省侵蚀沟面积最小，为198.61km^2，黑龙江省和吉林省侵蚀沟面积分别为928.99km^2、373.71km^2。内蒙古自治区侵蚀沟长度最大，为1 095 512.64km，吉林省侵蚀沟长度最小，为19 767.70km，黑龙江省和辽宁省侵蚀沟长度分别为45 244.34km、20 738.57km。四省（自治区）侵蚀沟分布情况是黑龙江、内蒙古侵蚀沟数量较多、沟道面积较大、沟道长度较长。辽宁省、吉林省侵蚀沟数量较少、沟道面积较小、沟道长度较短。黑龙江省侵蚀沟数量最多，内蒙古自治区侵蚀沟的面积最大，沟道长度最长，辽宁省境内侵蚀沟数量、面积、长度最小。

由于人为活动、自然因素的不同，黑土区各水保规划分区侵蚀沟分布特征差异较大。长白山完达山山地丘陵区及东北漫川漫岗区侵蚀沟数量、面积、长度较大。大兴安岭东坡丘陵沟壑区、呼伦贝尔高平原区沟壑密度较大，大小兴安岭山地区沟壑密度较小。从侵蚀沟数量、面积、长度角度考虑，长白山完达山山地丘陵区、东北漫川漫岗区沟蚀最严重。从沟壑密度角度考虑，大兴安岭东坡丘陵沟壑区、呼伦贝尔高平原区沟蚀最严重。黑土区沟壑密度已达到0.21km/km^2，大兴安岭东坡丘陵沟壑区、呼伦贝尔高平原区沟壑密度高达0.56km/km^2、0.36km/km^2。黑土区88.67%的侵蚀沟处于发展状态，且64.57%的发展沟长度在100～500m，发展沟进一步发展的潜在危险性巨大。

9.2 地形对侵蚀沟分布与发育的影响

在侵蚀沟分布特征研究中，以第一次全国水利普查侵蚀沟道数据和数字高程模型（DEM）为数据源，借助GIS技术，分析水土保持区划二级分区侵蚀沟在不同坡度和坡向的分布特征，并根据分布特征进行侵蚀沟潜在危险性预测；根据侵蚀沟潜在危险性预测结果选择两个典型二级分区，借助遥感和GIS技术，获取不同分区侵蚀沟发育状况及差异，明确不同坡度和坡向侵蚀沟发育规律。研究结果表明，受坡度和坡向的影响，在不同坡度、坡向侵蚀沟密集度、密度、切割土地比例分布特征具有共性和差异性。侵蚀沟密集度在坡度为5°时北坡最大，差异性在于虽然侵蚀沟密集度随坡度上升总体的变化趋势相同，但是在上升或下降时在部分坡度存在波动，进而呈现“三峰两谷”“双峰双谷”和“单峰值”型3种变化趋势；不同分区侵蚀沟密度分布差异性体现在坡度阈值的不同。呼伦贝尔高平原区和长白山完达山山地丘陵区稳定沟坡度阈值分别为8°、3°，发展沟坡度阈值分别为15°、8°，发展沟已经超过了侵蚀沟原有稳定状态的坡度条件，具有较大的沟蚀潜在危险性。

对比发育结果发现长白山完达山山地丘陵区侵蚀沟面积及长度的增长率分别为322.01%、20.39%，均大于辽宁环渤海山地区的191.91%、16.41%。并且长白山完达山山地丘陵区在侵蚀沟数量增长量较小的情况下，新增发展沟数量为1 772条，远大于辽宁环渤海山地区的461条，印证了长白山完达山山地丘陵区沟蚀的潜在危险性更大的结论。经过5年的发育，侵蚀沟密集度、密度、切割土地比例随坡度上升的分布趋势及坡度阈值均未改变。当坡度小于5°时，侵蚀沟发育以新增沟为主，坡度大于5°时，以原有侵蚀沟溯源侵蚀和横向扩张为主。坡度在3°～8°时，两个分区侵蚀沟密集度增量较大，分别增长73.97%、51.69%，并且在坡度为5°和4°时侵蚀沟密度增长量最大，与密集度最大增量所在坡度相同。受侵蚀沟密集度和密度发育规律的影响，当坡度小于8°时侵蚀沟切割土地比例增长率大于8°以上各坡度分级增长率，同时受侵蚀沟融合和横向扩张的影响，切割土地比例增长量最大的坡度为8°。

受不同坡度面积比例的影响，两个分区不同坡度侵蚀沟增长率存在差异性，当坡度小于8°时，长白山完达山山地丘陵区侵蚀沟密集度、密度及切割土地比例增长率随坡度的下降持续增加，辽宁环渤海山地丘陵区则增长率先减小再增加。对不同坡度和坡向侵蚀沟分布、发育规律的研究结果表明，坡度和坡向根据自身走向完成对侵蚀沟走向和位置的控制，进而影响其分布特征；不同坡度和坡向通过改变自然条件的分配，造成侵蚀沟分布的差异，因此坡度和坡向对侵蚀沟的分布产生影响；并且分布是发育结果的体现，发育又是在已有分布的基础上，接受坡度和坡向对外界因素的再分配继续发展的过程。

9.3 植被生长对侵蚀沟发育的影响

植被作为控制沟道侵蚀的重要措施，对抑制侵蚀沟发展、改善沟内生态环境起着重要的作用。然而，侵蚀沟内一般土壤母质出露、沟坡陡峭，植被生长环境恶劣，明确什么植被能够在此条件下生存对侵蚀沟生态治理至关重要。目前对东北黑土区侵蚀沟内环境与沟内植被生长之间的关系研究较少，沟内植被优势种情况尚不清晰，理论基础的缺乏严重制约了侵蚀沟植被恢复治理工作科学有效地进行。通过对植被生长期侵蚀沟发育速率及发育位置变化的观测分析，明确了各典型流域沟道发育特征。通过对分布在黑土区不同区位典型流域侵蚀沟内植被对比分析，阐明了沟内植被物种组成和群落优势物种的地域分异特征。对侵蚀沟内3种主要水土保持植物措施及自然植被生长观测发现，不同人工植物措施对沟内自然植被恢复作用差异显著。人工栽植杨树、柳树对沟内自然植被恢复效果最好，采取多种人工水土保持植物措施可以有效提高自然植被种类及数量，改善群落多样性，利于侵蚀沟稳定。对沟内“坡向—主要物种—植被覆盖度”和“坡度—植被覆盖度”的耦合关系研究发现，侵蚀沟内地形条件与植被生长之间关系密切，沟内阴、阳两侧沟坡植被覆盖度差异较大，不同坡度下植被覆盖度及阈值也不尽相同。60°是东北黑土区侵蚀沟内适宜植被生长的沟坡坡度阈值，60°～75°范围偶有植被生长，是4条流域侵蚀沟内植被存活的临界坡度。

9.4 降雨期和融雪期侵蚀沟发育特点

东北黑土区侵蚀沟发育具有季节性特征，本书通过典型流域不同季节多年连续侵蚀沟监测发现，侵蚀沟融雪期发育以沟头前进为主，各流域侵蚀沟发育具有地域分异性和年际差异性。侵蚀沟长度发育和面积发育显著相关，长度发育和体积发育相关性不明显。五一流域融雪期侵蚀沟发育速率明显大于光荣流域和吉兴流域，其长度、面积、体积发育速率分别为光荣流域和吉兴流域的6.33倍和7.34倍、1.80倍和2.70倍、2.52倍和17.97倍；切沟发育速率从西北至东南呈现逐渐减小的趋势。

在累积积雪深度较小的流域，待积雪完全融化产生的径流量较小，对沟道的冲刷能力有限，故侵蚀沟发育速率较慢。在累积积雪深度较大的流域，融雪期在冻融反复循环作用下，沟头及沟岸处土壤破裂、解体，作用强烈处土壤产生崩塌，积雪融化产生径流沿着沟头、沟岸冲刷解体土壤，虽然融雪期积雪融化产流过程相对降雨产流过程缓慢，沟头前进速度却仍然较快，但融雪径流产生的能量在沟道内部消耗较多，导致冻融作用产生的侵蚀物质主要堆积在沟内，大部分没有输出转移到沟外，故融雪期侵蚀沟面积、体积发育较小。而在降雨期径流汇集较快、绝大部分侵蚀物被转移输出沟道，故侵蚀沟面积、体积变化较大。在融雪期冻融循环作用下，土壤黏结力减小，使得土壤更易于侵蚀，冻融作用过后沟头、沟岸处土壤崩塌堆积于沟道内部，为降雨期侵蚀沟发育提供条件，待到降雨期汇集径流较大时，侵蚀堆积物被输送出沟道，故降雨期侵蚀沟体积变化较大。目前，黑土区不同季节侵蚀沟发育均较为强烈，尤其是冻融期侵蚀沟的发育应引起足够重视。

9.5 侵蚀沟发育影响因素

东北黑土区由于自然环境地域性分异，导致其侵蚀沟形态特征具有一定差别，降雨、地质、地形等是影响侵蚀沟形态特征差异的主要原因。光荣流域侵蚀沟长度较小，宽度、深度较大；沟头至沟尾处侵蚀沟形态变化较大，沟头处侵蚀沟宽度、深度较大，侵蚀剧烈，随着距沟头距离的增大，侵蚀沟宽度、深度逐渐减小。吉兴流域侵蚀沟长度、宽度、深度较小，沟头至沟尾处侵蚀沟形态变化较小。五一流域侵蚀沟长度、宽度、深度较大，沟头至沟尾处侵蚀沟形态变化较小，侵蚀沟横断面形状近似梯形。

（1）土壤。土壤是侵蚀发生的受体，具有抵抗外营力的能力，土壤类型不同其抵抗土壤侵蚀的能力也有所不同。土壤抵抗侵蚀的能力主要包括抗冲性和抗蚀性两个方面。对分布在黑土区不同位置的典型小流域土壤可蚀性分析发现，五一流域土壤主要类型为暗棕壤，其土壤可蚀性值为0.027t · hm^2 · h/（hm^2 · MJ · mm），光荣流域主要土壤类型为黑土，其土壤可蚀性值为0.040t · hm^2 · h/（hm^2 · MJ · mm），吉兴流域主要土壤类型为白浆土，其土壤可蚀性值为0.039t · hm^2 · h/（hm^2 · MJ · mm）。土壤可蚀性值光荣流域最大，吉兴流域次之，五一流域最小。光荣流域土壤可蚀性值最大，其侵蚀沟发育速率最快，证明在一定的限度内，土壤可蚀性与侵蚀的快慢成正比。同时这也说明土壤性质对侵蚀沟发育有一定的影响。

（2）降水。降雨是土壤侵蚀形成的动力来源，通过地表汇聚径流冲刷的形式促使侵蚀沟发育，同时也会促进引发重力侵蚀，通过综合作用来影响侵蚀过程。侵蚀沟位置和形态特征取决于地表径流量的大小及产流时间长短。降雪为降水的主要形式之一，在稳定积雪区，融雪径流对当地侵蚀过程也有较大影响。东北黑土区是积雪持续时间两个月以上能够形成融雪径流的稳定积雪区，也是冻融作用强烈区域。融雪径流冲刷和冻融作用交替是该区融雪期侵蚀沟发育的主要动力因素，冻融作用可导致沟壑强烈扩张。

（3）地形。地形控制径流量和势能大小，进而影响侵蚀沟发育速率。一般认为，坡面漫流为主的区域径流量随流域面积增加而变大。因而在许多研究中多用集水区面积来代替径流量探究其对侵蚀沟发育影响规律。纵观黑土区，地貌主要以低山、缓坡丘陵及漫川漫岗为主，地形复杂、地势起伏，汇水面积较大，此地形易形成径流，诱发沟蚀。

（4）植被。植被能够通过降低降雨对土壤直接击打作用和增加水分入渗，加强地表抗蚀性。降雨初期，雨滴落在植物枝叶上，几乎完全被叶面截留，呈小水滴或薄膜状，在没有满足最大截留量之前，植物下的地面仅能获得少量降水，有不小的一部分降水在降落过程中因与植物冲击而被分裂，有的落至地面，有的在降落过程中被蒸发掉，植物截留水量直到水滴重力超过表面张力时才下落至地面。降水期间，植物截留水量包括植物表面的截留及降雨期间的叶面蒸发，截留总量与降雨量和降水时间成正比。这一过程能有效地减少雨滴直接打击在地表上，减少地表径流的形成，促进入渗能有效地防止侵蚀沟的形成。

（5）人类活动。近几十年来黑土地不合理开发利用的加剧，导致黑土区水土流失越发严重，土地生产力下降，加剧黑土区生态环境恶化。特别是侵蚀沟的发展不断切割农田、吞噬耕地，很多地区普遍存在成土母质裸露于地表现象。独特的自然环境与人类活动使黑土区成为国内土壤侵蚀潜在危险性最大的地区之一。在山地丘陵区，坡面是人类生产、生活的主要场所，翻耕、整理和中耕除草等使原地面产生微小起伏，进而对降雨、产流产生一定影响，从而影响侵蚀沟的发育。而土壤侵蚀强度与敏感程度主要受频繁的人类活动和不科学的农业生产影响。

9.6 侵蚀沟发育潜力预测

科学量化侵蚀沟形态特征、预测其未来发展态势以及探索典型区域坡—沟侵蚀分布关系是预防侵蚀沟加速发展的前提。侵蚀沟的不断发展，致使有限的黑土资源不断流失，侵蚀破坏十分严重，预测未来发展趋势尤为重要。借助于遥感和GIS技术，建立预测模型，分析评估东北黑土区侵蚀沟发展潜在危险性，结果表明，东北黑土区密度为0.21km/km^2，破坏土地面积3 648.42km^2，其中发展沟占89%，73%的发展沟处于发育初期。侵蚀沟潜力指标和现状指标对比发现，在大多数情况下沟壑化潜力指标要远大于现状指标，存在足够的沟蚀发展空间，沟蚀潜在危险性极大。沟蚀潜在严重区由西向东转移，且各等级侵蚀沟密度、密集度和土地损失比均出现从低一级向更高一级发展的趋势。土地损失比发展空间以1.3为分界值划分研究区为高危区和低危区，研究区47%以上的地区处于沟蚀高危区；当土地损失比发展空间以0.6为分界值时，研究区66%以上的地区处于沟蚀高危区，评估结果能反映区域沟蚀潜在发展的态势。从侵蚀方式来看，侵蚀沟发育以水力侵蚀为主，从不同地貌类型上沟蚀指标变化情况来看，东北漫川漫岗区、长白山完达山山地丘陵区沟蚀潜在危险性最大，是今后预防保护和治理的重点区域。根据沟蚀潜在指标和实际指标差距的显著程度，将研究区划分为微度危险区、轻度危险区、中度危险区、强烈危险区、极强烈危险区以及剧烈危险区，有助于评价结果的显示，能有效提高沟蚀评估效率。

9.7 侵蚀沟治理模式

根据各地区侵蚀沟的发展现状及各地区的土地利用情况，在大量现场调查基础上提出了秸秆填埋侵蚀沟复垦、防护翼墙镶嵌式石笼谷坊、植桩生态护坡、漫川漫岗黑土区侵蚀沟生态修复模式、大小兴安岭山前台地农林交错区侵蚀沟生态修复模式5种侵蚀沟治理模式，并选择了典型区域进行试验，试验结果表明，水土保持植物措施和工程措施能够发挥其蓄水保土作用，抑制侵蚀沟的发展，但是由于受地形因素影响，在降水量较大，沟道周围耕地植被覆盖度较低的情况下，会汇集大量径流，致使沟道发育比较活跃，故在沟蚀治理方面实施水土保持措施的同时应兼顾地形因子，使其保水保土效果更佳。

参考文献

白建宏，2017. 基于水土保持三级区划的东北黑土区侵蚀沟分布现状及综合防治策略[J]. 中国水土保持（11）：14-16.

毕华兴，刘立斌，刘斌，2010. 黄土高塬沟壑区水土流失综合治理范式[J]. 中国水土保持科学，8（4）：27-33.

蔡崇法，丁树文，史志华，等，2000. 应用USLE模型与地理信息系统IDRISI预测小流域土壤侵蚀量的研究[J]. 水土保持学报，14（2）：19-24.

蔡迪花，郭铌，王兴，等，2009. 基于MODIS的祁连山区积雪时空变化特征[J]. 冰川冻土，31（6）：1028-1036.

车小力，2009. 黄土高塬沟壑区董志塬沟头溯源侵蚀分布特征及其演化[D]. 杨凌：西北农林科技大学.

车宗玺，金铭，张学龙，等，2008. 祁连山不同植被类型对积雪消融的影响[J]. 冰川冻土，30（3）：392-397.

陈浩，蔡强国，2006. 坡面植被恢复对沟道侵蚀产沙的影响[J]. 中国科学（D辑：地球科学），36（1）：69-80.

陈浩，方海燕，蔡强国，等，2006. 黄土丘陵沟壑区沟谷侵蚀演化的坡向差异——以晋西王家沟小流域为例[J]. 资源科学，28（5）：176-184.

陈俊杰，孙莉英，刘俊体，等，2013. 坡度对坡面细沟侵蚀的影响——基于三维激光扫描技术[J]. 中国水土保持科学，11（3）：1-5.

陈书，1989. 克拜地区土体冻融作用与侵蚀沟发育特征浅析[J]. 中国水土保持（11）：23-24.

程慧艳，王根绪，王一博，等，2008. 黄河源区不同植被类型覆盖下季节冻土冻融过程中的土壤温湿空间变化[J]. 兰州大学学报（自然科学版），44（2）：15-21.

崔灵周，李占斌，肖学年，2004. 岔巴沟流域地貌形态分形特征量化研究[J]. 水土保持学报，18（2）：41-44.

崔同琦，2009. 基于3S技术的香格里拉县森林景观变化及驱动力研究[D]. 昆明：西南林学院.

邓慧平，刘厚风，2000. 全球气候变化对松嫩草原水热生态因子的影响[J]. 生态学报，20（6）：958-963.

董治宝，陈渭南，董光荣，等，1996. 植被对风沙土风蚀作用的影响[J]. 环境科学学报，16（4）：437-443.

樊华，郑粉莉，王玉玺，2015. 降雨特征对黑龙江省侵蚀沟分布的影响[J]. 水土保持应用技术（5）：1-3.

范昊明，王铁良，蔡强国，等，2007. 东北黑土漫岗区侵蚀沟发展模式研究[J]. 水土保持研究，14（6）：328-330.

范昊明，蔡强国，崔明，2005. 东北黑土漫岗区土壤侵蚀垂直分带性研究[J]. 农业工程学报，21（6）：8-11.

范昊明，蔡强国，王红闪，2004. 中国东北黑土区土壤侵蚀环境[J]. 水土保持学报，18（2）：66-70.

范昊明，顾广贺，王岩松，等，2013. 东北黑土区侵蚀沟发育与环境特征[J]. 中国水土保持（10）：75-79.

范昊明，郭萍，武敏，等，2011. 春季解冻期白浆土融雪侵蚀模拟研究[J]. 水土保持通报，31（6）：130-133.

范昊明，王岩松，樊向国，等，2018. 东北黑土区典型流域融雪期切沟发育特征研究[J]. 中国水土保持（5）：64-69.

范昊明，武敏，周丽丽，等，2010. 草甸土近地表解冻深度对融雪侵蚀影响模拟研究[J]. 水土保持学报，24（6）：28-31.

范昊明，武敏，周丽丽，等，2013. 融雪侵蚀研究进展[J]. 水科学进展，24（1）：146-152.

范昊明，张瑞芳，周丽丽，等，2009. 气候变化对东北黑土冻融作用与冻融侵蚀发生的影响分析[J]. 干旱区资源与环境，23（6）：48-53.

范红梅，王秋兵，边振兴，2008. 基于GIS技术的宽甸县居民点空间分布特征分析[J]. 西南师范大学学报（自然科学版），33（2）：99-102.

方广玲，郭成久，范昊明，等，2007. 辽宁省土壤侵蚀和侵蚀沟发展的影响因素[J]. 安徽农业科学，35（1）：207-209，246.

高鹏，蒋定生，2000. 黄土高原丘陵沟壑区沟道水资源利用模式初探[J]. 水土保持研究，7（2）：77-79.

葛翠萍，赵军，王秀峰，等，2008. 东北黑土区坡耕地地形因子对土壤水分和容重的影响[J]. 水土保持通报，28（6）：16-19.

顾广贺，范昊明，王岩松，等，2015. 东北3个典型区冲沟形态发育特征及其成因[J]. 水土保持通报，35（3）：30-33，38.

顾广贺，王岩松，钟云飞，等，2015. 东北漫川漫岗区侵蚀沟发育特征研究[J]. 水土保持研究，22（2）：47-51.

国志兴，王宗明，张柏，等，2008. 2000—2006年东北地区植被NPP的时空特征及影响因素分析[J]. 资源科学，30（8）：1226-1235.

韩富伟，张柏，宋开山，等，2007. 长春市土壤侵蚀潜在危险度分级及侵蚀背景的空间分析[J]. 水土保持学报，21（1）：39-43.

何延兵，2015. 高速公路建设过程中土壤侵蚀及预防研究[J]. 西部交通科技（10）：23-25.

胡刚，伍永秋，刘宝元，等，2004. GPS和GIS进行短期沟蚀研究初探——以东北漫川漫岗黑土区为例[J]. 水土保持学报，18（4）：16-19，41.

胡刚，伍永秋，刘宝元，等，2007. 东北漫岗黑土区切沟侵蚀发育特征[J]. 地理学报，62（11）：1165-1173.

胡文生，蔡强国，陈浩，2008. 利用数字摄影测量方法估算半干旱区小流域沟谷侵蚀产沙[J]. 地球信息科学，10（4）：533-538.

胡志斌，何兴元，李月辉，等，2007. 岷江上游地区人类活动强度及其特征[J]. 生态学杂志，26

（4）：539–543.
黄萌，范昊明，2017. 辽宁省侵蚀沟发育特性与地形分异特征[J]. 水土保持学报，31（5）：93–98.
冀长甫，李志华，1997. 山丘区沟道治理与开发利用试验研究[J]. 水土保持通报，17（4）：16–20.
贾燕锋，2008. 黄土丘陵沟壑区植被特征对坡沟侵蚀环境的响应[D]. 北京：中国科学院.
蒋小娟，2017. 东北黑土区典型流域融雪期切沟发育特征及成因分析[D]. 沈阳：沈阳农业大学.
蒋岩初，张文太，盛建东，2017. 天山北坡典型小流域侵蚀沟形态特征及其成因[J]. 水土保持通报，37（1）：304–314.
焦剑，谢云，林燕，等，2009. 东北地区降雨——径流侵蚀力研究[J]. 中国水土保持科学，7（3）：6–11.
焦剑，谢云，林燕，等，2009. 东北地区融雪期径流及产沙特征分析[J]. 地理研究，28（2）：333–344.
景可，李钜章，李凤新，1997. 黄河中游粗沙区范围界定研究[J]. 水土保持学报，3（3）：10–15.
孔亚平，张科利，曹龙熹，2008. 土壤侵蚀研究中的坡长因子评价问题[J]. 水土保持研究，15（4）：43–47.
李斌，张金屯，2010. 不同植被盖度下的黄土高原土壤侵蚀特征分析[J]. 中国生态农业学报，18（2）：241–244.
李冰，唐亚，2012. 金沙江下游地区人类活动对土壤侵蚀的影响[J]. 山地学报，30（3）：299–307.
李飞，张树文，李天奇，2012. 东北典型黑土区南部侵蚀沟与地形要素之间的空间分布关系[J]. 土壤与作物，1（3）：148–157.
李桂芳，郑粉莉，卢嘉，等，2015. 降雨和地形因子对黑土坡面土壤侵蚀过程的影响[J]. 农业机械学报，46（4）：147–153.
李浩，张兴义，刘爽，等，2012. 典型黑土区村级尺度侵蚀沟演变[J]. 中国水土保持科学，10（2）：21–28.
李建伟，孟令钦，白建宏，2012. 东北典型黑土区侵蚀沟动态监测及实践[J]. 东北水利水电，30（3）：4–6.
李钜章，景可，李凤新，1999. 黄土高原多沙粗沙区侵蚀模型探讨[J]. 地理科学进展，18（1）：46–53.
李君兰，蔡强国，孙莉英，等. 2011. 降雨强度、坡度及坡长对细沟侵蚀的交互效应分析[J]. 中国水土保持科学，9（6）：8–13.
李凝，2014. 辽宁省阜蒙县地区近50年降水量变化特征分析[J]. 北京农业（8）：175–176.
李香云，王立新，章予舒，等，2004. 西北干旱区土地荒漠化中人类活动作用及其指标选择[J]. 地理科学，24（1）：68–75.
李晓燕，王宗明，张树文，等，2007. 东北典型丘陵漫岗区沟谷侵蚀动态及其空间分析[J]. 地理科学，27（4）：531–536.
李雄飞，2014. 基于遥感技术的西安市植被变化特征分析[J]. 陕西水利（1）：140–141.
李秀华，2007. 金川沼泽蘚丘小生境植物群落结构和环境因子关系研究[D]. 长春：东北师范大学.
李勇，张建辉，罗大卫，等，2000. 耕作侵蚀及其农业环境意义[J]. 山地学报，18（6）：514–519.
李镇，张岩，姚文俊，等，2012. 基于QuickBird影像估算晋西黄土区切沟发育速率[J]. 农业工程学报，28（22）：141–148.
刘家福，马帅，李帅，等，2018. 1982—2016年东北黑土区植被NDVI动态及其对气候变化的响应[J].

生态学报，38（21）：7647-7657.

刘立权，凡胜豪，宋国献，等，2015. 辽宁省坡耕地现状与防治对策[J]. 中国水土保持（4）：15-18.

刘瑞娟，张万昌，裴洪芹，2010. 淮河流域土壤侵蚀与影响因子关系分析[J]. 中国水土保持（5）：29-32，68.

刘绪军，景国臣，齐恒玉，1999. 克拜黑土区沟壑冻融侵蚀主要形态特征初探[J]. 水土保持科技情报（1）：28-30.

柳礼香，2012. 论陕南秦巴山区小流域沟道治理[J]. 中国水土保持（6）：6-8.

芦贵君，张瑜，许文旭，等，2017. 吉林省侵蚀沟区域分布特征研究[J]. 中国水土保持（2）：54-56.

罗君，周维，覃发超，等，2012. 元谋干热河谷冲沟区植被对微地形的响应[J]. 山地学报，30（5）：535-542.

罗双，孙海龙，刘冲，等，2011. 四川道路边坡自然恢复的植被多样性研究[J]. 水土保持研究，18（6）：51-56.

马立平，2000. 现代统计分析方法的学与用（三）：统计数据标准化——无量纲化方法[J]. 数据（3）：34-35.

马文静，张庆，牛建明，等，2013. 物种多样性和功能群多样性与生态系统生产力的关系——以内蒙古短花针茅草原为例[J]. 植物生态学报，37（7）：620-630.

孟令钦，李勇，2009. 东北黑土区坡耕地侵蚀沟发育机理初探[J]. 水土保持学报，23（1）：7-11.

宁静，杨子，姜涛，等，2016. 东北黑土区不同垄向耕地沟蚀与地形耦合规律[J]. 水土保持研究，23（3）：29-36.

牛建明，呼和，2000. 我国植被与环境关系研究进展[J]. 内蒙古大学学报（自然科学版），31（1）：76-80.

欧阳扬，李叙勇，2013. 干湿交替频率对不同土壤CO_2和N_2O释放的影响[J]. 生态学报，33（4）：1251-1259.

潘竟虎，张伟强，秦晓娟，2008. 陇东黄土高原土壤侵蚀的人文因素及经济损失分析[J]. 中国水利（12）：37-40.

潘美慧，伍永秋，任斐鹏，2012. 基于USLE的东江流域土壤侵蚀量估算[J]. 自然资源学报，25（12）：2154-2164.

庞国伟，2012. 人为作用对土壤侵蚀环境影响的定量表征[D]. 北京：中国科学院.

秦伟，朱清科，赵磊磊，等，2010. 基于RS和GIS的黄土丘陵沟壑区浅沟侵蚀地形特征研究[J]. 农业工程学报，26（6）：58-64.

秦伟，左长清，范建荣，等，2014. 东北黑土区侵蚀沟治理对策[J]. 中国水利（20）：37-41.

沈海鸥，郑粉莉，温磊磊，等，2015. 降雨强度和坡度对细沟形态特征的综合影响[J]. 农业工程学报，46（7）：162-169.

石生新，蒋定生，1994. 几种水土保持措施对强化降水入渗和减沙的影响试验研究[J]. 水土保持研究，1（1）：82-88.

时丕生，倪化秋，王万喜，2005. 小流域水资源开发利用战略探讨[J]. 水资源保护，21（3）：46-47，51.

史静涛，2010. 陕西略阳县生物砂堤沟道治理技术研究[J]. 人民长江，41（13）：112-113，116.

史彦江，宋锋惠，罗青红，等，2009. 伊犁河谷缓坡地融雪侵蚀特征研究[J]. 新疆农业科学，46（5）：1111-1116.

隋跃宇，孟凯，张兴义，2002. 黑土坡耕地治理研究[J]. 农业系统科学与综合研究，18（4）：298-299，303.

孙根行，王湜，赵串串，等，2009. 青海省黄土丘陵沟壑区沟蚀影响因子的贡献率[J]. 生态环境学报，18（4）：1402-1406.

孙权，张显峰，江淼，2011. 干旱区生态环境敏感参量遥感反演与评价系统研究[J]. 北京大学学报（自然科学版），47（6）：1073-1080.

汤国安，杨昕，2006. ArcGIS地理信息系统空间分析实验教程[M]. 北京：科学出版社.

唐克丽，王斌科，郑粉莉，等，1994. 黄土高原人类活动对土壤侵蚀的影响[J]. 人民黄河（2）：13-16.

唐克丽，张科利，1998. 黄土丘陵区退耕上限坡度的研究论证[J]. 科学通报，43（2）：200-203.

唐莉，孟令钦，张锋，2012. 黑土区坡耕地侵蚀沟发育机理[J]. 安徽农业科学，40（2）：819-821.

万炜，肖生春，陈小红，等，2018. 无人机遥感在野外植被盖度调查中的应用——以阿拉善荒漠区灌木为例[J]. 干旱区资源与环境，32（9）：150-156.

王广海，王艳军，黄龙生，等，2014. 华北落叶松人工林侵蚀沟内植物多样性研究[J]. 河北林果研究，29（3）：245-248.

王红兵，许炯心，颜明，2011. 影响土壤侵蚀的社会经济因素研究进展[J]. 地理科学进展，30（3）：268-274.

王金哲，张光辉，聂振龙，等，2009. 滹沱河流域平原区人类活动强度的定量评价[J]. 干旱区资源与环境，23（10）：41-44.

王雷，龙永清，徐佳，等，2017. 黄土侵蚀沟稳定性监测与初步分析[J]. 地理与地理信息科学，33（4）：119-122.

王立波，2010. 阜新县自然环境条件与作物布局的调整[J]. 现代农业（6）：84-85.

王连霄，范昊明，刘爽，2014. 辽西褐土区沟灌侵蚀影响因素研究[J]. 水土保持学报，28（2）：69-73.

王民，李占斌，崔灵周，等，2008. 基于变分法和GIS的小流域模型三维地貌分形特征量化研究[J]. 水土保持学报，22（4）：197-203.

王添，任宗萍，李鹏，等，2016. 模拟降雨条件下坡度与地表糙度对径流产沙的影响[J]. 水土保持学报，30（6）：1-6.

王文娟，邓荣鑫，张树文，2012. 东北典型黑土区40年来沟蚀空间格局变化及地形分异规律[J]. 地理与地理信息科学，28（3）：68-71.

王文娟，张树文，邓荣鑫，2011. 东北黑土区沟蚀现状及其与景观格局的关系[J]. 农业工程学报，27（10）：192-198.

王文娟，张树文，方海燕，2012. 东北典型黑土区坡沟侵蚀耦合关系[J]. 自然资源学报，27（12）：2113-2122.

王晓南，孟广涛，姜培曦，等，2008. 浅谈植物措施在水土保持中的作用机理[J]. 水土保持应用技术（4）：25-27.

王瑄，陈雯静，徐璐，2011. 基于GIS的小流域地貌分形维数测定方法研究[J]. 沈阳农业大学学报，42（4）：500-503.

王岩松，王念忠，钟云飞，等，2013. 东北黑土区侵蚀沟省际分布特征[J]. 中国水土保持（10）：67-69.

王玉玺，解运杰，王萍，2002. 东北黑土区水土流失成因分析[J]. 水土保持科技情报（3）：27-29.

王占礼，2000. 中国土壤侵蚀影响因素及其危害分析[J]. 农业工程学报，16（4）：32-36.

王兆印，郭彦彪，李昌志，等，2005. 植被—侵蚀状态图在典型流域的应用[J]. 地球科学进展，20（2）：149-157.

魏翔，李占斌，2006. 土壤侵蚀对生态系统的影响[J]. 水土保持研究，13（1）：245-247，264.

温磊磊，郑粉莉，沈海鸥，等，2014. 沟头秸秆覆盖对东北黑土区坡耕地沟蚀发育影响的试验研究[J]. 泥沙研究（6）：73-80.

吴海生，隋媛媛，2013. 东北黑土区沟道侵蚀及防治技术研究进展[J]. 吉林水利（7）：47-51.

吴世新，樵丹，2009. 山阳县沟道规划治理经验探析[J]. 陕西水利（S1）：178-179.

谢庭生，罗蕾，2005. 紫色土丘陵侵蚀沟建植物篱自然植被恢复及水土流失特征研究[J]. 水土保持研究，12（5）：62-65.

徐飞龙，徐向舟，刘亚坤，等，2011. 多线结构光在地形测量中的应用[J]. 测绘通报（5）：37-40.

徐宪立，马克明，傅伯杰，等，2006. 植被与水土流失关系研究进展[J]. 生态学报，26（9）：3137-3143.

徐志刚，庄大方，杨琳，2009. 区域人类活动强度定量模型的建立与应用[J]. 地球信息科学学报，11（4）：452-460.

许炯心，2006. 降水—植被耦合关系及其对黄土高原侵蚀的影响[J]. 地理学报，61（1）：57-65.

许晓鸿，崔斌，张瑜，等，2017. 吉林省侵蚀沟分布与环境要素的关系[J]. 水土保持通报，37（3）：93-96.

许志信，赵萌莉，2001. 过度放牧对草原土壤侵蚀的影响[J]. 中国草地学报，23（6）：59-63.

闫建梅，何丙辉，田太强，2014. 不同施肥与耕作对紫色土坡耕地土壤侵蚀及氮素流失的影响[J]. 中国农业科学，47（20）：4027-4035.

闫业超，2007. 克拜东部黑土区土壤侵蚀时空特征分析[D]. 北京：中国科学院.

闫业超，张树文，李晓燕，等，2005. 黑龙江克拜黑土区50多年来侵蚀沟时空变化[J]. 地理学报，60（6）：1015-1020.

闫业超，张树文，岳书平，2006. 基于Corona和Spot影像的近40年黑土典型区侵蚀沟动态变化[J]. 资源科学，28（6）：154-160.

闫业超，张树文，岳书平，2007. 克拜东部黑土区侵蚀沟遥感分类与空间格局分析[J]. 地理科学（2）：193-199.

尹忠东，周心澄，朱金兆，2003. 影响水土流失的主要因素研究概述[J]. 世界林业研究，16（3）：32-36.

于东升，史学正，王宁，2001. 用人工模拟降雨研究亚热带坡耕地土壤的沟蚀和沟间侵蚀[J]. 土壤学报，38（2）：160-165.

于景金，2009. 塞罕坝华北落叶松人工林下植物多样性研究[D]. 保定：河北农业大学.

于章涛，伍永秋，2003. 黑土地切沟侵蚀的成因与危害. 北京师范大学学报（自然科学版），39（5）：701-705.

余叔同，2010. 黄土丘陵区坡沟系统沟蚀发育过程模拟与可视化[D]. 杨凌：西北农林科技大学.

袁静，2014. 甘肃高塬沟壑区侵蚀沟道水土保持措施对位配置模式研究[D]. 兰州：甘肃农业大学.
查轩，黄少燕，陈世发，2010. 退化红壤地土壤侵蚀与坡度坡向的关系——基于GIS的研究[J]. 自然灾害学报，19（2）：32-39.
查轩，王斌科，唐克丽，1993. 神木六道沟气候及地面组成物质特征对侵蚀产沙影响分析[J]. 中国科学院水利部西北水土保持研究所集刊，18（1）：67-74.
张昌顺，谢高地，包维楷，等，2012. 地形对澜沧江源区高寒草甸植物丰富度及其分布格局的影响[J]. 生态学杂志，31（11）：2767-2774.
张晨成，邵明安，王云强，等，2016. 黄土区切沟对不同植被下土壤水分时空变异的影响[J]. 水科学进展，27（5）：679-686.
张翠云，王昭，2004. 黑河流域人类活动强度的定量评价[J]. 地球科学进展，19（1）：394-398.
张宏鸣，杨勤科，李锐，等，2012. 流域分布式侵蚀学坡长的估算方法研究[J]. 水利学报，43（4）：437-444.
张会茹，郑粉莉，2011. 不同降雨强度下地面坡度对红壤坡面土壤侵蚀过程的影响[J]. 水土保持学报，25（3）：40-43.
张继红，刘立刚，2010. 浅谈彰武县柳河流域的沟道治理模式[J]. 科技创新导报（11）：98.
张姣，郑粉莉，温磊磊，等，2011. 利用三维激光扫描技术动态监测沟蚀发育过程的方法研究[J]. 水土保持通报，31（6）：89-94.
张科利，1991. 浅沟发育对土壤侵蚀作用的研究[J]. 中国水土保持（4）：19-21，65.
张莉，孙虎，2010. 黄土高原典型地貌区地貌分形特征与土壤侵蚀关系[J]. 陕西师范大学学报，28（3）：76-79.
张攀，姚文艺，肖培青，2014. 黄土坡面细沟形态及其量化参数特征[J]. 水土保持通报，34（5）：15-18.
张少良，张兴义，刘晓冰，等，2010. 典型黑土侵蚀区自然植被恢复措施水土保持功效研究[J]. 水土保持学报，24（1）：73-77，81.
张胜利，崔云鹏，1995. 渭北高原沟壑区沟道治理工程体系配置优化研究[J]. 西北林学院学报（S1）：39-46.
张素，熊东红，校亮，等，2016. 冲沟不同部位土壤机械组成及抗冲性差异[J]. 土壤，48（6）：1270-1276.
张伟，沈永平，贺建桥，等，2014. 阿尔泰山融雪期不同下垫面积雪特性观测与分析研究[J]. 冰川冻土，36（3）：491-499.
张宪奎，许靖华，卢秀芹，等，1992. 黑龙江省土壤流失方程的研究[J]. 水土保持通报，12（4）：1-10.
张旭，2015. 辽宁省降雨侵蚀力时空变化研究[D]. 沈阳：沈阳农业大学.
张永光，伍永秋，刘洪鹄，等，2007. 东北漫岗黑土区地形因子对浅沟侵蚀的影响分析[J]. 水土保持学报，21（1）：35-38，49.
赵串串，杨晶晶，刘龙，等，2014. 青海省黄土丘陵区沟壑侵蚀影响因子与侵蚀量的相关性分析[J]. 干旱区资源与环境，28（4）：22-27.
赵方莹，刘飞，程婕，等，2016. 北京市灵山亚高山草甸植被群落特征[J]. 水土保持通报，36

（3）：165-171.
赵辉，黄勇，罗建民，等，2006. 南方丘陵紫色岩裸露区沟道治理模式研究[J]. 水土保持研究，13（5）：8-10.
赵明月，赵文武，刘源鑫，2015. 不同尺度下土壤粒径分布特征及其影响因子——以黄土丘陵沟壑区为例[J]. 生态学报，35（14）：4625-4632.
赵晓光，吴发启，刘秉正，等，1999. 再论土壤侵蚀的坡度界限[J]. 水土保持研究，6（2）：42-46.
郑粉莉，1989. 细沟侵蚀量测算方法的探讨[J]. 水土保持通报，9（4）：41-45，49.
郑粉莉，徐锡蒙，覃超，2016. 沟蚀过程研究进展[J]. 农业机械学报，47（8）：48-59，116.
郑子成，秦凤，李廷轩，2015. 不同坡度下紫色土地表微地形变化及其对土壤侵蚀的影响[J]. 农业工程学报，31（8）：168-174.
钟祥浩，2000. 干热河谷区生态系统退化及恢复与重建途径[J]. 长江流域资源与环境，9（3）：376-383.
周宏飞，王大庆，马健，等，2009. 新疆天池自然保护区春季融雪产流特征分析[J]. 水土保持学报，23（4）：68-71.
周丽丽，范昊明，武敏，等，2010. 白浆土春季解冻期降雨侵蚀模拟[J]. 土壤学报，47（3）：574-578.
周萍，刘国彬，侯喜禄，2009. 黄土丘陵区不同坡向及坡位草本群落生物量及多样性研究[J]. 中国水土保持科学，7（1）：67-73，79.
周旺辉，蔡东健，甄宗坤，2017. 控制点布设对低空小型无人机高分影像精度的影响[J]. 测绘通报（S1）：69-74.
朱显谟，1960. 黄土地区植被因素对于水土流失的影响[J]. 土壤学报，8（2）：110-121.
朱云云，王孝安，王贤，等，2016. 坡向因子对黄土高原草地群落功能多样性的影响[J]. 生态学报，36（21）：6823-6831.
卓利娜，王基柱，2008. 沟壑侵蚀：规律性及其发展潜力[M]. 郑州：黄河水利出版社.
邹厚远，焦菊英，2009. 黄土丘陵区生态修复地不同抗侵蚀植物的消长变化过程[J]. 水土保持通报，29（4）：235-240.
Adediji A，Ibitoye O M，Ekanade O，2009. Generation of digital elevation models （DEMs） for gullies in Irele Local Government Area of Ondo State，Nigeria[J]. African Journal of Environmental Science and Technology，3（3）：67-77.
Amer M E，Heo M S，Brooks S L，et al.，2012. Anatomical variations of trabecular bone structure in intraoral radiographs using fractal and particles count analyses[J]. Imaging Science in Dentistry，42（1）：5-12.
Ban Y Y，Lei T W，Chen C，et al.，2016. Study on the facilities and procedures for meltwater erosion of thawed soil[J]. International Soil and Water Conservation Research，4（2）：142-147.
Boardman J，Parsons A J，Holland R，et al.，2003. Development of badlands and gullies in the Sneeuberg，Great Karoo，South Africa[J]. CATENA，50（2）：165-184.
Böhm P，Gerold G，1995. Pedo-hydrological and sediment responses to simulated rainfall on soils of the Konya uplands （Turkey）[J]. CATENA，25（1）：63-76.
Bouchnak H，Felfoul M S，Boussema M R，et al.，2009. Slope and rainfall effects on the volume of sediment yield by gully erosion in the Souar lithologic formation （Tunisia）[J]. CATENA，78

（2）：170-177.

Chaplot V，Giboire G，Marchand P，et al.，2005. Dynamic modelling for linear erosion initiation and development under climate and land-use changes in northern Laos[J]. CATENA，63（2）：318-328.

Collison A，1996. Unsaturated strength and preferential flow as controls on gully head development[J]. Advances in Hillslope Processes，2：639-709.

Dabney S M，Vieira D，Yoder D C，et al.，2014. Spatially distributed sheet，rill，and ephemeral gully erosion[J]. Journal of Hydrologic Engineering，20（6）：C4014009.

De Baets S，Torn D，Poesen J，et al.，2008. Modelling increased soil cohesion due to roots with Eurosme[J]. Earth Surface Processes and Landforms，33（13）：1948-1963.

Deng R X，Wang W J，Fang H Y，et al.，2015. Effect of farmland shelterbelts on gully erosion in the black soil region of Northeast China[J]. Journal of Forestry Research，26（4）：941–948.

Dewitte O，Daoudi M，Bosco C，et al.，2015. Predicting the susceptibility to gully initiation in data-poor regions[J]. Geomorphology，228：101-115.

Dong Y F，Xiong D H，Su Z G，et al.，2014. The distribution of and factors influe-ncing the vegetation in a gully in the Dry-hot Valley of southwest China[J]. CATENA，116：60-67.

Dong Y Q，Li F，Zhang Q W，et al.，2015. Determining ephemeral gully erosion process with the volume replacement method[J]. CATENA，131：119-124.

Evans，Martin，Lindsay，et al.，2010. High resolution quantification of gully erosion in upland peatlands at the landscape scale[J]. Earth Surface Processes and Landforms，35（8）：876-886.

Fan J R，Tian B W，2008. Cause analysis of gully erosion in Yuanmou Basin of Jinshajiang Valley[J]. Wuhan University Journal of Natural Science，13（3）：343-349.

Ferrick M G，Gatto L W，2005. Quantifying the effect of a freeze-thaw cycle on soil erosion：laboratory experiments[J]. Earth Surface Processes and Landforms Search，30（10）：1305-1326.

Frankl A，Nyssen J，Dapper M D，et al.，2011. Linking long-term gully and river channel dynamics to environmental change using repeat photography （Northern Ethiopia）[J]. Geomorphology，129（3）：238-251.

Govers G，Quine T A，Desmet P J J，et al.，2015. The relative contribution of soil tillage and overland flow erosion to soil redistribution on agricultural land[J]. Earth Surface Processes & Landforms，21（10）：929-946.

Grellier S，Kemp J，Janeau J L，2012. The indirect impact of encroaching trees on gully extension：A 64 year study in a sub-humid grassland of South Africa[J]. CATENA，98：110-119.

Guo B，Zhou Y，Zhu J F，et al.，2015. An estimation method of soil freeze-thaw erosion in the Qinghai-Tibet Plateau[J]. Natural Hazards，78（3）：1843-1857.

Hu G，Liu B Y，Yu Z T，et al.，2007. Short- term gully head retreat rates over rolling-hill areas in Black Soil of Northeast China[J]. CATENA，71（2）：321-329.

Ionita I，2006. Gully development in the Moldavian Plateau of Romania[J]. CATENA，68（2）：133-140.

Ionita I，Fullen M A，Zgłobicki W，et al.，2015. Gully erosion as a natural and human-induced hazard[J]. Natural Hazards，79（1）：1-5.

James L A, Watson D G, Hansen W F, 2007. Using LiDAR data to map gullies and headwater streams under forest canopy: South Carolina, USA[J]. CATENA, 71（1）: 132–144.

Kakembo V, Xanga W W, Rowntree K, 2009. Topographic thresholds in gully development on the hillslopes of communal areas in Ngqushwa local municipality, Eastern Cape, South Africa[J]. Geomorphology, 110（3–4）: 188–194.

Kayode-ojo N, Ehiorobo J O, Uzoukwu N M, 2016. Modelling and prediction of gully initiation in the university of Benin using the gultem dynamic model[J]. International Journal of Scientific & Engineering Research, 7（9）: 1003–1012.

Kirkby M J, Bracken L J, 2009. Gully processes and gully dynamics[J]. Earth Surface Processes and Landforms, 34（14）: 1841–1851.

Kukal S S, Rajan B, 2014. Extent, distribution and patterns of gully erosion in lower Shiwaliks of Punjab, India[J]. Environment & Ecology, 32（2）: 401–404.

Kurylyk B L, Watanabe K, 2013. The mathematical representation of freezing and thawing processes in variablysaturated, non-deformable soils[J]. Advances in Water Resources, 60（60）: 160–177.

Li Y, Poesen J, Yang J C, et al., 2003. Evaluating gully erosion using 137Cs and 210Pb /137Cs ratio in a reservoir catchment[J]. Soil & Tillage Research, 69（1–2）: 107–115.

Liu B Y, Nearing M A, Shi P J, et al., 1994. Slope length effects on soil loss for steep slopes[J]. Soil Science Society of America Journal, 64（5）: 1759–1763.

Liu H H, Zhang T Y, Liu B Y, et al., 2013. Effects of gully erosion and gully filling on soil depth and crop production in the black soil region, northeast China[J]. Environmental Earth Sciences, 68（6）: 1723–1732.

Martinez-Casasnovas J A, Ramos M C, Poesen J, 2004. Assessment of sidewall erosion in large gullies using multi-temporal DEMs and logistic regression analysis[J]. Geomorphology, 58（1–4）: 305–321.

Martinez-Casasnovas J A, 2003. A spatial information technology approach for the mapping and quantification of gully erosion[J]. CATENA, 50（2–4）: 293–308.

Mccool D K, Brown L C, Foster G R, et al., 1987. Revised slope steepness factor for the universal soil loss equation[J]. Transactions of the ASAE, 30（5）: 1387–1396.

Milan D J, Heritage G L, Hetherington D, 2007. Application of a 3D laser scanner in the assessment of erosion and deposition volumes and channel change in a proglacial river[J]. Earth Surface Processes and Landforms, 32（11）: 1657–1674.

Molina A, Govers G, Vanacker V, et al., 2007. Runoff generation in a degraded Andean ecosystem: Interaction of vegetation cover and land use[J]. CATENA, 71（2）: 357–370.

Muñoz-robles C, Reid N, Frazier P, et al., 2010. Factors related to gully erosion in woody encroachment in south-eastern Australia[J]. CATENA, 83（2）: 148–157.

Nagasawa T, Umeda Y, Li L, 1993. Characteristics of soil erosion during snowmelt and thawing periods: Control of soil erosion in Hokkaido（Ⅱ）[J]. Transactions of the Japanese Society of Irrigation Drainage & Rural Engineering, 166: 83–88.

Nyssen J, Poesen J, Moeyersons J, et al., 2010. Impact of road building on gully erosion risk: a case study from the northern ethiopian high lands[J]. Earth Surface Processes and Land forms，27（12）：1267-1283.

Ollesch G，Sukhanovski Y，Kistner I，et al.，2010. Characterization and Modelling of the Spatial Heterogeneity of Snowmelt Erosion[J]. Earth Surface Processes & Landforms，30（2）：197-211.

Oost K V，Govers G，Desmet P，2000. Evaluating the Effects of Changes in Landscape Structure On Soil Erosion by Water and Tillage[J]. Landscape Ecology，15：577-589.

Oygarden L，2003. Rill and gully development during an extreme winter runoff event in Norway[J]. CATENA，50（2-4）：217-242.

Oztas T，Fayetorbay F，2003. Effect of freezing and thawing processes on soil aggregate stability[J]. CATENA，52（1）：1-8.

Podwojewski P，Orange D，Jouquet P，et al.，2008. Land-use impacts on surface runoff and soil detachment within agricultural sloping lands in Northern Vietnam[J]. CATENA，74（2）：109-118.

Poesen J，Hooke J M，1997. Erosion，flooding and channel management in Mediterranean environments of southern Europe[J]. Progress in Physical Geography，21（21）：157-199.

Poesen J，Nachtergale J，Verstraeten G，et al.，2003. Gully erosion and environmental change：Importance and research needs[J]. CATENA，50（2-4）：91-133.

Rejman J，Brodowski R，2005. Rill characteristics and sediment transport as a Function of slope length during a storm event onloess soil[J]. Earth Surface Processes & Landforms，30（2）：231-239.

Rekolainen S，1989. Effect of snow and soil frost melting on the concentrations of suspended solids and phosphorus in two rural watersheds in Western Finland[J]. Aquatic Sciences，51（3）：211-223.

Ryan L P，Bodo B，Gregory P A，et al.，2010. Comparison of gully erosion estimates using airborne and ground-based LiDAR on Santa Cruz Island，California[J]. Geomorphology，118（3-4）：288-300.

Samani A N，Ahmad H，Mohammadi A，et al.，2010. Factors controlling gully advancement and models evaluation（HablehRood Basin，Iran）[J]. Water Resources Management，24（8）：1531-1549.

Schlesinger W H，Reynolds J F，Cunningham G L，et al.，1990. Biological feedbacks in global desertification[J]. Science，247：1043-1048.

Shanley，James B，Chalmers，et al.，1999. The effect of frozen soil on snowmelt runoff at Sleepers River，Vermont[J]. Hydrological Processes；Snow hydrology，13（12）：1843-1857.

Sharratt B S，Lindstrom M J，Benoit G R，et al.，2000. Runoff and soil erosion during spring thaw in the Northern U. S. Corn Belt[J]. Journal of Soil and Water Conservation，55（4）：487-494.

Sharratt S，1996. Tillage and straw management for modifying physical properties of a subarctic soil[J]. Soil & Tillage Research，38（3）：239-250.

Shibru D，Wolfgang R，Peter S，2003. Assessment of gully erosion in eastern Ethiopia using photogrammetric trchniques[J]. CATENA，50（2）：273-291.

Shit P K，Bhunia G S，Maiti R，2014. Morphology and development of selected badlands in South Bengal（India）[J]. Vidyasagar University Midnapore West Bengal India，13：161-171.

Sidorchuk A，1999. Dynamic and Static Models of Gully Erosion[J]. CATENA，37（3）：401-414.

Skubalska-Rafajlowicz E，2005. A new method of estimation of the box-counting dimension of multivariate objects using space filling curves[J]. Nonlinear Analysis，63（5）：1281-1287.

Sui J，Koehler G，2001. Rain-on-snow induced flood events in Southern Germany[J]. Journal of Hydrology，252（1）：205-220.

Tang W J，Liu H H，Liu B Y，2013. Effects of gully erosion and gully filling on soil degradation in the black soil region of Northeast China[J]. Journal of Mountain Science，10（5）：913-922.

Torri D，Poesen J，2014. A review of topographic threshold conditions for gully head development in different environments[J]. Earth-Science Reviews，130：73-85.

Valcarcel M，Taboada M T，Paz A，et al.，2003. Ephemeral gully erosion in northwestern Spain[J]. CATENA，50（2）：199-216.

Valentin C，Poesen J，Li Y，2005. Gully erosion：impacts，factors and control[J]. CATENA，63：132-153.

Van Remortel R D，Hamilton M E，Hickey R J，2001. Estimating the LS factor for RUSLE through iterative slope length processing of digital elevation data[J]. Cartography，30（1）：27-35.

Vandekerckhove L，Poesen J，Govers G，2003. Medium-term gully head cut retreat rates in Southeast Spain determined from aerial photographs and ground measurements[J]. CATENA，50（2）：329-352.

Vrieling A，Rodrigues S C，Bartholomeus H，et al.，2007. Automatic identification of erosion gullies with ASTER imagery in the Brazilian Cerrados[J]. International Journal of Remote Sensing，28（12）：2723-2738.

Wang D C，Fan H M，Fan X G，2017. Distributions of recent gullies on hill slopes with different slopes and aspects in the black soil region of northeast China[J]. Environmental Monitoring and Assessment，189（10）：508-521.

Wang G X，Liu L A，Liu G S，et al.，2010. Impact of grassland vegetation cover on the active-layer thermal regime，northeast Qinghai-Tibet Plateau，China[J]. Permafrost periglacial Process，21（4）：335-344.

Wang X，Zhao X L，Zhang Z X，et al.，2016. Assessment of soil erosion change and its relationships with land use/cover change in China from the end of the 1980s to 2010s[J]. CATENA，137：256-268.

Ward David，Feldman Kayla，Avni Yoav，2001. The effects of loess erosion on soil nutrients，plant diversity and plant quality in Negev desert wadis[J]. Journal of Arid Environments，48（4）：461-473.

Wells Robert R，Momm Henrique G，Rigby James R，et al.，2013. An empirical investigation of gully widening rates in upland concentrated flows[J]. CATENA，101：114-121.

Williams J R，Nearing M，Nicks A，et al.，1996. Using soil erosion models for global change studies[J]. Journal of Soil and Water Conservation，51（5）：381-385.

Wu Y Q，Cheng H，2005. Monitoring of gully erosion on the Loess Plateau of China using a global positioning system[J]. CATENA，63（2）：154-166.

Wynn T，Mostaghimi S，2006. The effects of vegetation and soil type on streambank erosion，southwestern Virginia，USA[J]. Journal of Soil and Water conservation，42（1）：69-82.

Zhang X，Yu G Q，Li Z B，et al.，2014. Experimental study on slope runoff，erosion and sediment under different vegetation types[J]. Water Resources Management，28（9）：2415-2433.

Zhang Y G，Wu Y Q，Liu B Y，et al.，2007. Characteristics and factors controlling the development of ephemeral gullies in cultivated catchments of black soil region，Northeast China[J]. Soil & Tillage Research，96（1）：28–41.

Zhou Z C，Shangguan Z P，Zhao D，2006. Modeling vegetation coverage and soil erosion in the Loess Plateau Area of China[J]. Ecological Modelling，198（1）：263–268.